全国高等职业教育“十二五”规划教材
中国电子教育学会推荐教材
全国高职高专院校规划教材·精品与示范系列

# 通信电子技术

孙 玥 主 编



電子工業出版社
Publishing House of Electronics Industry
北京·BEIJING

## 内 容 简 介

本书结合通信行业职业岗位技能需求，在国家示范专业课程建设成果基础上进行编写，以通信技术中所涉及的电子技术为主线，将电子技术的基本理论与通信信号的处理过程相结合，简化烦琐的理论推导，突出知识点的应用性，着重于工程思维的培养。本书共分为 10 章，内容包括：半导体器件的性能分析，低频基本单元电路，数字逻辑电路基础，组合逻辑电路的分析与设计，时序逻辑电路的分析与设计，A/D 与 D/A 转换，高频放大电路性能分析，正弦波振荡器的分析与设计，调制与解调的实现，频率合成与变换技术。全书安排有 28 个案例分析任务，使课堂教学与电路的测试、分析与设计相结合，以重点培养学生的岗位工作技能。

本书内容丰富实用，为高职高专院校电子技术基础课程的教材，也可作为应用型本科、成人教育、自学考试、开放大学、中职学校及培训班的教材，以及通信工程技术人员的参考工具书。

本书配备免费的电子教学课件、练习题参考答案，详见前言。



**图书在版编目（CIP）数据**

通信电子技术/孙玥主编. —北京：电子工业出版社，2014.1
全国高职高专院校规划教材 • 精品与示范系列
ISBN 978-7-121-22274-0

Ⅰ. ①通… Ⅱ. ①孙… Ⅲ. ①通信技术－高等职业教育－教材 Ⅳ. ①TN91

中国版本图书馆 CIP 数据核字（2014）第 001162 号

策划编辑：陈健德（E-mail：chenjd@phei.com.cn）
责任编辑：谭丽莎
印　　刷：北京虎彩文化传播有限公司
装　　订：北京虎彩文化传播有限公司
出版发行：电子工业出版社
　　　　　北京市海淀区万寿路 173 信箱　邮编 100036
开　　本：787×1 092　1/16　印张：20.25　字数：518 千字
版　　次：2014 年 1 月第 1 版
印　　次：2022 年 1 月第 9 次印刷
定　　价：42.00 元

凡所购买电子工业出版社图书有缺损问题，请向购买书店调换。若书店售缺，请与本社发行部联系，联系及邮购电话：（010）88254888，88258888。

质量投诉请发邮件至 zlts@phei.com.cn，盗版侵权举报请发邮件至 dbqq@phei.com.cn。

本书咨询联系方式：chenjd@phei.com.cn。

根据高等职业教育的人才培养目标要求，在教学实施过程中，不仅要求学生掌握一定的基础理论知识，而且强调学生的实践能力及分析问题与解决问题能力的培养，以提高学生的综合职业能力。本书结合通信行业职业岗位技能需求，在国家示范专业课程建设成果基础上进行编写，以通信技术中所涉及的电子技术为主线，涵盖低频模拟电子技术、数字逻辑电路和高频电子线路的内容，将基本理论与通信信号的处理过程相结合，在保证科学性的前提下，简化烦琐的理论推导，突出知识点的应用性，着重于工程思维培养，力求重点突出，简明扼要，理论与实践紧密融合。

本书将理论知识的讲授、课堂思考、练习及技能训练结合在一起，对每章、每个知识点都安排有电路的测试、分析或设计训练，以重点培养学生的岗位工作技能。全书内容丰富实用，引入计算机仿真技术，使学生加深感性认知，从而更好地掌握知识与技能。每章都配有知识梳理与总结、习题等，可以边讲边练。通过不同的学习方式，可使学生逐步提高获取知识的能力，掌握分析解决具体问题的思维及工作方法。

本书共分为 10 章，内容包括：半导体器件的性能分析，低频基本单元电路，数字逻辑电路基础，组合逻辑电路的分析与设计，时序逻辑电路的分析与设计，A/D 与 D/A 转换，高频放大电路性能分析，正弦波振荡器的分析与设计，调制与解调的实现，频率合成与变换技术。章节的设计是根据信号在通信过程中的分析处理过程来安排的，每章中的案例分析任务主要以仿真实现为基本手段，各院校既可以根据具体教学情况选择适当的任务来完成，也可以自行加入相应的其他实验训练，以培养和提高学生的实践应用能力。

本书由南京信息职业技术学院通信学院孙玥主编，王蕾、闫之烨、邵连参与书稿的编写和整理工作。本书由杜庆波教授进行主审，并提出了许多宝贵意见和建议，在此谨表示衷心感谢。

由于编者水平有限，书中错漏及不妥之处在所难免，恳请读者给予批评、指正。

为了方便教师教学，本书配套有免费电子教学课件、习题参考答案，请有此需要的教师登录华信教育资源网（http://www.hxedu.com.cn）免费注册后再进行下载，有问题时请在网站留言或与电子工业出版社联系（E-mail:hxedu@phei.com.cn）。

编　者

# 目 录

# 绪　论

所谓“电子技术”，是指“含有电子的、数据的、磁性的，光学的、电磁的，或者类似性能的相关技术”。电子技术可以分为模拟电子技术、数字电子技术两大部分。模拟电子技术是整个电子技术的基础，在信号放大、功率放大、整流稳压、模拟量反馈、混频、调制解调电路领域具有无法替代的作用。例如，高保真（Hi-Fi）的音箱系统、移动通信领域的高频发射机等。

与模拟电路相比，数字电路具有精度高、稳定性好、抗干扰能力强、程序软件控制等一系列优点。从目前的发展趋势来看，除一些特殊领域外，以前一些模拟电路的应用场合大有逐步被数字电路所取代的趋势，如数字滤波器等。

《通信电子技术》课程是通信工程及相近专业的主干专业基础课程，在内容上将模拟、数字电路和高频电子线路的内容整合，形成通信专业类所需要的知识体系，起着联系基础课程与专业课程的桥梁作用；它强调理论联系实际，注重工程概念，对学生解决实际问题的能力和实践动手能力的培养具有重要作用。通过该课程的学习，可使学生系统地掌握各种功能单元电路的工作原理和分析设计技术，建立起通信与信号处理理论的工程实现的基本框架，为后续课程学习打下必备的基础。

本课程的主要内容是以信号的处理形式（模拟信号、数字信号）将课程的主要内容串起来，从系统的观点把握各功能电路所处的位置和作用，讲解模拟通信功能电路的基本原理及其实现的方法。本课程以通信系统为主线贯串各功能电路，加强了内容的系统性。

对于各个功能电路来说，虽然历经了电子管、晶体管、场效应管、集成电路、大规模集成电路等不同的实现形式，但是各个功能电路的输入信号与输出信号的频谱变换关系是没有变化的，也就是基本原理不变。本课程以功能电路的“功能”为基点，从功能电路的输入和输出信号的频谱关系为出发点，分析各个功能电路的输入频谱与输出频谱变换关系的特征，以使学生从理论上搞清组成各个功能电路的基本原理和实现电路的基本方法。

### 1. 电子技术的发展和应用

当代是包括计算机在内的电子学繁荣昌盛的时代，其背景与电子电路元器件由电子管——晶体管——集成电路的不断发展有着密切的关系。

1）电子管时代

近几十年来，电子技术的发展十分迅速。1904 年开始生产出电子管，至此电子技术进入第一个发展时代，称为电子管时代。

二极管：1904 年，英国人弗莱明受到“爱迪生效应”的启发，发明了二极管。

三极管：1907 年，美国的福雷斯特发明了三极管。当时，真空技术尚不成熟，三极管的制造水平也不高。但在反复改进的过程中，人们懂得了三极管具有放大作用，终于拉开了电子学的帷幕。

四极管：1915 年，英国的朗德在三极管的控制栅极与阳极之间又加了一个电极，称为帘栅极，其作用是解决三极管中流向阳极的电子流中有一部分会流到控制栅极上去的问题。

五极管：1927 年，德国的约布斯特在四极管的阳极与帘栅极之间又加了一个电极，发明了五极管。新加的电极被称为抑制栅。

此外，1934 年，美国的汤绿森通过对电子管进行小型化改进，发明了适用于超短波的橡实管。管壳不用玻璃而采用金属的 ST 管发明于 1937 年，经小型化后的 MT 管发明于 1939 年。

由于电子管本身的体积大，使得电子设备的体积庞大、耗电多、寿命短，迫使人们去研究新的电子器件。1948 年研制出了半导体器件，使电子技术进入了晶体管时代，这样仅十多年的时间就使电子设备的小型化有了很大的进展。与电子管相比，晶体管具有体积小、质量轻、耗电省等优点，因而在许多应用领域里，晶体管迅速取代了电子管。

2）晶体管时代

晶体管是美国贝尔实验室的肖克莱、巴丁和布拉特于 1948 年发明的。这种晶体管的结构是使两根金属丝与低掺杂锗半导体表面接触，因此称之为接触型晶体管。

1949 年，开发出了结型晶体管，在实用化方面前进了一大步。

1956 年，开发出了制造 P 型和 N 型半导体的扩散法。该方法是在高温下将杂质原子渗透到半导体表层的一种方法。

1960 年，开发出了外延生长法并制成了外延平面型晶体管。外延生长法是把硅晶体放在氢气和卤化物气体中来制造半导体的一种方法。

有了半导体技术的这些发展，随之就诞生了集成电路。

3）集成电路

1958 年，美国提出了用半导体制造全部电路元器件，实现集成电路化的方案。

1961 年，得克萨斯仪器公司开始批量生产集成电路。

1962 年，第一块集成电路问世，标志着电子技术进入集成电路阶段。所谓集成电路是把半导体管和电阻、电容及它们之间的连线制作在一小块硅基片上，构成特定功能的电子线路。由于集成电路的体积更小、质量更轻、耗电更省、可靠性更高，并且还具有成本低、电性能优良等一系列优点，所以集成电路的发展十分迅速，从小规模历经中规模、大规模而发展到超大规模。

集成电路并不是用一个一个电路元器件连接成的电路，而是把具有某种功能的电路“埋”在半导体晶体里的一个器件。它易于小型化和减少引线端，因此具有可靠性高的优点。

集成电路的集成度在逐年增加。元件数在 100 个以下的小规模集成电路，元件数为 100～1000 个的中规模集成电路，元件数为 1000～100000 个的大规模集成电路，以及元件数在 100000 个以上的超大规模集成电路都已依次开发出来，并在各种装置中获得了广泛应用。

电子技术最早应用于通信、广播，随着科学技术的不断发展，电子技术的应用日益广泛，它已渗透到国民经济的各个部门，国防和科学技术的各个领域及人类社会生活的各个方面，如计算机、自动化设备、电子医疗器械、新型武器、人造卫星和宇宙飞船等，以及人们日常生活中必不可少的家用电器。

可以预见，伴随着电子科学技术的发展，尤其是超大规模集成电路的发展与应用，必将大大加速各种电子设备和系统小型化的过程，从而给应用电子技术的各个领域带来更深远的影响。

## 2. 通信技术的发展

### 1）有线通信的历史

有人说科学技术是由于军事方面的需要而发展起来的，这种说法有一定的历史事实根据。

英国害怕拿破仑进攻，曾用桁架式通信机向自己的部队通报法国军队的动向。瑞典、德国、俄罗斯等国家也以军事为目的，架设了由这类通信机组成的通信网，据说它们都曾投入了庞大的预算。将这种通信机改造成电通信方式的构想大概就是有线通信的开始。

（1）电报机的发明

1832 年，俄国外交家西林所发明了电磁式电报机，德国的简梅林发明了电化学式电报机，库克和惠斯通（英国）发明了 5 针式电报机等。电报机的形式也是各种各样的，有音响式、印刷式、指针式、钟铃式等。其中，库克和惠斯通发明的 5 针式电报机最为有名。1837 年，这种电报机曾通过架设在伦敦与西德雷顿之间长达 20 千米的 5 根电线而投入实际使用。

（2）莫尔斯电报机

1837 年，莫尔斯电报机在美国研制成功，发明人就是以莫尔斯电码而闻名的莫尔斯。莫尔斯电码是一种以点、画来编码的信号。

（3）电话和交换机

1876 年 2 月 14 日，美国的两位发明家贝尔和格雷分别递交了电话机专利的申请，贝尔的申请书比格雷的申请书早两个小时到达，因而贝尔得到了专利权。

1878 年，贝尔成立了电话公司，制造电话机，全力发展电话事业。

从发展电话业务开始，交换机就担负着重要的任务。1877 年前后的交换机称为传票式交换机，即话务员收到通话请求，很快把传票交给另一位话务员。

其后，经过反复改进，开发出了框图式交换机，进而又开发出了自动交换方式（1879 年）。

1891 年，史端乔式自动交换机研制成功。至此，自动交换的愿望就算实现了。之后研究仍在继续，又经过了几个阶段才发展为现在的电子交换机。

（4）海底通信电缆

陆上通信网日渐完备，人们开始考虑在海底敷设通信电缆来实现跨海国家之间的通信。1840 年前后，惠斯通就已经考虑到了海底电缆的问题。海底电缆有很多问题需要解决，如电缆的机械强度，绝缘及敷设方法都与陆上电缆不同。

1845 年，英吉利海峡海底电报公司成立，开始了从英国到加拿大并跨过多佛尔海峡到达法国的海底电缆敷设工程。1851 年，最早的加来-多佛尔海底电缆敷设完毕，成功地实现了通信。以此为契机，欧洲周边和美洲东部周边也敷设了许多电缆。现在，世界上的大海里遍布着电缆，供通信使用。

### 2）无线通信的历史

世界上任何一个地区的信息都能显示在电视机上，这种方便是电波带给我们的。

最早的电波实验是德国的赫兹在 1888 年进行的。通过实验，赫兹弄清了电波和光一样，具有直线传播、反射和折射现象。频率的单位赫兹就来自于他的名字。

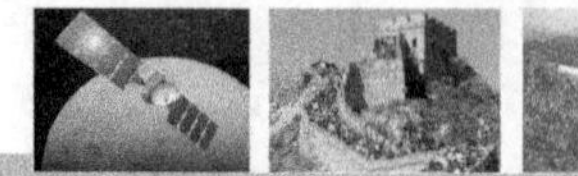

（1）马可尼的无线电装置

意大利人马可尼在 1895 年研制出了最早的无线电装置，利用这一装置在相隔大约 3 千米的距离之间进行了莫尔斯电码通信实验。

（2）高频波的产生

要想实现无线通信，首先要产生稳定的高频电磁波。

达德尔采用由线圈和电容器构成的电路产生出了高频信号，但其频率还不到 50kHz，电流也只有 2～3A，比较小。1903 年，荷兰的包鲁森利用酒精蒸气电弧放电产生出了 1MHz 的高频波，彼得森又对其进行了改进，制成了输出功率达到 1kW 的装置。其后，德国设计出了机械式高频发生装置，美国的斯特拉和费森登、德国的戈尔德施米特等人开发出了用高频交流机产生高频波的方法……很多科学家和工程师都曾致力于高频波发生器的研究。

（3）无线电话

如果传送的不是莫尔斯信号而是人的语言，就需要有运载信号的载波。载波必须是高频波。1906 年，美国通用电气（GE）公司的亚历山德森制成了 80kHz 的高频信号发生装置，首次成功地进行了无线电话的实验。

用无线电话传送语音，并且收听它，需要有用于发送的高频信号发生装置和用于接收的检波器。费森登设计了一种多差式接收装置，并于 1913 年试验成功。

达德尔设计出了以包鲁森电弧发送器为发送装置，以电解检波器为接收装置的受话器方式。要想使产生的电波稳定，接收到的噪声小，还得等待电子管的出现。

（4）二极管和三极管

1903 年，爱迪生发现从电灯泡的热丝上飞溅出来的电子把灯泡的一部分熏黑了，这种现象被称为爱迪生效应。

1904 年，弗莱明从爱迪生效应得到启发，造出二极管，用它来进行检波。

1907 年，美国的 D.福雷斯特在二极管的阳极和阴极之间加了一个叫做栅极的电极，由此发明了三极管。这种三极管既可以用于放大信号电压，也可以配以适当的反馈电路产生稳定的高频信号，可以说是一个划时代的电路元件。

### 3. 通信系统的定义及分类

#### 1）通信及通信系统的定义

发送者将信息传给信息接收者的过程称为通信。

能实现信息传递的系统称为通信系统。

信息可以是语音、文字、符号、图像或数据等。例如，广播是传输声音的系统，电视是传输图像信息与声音信息的系统，它们都是通信系统。

#### 2）通信系统的分类

（1）按信息的物理特征分类

根据信息的不同物理特征，通信系统可分为传真通信系统、电话通信系统、数据通信系统、图像通信系统等。

（2）按基带信号的物理特征分类

根据基带信号的不同，通信系统可分为模拟通信系统和数字通信系统。

（3）按传输媒介分类

根据传输媒介的不同，通信系统可分为有线通信系统和无线通信系统两大类。

（4）按信号复用方式分类

复用方式主要有四种，即空分复用（SDMA）、频分复用（FDMA）、时分复用（TDMA）和码分复用（CDMA）。

（5）按终端设备来分类

根据终端设备，通信系统可分为电话（包括手机）通信、电报通信、电传通信、传真通信和计算机通信等。

（6）按通信方式来分类

根据通信的方式，通信系统可分为单工通信、半双工通信及全双工通信三种。

### 4. 通信系统的组成

一个完整的通信系统应包括输入变换装置、发送设备、传输信道、接收设备和输出变换装置五部分，如图 0-1 所示。

1）输入变换装置

输入变换装置是将要传送的信息变成电信号的装置，如话筒、摄像机、各种传感装置。

2）发送设备

发送设备用于将基带信号变换成适合于信道传输的信号。不同的信道具有不同的传输特性。由于要传送的消息种类很多，它们的相应基带信号的特性各异，往往不适合直接在信道中传输，所以需要利用发送设备对基带信号进行变换，以得到适合于信道传输的信号。

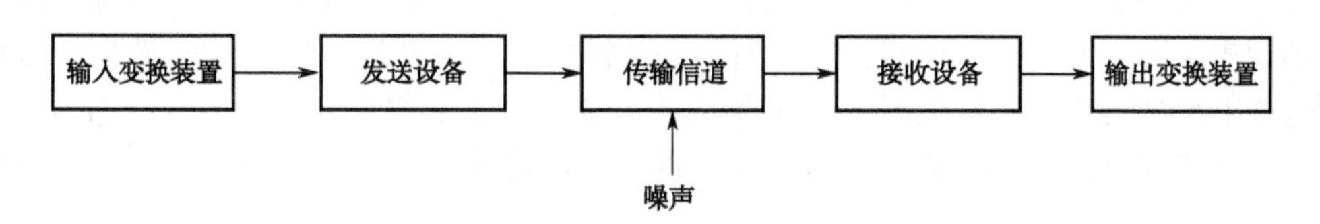


图 0-1　通信系统的组成

3）传输信道

传输信道是传送信息的通道，又称为传输媒介，如电缆、光缆或无线电波。不同的信道有不同的传输特性。

4）接收设备

接收设备用于对信道传送过来的信号进行处理，以恢复出与发送端基带信号相一致的信号。当然，由于在信道传输中和恢复过程中会产生一定的干扰和失真，所以接收设备恢复的信号也会有一定的失真。应尽量减小这种失真。

5）输出变换装置

输出变换装置是将接收设备输出的电信号变换成原来形式的消息的装置，如还原声音的扬声器，恢复图像的显像管等。

5. 噪声与干扰

电子线路处理的信号，多数是微弱的小信号，因而很容易受到内部和外界一些不需要的电压、电流及电磁骚动的影响，这些影响称为干扰（或噪声）。当干扰（或噪声）的大小可以与有用信号相比较时，有用信号将被它们所"淹没"。为此，研究干扰问题是电子技术的一个重要课题。

一般来讲，除了有用信号之外的任何电压或电流都叫干扰（或噪声），但习惯上把外部来的称为干扰，把内部固有的称为噪声。

1）外部干扰

外部干扰分为自然干扰和人为干扰。自然干扰是大气中的各种扰动。人为干扰是各种电器设备和电子设备产生的干扰。

2）消除外部干扰的方法

（1）电源干扰的抑制方法

供电电源因滤波不良所产生的 100Hz 纹波干扰是主要的电源干扰，电源内阻产生的寄生耦合干扰也是主要的电源干扰。对于高增益的小信号放大器，寄生耦合有时可能造成放大器自激振荡。解决 100Hz 电源干扰和寄生耦合的方法是对每个电路的供电电源单独进行一次 RC 滤波，这种电路叫做 RC 去耦电路，如果电路的工作频率较高，而供电电流又比较大，则可以用电感代替电阻，构成 LC 去耦电路，其中电感 L 称为扼流圈。因为大容量的电解电容都存在串联寄生电感，在高频时寄生电感的感抗会很大，使电容失去滤波的作用，所以电路中都并联一个小容量的电容，这样就可消去寄生电感的影响。

工厂里的大型用电设备产生的电火花干扰能沿着电力线进入电子设备。除此之外，电力线还起着天线的作用，即接收天空中的杂散电磁波，并将其传送到电子设备中形成干扰。这些干扰的特点是：突发性强，干扰往往以脉冲电压形式出现；频率高，通常为几百千赫兹至几兆赫兹；干扰会同时出现在电力线的两根导线上，其大小和相位相同，这种性质的干扰称为共模干扰。

消除电网共模干扰的方法是在交流市电的输入端插入一个滤波器，如某电视机的交流电源滤波器，在每根电源线与地之间均构成一个π型滤波器，电容 C 的容量在几千皮法到 0.01μF 之间选取，电感 L 绕制在高频磁芯上，约 10 圈左右，电感导线直径要根据设备的交流输入功率来选择。

（2）电路接地不当的干扰及消除

电路中的接地不当会形成严重的干扰，消除这些干扰的方法是正确接地，即在电路中要采用一点接地、数字电路的地线和模拟电路的地线要完全分开，有条件时在多层印制板中要分别安排数字地层和模拟地层。

（3）空间电磁耦合干扰

空间电磁耦合对电路的影响分为静电耦合干扰和交变磁场耦合干扰，防止这两种干扰的基本方法是接地、滤波、隔离、电磁屏蔽。

微弱信号的传输导线易受到干扰，因此通常采用屏蔽线作为引线。使用屏蔽线时，切忌将网状金属层当成导线使用，即不能将金属网两端都接地，只能取一端接地。

3）噪声

内部噪声分为人为噪声和固有噪声两类。

固有噪声是一种起伏型噪声，它存在于所有的电子线路中，其主要来源是电阻热噪声和半导体器件的噪声。

（1）电阻热噪声

当温度大于 300K 时，做随机运动的自由电子穿越电阻的运动过程，会在电阻两端产生随机的起伏噪声电压。

（2）半导体器件的噪声

① 散粒噪声：散粒噪声是晶体管的主要噪声源。散粒噪声这个词是沿用的电子管噪声中的词。在二极管和三极管中都存在散粒噪声。

晶体三极管是由两个 PN 结构成的，当晶体三极管处于放大状态时，发射结为正向偏置，发射结所产生的散粒噪声较大；集电结为反向偏置，集电结所产生的散粒噪声可忽略不计。

② 分配噪声：晶体管发射区注入基区的多数载流子大部分到达集电极，成为集电极电流，而小部分在基区内被复合，形成基极电流，这两部分电流的分配比例是随机的，因而造成通过集电结的电流在静态值上下起伏变化，引起噪声，这种噪声就称为分配噪声。

③ 闪烁噪声：又称为低频噪声，一般认为这种噪声是由于晶体管清洁处理不好或有缺陷造成的。其特点是频谱集中在低频（约 1kHz 以下），在高频工作时通常可不考虑它的影响。

4）信噪比和噪声系数

信噪比：$\mathrm{SNR}=\dfrac{P}{N}$

噪声系数：描述放大系统的固有噪声的大小。噪声系数（NF）定义为输入信噪比与输出信噪比的比值。NF 反映出放大系统内部噪声的大小。

噪声系数可由下式表示：

$$\mathrm{NF}=\frac{\mathrm{SNR}_{\mathrm{i}}}{\mathrm{SNR}_{\mathrm{o}}}=\frac{P_{\mathrm{i}}/N_{\mathrm{i}}}{P_{\mathrm{o}}/N_{\mathrm{o}}}$$

5）降低噪声系数的措施

通过以上分析，我们对电路产生噪声的原因及影响噪声系数大小的主要原因有了基本了解。现将对降低噪声系数的有关措施归纳如下：

（1）选用低噪声元器件；

（2）选择合适的直流工作点；

（3）选择合适的信号源内阻；

（4）选择合适的工作带宽。

# 第1章 半导体器件的性能分析

## 教学导航

| | | |
|---|---|---|
| 教 | 知识重点 | 1. 半导体PN结的电特性 |
| | | 2. 二极管的伏安特性及应用 |
| | | 3. 晶体管的电特性及其应用 |
| | 知识难点 | 半导体二极管、三极管的伏安特性及其分析方法 |
| | 推荐教学方式 | 将理论与技能训练相结合，直观地理解半导体器件的电特性，着重于分析应用 |
| | 建议学时 | 6学时 |
| 学 | 推荐学习方法 | 以小组讨论的学习方式，结合本章内容，通过仿真实践理解掌握半导体器件的电特性及基本放大电路的功能 |
| | 必须掌握的理论知识 | 1. PN结的构成特点及其电特性 |
| | | 2. 二极管、晶体管的电特性 |
| | 必须掌握的技能 | 掌握使用Multisim或类似软件构建基本电路的方法 |

在各种电子设备中，其主要组成部分是电子线路。而电子线路中最重要的核心组成部分是半导体器件，如半导体二极管（简称二极管）、半导体三极管（简称三极管）、场效应管（FET）和集成电路（IC）。半导体器件是信息化时代的重要基础，由于它具有体积小、质量轻、使用寿命长、输入功率小和功率转换效率高等优点而得到了广泛的应用。

## 1.1　半导体材料与 PN 结

### 1.1.1　半导体材料的认知

所谓半导体是指导电性能介于导体和绝缘体之间的物质。半导体的理论表明，在半导体中存在两种带电粒子：一种是带负电的自由电子（简称电子），另一种是带正电的空穴。它们在外电场的作用下做定向运动，即都能运载电荷形成电流，因此通常称为载流子。金属导体内的载流子只有一种，就是自由电子，由于其数目很多，远远超过半导体中载流子的数量，所以金属导体的导体性能比半导体好。

半导体具有热敏特性、光敏特性和掺杂弹特性，这些特性被广泛应用于很多领域，如热敏电阻传感器、光电二极管、太阳能电池等。常用的半导体材料有元素半导体，如硅（Si）和锗（Ge）；化合物半导体，如砷化镓（GaAs）等，以及掺杂或制成其他化合物半导体的材料。

#### 1. 本征半导体

纯净晶体结构的半导体被称为本征半导体。它们都是 4 价元素，原子结构的最外层轨道上有 4 个价电子。目前最常用的本征半导体材料是硅和锗，而硅的应用更为广泛。

当本征半导体的温度升高或受到光线照射时，其共价键中的一些价电子就会从外界获得能量，少量价电子会因为获得能量、摆脱共价键的约束而成为自由电子，同时在共价键上留下空位，这些空位为空穴，带正电，这一现象称为本征激发。显然，自由电子和空穴是成对出现的，因此称它们为电子-空穴对。由于自由电子和空穴都可以参与导电形成电流，所以称其为载流子。

在外电场作用下，自由电子产生定向移动，形成电子电流；同时，价电子也按一定的方向依次填补空穴，从而使空穴产生定向移动，形成空穴电流。由于本征激发产生的电子-空穴对的数目很少，载流子浓度很低，所以本征半导体的导电能力很弱。

#### 2. 杂质半导体

在本征半导体中掺入微量的杂质，就会使半导体的导电性能发生显著的改变。根据掺入杂质的化合价的不同，杂质半导体分为 N 型和 P 型两大类。

1）N（Negative）型半导体

在硅（或锗）晶体中，掺入微量的 5 价元素磷（或砷、锑等）后，杂质原子将散布于硅原子中，并且替代了晶体点阵中某些位置上的硅原子。磷原子有 5 个价电子，它以 4 个价电子与周围的硅原子组成共价健，多余的一个价电子处于共价健之外。由于这个价电子不受共价健的束缚，所以在常温下有足够的能量使其成为自由电子。这样，掺入杂质的硅

半导体就具有相当数量的自由电子，且自由电子的浓度远大于空穴的浓度，自由电子是多数载流子，空穴是少数载流子。显然，这种掺杂半导体主要靠自由电子导电，称为 N 型半导体。

应指出，虽然N型半导体中有大量带负电的自由电子，但由于带有相反极性电荷的杂质离子的平衡作用，故总体上仍为电中性。

2）P（Positive）型半导体

在硅（或锗）晶体中，掺入微量的 3 价元素硼（或铝、铟等）后，杂质原子也将散布于硅原子中，并且替代了晶体点阵中某些位置上的硅原子。硼原子只有 3 个价电子，它与周围的硅原子组成共价键时，因缺少一个电子而产生一个空位，出现一个空穴。当相邻共价键上的价电子受到热振动或在其他激发条件下获得能量时，就有可能填补这个空穴，使硼原子成为不能移动的负离子，而原来硅原子的共价键则因少一个价电子形成空穴。这样，掺入杂质的硅半导体中就具有相当数量的空穴，空穴的浓度远大于自由电子的浓度，空穴是多数载流子，自由电子是少数载流子。

在这种半导体中，导电主要依靠空穴，因此称之为 P 型半导体或空穴型半导体。与 N 型半导体相似，P 型半导体总体上也是电中性的。

### 1.1.2 PN 结的特性

单纯的 P 型或 N 型半导体，仅仅是导电能力增强了。若在一块本征半导体的两边掺入不同的杂质，使一边成为 P 型半导体，另一边成为 N 型半导体，则在两种半导体的交界面附近会形成一层很薄的特殊导电层——PN 结。

#### 1. PN 结的形成

在杂质半导体中，正、负电荷数是相等的，它们的作用相互抵消，因此保持电中性。

1）载流子的浓度差产生的多子的扩散运动

当 P 型半导体和 N 型半导体结合后，在它们的交界处就出现了电子和空穴的浓度差，N 型区内的电子很多而空穴很少，P 型区内的空穴很多而电子很少，这样电子和空穴都要从浓度高的地方向浓度低的地方扩散，因此，有一些电子要从 N 型区向 P 型区扩散，也有一些空穴要从 P 型区向 N 型区扩散，如图 1-1（a）所示。

2）电子和空穴的复合形成了空间电荷

电子和空穴带有相反的电荷，它们在扩散过程中要产生复合（中和），结果使得 P 区和 N 区中原来的电中性被破坏。P 区失去空穴留下带负电的离子，N 区失去电子留下带正电的离子，这些离子因物质结构的关系而不能移动，因此称为空间电荷，它们集中在 P 区和 N 区的交界面附近，形成了一个很薄的空间电荷区，这就是所谓的 PN 结。

3）空间电荷区产生的内电场又阻止多子的扩散运动

在空间电荷区形成后，由于正、负电荷之间的相互作用，在空间电荷区中形成一个电场，其方向为从带正电的 N 区指向带负电的 P 区。由于该电场是由载流子扩散后在半导体内部形成的，故称为内电场。因为内电场的方向与电子的扩散方向相同，与空穴的扩散方

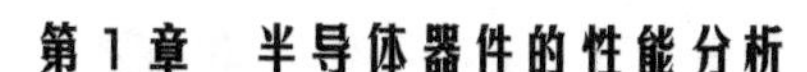


向相反，所以它是阻止载流子的扩散运动的，如图 1-1（b）所示。

综上所述，PN 结中存在两种载流子的运动：一种是多子克服电场的阻力的扩散运动；另一种是少子在内电场的作用下产生的漂移运动。因此，只有当扩散运动与漂移运动达到动态平衡时，空间电荷区的宽度和内建电场才能相对稳定。由于两种运动产生的电流方向相反，所以当无外电场或其他因素激励时，PN 结中无宏观电流。

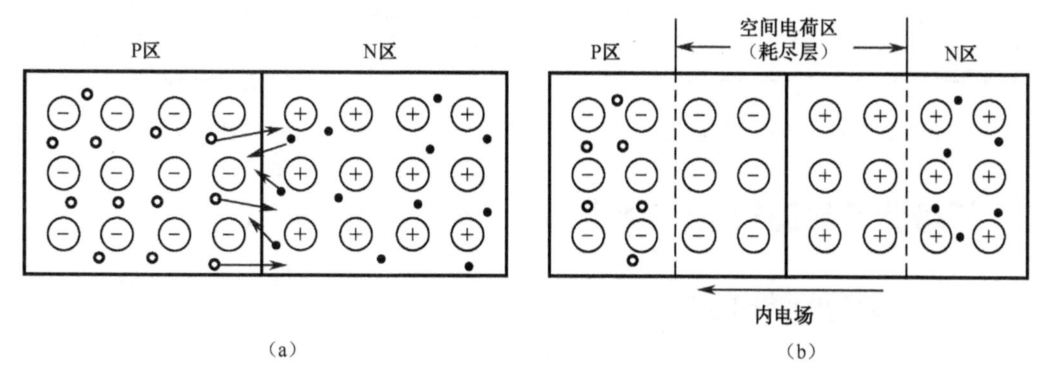


图 1-1 PN 结的形成

### 2. PN 结的单向导电性

若在 PN 结两端外接电源，则 PN 结原来的平衡状态将被打破，这种情况称为偏置，相应的外接电源称为偏置电源。

1）外加正向电压——正向偏置

PN 结外加正向电压，即外电源的正极接 P 区，负极接 N 区，如图 1-2 所示。

由于外加电场与内电场的方向相反，削弱了内电场，使得 PN 结的原有平衡状态被打破，PN 结变窄，多数载流子的扩散运动加剧，形成较大的扩散电流。在外电源作用下，使电流得以维持。

当 PN 结外加正向电流时，有较大的电流通过 PN 结，此时 PN 结处于导通状态。导通时，PN 结相当于一个较小的电阻。

2）外加反向电压——反向偏置

PN 结外加反向电压，即外电源的正极接 N 区，负极接 P 区，如图 1-3 所示。

由于外加电场与内电场方向一致，使得内电场得到加强，PN 结的原有平衡状态也被打破，进而使得 PN 结变宽，多数载流子的扩散运动无法进行，少数载流子的漂移运动加剧。因少数载流子的数目很少（是本征激发产生的），故形成的漂移电流也很小，可近似为 0。此时 PN 结处于截止状态。截止时，PN 结相当于一个很大的电阻。

必须强调：PN 结的反向电流是由本征激发产生的少数载流子形成的，尽管其浓度很低，但和温度相关，随温度的升高而增大。

综上所述，PN 结外加正向电压时，呈现低电阻，具有较大的正向扩散电流，呈导通状态；PN 结外加反向电压时，呈现高电阻，具有很小的反向漂移电流，呈截止状态。这就是 PN 结的基本特性——单向导电性。PN 结还有其他特性，如电容特性、击穿特性等，它们的共同特点都是非线性（具体可参考其他参考书，本书不再详述）。

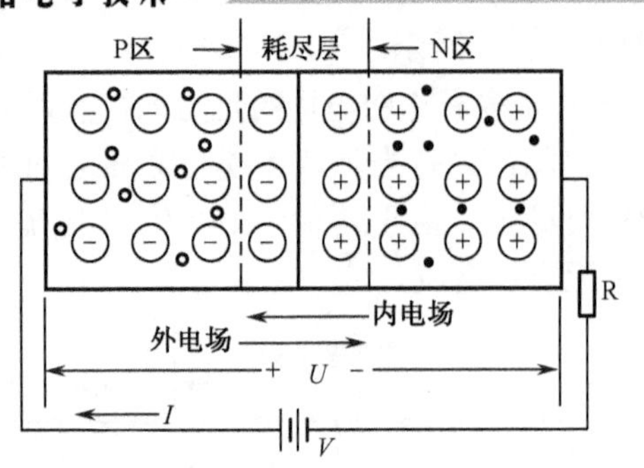


图 1-2　PN 结外加正向电压

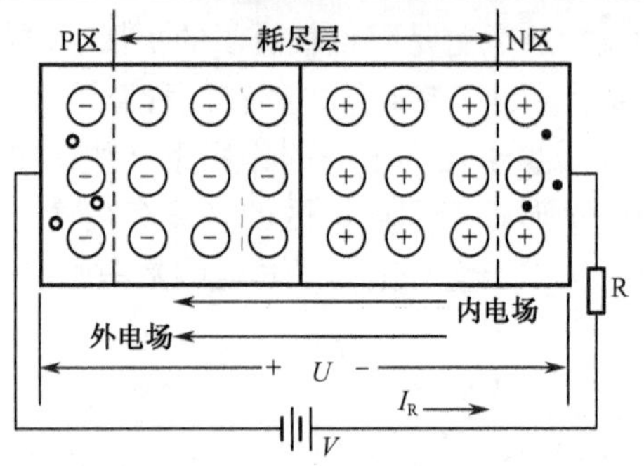


图 1-3　PN 结外加反向电压

## 1.2　二极管特性的分析与测试

### 1.2.1　二极管的结构及分类

1）二极管的结构

二极管是由一个 PN 结加上引出线和管壳构成的。P 型半导体一侧的引出线称为阳极或正极，N 型半导体一侧的引出线称为阴极或负极。

2）二极管的分类

普通二极管按使用的半导体材料不同，分为硅管和锗管；按结构形式不同，常用的有点接触型和平面型。

点接触型半导体二极管的结构如图 1-4（a）所示。它的特点是：PN 结的面积小，PN 结的等效电容也小，适用于高频、小电流的电路，如小电流的整流电路和高频检波。

硅平面型半导体二极管的结构如图 1-4（b）所示。它的特点是：当 PN 结的面积较大时，PN 结的等效电容也较大，适用于低频、大电流的电路，如大电流的整流电路；当 PN 结的面积较小时，PN 结的等效电容也较小，适用于高频、小电流的电路和脉冲数字电路。

二极管的符号如图 1-4（c）所示，外形如图 1-4（d）所示。

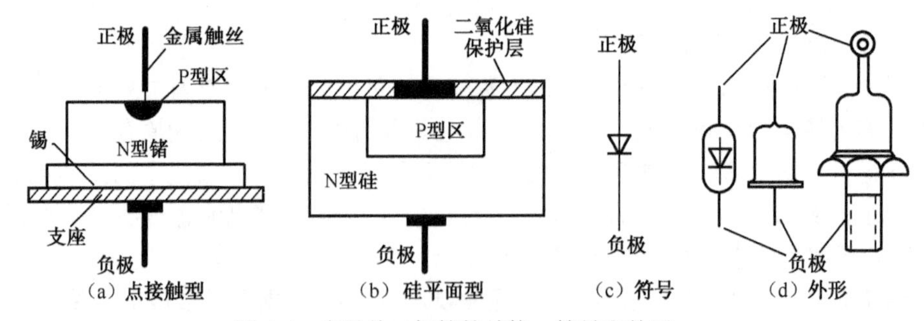


图 1-4　半导体二极管的结构、符号和外形

### 1.2.2　二极管的外特性及主要参数

#### 1. 普通二极管的伏安特性

半导体二极管（简称二极管）两端的电压 $u_o$ 与流过的电流 $i_o$ 之间的关系称为伏安特性。

半导体二极管的伏安特性与 PN 结的伏安特性略有差别。虽然半导体二极管的核心是 PN 结，但在半导体二极管中，还有电极的引线电阻、管外电极间的漏电阻、PN 结两侧中性区的体电阻，它们都会对伏安特性有所影响。引线电阻及体电阻与 PN 结串联，主要影响半导体二极管的正向偏置时的伏安特性——正向特性；漏电阻较大，与管子并联，主要影响半导体二极管的反向偏置时的伏安特性——反向特性。

图 1-5（a）和（b）分别表示半导体二极管中的锗管和硅管的伏安特性曲线。从伏安特性曲线可见：半导体二极管具有非线性的伏安特性；硅管和锗管的伏安特性有一定的差异。下面对二极管的伏安特性进行具体的讨论。

1）正向特性

（1）整个正向特性曲线近似呈现为指数曲线。由于二极管的引线电阻、体电阻很小，电极间的漏电阻很大，对二极管的伏安特性的影响均不大，故可用式（1-1）近似来表述二极管的伏安特性：

$$i_D = I_S e^{u_D/u_T} - 1 \tag{1-1}$$

（2）不论是硅管还是锗管，当正向偏置电压较小时，$i_D$ 近似为零，二极管仍未很好导通，当正向电压超过一定数值后，二极管电阻变得很小，电流增长很快，这个电压称为“死区电压”。硅管的死区电压约为 0.5V；锗管的死区电压约为 0.1V。当然，当二极管工作于死区时，并不是完全没有电流流过，只是流过的电流极小，在工程计算中往往可以忽略。

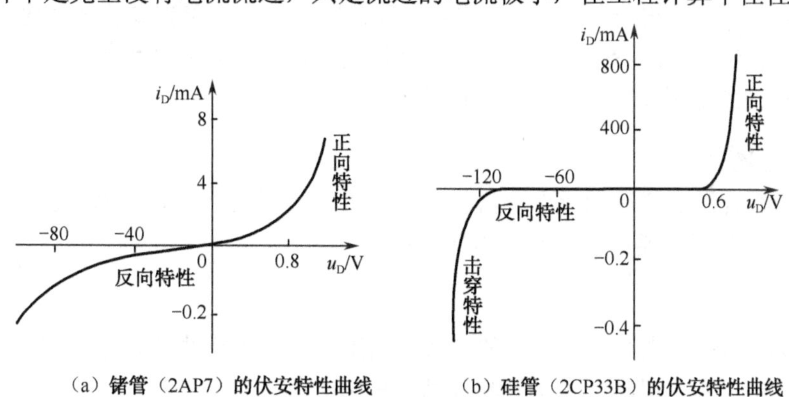


（a）锗管（2AP7）的伏安特性曲线　　（b）硅管（2CP33B）的伏安特性曲线

图 1-5　半导体二极管的伏安特性曲线

（3）当正向电压 $u_D$ 超过死区电压时，二极管呈现的电阻很小，正向电流 $i_D$ 增长很快，二极管正向导通。导通后，二极管两端的正向电压称为正向压降（或管压降），也近似认为是导通电压，一般硅管约为 0.7V，锗管约为 0.3V。

2）反向特性

（1）当二极管反向偏置时，反向电流由少数载流子漂移形成，因此常温下的反向电流很小。小功率硅管的反向饱和电流 $I_S$ 一般小于 0.1μA，锗管的 $I_S$ 约为几十到几百微安。在二极管击穿之前，反向电流几乎不随反向电压的变化而改变，硅管尤其是这样。

（2）当反向电流超过一定范围以后，反向电压的增加使反向电流急剧增大，二极管发生反向击穿（实质上是内部的 PN 结发生击穿）。二极管发生反向击穿后，当反向电流还不太大时，二极管的功耗不大，PN 结的温度还不会超过允许的最高结温（硅管约为 150℃～

200℃，锗管约为 75℃～100℃），二极管仍不会损坏，一旦降低反向电压，二极管仍能正常工作，因此这种击穿是可逆的，称为电击穿。当发生电击穿后，若仍继续增加反向电压，反向电流也随之增大，二极管会因功耗过大使 PN 结的温度超过最高允许温度而烧坏，造成二极管的永久性损坏，因此这种击穿是不可逆的，称为热击穿。

#### 2. 普通二极管的主要参数

二极管的特性除用伏安特性曲线表示外，还可以用它的一些参数来加以说明。参数是用来定量描述二极管性能的指标，它表明了二极管的应用范围。因此，参数是正确使用和合理选择二极管的依据。参数可以直接测量，很多参数还可以从半导体器件手册中查出。二极管的主要参数如下。

1）最大整流电流 $I_F$

$I_F$ 是指二极管正常工作时允许通过的最大正向平均电流，它与 PN 结的材料、结面积和散热条件有关。因为电流流过 PN 结会引起二极管发热，如果在实际运用中流过二极管的平均电流超过 $I_F$，则二极管将因过热而烧坏。因此，二极管的平均电流不能超过 $I_F$，并要满足散热条件。

2）最大反向工作电压 $U_R$

$U_R$ 是指二极管在使用时所允许加的最大反向电压。为了确保二极管安全工作，通常取二极管反向击穿电压 $U_{(BR)}$的一半为 $U_R$。实际运用时，二极管所承受的最大反向电压不应超过 $U_R$，否则二极管就有发生反向击穿的危险。

3）反向电流 $I_R$

$I_R$ 是指二极管未击穿时的反向电流值。$I_R$ 越小，二极管的单向导电性越好。由于温度升高时 $I_R$ 将增大，所以使用时要注意温度的影响。

4）最高工作频率 $f_M$

$f_M$ 是由 PN 结的结电容大小决定的参数。当工作频率 $f$ 超过 $f_M$，结电容的容抗减小到可以和反向交流电阻相比拟时，二极管将逐渐失去它的单向导电性。

上述参数中的 $I_F$、$U_R$ 和 $f_M$ 为二极管的极限参数，在实际使用中不能超过。应当指出，由于制造工艺的限制，即使是同一型号的二极管，参数的分散性也很大，所以手册上给出的往往是参数的范围。

### 1.2.3 二极管电路的分析方法

#### 1. 图解分析法

二极管是非线性器件，采用非线性电路分析法较为复杂，而图解法则相对简单，但前提条件是已知二极管的伏安特性曲线。先列出管外电路方程，该方程与伏安特性曲线的交点便是所需求的解。

**【实例 1-1】** 电路如图 1-6 所示，已知二极管的伏安特性曲线、电源 $U_{DD}$ 和电阻，求二极管两端的电压 $u_D$ 和流过二极管的电流 $i_D$。

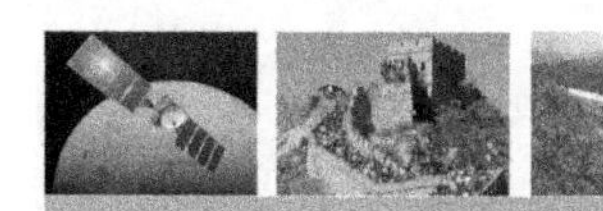



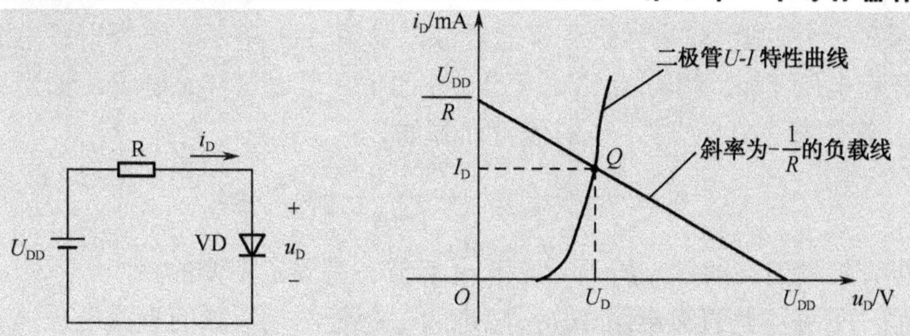


图 1-6　实例 1-1 的图

**解**：由电路的 KVL 方程可得：$i_D = \frac{U_{DD} - u_D}{R}$，即 $i_D = -\frac{1}{R}u_D + \frac{1}{R}U_{DD}$ 是一条斜率为-1/R 的直线，称为负载线。

$Q$ 的坐标值($U_D$,$I_D$)即为所求。$Q$ 点称为电路的工作点。

### 2. 简化模型分析法

由于分析时的条件不同，所以二极管会有不同的等效电路。

考虑到实际情况，下述等效电路中的二极管均不工作在反向击穿区域。将指数模型 $i_D = I_S(e^{u_D/u_V} - 1)$ 分段线性化，可得到二极管特性的等效模型。

#### 1）理想模型

图 1-7（a）表示理想二极管的 U-I 特性，其中虚线表示实际二极管的 U-I 特性。图 1-7（b）为它的等效电路（代表符号）。由图 1-7（c）、（d）可见，当二极管正向偏置时，其管压降为 0V，而当二极管反向偏置时，认为它的电阻为无穷大，电流为 0。在实际电路中，当电源电压远比二极管的管压降大时，利用此法来近似分析是可行的。

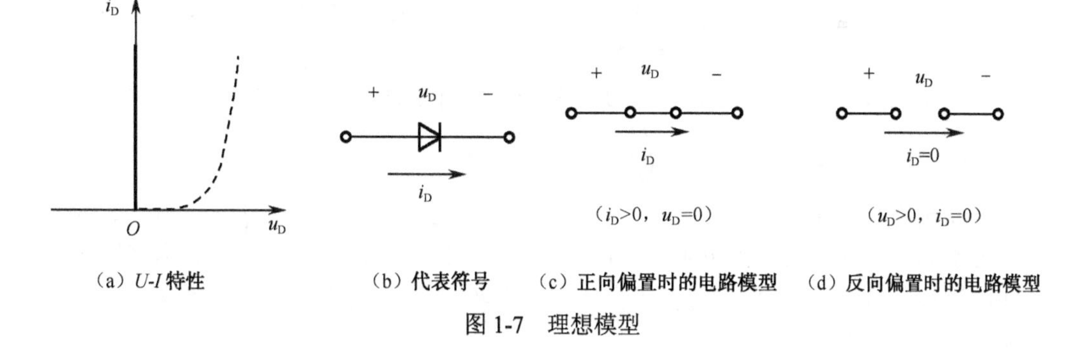


（a）U-I 特性　（b）代表符号　（c）正向偏置时的电路模型　（d）反向偏置时的电路模型

图 1-7　理想模型

#### 2）恒压降模型

恒压降模型如图 1-8 所示，其基本思想是当二极管导通后，其管压降 $u_D$ 被认为是恒定的，且不随电流而变，其典型值为 0.7V。不过，这只有当二极管的电流 $i_D$ 近似等于或大于 1mA 时才是正确的。该模型提供了合理的近似，因此应用也较广。

#### 3）折线模型

为了较真实地描述二极管的 U-I 特性，在恒压降模型的基础上做一定的修正，即认为二极管的管压降不是恒定的，而是随着通过二极管电流的增加而增加，这样在模型中可以用

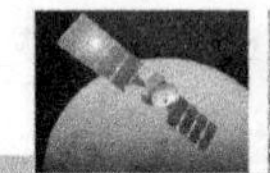

一个直流电源和一个电阻 $r_D$ 来做进一步的近似，如图 1-9 所示。这个直流电源的电压选定为二极管的开启电压 $U_{on}$，约为 0.5V。至于 $r_D$ 的值，可以这样来确定，如当二极管的导通电流为 1mA、管压降为 0.7V 时，$r_D$ 的值可计算如下：

$$r_D=\frac{U_D-U_{on}}{I_D}=\frac{0.7V-0.5V}{1mA}=200\Omega$$

由于二极管特性的离散性，所以 $U_{on}$ 和 $r_D$ 的值不是固定不变的。

应该注意，$r_D$ 并不是直流电阻 $R_D$，$R_D$ 应为二极管两端所加的直流电压 $U_D$ 与流过管子的直流电流 $I_D$ 之比，即 $R_D=\frac{U_D}{I_D}=\frac{0.7V}{1mA}=700\Omega$。

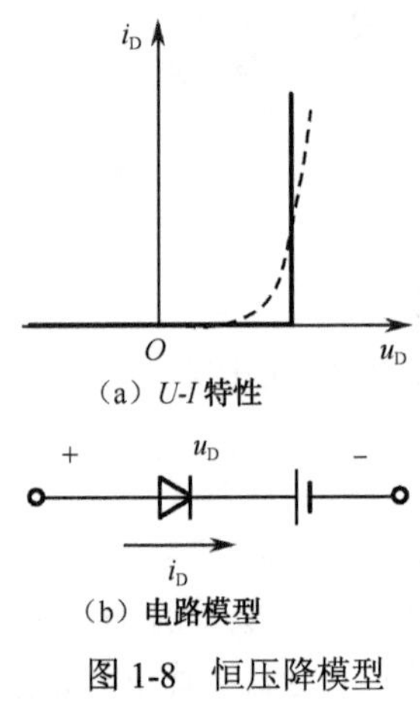


图 1-8　恒压降模型

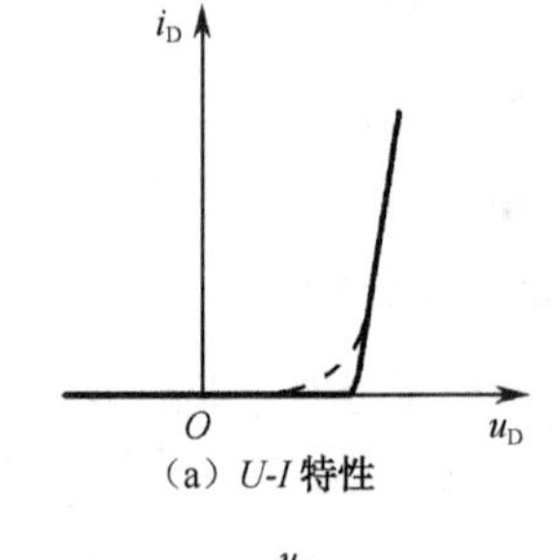


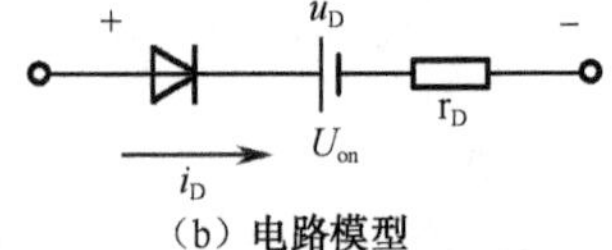


图 1-9　折线模型

4）小信号模型

在二极管不能做理想化等效的情况下，二极管对交流信号的影响应如何分析和估算？其小信号等效电路模型又如何得到呢？这里先从二极管的交流等效电阻开始讨论。

（1）二极管的交流电阻 $r_d$

二极管在工作点 $Q$ 附近的电压微小变化量$\Delta U$ 与相应的电流微小变化$\Delta I$ 之比，称为二极管的交流电阻，用 $r_d$ 表示，即 $r_d=\frac{\Delta U}{\Delta I}$。

由于交流电阻反映了二极管在工作点 $Q$ 附近的电压、电流做微小变化时的等效电阻，所以又称为动态电阻或微变等效电阻。$\Delta U$ 和$\Delta I$ 越小，计算出的 $r_d$ 值越精确。由高等数学的知识可知，当$\Delta U\to 0$、$\Delta I\to 0$ 时，$r_d$ 就等于伏安特性曲线上 $Q$ 点切线斜率的倒数，如图 1-10 所示，即 $r_d=\frac{dU}{dI}=\frac{1}{\tan\alpha}$。

交流电阻由 PN 结的伏安特性进行估算可得：$r_d\approx\frac{U_T}{I}$。

在室温下，$U_T\approx$26mV，则正向导通时交流电阻 $r_d\approx\frac{26\text{（mV）}}{I}$。

二极管的交流电阻也是一种非线性电阻。对于线性电阻器，其交流电阻等于直流电阻，且与所加电压的大小、极性相关。而对于二极管，其交流电阻与直流电阻不等，且都是非线性电阻，这就是作为非线性器件的二极管与线性电阻器的重要区别。

（2）二极管的交流等效电路

这里所说的交流等效电路实际是指小信号电子电路，也称为微变等效电路。

当信号频率不很高（即“低频”）时，如果二极管两端的电压在某一固定值附近做微小变化，即在工作点 $Q$ 附近做微小变化，则其电流也在 $Q$ 点附近做微小变化，因此二极管在 $Q$ 点附近的一小段伏安特性曲线可以用该曲线在 $Q$ 点的切线来近似，如图 1-10（a）所示。这样，对于变化量而言，二极管就等效为一个微变等效电阻 $r_d$，即其微变等效电路就是一个微变等效电阻（即交流电阻）$r_d$，如图 1-10（b）所示。该电路没有考虑 PN 结电容对信号的影响，因此是低频等效电路。

**注意：** 微变等效电路只适用于工作点附近的小信号的情况，且 $Q$ 点不同，$r_d$ 也不同。在微变等效电路中，作为非线性器件的二极管已近似当做线性电阻来处理，即在小信号时把其非线性特性“线性化”了。

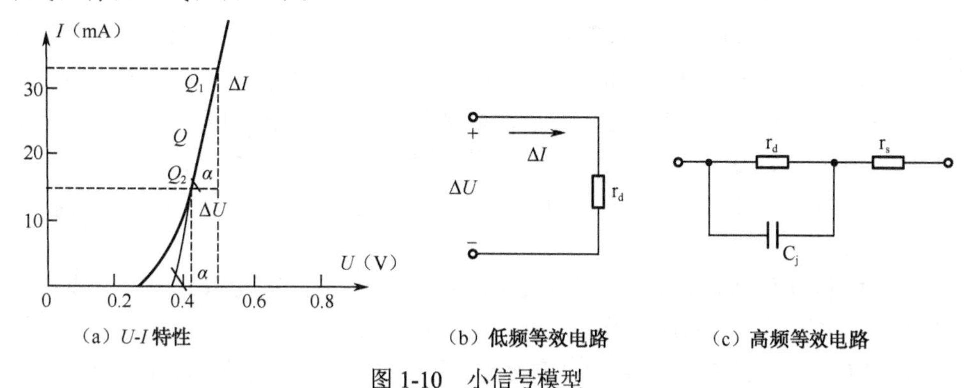


图 1-10　小信号模型

上述微变等效电路只适用于低频的情况。在高频时，PN 结的电容效应必须考虑，因此二极管的高频等效电路如图 1-10（c）所示，其交流电阻 $r_d$ 与结电容 $C_j$ 并联。考虑到引线电阻和 P 区、N 区体电阻的影响，因此等效电路中引入了串联电阻 $r_s$。应该指出，由于 $r_s$ 的值很小，所以在分析和计算时经常被忽略。

由于二极管正偏时 $r_d$ 的值很小，故与之并联的结电容 $C_j$ 的作用也小，电容效应不明显；而在反偏时，由于 $r_d$ 的值很大，故结电容效应很显著。

## 1.2.4　特殊二极管及其应用

### 1. 稳压二极管

利用二极管的反向击穿特性，可将二极管制成一种特殊二极管——稳压二极管。

稳压二极管简称稳压管，也称齐纳二极管，它是用硅材料制成的半导体二极管。由于这种类型的二极管具有稳定电压的特点，在稳压设备和一些电子电路中经常用到，所以把它们统称为稳压二极管。

稳压二极管的符号和伏安特性曲线如图 1-11 所示，其正向特性和普通二极管相同，反向特性曲线在击穿区域比普通二极管更陡直，这表明稳压二极管击穿后，通过管子的电流变化（$\Delta I_Z$）很大，而管子两端的电压变化（$\Delta U_Z$）很小，或者说其两端电压几乎不变，因此它常被用来工作于反向电击穿状态，用于稳定直流电压。

稳压管的主要参数有以下几个。

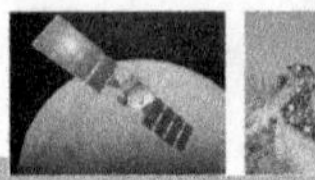

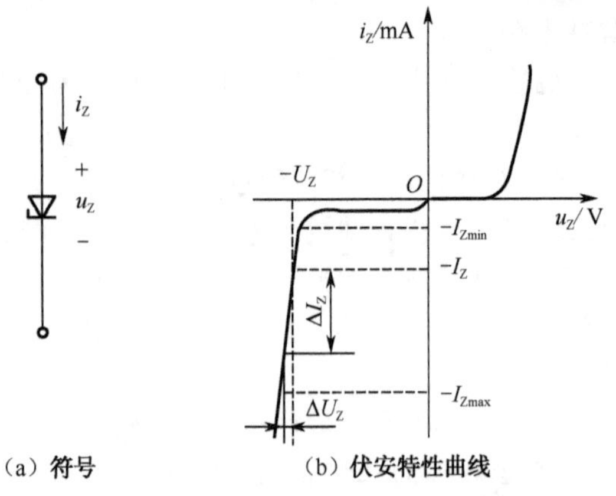


（a）符号　　（b）伏安特性曲线

图 1-11　稳压管的符号和伏安特性曲线

（1）稳定电压 $U_Z$：当流过稳压管的反向电流为规定的测试电流 $I_Z$ 时，稳压管两端的电压值称为稳定电压。由于工艺条件的局限，使得同一种型号稳压管的稳定电压有差异，所以在手册中，这一个值以一个小的范围给出，如 2CW11 给出的稳定电压为 3.2～4.5V。

（2）稳定电流 $I_Z$：稳定电流是稳压管稳压工作时的参考电流值，通常为工作电压等于 $U_Z$ 时所对应的电流值。当工作电流低于 $I_Z$ 时，稳压效果变差；当工作电流低于 $I_{Zmin}$ 时，稳压管将失去稳压作用。

（3）最大耗散功率 $P_{Zm}$ 和最大工作电流 $I_{Zm}$：$P_{Zm}$ 和 $I_{Zm}$ 是为了保证管子不被热击穿而规定的极限参数，由管子允许的最高结温决定，$P_{Zm}=I_{Zm}U_Z$。

（4）动态电阻 $r_Z$：也称为交流电阻，它等于稳压管两端电压的增量与流过它的电流增量之比，即 $r_Z=\Delta U_Z/\Delta I_Z$。同一个管子的 $r_Z$ 的大小与其工作电流 $I_Z$ 的大小有关。$I_Z$ 越大，$r_Z$ 就越小。

（5）稳定电压的温度系数 $C_T$：指温度每增加 1℃时，稳定电压的相对变化量，即 $C_T=\Delta U_Z/U_Z\Delta T\times 100\%$。

### 2. 光敏二极管

光敏二极管又称为光电二极管，它的结构与普通二极管类似，但在它的 PN 结处，能通过管壳上的一个玻璃窗口接收外部的光照。它的 PN 结工作在反向偏置状态，其方向电流随光照强度增加而上升。通过回路电阻 $R_L$ 可获得电信号，从而实现光电转换或光电控制。光敏二极管的应用广泛，主要用于需要光电转换的自动探测、控制装置，在光纤通信与系统还可以作为接收器件等。其电路符号及等效特性如图 1-12 所示。

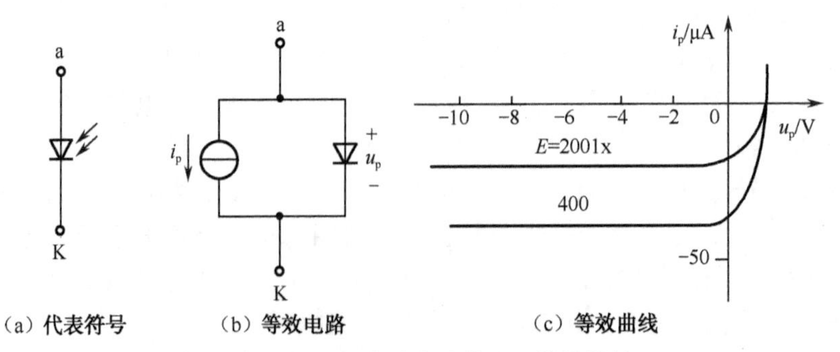


（a）代表符号　　（b）等效电路　　（c）等效曲线

图 1-12　光敏二极管的电路符号及等效特性

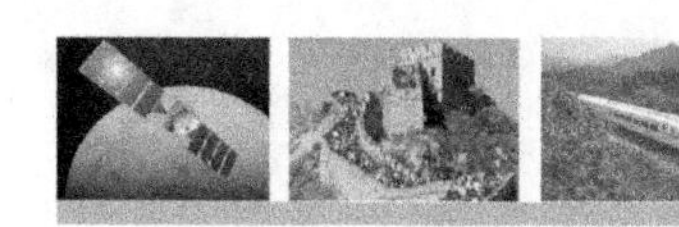



### 3. 发光二极管

发光二极管简称 LED，是一种固态发光器件，常用砷化镓、磷化镓等制成。

发光二极管是用特殊的半导体材料制成的，当载流子复合时，它释放出的能量是一种光谱辐射能。例如，砷化镓发光二极管辐射红光；磷化镓发光二极管辐射绿光或黄光等。

### 4. 激光二极管

激光二极管的物理结构是在发光二极管的结间安置一层有光活性的半导体，其端面经过抛光后具有部分反射功能，因而形成光谱振腔。在正向偏置的情况下，LED 的 PN 结发射出光来，并与光谱振腔相互作用，从而进一步激励从结上发射出单波长的光，这种光的物理性质与材料有关。

### 5. 变容二极管

变容二极管两端的电容特性随着电压的改变而变化，可以用于电视机、收音机的高频接收部分，用于调台。

### 6. 二极管应用电路

在各种电子电路中，二极管是使用和应用最频繁的器件之一。它具有结构简单、体积小、价格低、反向耐压高、工作频率高和使用方便等特点。二极管的基本应用电路有：整流电路、限幅电路、电平选择电路、稳压电路等。

#### 1）二极管整流电路

普通二极管可以用于整流电路，若电流较大，则一般使用大电流整流管。如图 1-13 所示为简单的二极管整流电路。图中的 $u_i$ 为交流电压，其幅度一般较大，为几伏以上。

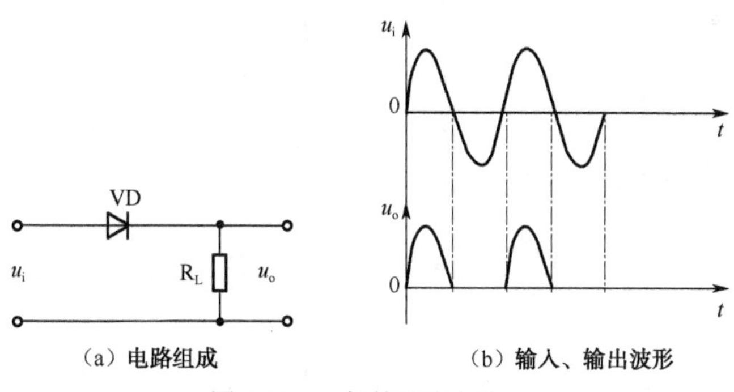


（a）电路组成　　（b）输入、输出波形

图 1-13　二极管整流电路

容易理解，图 1-13（a）所示的简单整流电路的输入和输出电压波形应如图 1-13（b）所示。显然，整流的过程可以把双向交流电变为单向脉动交流电。脉动交流电中虽然含有较大的直流成分，但由于脉动成分仍较大，所以还不能直接用做直流电。通常在输出端并接电容以滤除交流分量，从而使输出电压中的脉动成分大大减小，比较接近于直流电。

#### 2）二极管限幅电路

在电子电路中，为了降低信号的幅度以满足电路工作的需要，为了保护某些器件不因承受大的信号电压作用而损坏，往往利用二极管的导通和截止限制信号的幅度，这就是所谓的限幅。限幅电路也称为削波电路，它是一种能把输入电压的变化范围加以限制的电

路，常用于波形变换和整形。

简单的上限幅电路如图 1-14（a）所示，当 $u_i \geq 2.7V$ 时，VD 导通，$u_o=2.7V$，即将 $u_i$ 的最大电压限制在 2.7V 上；当 $u_i<2.7V$ 时，VD 截止，二极管支路开路，$u_o=u_i$。图 1-14（b）画出了输入幅度为−5V 的正弦波时，该电路的输出波形。由图可见，上限幅电路将输入信号中高出 2.7V 的部分削平了。

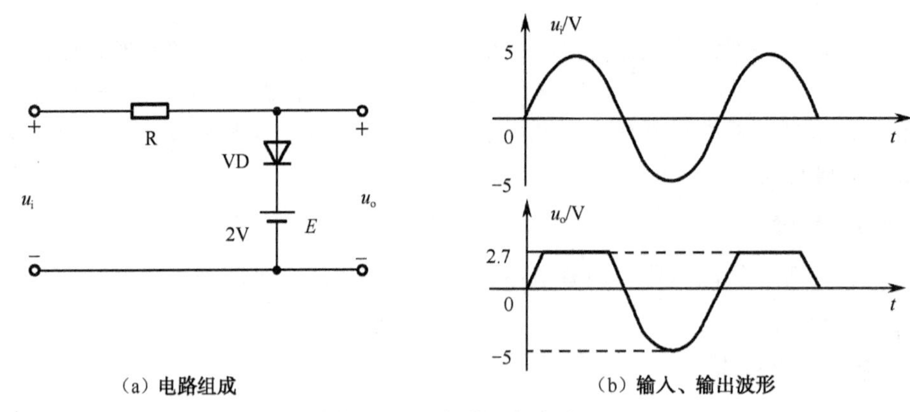


（a）电路组成　　（b）输入、输出波形

图 1-14　二极管限幅电路

3）二极管电平选择电路

从多路输入信号中选出最低电平或最高电平的电路称为电平选择电路。一种二极管低电平选择电路如图 1-15（a）所示。设两路输入信号 $u_1$，$u_2$ 均小于 $E$。表面上看似乎 $VD_1$，$VD_2$ 都能导通，但实际上若 $u_1<u_2$，则 $VD_1$ 导通后将把 $u_o$ 限制在低电平 $u_1$ 上，使 $VD_2$ 截止。反之，若 $u_2<u_1$，则 $VD_2$ 导通，使 $VD_1$ 截止。只有当 $u_1=u_2$ 时，$VD_1$，$VD_2$ 才能都导通。

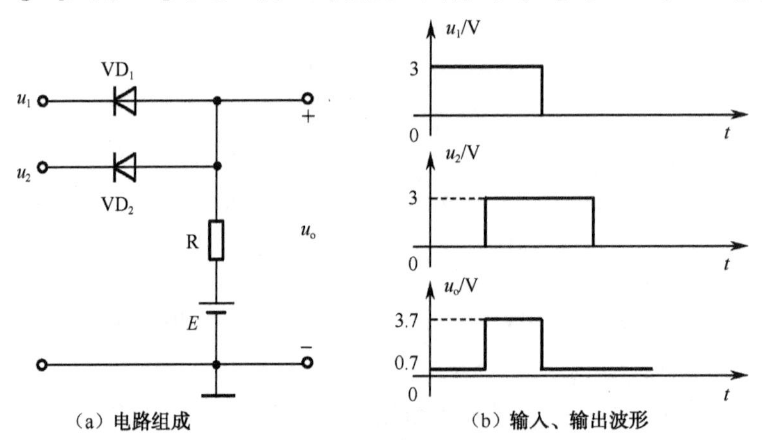


（a）电路组成　　（b）输入、输出波形

图 1-15　二极管低电平选择电路

由图可见，该电路能选出任意时刻两路信号中的低电平信号。图 1-15（b）画出了当 $u_1$、$u_2$ 为方波时，输出端选出的低电平波形。如果把高于 2.3V 的电平当做高电平，并作为逻辑 1，把低于 0.7V 的电平当做低电平，并作为逻辑 0，由图 1-15（b）可知，输出与输入之间是逻辑与的关系。因此，当输入为数字量时，该电路也称为与门电路。

将图 1-15（a）所示电路中的 $VD_1$，$VD_2$ 反接，将 $E$ 改为负值，则变为高电平选择电路。如果输入也为数字量，则该电路就变为或门电路。

4）二极管稳压电路

由稳压二极管构成的简单稳压电路如图 1-16 所示，其应用条件是要求输出电流较小。图中的 R 为限流电阻。该电路能在输入电压 $U_I$ 和负载 $R_L$ 在一定范围内变化时，保持输出电压基本不变。

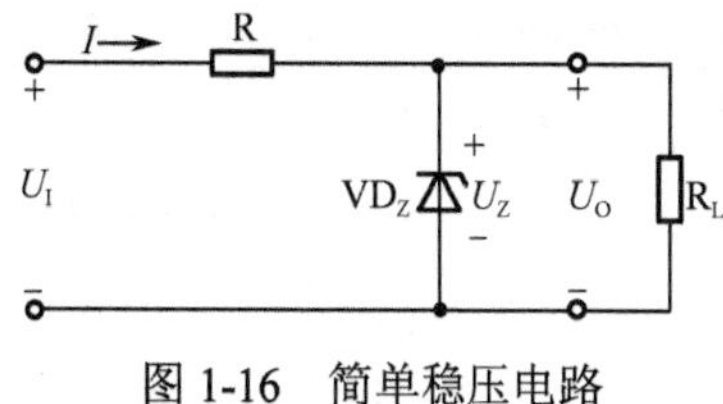


图 1-16 简单稳压电路

稳压二极管的稳压实际上是利用稳压二极管在反向击穿时电流可在较大范围内变动，但击穿电压基本不变的特点而实现的。

当输入电压变化时，输入电流将随之变化，稳压二极管中的电流也将随之同步变化，结果使得输出电压基本不变；当负载电阻变化时，输出电流将随之变化，但稳压二极管中的电流却随之做反向变化，结果仍使得输出电压基本不变。

## 案例分析 1 二极管单向导电性的性能测试及分析

| 任务名称 | 二极管单向导电性的性能测试及分析 | | |
| --- | --- | --- | --- |
| 测试方法 | 仿真实现 | 课时安排 | 2 |
| 原理电路 | 图 1-17 二极管单向导电性的测试及分析<br>说明：当电路图中的 $U_3$ 电压参数设置为负值时，表示电压反向。<br>建议二极管选用 1N4370A，$R_2$ 设置成 1kΩ。 | | |
| 任务要求 | （1）掌握绘制电路图的方法，熟练使用虚拟仪器仪表。<br>（2）验证二极管的单向导电性。<br>（3）确定二极管的开启电压，绘制二极管的伏安特性曲线。 | | |
| 虚拟仪器 | 双踪示波器、信号发生器、交流毫伏表、数字万用表等 | | |
| 测试步骤 | | | |
| | 1．打开 Multisim 或其他相关软件。<br>2．单击 Place/Componet，准备放置元件，如图 1-17 所示。<br>3．改变直流电源的电压值，测量二极管两极的电压值及相应通过的电流值（参考表 1-1）。 | | |

续表

| 任务名称 | 二极管单向导电性的性能测试及分析 | | |
| --- | --- | --- | --- |
| 测试方法 | 仿真实现 | 课时安排 | 2 |

**表 1-1　仿真数据**

| $U_3$/V（电源） | $U_D$/mV（二极管两端的电压） | $I_D$/mA（通过二极管的电流） | 性能说明 |
| --- | --- | --- | --- |
| -0.2 | 200mV | 0A | 正向死区 |
| -0.3 | 300mV | 0A | 正向死区 |
| -0.4 | 399.998mV | 0A | 正向死区 |
| -0.5 | 499.905mV | 55.511nA | 正向导通 |
| -0.7 | 657.536mV | 27.645μA | 正向导通 |
| -0.9 | 697.936mV | 131.894μA | 正向导通 |
| -1 | 707.531mV | 190.958μA | 正向导通 |
| -2 | 745.516mV | 818.901μA | 正向导通 |
| -5 | 777.905mV | 2.756mA | 正向导通 |
| -10 | 799.729mV | 6.006mA | 正向导通 |
| 0.5 | 500mV | 0A | 反向截止 |
| 1 | 1V | 0A | 反向截止 |
| 2 | 2V | 0A | 反向截止 |
| 2.5 | 2.264V | 154.099μA | 反向击穿 |
| 3 | 2.292V | 461.853μA | 反向击穿 |
| 5 | 2.328V | 1.744mA | 反向击穿 |
| 10 | 2.356V | 4.99mA | 反向击穿 |

4．根据表 1-1 中的数据绘制二极管的伏安特性曲线。

伏安特性曲线（$u$ 为横轴，$i$ 为纵轴）：

曲线图：

分析思考

（1）电阻 $R_2$、$R_3$ 的作用是什么？

（2）二极管的开启电压为多少？根据实验数据分析二极管的单向导电性。

续表

| 任务名称 | 二极管单向导电性的性能测试及分析 | | |
|---|---|---|---|
| 测试方法 | 仿真实现 | 课时安排 | 2 |
| | （3）分析伏安特性曲线，是否可得出如下结论，并说明理由。<br>结论：①二极管的直流电流越大，其交流管压降越小；随着静态电流的增大，二极管的动态电阻减小；②二极管导通后，虽然直流输入电压变化较大，但负载电阻的交流压降变化不大，均接近交流输入电压，即二极管的动态电阻很小。请说明理由。<br>（4）拓展：请构建一个二极管半波整流电路，完成仿真电路，并使用双踪示波器观察其输入、输出波形，画出示意图。 | | |
| 总结与体会 | | | |
| 完成日期 | | 完成人 | |

## 1.3　三极管特性的分析与测试

半导体二极管是一个二端器件，它不能对信号进行放大。本节将介绍的半导体三极管（又称晶体三极管，简称三极管或晶体管）是一个三端器件，它是放大器设计的基础。

电子电路的根本作用是对信号进行提取、放大、处理和控制。能将信号放大的电路称为放大电路或放大器。在基本放大电路中，常用于放大的器件即为半导体三极管。

半导体三极管是由两个靠得很近并且背对背排列的 PN 结组成的，它是由自由电子与空穴作为载流子共同参与导电的，因此它也称为双极型三极管（Bipolar Junction Transistors，BJT）。

### 1.3.1　三极管的内部结构及特点

三极管有三个脚，如图 1-18 所示为常见的三极管封装外形及电路符号。功率大小不同，三极管的体积和封装形式也不同。

在一块极薄的硅或锗基片上制作两个 PN 结就构成三层半导体，从三层半导体上各自接出一根导线，就是三极管的三个电极，再封装在管壳里就制成了晶体三极管。根据 PN 结的排列方式不同，三极管可分为两种类型：一种称为 NPN 型三极管，它的物理结构如图 1-19（a）所示，对应的电路符号如图 1-19（b）所示；另一种称为 PNP 型三极管，它的物理结构如图 1-20（a）所示，对应的电路符号如图 1-20（b）所示。

两个 PN 结所对应的三个中性区分别为发射区、基区、集电区，它们的电极引出连线分别称为发射极（E）、基极（B）、集电极（C）。发射区与基区之间的 PN 结称为发射结（简称 EBJ），集电区与基区之间的 PN 结称为集电结（简称 CBJ）。

在三极管的制造过程中，对其内部三个区域（发射区、基区和集电区）都有一定的要

求，必须保证它们具有以下共同特点：

（1）发射区的掺杂浓度远大于基区的掺杂浓度（几十至上百倍），以利于发射区向基区发射载流子；

（2）基区很薄（μm 数量级），掺杂少，这样载流子易于通过；

（3）集电结的面积比发射结面积大且掺杂较少，利于收集载流子。

由于在结构上有这些特点，所以三极管并不等于两个二极管的简单组合，也不能将其发射极和集电极颠倒使用。

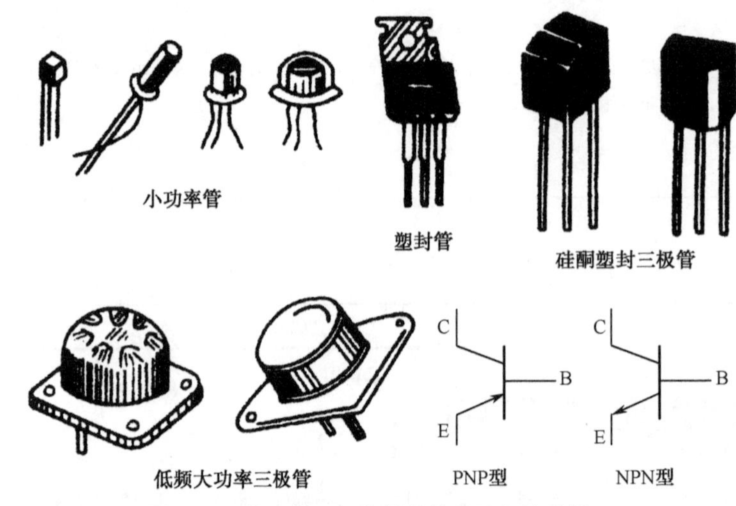


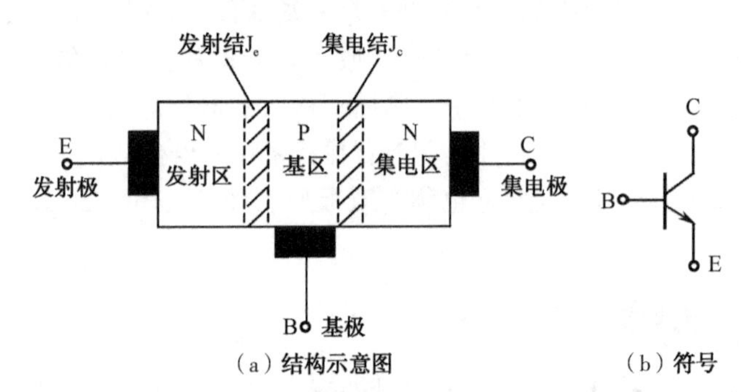


图 1-18　常见的三极管封装外形及电路符号

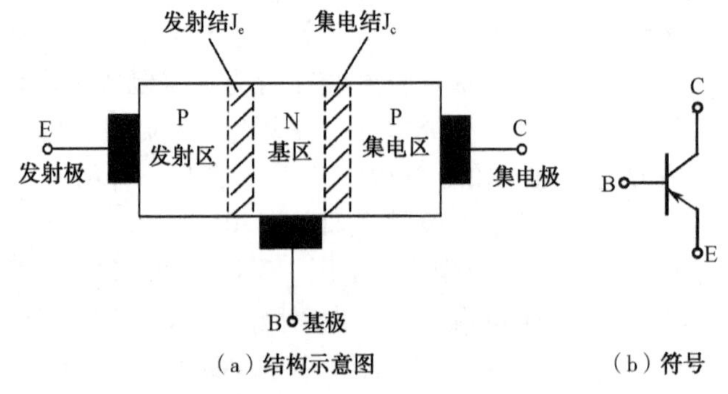


图 1-19　NPN 型三极管的物理结构与电路符号



图 1-20　PNP 型三极管的物理结构与电路符号

### 1.3.2　三极管的电流关系

#### 1. 三极管的偏置

为使三极管具有放大作用，必须使发射区发射载流子，集电结（自身不产生电流）收集发射区发射过来的载流子，因此，必须使发射结正偏（导通）、集电结反偏（截止）。符合该要求的 NPN 型和 PNP 型三极管的直流偏置电路（也称直流供电电路）如图 1-21 所示，该电路接法称为共射接法。

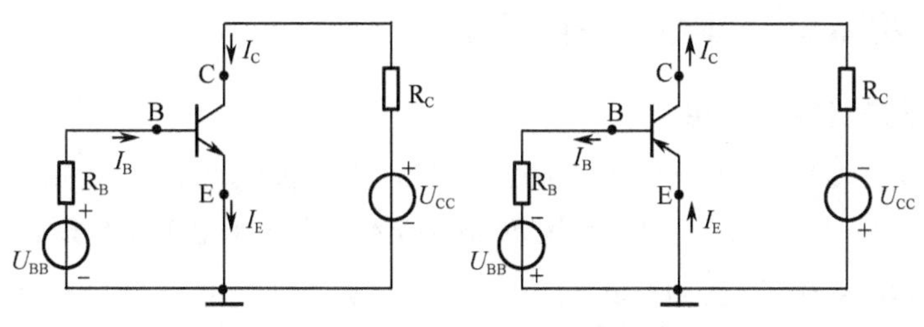


（a）NPN型三极管的偏置电路　　（b）PNP型三极管的偏置电路

图 1-21　三极管的偏置电路（共射接法）

外加直流电源 $U_{BB}$ 通过 $R_B$ 给发射结加正向电压；外加直流电源 $U_{CC}$ 通过 $R_C$ 给集电极加反向电压，该电压并不等于集电结电压，但由于集电极电压通常较大（指绝对值），足以克服 B-E 间的发射结导通电压并给 C-B 间的集电结加一个较大的反向电压，从而可以实现发射结正偏、集电结反偏的条件。

实际上，具有两个 PN 结的三极管的偏置可能有四种：发射结正偏、集电结反偏；发射结反偏、集电结正偏；二结均正偏；二结均反偏。而放大电路中的三极管的偏置则为第一种，即发射结正偏、集电结反偏。

#### 2. 三极管的电流分配关系

三极管中三个极的电流之间应该满足节点电流定律，即

$$I_E = I_C + I_B \tag{1-2}$$

以上是从三极管中载流子的运动情况来分析管子中各电极的电流分配关系的。三个电流之间的关系均符合公式 $I_E = I_C + I_B$，而且大多数情况下还满足以下关系：$I_E > I_C > I_B$，$I_E \approx I_C$。

当三极管的基极电流 $I_B$ 有一个微小的变化时，相应的集电极电流将发生较大的变化，这说明三极管具有电流放大作用。

通常将集电极电流与基极电流的变化量之比定义为三极管的共射电流放大系数，用 $\beta$ 表示，即

$$\beta = \frac{\Delta I_C}{\Delta I_B} \tag{1-3}$$

相应的，将集电极电流与发射极电流的变化量之比定义为共基电流放大系数，用 $\alpha$ 表示，即

$$\alpha = \frac{\Delta I_C}{\Delta I_E} \tag{1-4}$$

根据$\alpha$和$\beta$的定义，以及三极管中三个电流的关系，可得

$$\alpha=\frac{\Delta I_C}{\Delta I_E}=\frac{\Delta I_C}{\Delta I_B+\Delta I_C}=\frac{\Delta I_C/\Delta I_B}{\dfrac{\Delta I_B+\Delta I_C}{\Delta I_B}}=\frac{\beta}{1+\beta}$$

因此$\alpha$和$\beta$两个参数之间满足以下关系：

$$\alpha=\frac{\beta}{1+\beta}，\quad \beta=\frac{\alpha}{1-\alpha} \tag{1-5}$$

## 1.3.3 三极管的电流放大与开关作用

### 1. 三极管的电流放大作用

假设当基极电流$I_B$由0.01mA变到0.02mA时，集电极电流$I_C$由0.56mA变到1.14mA。比较这2个变化量，即当$I_B$的变化量为$\Delta I_B$=0.02mA−0.01mA=0.01mA时，与之对应的$I_C$的变化量为$\Delta I_C$=1.14mA−0.56mA=0.58mA。

上述2个变化量之比为 $\beta=\dfrac{\Delta I_C}{\Delta I_B}=\dfrac{0.58\text{mA}}{0.01\text{mA}}=58$

这说明当$I_B$有一个微小变化就能引起$I_C$较大的变化，这种现象称为三极管的电流放大作用。上面的数据说明，$I_C$的变化为$I_B$的变化的58倍，这个比值用符号$\beta$来表示，称为共发射极交流电流放大系数，简称“交流$\beta$”，$\beta$值的大小除与管子的材料、结构有关外，还与管子的工作电流有关。

例如，当$I_B$由0.02mA变到0.03mA时，$I_C$由1.14mA变到1.74mA，则

$$\beta=\frac{\Delta I_C}{\Delta I_B}=\frac{1.74\text{mA}-1.14\text{mA}}{0.03\text{mA}-0.02\text{mA}}=60$$

由此可见，三极管的工作电流不同时，其$\beta$值也有所不同。不过，在$I_C$的较大变化范围内，$\beta$值的变化很小，近似为一定值。

三极管的集电极直流电流$I_C$和相应的基极直流电流$I_B$的比值用符号$\bar{\beta}$表示，称为共发射极直流电流放大系数，简称“直流$\bar{\beta}$”，$\bar{\beta}=\dfrac{I_C}{I_B}$。

一般情况下，同一个三极管的$\bar{\beta}$比$\beta$略小，但两者很接近，即$\bar{\beta}\approx\beta$，通常工程中认为两者相等。在本书以后的讨论计算中，两者不加以区分。

图1-22表明了三极管各极的电流分配关系及方向。PNP型三极管的电流分配关系与NPN型三极管完全相同，但各极电流方向与NPN型三极管正好相反。

### 2. 三极管的流控开关作用

BJT的基本功能有两个，即电流放大作用和流控开关作用。以上介绍了BJT的电流放大作用，现在介绍其流控开关作用。如图1-23所示，若基极电流为$I_B$，则集电极电流$I_C\approx\beta I_B$，集-射之间的电压$U_{CE}=U_{CC}-I_CR_C=U_{CC}-\beta I_BR_C$。当$I_B=0$时，$I_C=I_{CEO}\approx0$，$U_{CE}=U_{CC}$，BJT处于截止状态，集-射之间近似于开路，相当于开关断开。

当$I_B$增至某一值时，$U_{CE}$趋于零，BJT处于饱和状态，集-射之间近似于短路，相当于开关闭合。

总之，BJT 具有流控开关作用，BJT 的“截止”与“饱和”相当于一个开关的“断开”与“闭合”。

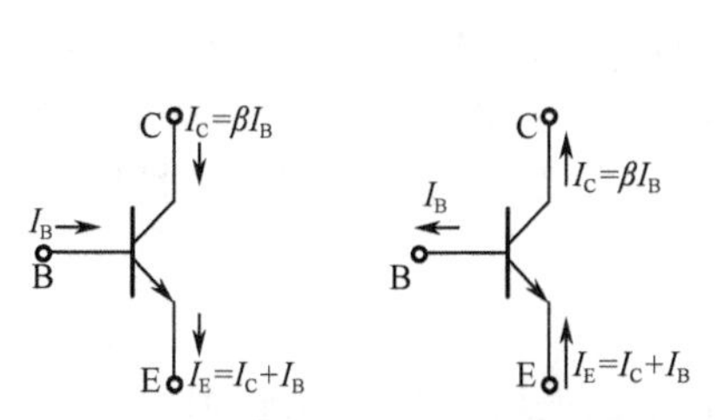


图 1-22　三极管各极的电流分配关系及方向

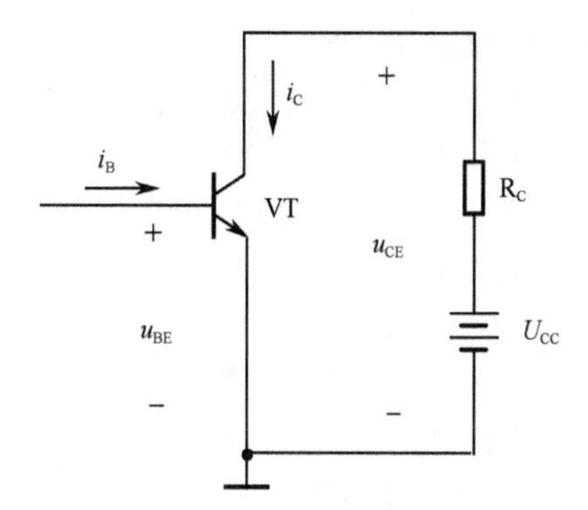


图 1-23　BJT 的流控开关作用

## 1.3.4　晶体管的特性和主要参数

### 1. 三极管的伏安特性曲线

三极管的伏安特性曲线是描述各极电流和极间电压的关系曲线，通常有输入特性曲线和输出特性曲线两种，既可用晶体管图示仪测得，也可用图 1-24 所示的测试电路测得。一般共发射极特性曲线最为常用。

1）输入特性曲线

它是反映三极管输入回路电压和电流关系的特性曲线，是表示输出电压 $u_{CE}$ 为常数时，输入电流 $i_B$ 与输入电压 $u_{BE}$ 之间的关系曲线，如图 1-25 所示。

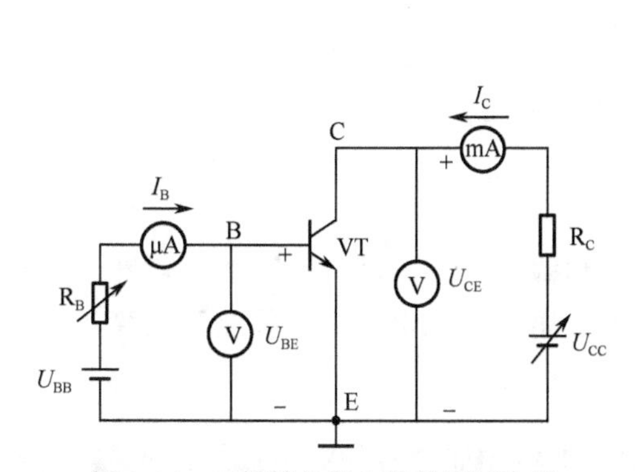


图 1-24　三极管的伏安特性测试电路

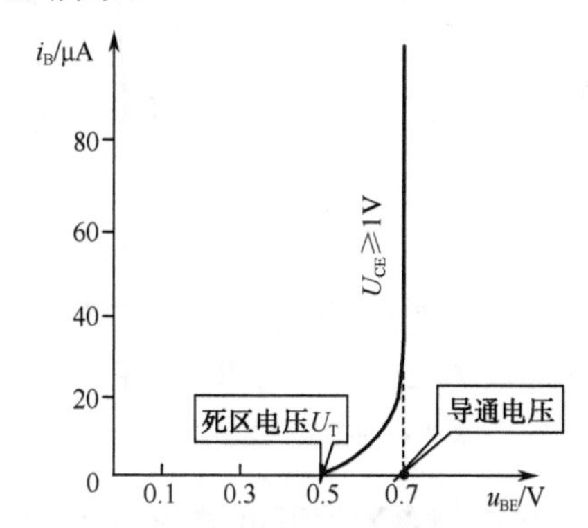


图 1-25　三极管的输入特性曲线

当输入电压 $u_{BE}$ 较小时，基极电流 $i_B$ 很小，通常近似为 0。当 $u_{BE}$ 大于死区电压 $U_T$（硅管约为 0.5V，锗管约为 0.1V）后，$i_B$ 开始上升。三极管正常导通时，硅管的 $u_{BE}$ 约为 0.7V，锗管的 $u_{BE}$ 约为 0.2V，此时 $u_{BE}$ 的值称为三极管工作时的发射结正向导通压降。

2）输出特性曲线

当三极管的输入电流 $i_B$ 为常数时，输出电流 $i_C$ 与输出电压 $u_{CE}$ 之间的关系曲线称为三极管的输出特性曲线，如图 1-26 所示。

输出特性曲线可分为截止区、放大区和饱和区 3 个区域。

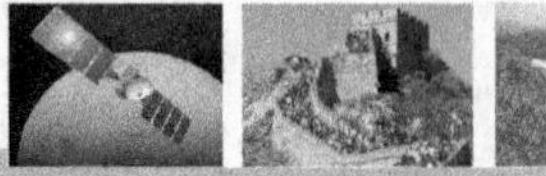

（1）截止区

一般将 $i_B$=0（此时 $i_C$=$i_E$=$I_{CEO}$）所对应的曲线以下的区域称为截止区。截止区满足发射结和集电结均反偏的条件，即 $u_{BE}$<0 和 $u_{BC}$<0（对于 PNP 型三极管，应为 $u_{BE}$>0 和 $u_{BC}$>0）的条件。此时，三极管失去放大作用且呈高阻状态，E、B、C 极之间近似看成开路。

（2）放大区

$i_B$>0 以上的所有曲线的平坦部分称为放大区。放大区满足发射结正偏和集电结反偏的条件，即 $u_{BE}$>0 和 $u_{BC}$>0（对于 PNP 型三极管，应为 $u_{BE}$<0 和 $u_{BC}$>0）的条件。在放大区，$i_C$ 与 $u_{CE}$ 基本无关，且有 $i_C≈\beta i_B$，$i_C$ 随 $i_B$ 变化而变化，即 $i_C$ 受控于 $i_B$（受控特性）；相邻曲线间的间隔大小反映出$\beta$的大小，即管子的电流放大能力。

（3）饱和区

$u_{CE}$ 较小（小于 1V 或更小），确切地说 $u_{CE}$<$u_{BE}$ 以下的所有曲线的陡峭变化部分称为饱和区。饱和区满足发射结和集电结均正偏的条件，即 $u_{BE}$<0 和 $u_{BC}$>0（对于 PNP 型三极管，应为 $u_{BE}$<0 和 $u_{BC}$<0）的条件。在饱和区，$i_C$ 随 $u_{CE}$ 变化而变化，却几乎不受 $i_B$ 控制，即三极管失去放大作用，$i_C$=$\beta i_B$ 不再成立。另外，三极管饱和时，各极之间的电压很小，而电流却较大，呈现低阻状态，各极之间可近似看成短路。

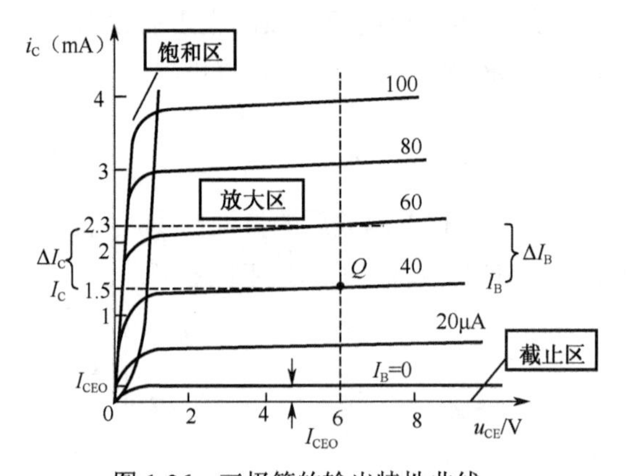


图 1-26　三极管的输出特性曲线

从上述分析可以看出，三极管工作在饱和区和截止区时，具有“开关”特性，可应用于脉冲数字电路中；三极管工作在放大区时，可应用在模拟电路中。因此三极管具有“开关”和“放大”两大功能。

**【实例 1-2】** 测得电路中几个三极管各极对地的电压如图 1-27 所示，试判断它们各工作在什么区（放大区、饱和区或截止区）？

**解：** $VT_1$ 为 NPN 型管，由于 $u_{BE}$=0.7V>0，发射结为正偏；而 $u_{BC}$=−4.3V<0，集电结为反偏，所以 $VT_1$ 工作在放大区。

$VT_2$ 为 PNP 型管，由于 $u_{BE}$=−0.2V<0，发射结为正偏；而 $u_{BC}$=4.8V>0，集电结为反偏，所以 $VT_2$ 工作在放大区。

$VT_3$ 为 NPN 型管，由于 $u_{BE}$=0.7V>0，发射结为正偏；而 $u_{BC}$=0.4V>0，集电结也为正偏，所以 $VT_3$ 工作在饱和区。

$VT_4$ 为 NPN 型管，由于 $u_{BE}$ =−0.7V<0，发射结为反偏；而 $u_{BC}$=−6V<0，集电结也为反

偏，所以 $VT_4$ 工作在截止区。

图 1-27 实例 1-2 的图

**【实例 1-3】** 若测得放大电路中的 6 个三极管的 3 个引脚对地电位 $U_1$、$U_2$、$U_3$ 分别为下述数值，试判断它们是硅管还是锗管，是 NPN 型还是 PNP 型？并确定 E、B、C 极。

（1）$U_1$=2.5V　$U_2$=6V　$U_3$=1.8V

（2）$U_1$=2.5V　$U_2$=−6V　$U_3$=1.8V

（3）$U_1$=−6V　$U_2$=−3V　$U_3$=−2.8V

（4）$U_1$=−4.8V　$U_2$=−5V　$U_3$=0V

**解：**（1）由于 1、3 脚间的电位差$|U_{13}|=|2.5-1.8|=0.7V$，而 1、3 脚与另一引脚 $U_2$=6V 的电位差较大，因此 1、3 脚间为发射结，2 脚则为 C 极，该管为硅管。又因为 $U_2>U_1>U_3$，所以该管为 NPN 型，且 1 脚为 B 极，3 脚为 E 极。

（2）判断过程基本同（1），但由于 $U_2<U_3<U_1$ 与（1）不同，所以该管为 PNP 型硅管，且 3 脚为 B 极，1 脚为 E 极，2 脚仍为 C 极。

（3）由于$|U_{23}|=0.2V$，而 2、3 脚与另一引脚 $U_1$=−6V 的电位差较大，所以 2、3 脚间为发射结，1 脚为 C 极，该管为锗管。又因为 $U_1<U_2<U_3$，所以该管为 PNP 型，且 2 脚为 B 极，3 脚为 E 极。

（4）由于$|U_{12}|=0.2V$，而 1、2 脚与另一引脚 $U_3$ =0V 的电位差较大，所以 1、2 脚间为发射结，3 脚为 C 极，该管为锗管。又因为 $U_3>U_1>U_2$，所以该管为 NPN 型锗管，2 脚为 E 极，1 脚为 B 极。

### 2. 三极管的主要参数

#### 1）共射电流放大倍数$\beta$

$\beta$值是衡量三极管放大能力的重要参数，应该有合适的值，但过高的$\beta$值会影响三极管的线性度和稳定性，因此一般三极管的$\beta$值在几十到上百之间。

#### 2）反向饱和电流 $I_{CEO}$

质量高的三极管的 $I_{CEO}$ 比较小，而且与$\beta$值的大小也有关系，$\beta$值越大，$I_{CEO}$ 也大。另外，$I_{CEO}$ 受温度的影响很大，当温度上升时，$I_{CEO}$ 增加很快，三极管的 $I_C$ 稳定性就差，因此应该综合考虑三极管的$\beta$值和 $I_{CEO}$，不应过分关注某个指标。

#### 3）集电极最大允许电流 $I_{CM}$

在放大电路中，一般不允许集电极电流超过 $I_{CM}$。虽然超过后并不一定损坏三极管，但当 $I_C$ 超过一定值时，三极管的$\beta$值会下降，会使三极管的线性放大作用被破坏。

#### 4）集-射极反向击穿电压

当基极开路时，加在 C−E 之间的最大允许电压就是集-射极反向击穿电压 $U_{(BR)CEO}$。当

$U_{CE}$大于$U_{(BR)CEO}$时，将引起三极管的击穿。需要注意的是，三极管在高温条件下，$U_{(BR)CEO}$值还要降低，这在使用时应特别注意。

5）集电极最大允许耗散功率

由于电流通过三极管产生的热量会使 PN 结的温度升高，从而引起三极管的参数发生变化，严重时会烧坏三极管，故在使用中三极管的平均功率不应超过 $P_{CM}$，应留有一定的裕量。

### 3. 选用三极管的一般原则

从三极管的稳定性和安全性考虑，实际应用时应注意以下几点。

（1）三极管的集电极工作电流$I_C$小于或等于集电极最大允许电流$I_{CM}$；三极管的额定消耗功率$P_C$小于或等于集电极最大允许功耗$P_{CM}$；三极管的 C-E 间的反向电压小于或等于反向击穿电压$U_{(BR)CEO}$。

（2）在温度变化较大的场合，尽可能选用硅管；在小信号和低电压（1.5V）的情况下，尽可能选用锗管。

（3）用于放大电路中的三极管的放大倍数$\beta$不宜太高，一般在 50～100 之间，这样有利于保证放大器的稳定性。

## 案例分析 2　三极管的性能测试及分析

| 任务名称 | 三极管的性能测试及分析 | | |
|---|---|---|---|
| 测试方法 | 仿真实现 | 课时安排 | 2 |
| 原理电路 | 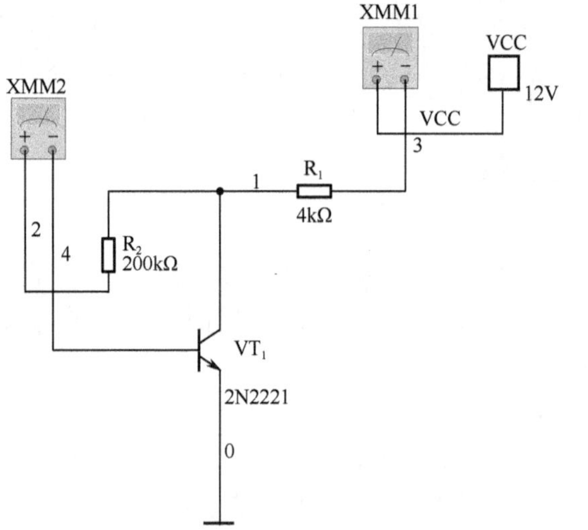 图 1-28　三极管性能测试及分析 | | |
| 任务要求 | （1）掌握正确绘制电路图的方法，完成三极管静态工作电路的绘制。<br>（2）正确使用万用表测试三极管的 B 极、C 极的电流值。<br>（3）确定三极管的 B 极、C 极电流的放大关系。 | | |
| 虚拟仪器 | 双踪示波器、数字万用表等 | | |

续表

| 任务名称 | 三极管性能测试及分析 | | |
|---|---|---|---|
| 测试方法 | 仿真实现 | 课时安排 | 2 |
| 测试步骤 | | | |

1．打开 Multisim 或其他相关软件。

2．根据图 1-28 完成三极管静态工作电路。

3．仿真运行，用万用表测试 B、C 极流过的电流，并在表 1-2 中进行记录。

**表 1-2 静态工作数据记录**

| $I_B$/mA | $I_C$/mA | $I_E$/mA | $\bar{\beta}$ | 静态电流关系 |
|---|---|---|---|---|
| | | | | |

**拓展思考**

请参考图 1-28 构造三极管动态工作电路，测试、记录 $I_B$、$I_C$ 的数值，并估算其动态电流关系。

（1）仿真电路图：

（2）仿真运行，用万用表测试 B、C 极流过的电流，并在表 1-3 中进行记录。

**表 1-3 动态工作数据记录**

| $I_B$/mA | $I_C$/mA | $I_E$/mA | $\beta$ | 动态电流关系 |
|---|---|---|---|---|
| | | | | |

（3）结合静态工作电路测试结果，请列出三极管三个电极之间的电流关系：

| 总结与体会 | | | |
|---|---|---|---|
| 完成日期 | | 完成人 | |

## 知识梳理与总结

● 半导体的导电能力介于导体和绝缘体之间，具有热敏性、光敏性等特点。

● 二极管的基本结构是 PN 结，具有单向导电性。

● 二极管的伏安特性（曲线）中包含死区、正向导通区、反向截止区、反向击穿区 4 个部分，形象地显示了二极管的工作状态。一般分析时，应采用二极管的理想模型或恒压模型。

● 二极管具有电压钳位作用，可以构成整流电路、限幅电路等。

● 三极管分为 NPN 和 PNP 两种基本类型，它有三个电极，分别为基极（B）、集电极（C）及发射极（E）。

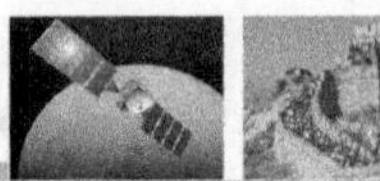

● 在放大状态下，三极管的三个极之间的电流分配关系为：$I_C = \beta I_B$，$I_E = (1+\beta)I_B$，$I_E = I_B + I_C$。

## 习题 1

1．说明下列名词的意义及区别。

（1）自由电子、空穴。

（2）半导体、本征半导体、杂质半导体、N 型半导体、P 型半导体。

2．什么是 PN 结的偏置？正向偏置和反向偏置各有什么特点？

3．BJT 具有两个 PN 结，可否用两个二极管直接取代 PN 结构成一个 BJT？试说明理由。

4．要使 BJT 实现放大作用，其发射极和集电极的偏置电压应如何设置？

5．半导体中有______和______两种载流子参与导电。

6．PN 结在______时导通，______时截止，这种特性称为______性。

7．如图 1-29 所示的各电路，二极管理想，则 $U_{AB}$ 电压值分别为

（a）$U_{AB}$=________　（b）$U_{AB}$=________　（c）$U_{AB}$=________

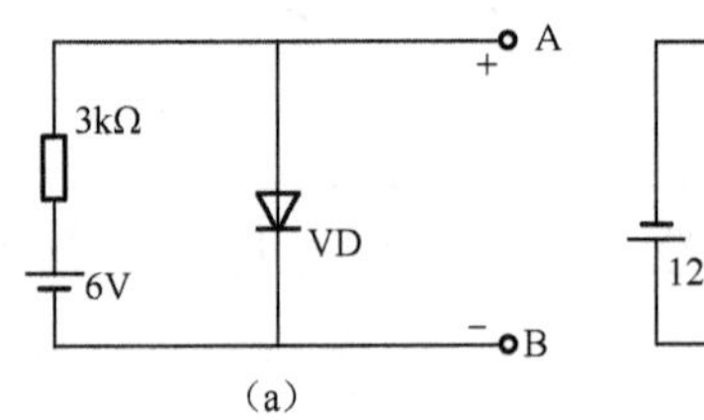


（a）

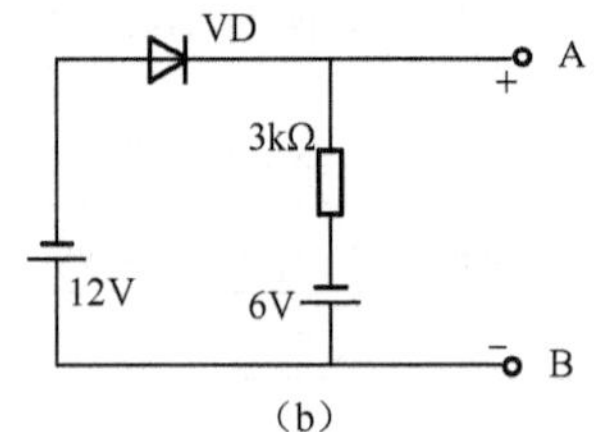


（b）

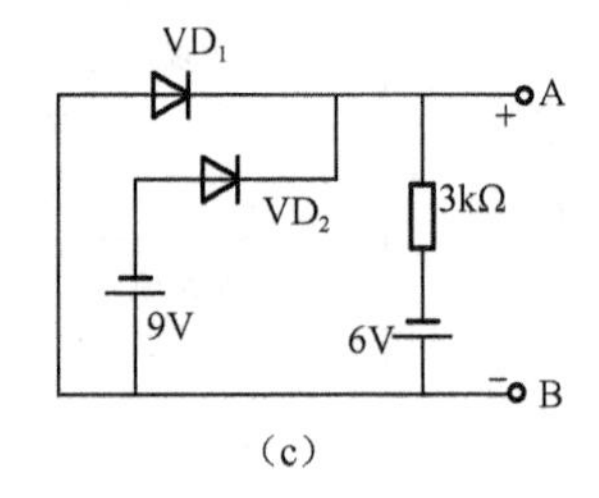


（c）

图 1-29　习题 7 的图

8．理想二极管电路如图 1-30 所示，试判断图中的二极管的状态，并求出 AO 两端的电压 $U_{AO}$。

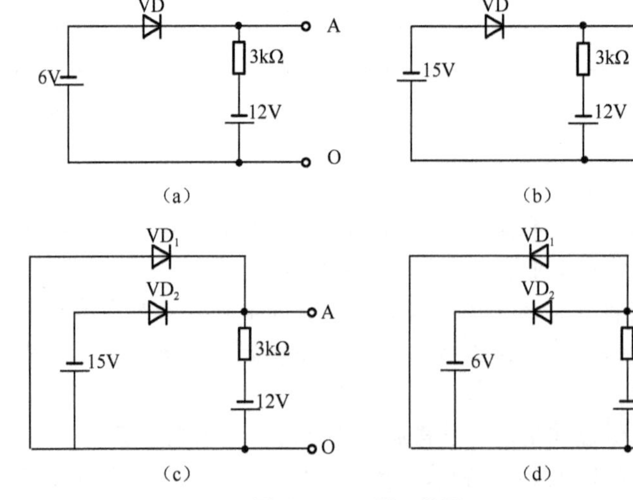


图 1-30　习题 8 的图

9．在图 1-31 所示电路中，设二极管为理想的，且 $u_i$=5sin$\omega t$(V)，试画出 $u_o$ 的波形。

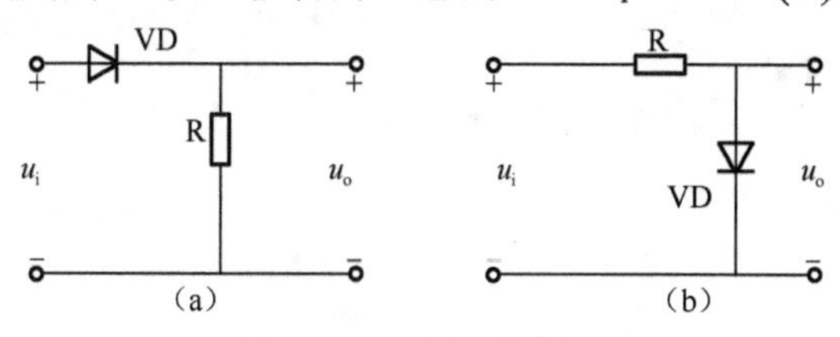


图 1-31　习题 9 的图

10．要使 BJT 具有放大作用，发射结和集电结的偏置电压应如何连接？

11．测得某放大电路中 BJT 的三个电极 A、B、C 的对地电位分别为：$U_A$=−9V，$U_B$=−6V，$U_C$=−6.2V，试分析中 A、B、C 哪个是基极 B、发射极 E、集电极 C，并说明此 BJT 是 NPN 型管还是 PNP 型管？

12．测得某放大电路中 BJT 的两个电极的电流如图 1-32 所示。

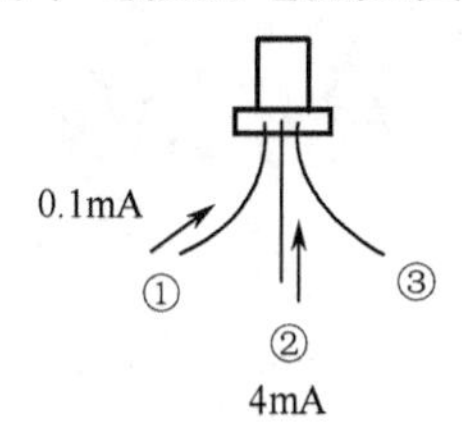


图 1-32　习题 12 的图

（1）求另一个电极电流，并在图中标出实际方向；

（2）标出 E、B、C 极，并判断该管是 NPN 型管还是 PNP 型管；

（3）估算其 $\overline{\beta}$ 值。

13．测得电路中几个三极管的各极对地电压如图 1-33 所示，其中某些管子已损坏，对于已损坏的管子，判断损坏情况；对于其他管子，则判断它们各工作在放大、饱和和截止状态中的哪个状态？

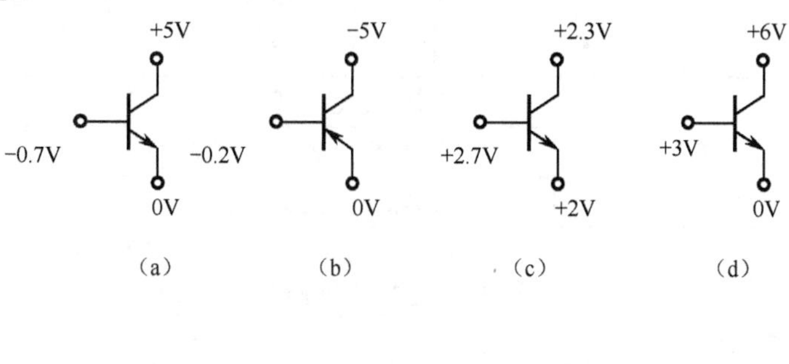


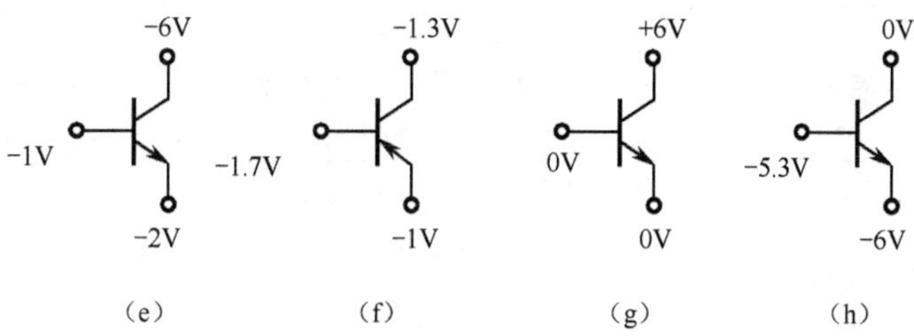


图 1-33　习题 13 的图

# 第2章 低频基本单元电路

## 教学导航

| | | |
|---|---|---|
| 教 | 知识重点 | 1. 基本共射极放大电路的性能分析 |
| | | 2. 反馈的概念和负反馈的类型 |
| | | 3. 负反馈对放大电路性能的影响 |
| | | 4. 集成运算放大器的组成和主要参数 |
| | | 5. 集成运放的线性应用 |
| | 知识难点 | 1. 基本放大电路的分析 |
| | | 2. 反馈类型的判断及对电路性能的影响 |
| | | 3. 集成运放的线性应用 |
| | 推荐教学方式 | 将理论与技能训练相结合，理解负反馈电路与集成运算放大器的性能和工作特性 |
| | 建议学时 | 14 学时 |
| 学 | 推荐学习方法 | 以小组讨论的学习方式，结合本章内容，通过仿真实践理解掌握共射极放大电路的静态、动态分析，负反馈电路的特性及集成运放电路的功能应用 |
| | 必须掌握的理论知识 | 1. 基本共射极放大电路的分析 |
| | | 2. 负反馈的组成、重要参数 |
| | | 3. 反馈类型的判断及其对放大电路性能的影响 |
| | | 4. 集成运算放大器的线性应用（虚短、虚断） |
| | 必须掌握的技能 | 掌握使用 Multisim 或类似软件构建基本电路并对其分析的方法 |

# 2.1　基本放大电路的分析与设计

放大电路的作用就是利用三极管的电流控制作用把微弱变化的电信号放大到所要求的数值，因此放大电路中至少应有一个三极管。

所谓放大，表面上是将信号的幅度由小增大，但放大的实质是能量的转换，即由一个较小的输入信号控制直流电源，使之转换成交流能量输出，驱动负载。

放大的结果是交流能量的增加。交流能量的增加实际上是由直流电源的能量转换而来的，因此放大电路中必须外加直流电源才能工作。同时，放大电路中必须有电阻器、电容器（无源器件）等电路元件，才能使放大电路工作在正常状态。

放大电路的输出信号最后作用在负载上，负载可以是扬声器、继电器、显示器等。

放大电路的功能是对信号源发射的微弱信号进行放大来驱动负载，因此对放大器的基本要求有：（1）放大倍数要高；（2）输出信号不失真；（3）放大电路的稳定性好；（4）对各种频率的适应性要强；（5）抗干扰性能强等。

## 2.1.1　放大电路的性能指标

为描述和鉴别放大器性能的优劣，制定了如下主要的性能指标。

### 1. 放大倍数（增益）

放大倍数又称增益，是衡量放大电路放大能力的指标，它定义为输出信号与输入信号的比值。由于信号有电压和电流两种形式，所以放大倍数（增益）也有电压放大倍数和电流放大倍数两种常用形式。

1）电压放大倍数

电压放大倍数定义为输出电压与输入电压之比：$\dot{A}=\frac{u_o}{u_i}=\frac{\dot{U}_o}{\dot{U}_i}=\frac{\dot{U}_{om}}{\dot{U}_{im}}$。

当不考虑放大电路中的电抗因素的影响时，电压放大倍数可用实数来表示，并可写成交流瞬时值或幅值之比：$\dot{A}_u=\frac{u_o}{u_i}=\frac{U_o}{U_i}=\frac{U_{om}}{U_{im}}$。

在某些情况下还要用到“源电压放大倍数”$A_{us}$。

$A_{us}$定义为输出电压与信号源电压之比：$A_{us}=\frac{u_o}{u_s}=\frac{U_o}{U_s}=\frac{U_{om}}{U_{sm}}$。

由于一般信号源总是存在一定的内阻，所以放大器的实际输入电压$u_i$必然小于$u_s$，$A_{us}$也小于$A_u$。

2）电流放大倍数

电流放大倍数定义为输出电流与输入电流之比：$\dot{A}_i=\frac{\dot{P}_o}{\dot{P}_i}$。

同样，当不考虑放大电路中的电抗因素的影响时，电流放大倍数也可用实数来表示，并可写成交流瞬时值或幅值之比：$A_i=\frac{i_o}{i_i}=\frac{I_o}{I_i}=\frac{I_{om}}{I_{im}}$。

3）功率放大倍数（或功率增益）

有时要用到功率放大倍数 $A_P$，$A_P$ 定义为输出功率 $P_o$ 与输入功率 $P_i$ 之比：

$$A_P=\frac{P_o}{P_i}=\left|\frac{U_oI_o}{U_iI_i}\right|=\left|\frac{U_o}{U_i}\cdot\frac{I_o}{I_i}\right|=|A_oA_i|$$

工程上常用分贝（dB）来表示放大倍数的大小，常用的有：

$$A_u(\mathrm{dB})=20\lg|A_u|$$

$$A_i(\mathrm{dB})=20\lg|A_i|$$

$$A_p(\mathrm{dB})=10\lg|A_p|$$

用 dB 来表示增益的大小，最初是为了适应人耳的听觉效应，即人耳对声音的感受与声音功率的对数（dB）成正比。而这种表示法在工程的计算上会带来很多方便。例如，多级放大器的增益如果用倍数表示是许多倍数的乘积，而用 dB 表示，则为各分量对数之和，即化乘法为加法。

**2. 输入电阻 $R_i$**

放大器对信号源所呈现的等效负载电阻用输入电阻 $R_i$ 来表示。

由图 2-1（b）可知，输入电阻 $R_i$ 应为 $R_i=\frac{u_i}{i_i}=\frac{U_i}{I_i}$。

由图 2-1（b）显然有 $u_i=\frac{R_i}{R_S+R_i}u_s$。

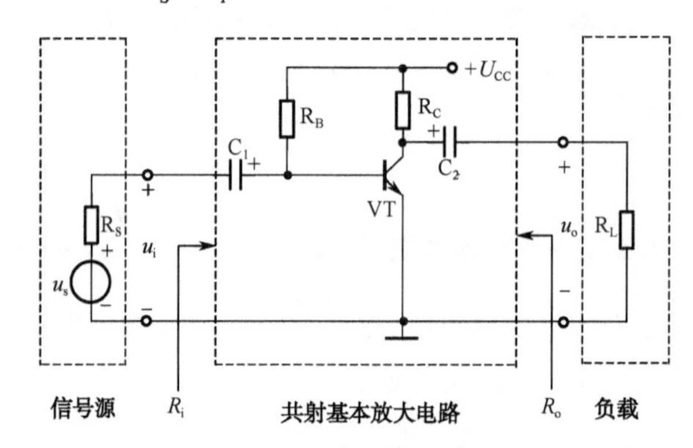


（a）共射基本放大电路及端口接法

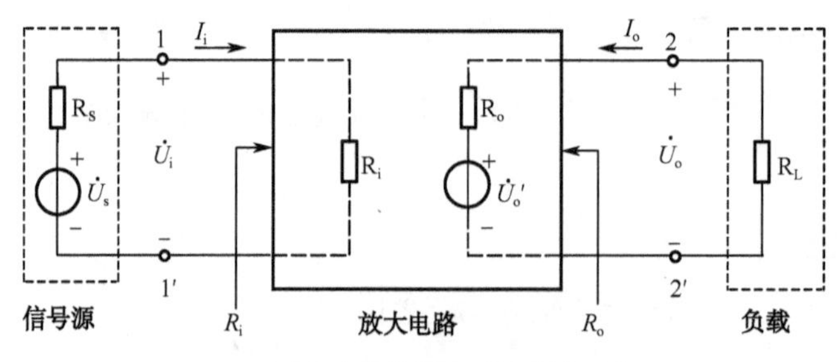


（b）放大电路的有源双端口网络形式

图 2-1 放大电路及其有源双端口网络形式

由上两式可知，在 $R_S$ 一定的条件下，$R_i$ 越大，$i_i$ 就越小（指幅值或有效值，下同），$u_i$

就越接近于 $u_s$，且放大电路对信号源的影响越小（信号源提供的电流小）。反之，$R_i$ 越小，放大电路对电压源的影响越大。由于大多数信号源都是电压源，所以一般都要求放大电路的输入电阻要高。当然，在少数信号源为电流源的情况下，则希望放大电路的输入电阻要低。

由图 2-1 可得到源电压放大倍数：$A_{us}=\dfrac{R_i}{R_s+R_i}A_u$。

### 3. 输出电阻 $R_o$

参见图 2-1（b），对于负载 $R_L$ 来说，放大器的输出端口相当于一个信号源，这个等效信号源的内阻就是放大器的输出电阻 $R_o$。或者说，输出电阻 $R_o$ 就是从输出端口向放大器看进去的等效电阻。

应当注意，$R_o$ 并不等于 $u_o$ 与 $i_o$ 之比。实际上，$u_o=i_oR_L$，因此，$u_o$ 与 $i_o$ 的比值恰恰是负载电阻 $R_L$，而不是输出电阻 $R_o$。

由戴维南定理，可将输出电阻 $R_o$ 定义为：$R_o=\dfrac{u_o}{i_o}\bigg|_{U_i=0,R_L\to\infty}=\dfrac{U_o}{I_o}\bigg|_{U_i=0,R_L\to\infty}$。

$R_o$ 越小，接上负载 $R_L$ 后输出电压下降得越小，说明放大电路带负载的能力越强。因此，输出电阻反映了放大电路带负载能力的强弱。

## 2.1.2　放大电路的基本构件

共（发）射极连接的单管交流放大电路是晶体管放大电路的基本形式。下面以简单的共射电路为例，介绍放大电路的组成。

图 2-2 为共射接法的基本放大电路。需要放大的交流信号从输入端 A、B 送入，放大以后的信号从输出端 C、D 取出。发射极是输入回路和输出回路的公共端，因此该电路称为共射放大电路。

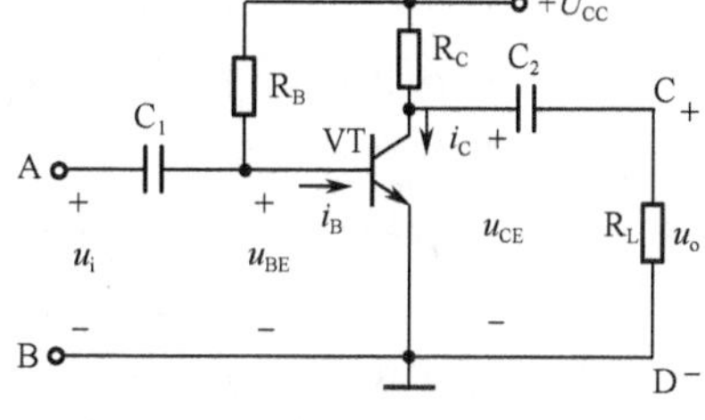


图 2-2　共射接法的基本放大电路

电路中各元件的作用如下。

VT：NPN 型晶体管，起放大作用，是整个放大电路的核心。

$U_{CC}$：直流电源，有两方面的作用，一是为放大电路提供能量，二是保证晶体管处于放大状态。

$R_B$：基极偏置电阻。电源可通过 $R_B$ 给晶体管发射结加以正向偏置电压。

另外，当 $U_{CC}$ 一定时，通过改变 $R_B$ 可给基极提供一个合适的基极电流 $I_B$，这个电流通常称为偏置电流，简称偏流。只有具备合适的偏流，输出电压才不会失真。

$R_C$：集电极电阻，用于将集电极电流 $i_C$ 的变化转换为 C−E 之间电压 $U_{CE}$ 的变化，实现电压放大。

$C_1$、$C_2$：它们分别称为输入端和输出端的耦合电容。利用电容对直流的阻抗为无穷大、对交流的阻抗很小的特点，通过 $C_1$ 把交流信号耦合到晶体管，同时隔断电路与信号源之间的直流通路；通过 $C_2$ 从晶体管的集电极把交变输出信号送给负载，同时隔离集电极与负载之间的直流通路。

因此，$C_1$、$C_2$ 的作用是隔直通交。

需要注意的是：放大器一方面将微弱的输入电压 $u_i$ 放大成幅值较大的输出电压 $u_o$，另一方面还使得输出电压和输入电压反相，即相位差180°。

放大电路的分析包含以下两部分。

（1）直流分析：也称为静态分析，用于求出电路的直流工作状态，即基极直流电流 $I_B$、集电极电流 $I_C$、集电极与发射极间的直流电压 $U_{CE}$。

（2）交流分析：又称为动态分析，用于求出电压放大倍数、输入电阻和输出电阻。

### 2.1.3 直流通路和交流通路

当输入信号为零时，电路中只有直流电流；当考虑信号放大时，应考虑电路的交流通路。因此在分析、计算具体放大电路前，应分清放大电路的交、直流通路，如图2-3所示。由于放大电路中存在电抗元件，所以直流通路和交流通路不相同。

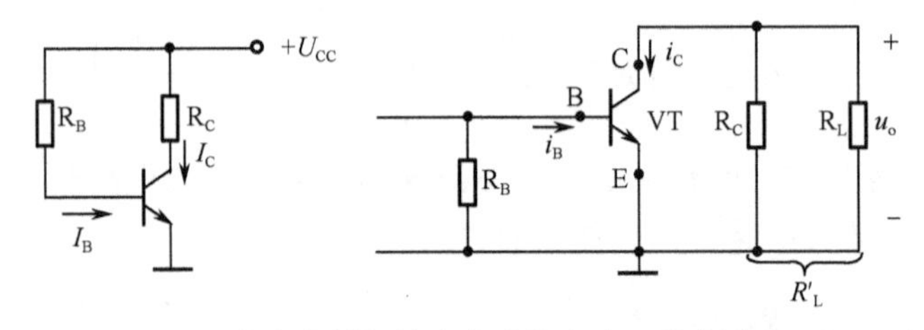


图2-3 基本共射极放大电路的直流、交流通路

### 2.1.4 放大电路的一般分析方法

分析基本放大电路时需要注意以下两个方面。

（1）组成原则：正确的直流偏置；正确的交流通路；交、直流相互兼容，互不影响；合适的元器件参数选择。

（2）共射极基本放大电路的放大过程可描述为

$$u_i \rightarrow i_B \xrightarrow{\text{三极管工作在放大区}} i_C \xrightarrow{\text{R}_\text{C}\text{的作用，C}_2\text{的隔直作用}} u_C$$

为了便于区别放大电路中电流或电压的直流分量、交流分量、总量等概念，对文字符号做如下规定：

（1）直流分量用大写字母和大写下标的符号表示，如 $I_B$ 表示基极的直流电流；

（2）交流分量用大写字母和小写下标的符号表示，如 $I_b$ 表示基极的交流电流；

（3）总量是直流分量和交流分量之和，用小写字母和大写下标的符号表示，如 $i_B=I_B+I_b$，即 $i_B$ 表示基极电流的总量。如果交流分量是正弦波，则其表达式为 $i_B = I_{bmax}\sin\omega t = \sqrt{2}I_b\sin\omega t$，可见正弦波的有效值是用大写字母和小写下标的符号表示的，而正弦波的峰值是用有效值下标加小写max来表示的，如 $I_b$、$I_{bmax}$ 分别表示基极正弦电流的有效值和峰值。

#### 1. 静态分析

放大电路的核心器件是具有放大能力的晶体管，而晶体管要保证工作于放大区，其发射结应正向偏置，集电结应反向偏置，即要求对晶体管设置正常的直流工作状态。如何计算出一个放大电路的直流工作状态？这是本节讨论的主题。

直流工作点又称为静态工作点，简称 $Q$ 点，求静态工作点就是求 $I_B$、$I_C$、$U_{CE}$。它既可以采用工程近似估算法求出，也可以通过作图的方法求出。

由于晶体管导通时，$U_{BE}$ 变化很小，故可将其视为常数。一般硅管的 $U_{BE}$=0.6～0.8V，取 0.7V；锗管的 $U_{BE}$=0.1～0.3V，取 0.2V。这就是工程近似估算法的理论基础。

根据放大电路的直流通路，可以估算出该放大电路的静态工作点。不难得出：

$$I_{BQ}=\frac{U_{CC}-U_{BE}}{R_B},\ I_{CQ}=\beta I_{BQ},\ U_{CEQ}=U_{CC}-I_{CQ}R_C$$

**【实例 2-1】** 在图 2-2 所示电路中，已知 $R_B=280\text{k}\Omega$，$R_C=3\text{k}\Omega$，$U_{CC}=12\text{V}$，$\beta=50$，求电路的静态工作点。

**解：** 由图 2-3 所示直流通路可得

$$I_{BQ}=\frac{U_{CC}-U_{BE}}{R_B}=\frac{12\text{V}-0.7\text{V}}{280\times10^3\Omega}\mu\text{A}=40\mu\text{A}$$

$$I_{CQ}=\beta I_{BQ}=50\times40\mu\text{A}=2\text{mA}$$

$$U_{CEQ}=U_{CC}-I_{CQ}R_C=12\text{V}-2\text{mA}\times3\text{k}\Omega=6\text{V}$$

**【实例 2-2】** 如图 2-3 所示直流通路中，已知 $U_{CC}$=20V，$R_C$=3kΩ，$R_B$=500kΩ，$\beta$=100，试求：（1）放大电路的静态工作点；（2）如果偏置电阻 $R_B$ 由 500kΩ减小至 250kΩ，三极管的状态将如何变化？

**解：**（1）$I_B\approx\dfrac{U_{CC}}{R_B}=\dfrac{20\text{V}}{500\times10^3\Omega}=40\mu\text{A}$

$$I_C=\beta I_B=100\times40\mu\text{A}=4\text{mA}$$

$$U_{CE}=U_{CC}-I_CR_C=20\text{V}-4\text{mA}\times3\text{k}\Omega=8\text{V}$$

（2）$I_B\approx\dfrac{U_{CC}}{R_B}=\dfrac{20\text{V}}{250\times10^3\Omega}=80\mu\text{A}$

$$I_C=\beta I_B=100\times80\mu\text{A}=8\text{mA}$$

$$U_{CE}=U_{CC}-I_CR_C=20\text{V}-8\text{mA}\times3\text{k}\Omega=-4\text{V}<0$$

因此，管子饱和，$I_{C(sat)}=\dfrac{U_{CC}-U_{CE(sat)}}{R_C}\approx\dfrac{U_{CC}}{R_C}=20\text{V}/3\text{k}\Omega=6.67\text{mA}$

静态工作点是放大电路正常工作的重要保证，而静态工作点与电路参数有关。$R_B$、$R_C$、$U_{CC}$ 大小的变化，会影响交流信号的动态范围，或导致信号的正、负半周动态范围减小，容易引起截止失真和饱和失真。

**2. 动态分析**

放大电路的动态分析是讨论当输入端加入信号 $u_i$ 时，电路的工作情况。由于加进了输入信号，所以输入电流 $i_B$ 不会静止不动，而是变化的，这样三极管的工作状态将不断变化。因此，又将加进输入交流信号时的状态称为动态。常用的放大电路的动态分析方法有图解法和微变等效电路法。由于图解法比较烦琐，且在小信号输入时精度较低，故在此仅用微变等效电路法介绍三极管的小信号等效电路。

这里只讨论最常用的三极管共射小信号等效电路。三极管的小信号等效电路如图 2-4 所示。图 2-5 为简化的小信号等效电路。

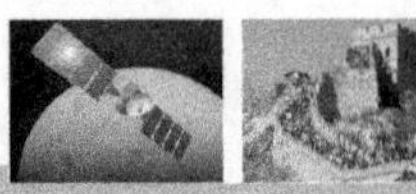

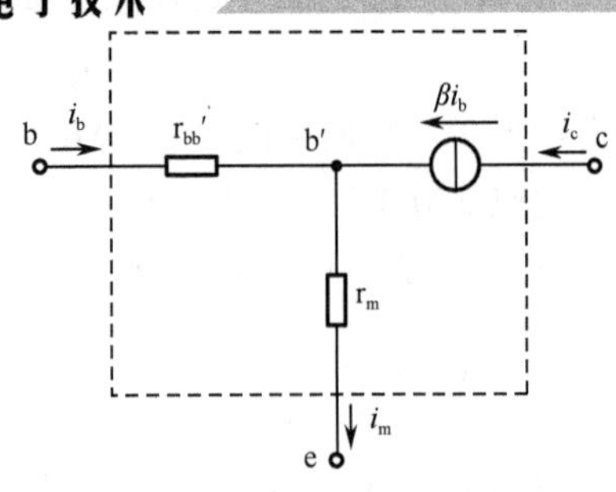


图 2-4　三极管的小信号等效电路

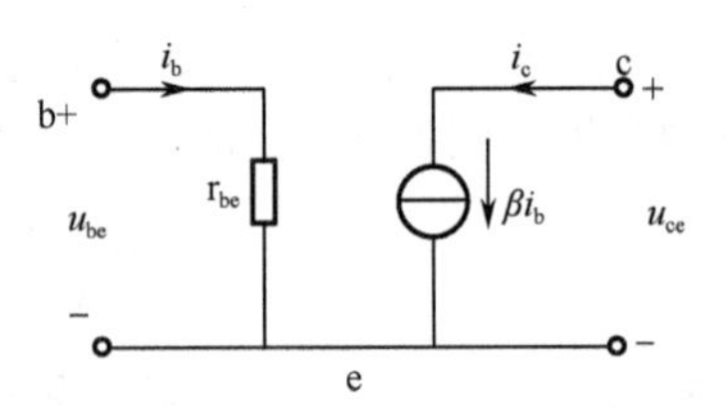


图 2-5　简化的小信号等效电路

图中的 $r_{be}=r_{bb'}+(1+\beta)\dfrac{26(\text{mV})}{I_E(\text{mA})}=r_{bb'}+\dfrac{26(\text{mV})}{I_B(\text{mV})}\Omega$。

$r_{bb'}$ 是一个与工作状态无关的常数，通常为几十至几百欧姆，可由手册查到。当对小信号放大电路进行计算时，若 $r_{bb'}$ 未知，则可取 $r_{bb'}=100\Omega$。

**3. 放大电路的性能分析**

利用三极管的交流小信号模型可以使三极管放大电路的分析成为规范化的过程，其分析步骤可以归纳为：

（1）在实际放大电路中，令交流分量为零，即将交流电压源短路，交流电流源开路，得到三极管放大器的直流通路，在此基础上确定三极管的直流工作点 $Q$，特别是三极管集电极的直流电流 $I_{CQ}$；

（2）由三极管的直流工作点状态确定三极管的交流小信号模型参数，如 $r_{be}=r_{bb'}+\dfrac{26(\text{mV})}{I_B(\text{mV})}\Omega$；

（3）在实际放大器电路中，令直流分量为零，即将直流电压源短路，直流电流源开路，同时将隔直电容和旁路电容短路，得到三极管放大器的交流通路；

（4）选用简化的交流小信号模型代替交流通路中的三极管；

（5）分析得到的电路，确定所要求解的量（如电压增益、电流增益、输入阻抗、输出阻抗及各部分的交流量等）。

**【实例 2-3】** 共射基本放大电路如图 2-6（a）所示，设三极管的$\beta$=40，电路中各元件的参数值分别为：$U_{CC}$=12V，$R_B$=300kΩ，$R_C$=4kΩ，$R_L$=4kΩ。试求放大电路的 $A_u$、$R_i$ 和 $R_o$。

**解：**（1）确定 $Q$ 点：

$$I_B\approx\frac{U_{CC}}{R_B}=\frac{12\text{V}}{300\Omega}=40\mu\text{A}，I_C=\beta I_B=40\times40\mu\text{A}=1.6\text{mA}\approx I_E$$

$$U_{CE}=U_{CC}-I_CR_C=12\text{V}-1.6\text{mA}\times4\text{k}\Omega=5.6\text{V}$$

（2）该放大电路的交流通路如图 2-6（b）所示。图中的 $R_L'=R_C//R_L=2\text{k}\Omega$。

（3）该放大电路的小信号等效电路如图 2-6（c）所示。

$$r_{be}=r_{bb'}+\frac{26(\text{mV})}{I_B(\text{mV})}\Omega=100+\frac{26}{0.04}=750(\Omega)$$

（4）求 $A_u$、$R_i$ 和 $R_o$

由图 2-6（c）可得 $u_i=i_br_{be}$，$u_o=-\beta i_b(R_C//R_L)=-\beta R_L'i_b$，故电压放大倍数为

 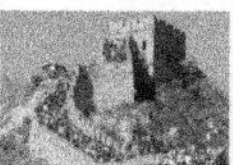 

$$A_u = \frac{u_o}{u_i} = -\frac{\beta R'_L}{r_{be}} = -\frac{40 \times 2}{0.75} \approx -107$$

又因为 $u_i = u_i(R_b // r_{be})$，故输入电阻 $R_i = \frac{u_i}{i_i} = R_B // r_{be}$。

考虑到 $R_B \gg r_{be}$，则有 $R_i \approx r_{be} = 750\Omega$。

**注意：** 上式中的 $R_i$ 为放大电路的输入电阻，而 $r_{be}$ 为三极管的共射输入电阻，两者的概念是不同的。

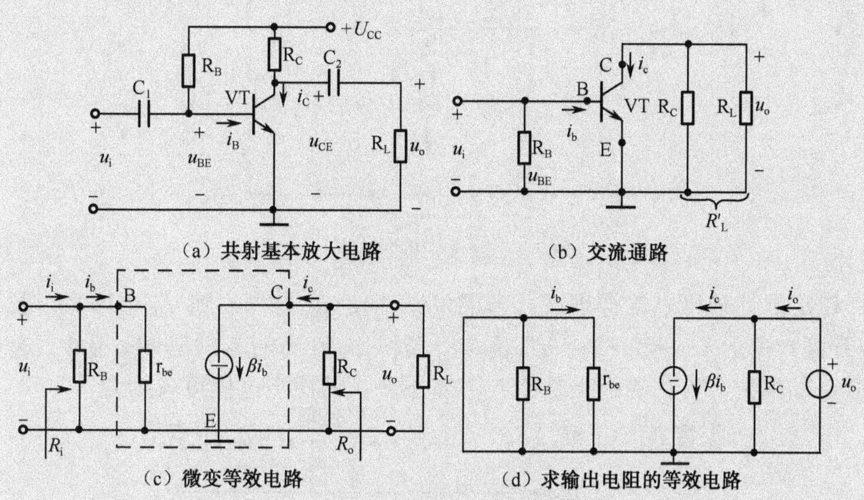


图 2-6 共射基本放大电路的微变等效电路分析法

下面来求输出电阻 $R_o$。

根据输出电阻 $R_o$ 的定义，求输出电阻 $R_o$ 的电路如图 2-6（d）所示。由该图可以看出，由于 $u_s=0$，$i_b=0$，所以 $i_c=\beta i_b=0$，受控电流源相当于开路，于是有 $u_o=i_cR_C$，输出电阻 $R_o = \frac{u_o}{i_o} = R_C$。

在该题中，$R_o=R_C=4\text{k}\Omega$。

必须指出的是，以上计算必须在三极管始终工作在放大状态下才成立。

选择一个合适的直流工作点 $Q$ 对于放大电路来说是至关重要的。到目前为止，所讨论的唯一的、结构最简单的实际放大电路就是共射基本放大电路，在该放大电路中，仅由一个偏置电阻 $R_B$ 构成的直流偏置电路为固定偏流电路（也称为恒流式偏置电路），其原因是 $I_B = \frac{U_{CC} - U_{BE}}{R_B} \approx \frac{U_{CC}}{R_B}$，当 $U_{CC}$ 和 $R_B$ 确定后，基极偏流 $I_B$ 即为“固定”的。但当更换管子或环境温度变化引起三极管参数，特别是$\beta$变化时，$I_C$ 和 $U_{CE}$ 将随之变化，即电路的工作点发生移动，从而可能使放大电路无法正常工作。在大多数情况下，放大电路都要求有稳定的工作点，为此必须设计能自动稳定工作点的偏置电路。

工作点不稳定的原因很多，如电源电压的变化、电路参数的变化、管子的老化与更换等，但主要是由于三极管的参数（$I_{CBO}$、$U_{BE}$、$\beta$等）随温度变化造成的。

一种能自动稳定工作点的偏置电路如图 2-7 所示，该电路称为分压式偏置电路或射极偏置电路。分压式偏置电路是目前应用最广泛的一种偏置电路。

如图 2-7 所示，分压式偏置电路与固定偏置电路的主要不同点在于三极管的发射极接入了电阻 $R_E$，同时还在三极管的基极接入了一个起辅助作用的电阻 $R_{B2}$。通常称 $R_E$ 为发射极偏置电阻，$R_{B1}$ 和 $R_{B2}$ 为基极上偏置电阻和下偏置电阻。

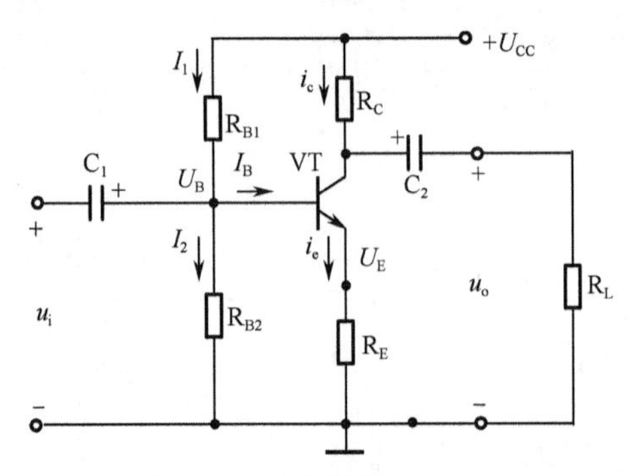


图 2-7　分压式偏置电路

工作点稳定的结果可以这样理解：若温度升高使 $I_C$ 增大，则 $I_E$ 也增大，发射极电位 $U_E=I_ER_E$ 也升高。由于 $U_{BE}=U_B-U_E$，$U_B$ 基本不变和 $U_E$ 升高的结果是 $U_{BE}$ 减小，$I_B$ 也减小，于是抑制了 $I_C$ 的增大，其总的效果是使 $I_C$ 基本不变。其稳定过程可表示为

$$（温度T\uparrow）\rightarrow I_C\uparrow I_E\uparrow\rightarrow U_E\uparrow \xrightarrow{（U_B不变）} U_{BE}\downarrow\rightarrow I_B\downarrow$$

$$I_C\downarrow\longleftarrow$$

由此可见，温度升高引起 $I_C$ 的增大将被电路本身造成的 $I_C$ 的减小所牵制，即反馈控制原理。

## 案例分析 3　基本放大电路的性能测试及分析

| 任务名称 | 基本放大电路的性能测试及分析 | | |
|---|---|---|---|
| 测试方法 | 仿真实现 | 课时安排 | 2 |
| 原理电路 | 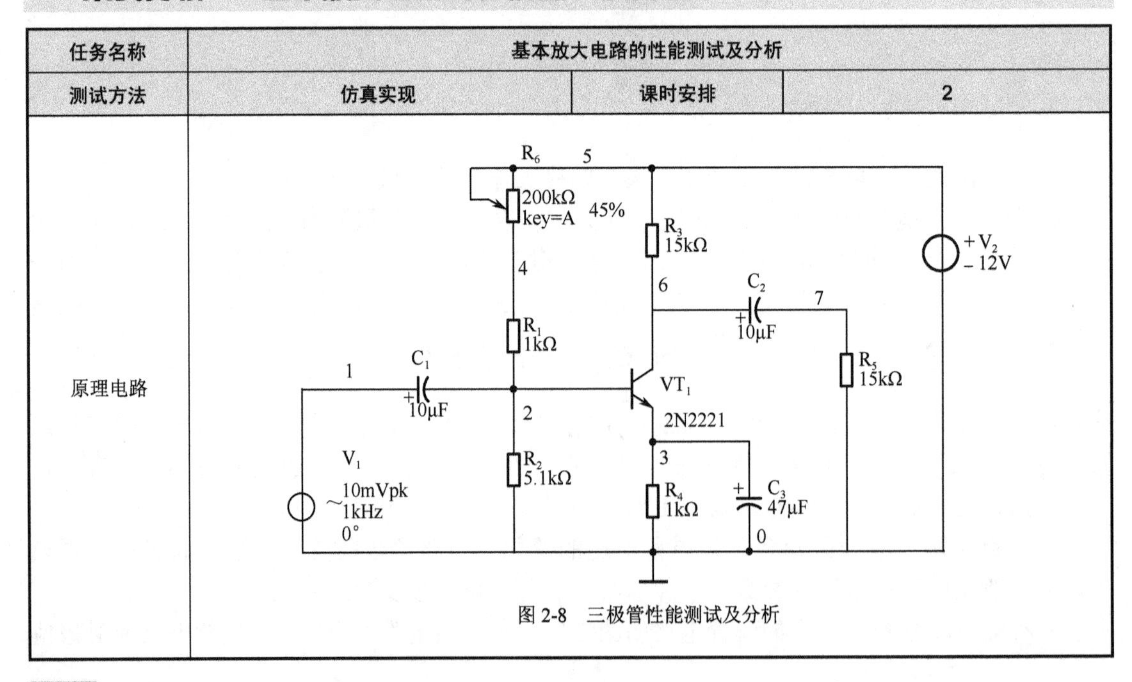 图 2-8　三极管性能测试及分析 | | |

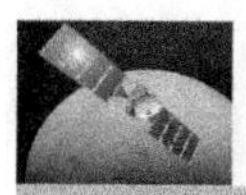

续表

| 任务名称 | 基本放大电路的性能测试及分析 | | |
|---|---|---|---|
| 测试方法 | 仿真实现 | 课时安排 | 2 |
| 任务要求 | （1）掌握基本放大器静态工作点的仿真方法及其对放大器性能的影响。<br>（2）学习放大器静态工作点、电压放大倍数、输入电阻、输出电阻的仿真方法，了解基本共射极电路特性。 | | |
| 虚拟仪器 | 双踪示波器、信号发生器、交流毫伏表、数字万用表等 | | |
| 测试步骤 | | | |

1．打开 Multisim 或其他相关软件。

2．根据图 2-8 完成三极管基本放大电路的绘制。选择菜单栏中的“options/sheet properties”，在弹出的对话框中选取“show all”，此时，电路中的每条线路上便会出现编号，以便进行仿真分析。

3．单击仪表工具栏中的第一个（即万用表），放置在三极管的发射极与地电位之间，即万用表与 $R_4$ 并联。

4．单击仿真按钮，进行数据的仿真。双击万用表图标，就可以观察三极管 E 端对地的直流电压了。

单击滑动变阻器，按下键盘上的“A”键，就可以增加滑动变阻器的阻值，而按下“Shift+A”组合键则可以减小其阻值。

5．静态数据仿真

（1）调节滑动变阻器的阻值，使万用表的数据为 2.2V。

（2）执行菜单栏中的“Simulate/analyses/DC Operating Point…”

（3）按图 2-9 所示操作。

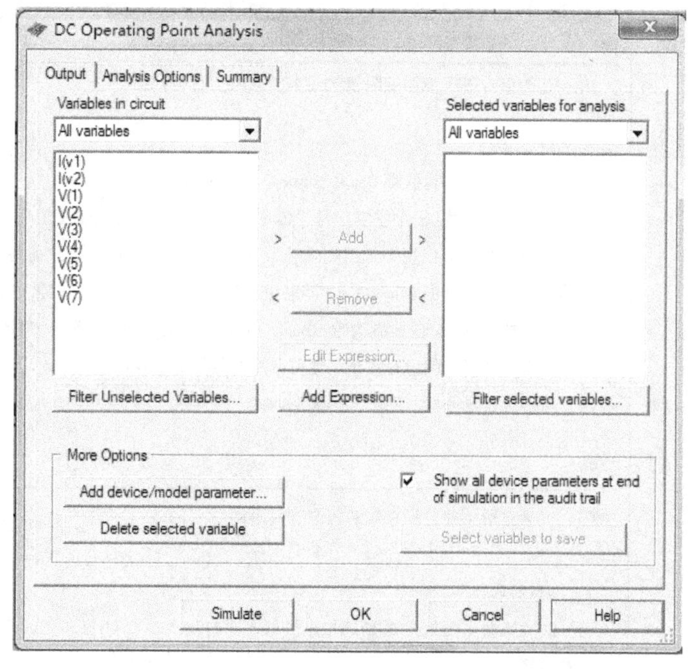


图 2-9　操作步骤

续表

| 任务名称 | 基本放大电路的性能测试及分析 | | |
|---|---|---|---|
| 测试方法 | 仿真实现 | 课时安排 | 2 |

（4）单击对话框上的“Simulate”，结果如图 2-10 所示。

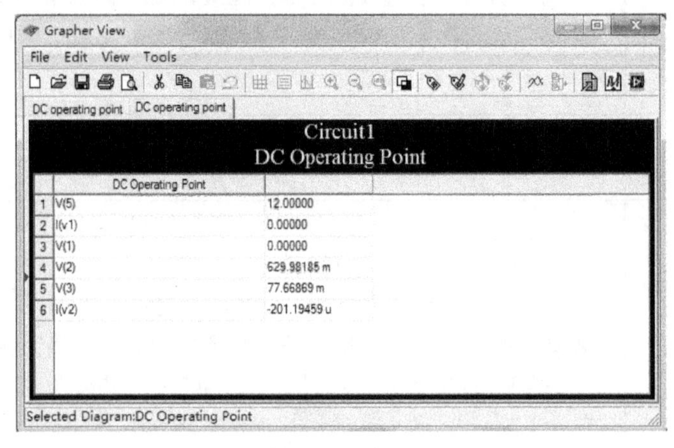


图 2-10　仿真结果

（5）记录数据，填表 2-1。

**表 2-1　仿真结果记录**

| 仿真数据（对地数据）单位：V | | | 计算数据 单位：V | | |
|---|---|---|---|---|---|
| 基 极 | 集电极 | 发射极 | $U_{BE}$ | $U_{CE}$ | $R_p$ |
| | | | | | |

注：$R_p$ 的值，等于滑动变阻器的最大阻值乘上百分比。

6．动态仿真一

（1）在电路中加入示波器 Oscilloscope，连接电路。

注意：示波器分为 2 个通道，每个通道有+和-，连接时只需使用+即可，示波器默认的地已经连接好了。观察波形图时会出现不知道哪个波形是哪个通道的，解决方法是更改连接通道的导线颜色，即用鼠标右键单击导线，单击 wire color，即可更改颜色，同时示波器中的波形颜色也将随之改变。

（2）注意把 Voltage 的数据改为 10mV，把 Freguency 的数据改为 1kHz。

（3）单击工具栏中的运行按钮，便可以进行数据的仿真了。

（4）双击示波器图标，画出所得波形。

（5）记录波形，并分析它们的相位有何不同？

7．动态仿真二

（1）删除负载电阻 $R_5$，重新连接示波器，同时观察 $V_1$、$C_2$ 端口的波形。

记录波形：

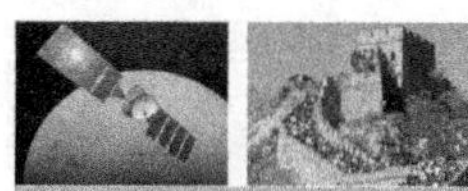

续表

| 任务名称 | 基本放大电路的性能测试及分析 | | |
| --- | --- | --- | --- |
| 测试方法 | 仿真实现 | 课时安排 | 2 |

（2）记录数据，填表 2-2。

表 2-2　动态仿真结果记录　　（注：此表中的 $R_L$ 为无穷大）

| 仿真数据（注意：填写单位） | | 计算 |
| --- | --- | --- |
| $U_i$ 的有效值 | $U_o$ 的有效值 | $A_u$ |
| | | |

（3）其他不变，将负载电阻分别改为 5.1kΩ和 330Ω，分析输入、输出电压关系，填表 2-3。

表 2-3　改变负载电阻时的数据

| 仿真数据（注意：填写单位） | | | 计算 |
| --- | --- | --- | --- |
| $R_L$ | $U_i$ | $U_o$ | $A_u$ |
| 5.1kΩ | | | |
| 330Ω | | | |

（4）其他不变，增大和减小滑动变阻器的值，观察 $U_o$ 的变化，并在表 2-4 中记录波形。

表 2-4　改变滑动变阻器时的数据及波形

| | $U_B$ | $U_C$ | $U_E$ | 画出 $U_o$ 的波形 |
| --- | --- | --- | --- | --- |
| $R_p$ 增大 | | | | |
| $R_p$ 减小 | | | | |

注：如果效果不明显，可以适当增大输入信号。

8．动态仿真三

1）测量输入电阻 $R_i$

在输入端（$V_1$ 与 $C_1$ 之间）串联一个 5.1kΩ的电阻，并且连接万用表测试分析 $V_1$、$C_2$ 端的输出波形。启动仿真，记录数据，并填表 2-5。

注：万用表要打在交流档才能测试数据。

表 2-5　测量输入电阻 $R_i$ 的结果记录

| 仿真数据（注意：填写单位） | | 计算 |
| --- | --- | --- |
| 信号发生器<br>有效电压值 | 万用表的有效数据 | $R_i$ |
| | | |

2）测量输出电阻 $R_o$

（1）万用表要打在交流档才能测试数据，其数据为 $U_L$（如图 2-11 所示）。

续表

| 任务名称 | 基本放大电路的性能测试及分析 | | |
|---|---|---|---|
| 测试方法 | 仿真实现 | 课时安排 | 2 |

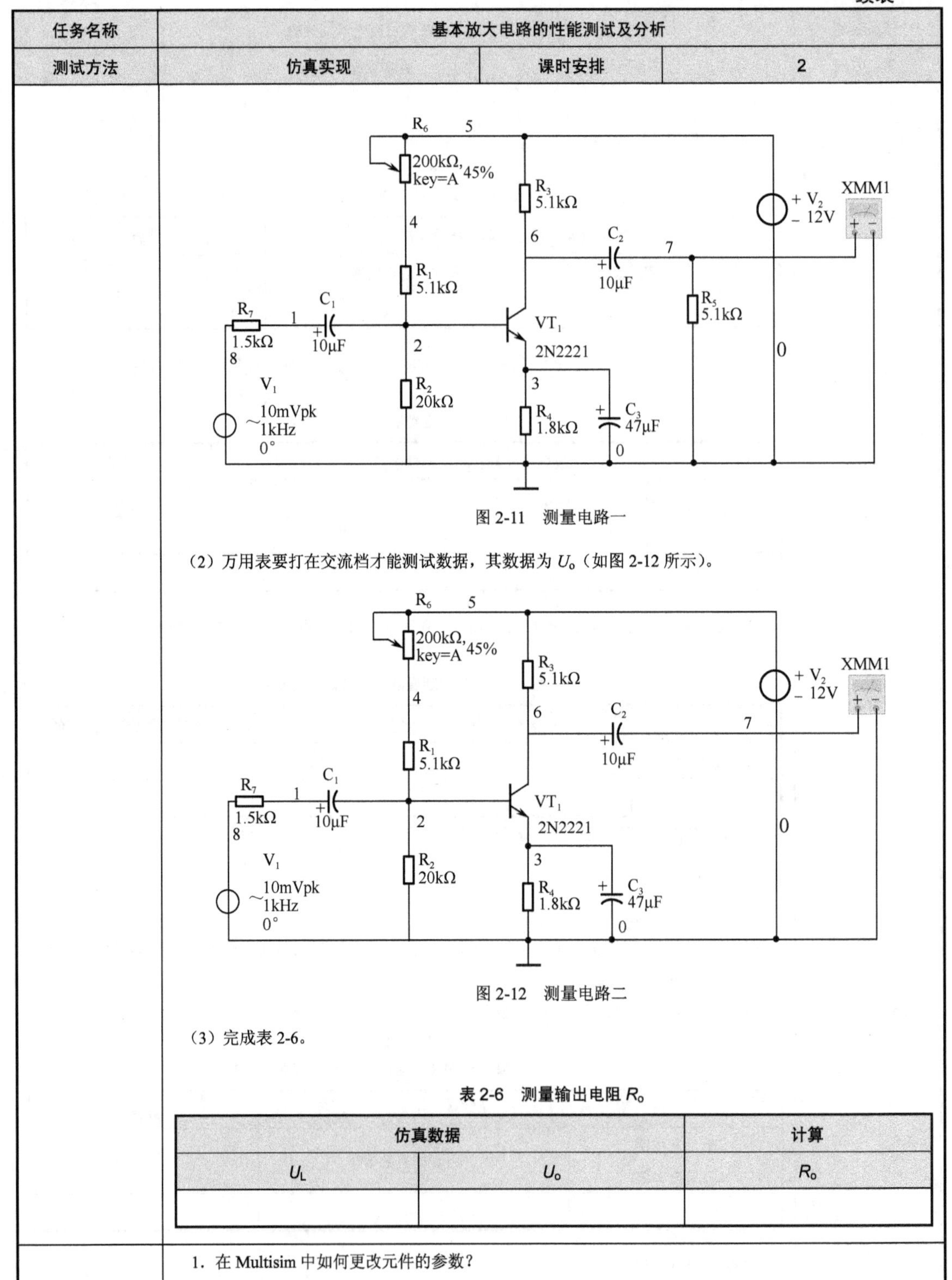


图 2-11　测量电路一

（2）万用表要打在交流档才能测试数据，其数据为 $U_o$（如图 2-12 所示）。



图 2-12　测量电路二

（3）完成表 2-6。

**表 2-6　测量输出电阻 $R_o$**

| 仿真数据 | | 计算 |
|---|---|---|
| $U_L$ | $U_o$ | $R_o$ |
| | | |

| 拓展思考 | 1．在 Multisim 中如何更改元件的参数？ |
|---|---|

续表

| 任务名称 | 基本放大电路的性能测试及分析 | | |
|---|---|---|---|
| 测试方法 | 仿真实现 | 课时安排 | 2 |
| 拓展思考 | 2．元件库中有些元件带有 VIRTUAL，它表示什么意思？<br><br>3．如何改变元件的位置：垂直翻转、水平翻转 180°？自己动手做一做（示意图如图 2-13 所示）。<br>$VT_1$ 2N2221　$VT_2$ 2N2221　$VT_3$ 2N2221<br>图 2-13　示意图 | | |
| 总结与体会 | | | |
| 完成日期 | | 完成人 | |

### 2.1.5　三种基本组态放大电路的比较

在放大电路中，晶体管的接法有 3 种，即有 3 种基本组态，各种实际放大电路都是这 3 种基本放大电路的变形和组合。

3 种基本组态为：共发射极放大器（也称共发或共射）、共集电极放大器（也称共集）、共基极放大器（也称共基），如图 2-14 所示。各种实际的放大电路都是在这三种组态电路的基础上演变而来的。因此，掌握这 3 种组态放大器的性能特点是了解各种放大器性能的基础。

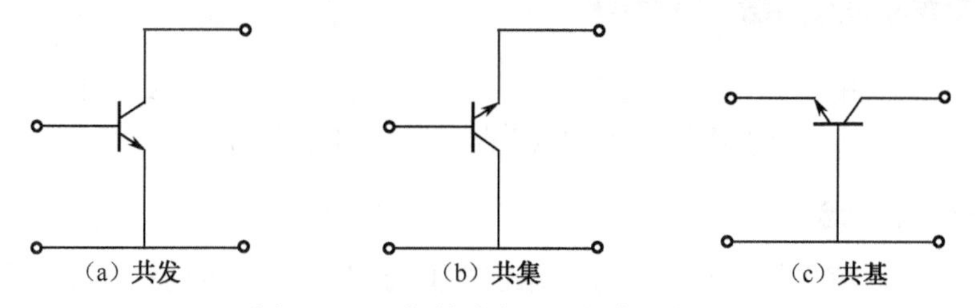


图 2-14　三极管放大器的基本组态

共集电极放大电路和共基极放大电路如图 2-15 和图 2-16 所示。

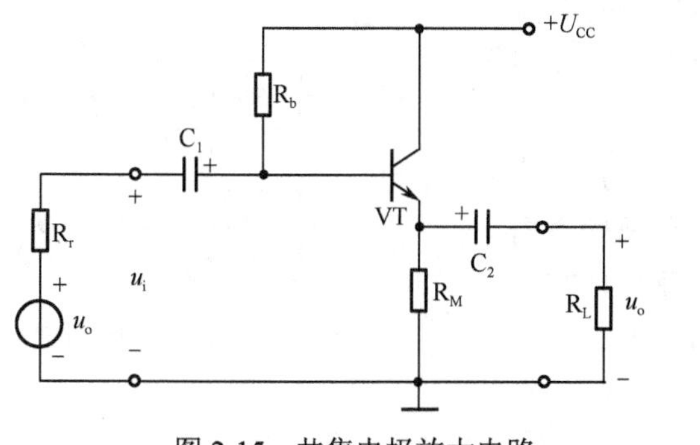


图 2-15　共集电极放大电路

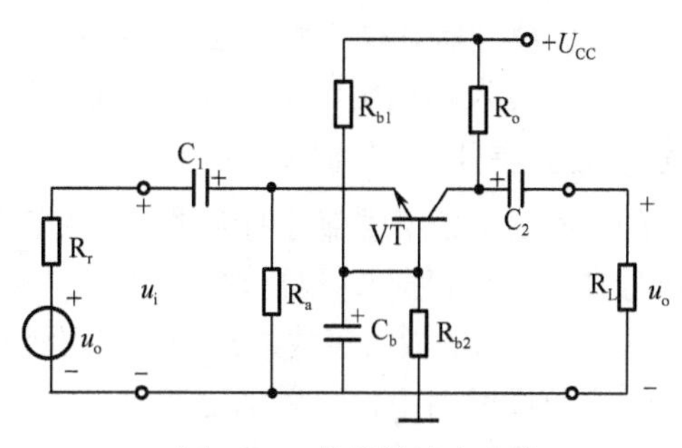


图 2-16　共基极放大电路

3种组态的基本放大电路具有如下特点：

（1）共发射极放大电路的电压、电流和功率放大倍数都较大，输入电阻、输出电阻适中，因此在多级放大器中可作为输入、输出和中间级；

（2）共集电极放大电路的电压放大倍数 $A_u \approx 1$，但电流放大倍数大，输入电阻大，输出电阻小，因此，它除了用做输入级、缓冲级以外，也常用做功率输出级。

（3）共基极放大电路的主要特点是输入电阻小，其他性能指标在数值上与共发射极放大电路基本相同。因共基极放大电路的频率特性好，所以它大多用做宽频带放大器。

3种组态电路的性能比较如表2-7所示。

**表2-7　3种组态电路的性能比较表**

| 性　　能 | 共发射极 | 共集电极 | 共基极 |
|---|---|---|---|
| 输入阻抗 | 小 | 最大 | 最小 |
| 输出阻抗 | 大 | 最小 | 最大 |
| 电流放大倍数 | 大 | 大 | 小 |
| 电压放大倍数 | 大 | 小（近似为1） | 大 |
| 功率放大倍数 | 大 | 较小 | 大 |
| 频率特性 | 差 | 好 | 好 |
| 应用情况 | 应用最广 | 常用于阻抗变换 | 常用于高频放大 |

## 2.2　负反馈放大电路的性能与分析

### 2.2.1　反馈的基本概念与类型

反馈在电子电路中得到了广泛的应用。负反馈可以改善放大电路的性能，实用的放大电路都离不开负反馈，正反馈则用于各种振荡器，即产生各种波形的信号源。

#### 1. 反馈的基本概念

在放大电路中，信号的传输是从输入端到输出端的，这个方向称为正向传输。反馈就是将输出信号取出一部分或全部送回到放大电路的输入回路，与原输入信号相加或相减后再作用到放大电路的输入端。反馈信号的传输是反向传输。

放大电路无反馈也称开环，放大电路有反馈也称闭环。

反馈放大器系统图如图2-17所示。图中的 $\dot{X}$ 表示一般信号量，既可表示电压，又可表示电流，其中 $\dot{X}_i$ 为输入信号，$\dot{X}_f$ 为反馈信号，$\dot{X}_i'$ 为净输入信号，$\dot{X}_o$ 为输出信号。图中带箭头的线条表示各组成部分的连线，箭头表示信号的传输方向，符号⊗表示比较环节，输出端的小黑点“•”表示采样环节，$\dot{A}$ 为基本放大器的放大倍数，$\dot{F}$ 为反馈网络的反馈系数。

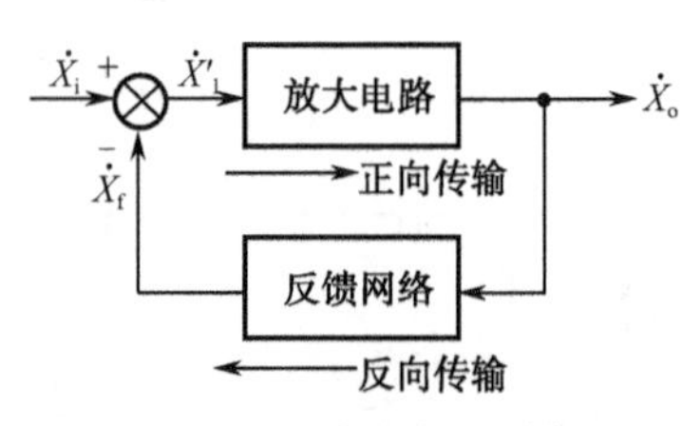

图2-17　反馈放大器系统图

在反馈网络中，可以确定和定义如下基本关系式。

（1）输入各量的关系式：$\dot{X}_i' = \dot{X}_i \pm \dot{X}_f$（由此式可以很方便地定义正、负反馈的概念）。

（2）基本放大器的放大倍数（也称开环放大倍数）：$\dot{A}=\dfrac{\dot{X}_o}{\dot{X}_i'}$。

（3）反馈系数：$\dot{F}=\dfrac{\dot{X}_f}{\dot{X}_o}$。

（4）反馈放大器的放大倍数（也称闭环放大倍数）：$\dot{A}_f=\dfrac{\dot{X}_o}{\dot{X}_i}$。

**2. 反馈的类型**

1）按反馈性质分类

正反馈：反馈信号起增强输入信号作用。

负反馈：反馈信号起削弱输入信号作用。

正反馈和负反馈的判断法：瞬时极性法。

在放大电路的输入端，假设一个输入信号的电压极性可用“+”、“-”或“↑”、“↓”表示，按信号传输方向依次判断相关点的瞬时极性，直至判断出反馈信号的瞬时电压极性，如果反馈信号的瞬时极性使净输入减小，则为负反馈；反之为正反馈。

**【实例 2-4】** 试判断图 2-13 所示电路中的反馈是正反馈还是负反馈？

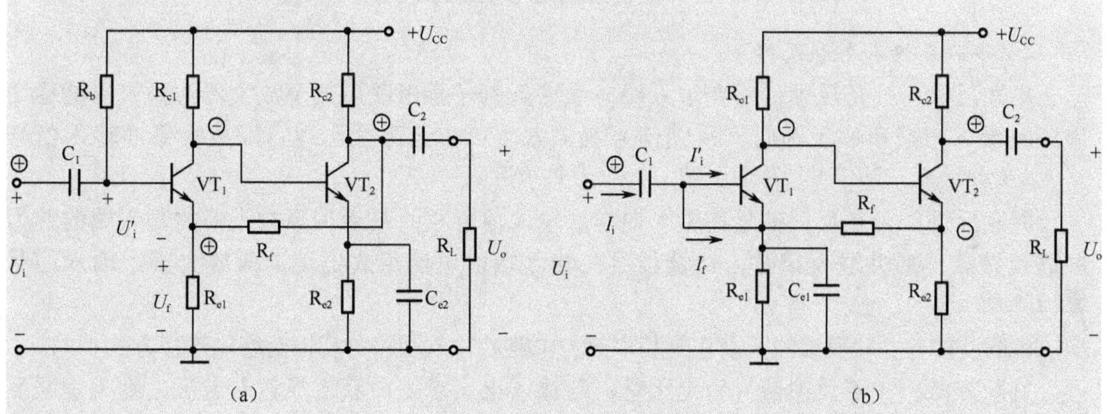


图 2-18　判断正、负反馈

在图 2-18（a）中，假设三极管 $VT_1$ 基极输入信号的极性在某一瞬时为+，则其集电极的瞬时电位极性为-，从而使得第二级三极管 $VT_2$ 基极的瞬时电位为-，则 $VT_2$ 集电极电位为+，反馈电压瞬时极性也为+，表示反馈电压增大，从而使净输入电压减小。由此可见，引入的是负反馈。

在图 2-18（b）中，假设三极管 $VT_1$ 基极输入信号的极性在某一瞬时为+，则其集电极的瞬时电位极性为-，从而使得第二级三极管 $VT_2$ 基极的瞬时电位为-，则 $VT_2$ 发射极电位为-，通过反馈电阻 $R_f$ 通路的反馈电流增大，导致净输入电流减小。由此可见，引入的是负反馈。

2）按反馈成分分类

直流反馈：对直流量起反馈作用，主要用于稳定放大器的静态工作点。

交流反馈：对交流量起反馈作用，其中交流负反馈可以改善放大器的性能指标。

3）按反馈信号的来源（输出端取样方式）分类

电压反馈：反馈信号取自放大电路的输出电压 $u_o$，反馈信号与输出电压成正比。

电流反馈：反馈信号取自放大电路的输出电流 $i_o$，反馈信号与输出电流成正比。

判别方法是把输出端短路，即当输出电压为零时，若反馈信号 $u_f$ 也为零则为电压反馈，如图 2-19（a）所示；反之，若输出电压 $u_o$ 为零而反馈信号 $u_f$ 不为零，则为电流反馈，如图 2-19（b）所示。图中的 $R_f$ 为反馈元件。

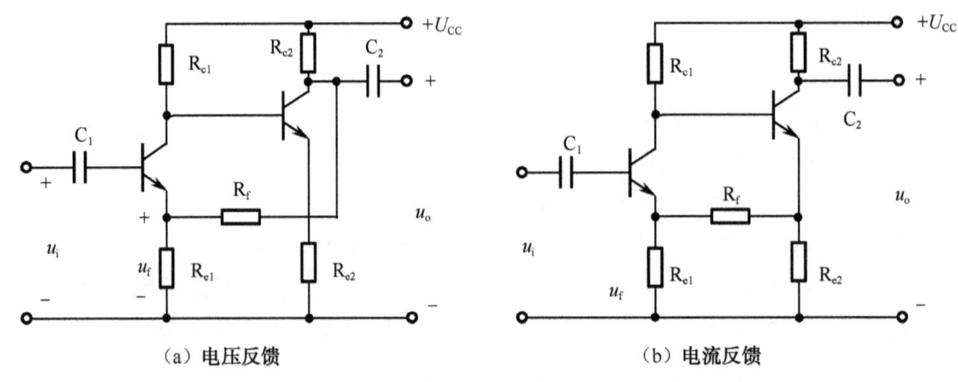


图 2-19　电压反馈和电流反馈

4）串联反馈和并联反馈

串联反馈：凡是反馈信号在输入端与原输入信号相串联后加至放大器的输入端的称为串联反馈。一般串联反馈时，反馈信号在输入端以电压形式出现，即放大器净输入信号 $u_i' = u_i \pm u_f$，式中的“+”为正反馈，“−”为负反馈。

并联反馈：凡是反馈信号在输入端与原输入信号相并联后加至放大器的输入端的称为并联反馈。一般并联反馈时，反馈信号在输入端以电流形式出现，即放大器净输入信号 $i_i' = i_i \pm i_f$。

串联反馈与并联反馈的区别在于基本放大电路的输入回路与反馈网络的连接方式不同。

判断方法一：若反馈信号为电压量，与输入电压求差而获得净输入电压，则为串联反馈；若反馈信号为电流量，与输入电流求差而获得净输入电流，则为并联反馈。

判别方法二：并联反馈是反馈信号与输入信号在同一节点引入，或并接在放大器的同一个输入端上；串联反馈则是反馈信号和输入信号不在同一节点引入，或反馈信号和输入信号加在放大器的不同输入端上。

对于三极管来说，反馈信号与输入信号同时加在输入三极管的基极或发射极，为并联反馈；一个加在基极，另一个加在发射极，则为串联反馈。

## 2.2.2　负反馈对放大电路性能的影响

引入交流负反馈后的放大电路，其性能将得到多方面的改善。下面来讨论负反馈对放大电路性能影响的问题。

### 1. 负反馈放大电路分析

前面已经介绍过在负反馈系统中各个信号之间的关系，图 2-20 所示为其系统框图。

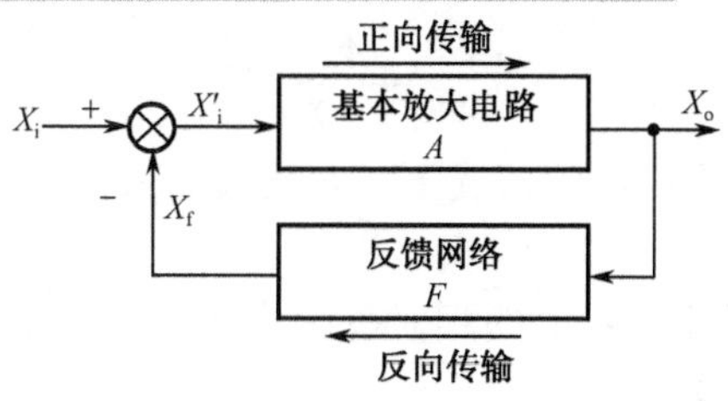

图 2-20　负反馈系统框图

由图 2-20 中的系统之间的关系可得

开环放大倍数：$\dot{A}=\dfrac{\dot{X}_o}{\dot{X}'_i}$

反馈系数：$\dot{F}=\dfrac{\dot{X}_f}{\dot{X}_o}$

闭环放大倍数：
$$\dot{A}_f=\frac{\dot{X}_o}{\dot{X}_i}=\frac{\dot{A}}{1+\dot{A}\dot{F}} \tag{2-1}$$

式（2-1）表明，引入负反馈后放大电路的闭环放大倍数为开环放大倍数的 $\dfrac{1}{1+\dot{A}\dot{F}}$ 倍。显然，引入负反馈前后的放大倍数变化与（$1+\dot{A}\dot{F}$）密切相关，因此 $|1+\dot{A}\dot{F}|$ 是衡量反馈程度的一个很重要的量，称为反馈深度，用 $D$ 表示，即 $D=|1+\dot{A}\dot{F}|$。

由式（2-1）可知如下几点。

（1）若 $|1+\dot{A}\dot{F}|<1$，则 $|\dot{A}_f|>|\dot{A}|$，即放大电路引入反馈后增益提高，说明电路引入的是正反馈。

（2）若 $|1+\dot{A}\dot{F}|>1$，则 $|\dot{A}_f|<|\dot{A}|$，即放大电路引入反馈后增益下降，说明电路引入的是负反馈。

（3）若 $|1+\dot{A}\dot{F}|=0$，则 $|\dot{A}_f|\to\infty$，此时因 $\dot{A}\dot{F}=-1$，则 $\dot{X}_f=\dot{A}\dot{F}\dot{X}'_i=-\dot{X}'_i$，即 $\dot{X}_i=0$，表明放大电路虽然没有输入信号，也有信号输出，这种现象称为自激振荡，此时放大电路失去放大作用，应加以避免。

（4）若 $|1+\dot{A}\dot{F}|\gg1$，则 $\dot{A}_f\approx\dfrac{1}{\dot{F}}$。满足 $|1+\dot{A}\dot{F}|\gg1$ 条件的负反馈，称为深度负反馈。

在深度负反馈条件下，闭环放大倍数只取决于反馈系数，而与基本放大器几乎无关。如果反馈网络是由一些性能比较稳定的无源线性元件（如 R、C 等）组成的，则此时 $|\dot{A}_f|$ 也比较稳定。显然，$|\dot{A}|$ 越大越容易满足深度负反馈条件。

在深度负反馈条件下，$\dot{A}_f$ 值与 $\dot{A}$ 无关，仅与 $\dot{F}$ 有关，因此只需求出 $\dot{F}$ 就可以得到 $\dot{A}_f$。

### 2. 负反馈使放大倍数的稳定性提高

稳定性是放大电路的重要指标之一。

一个实用的放大电路，能够获得高增益是我们所希望的，但我们更希望获得一个稳定的增益，放大电路在引入负反馈后的增益虽然小了，但其增益稳定性却提高了。引入电压负反馈能稳定输出电压增益，引入电流负反馈能稳定输出电流增益。

当 $|1+\dot{A}\dot{F}|\gg1$ 时，有

$$\dot{A}_f=\frac{\dot{A}}{1+\dot{A}\dot{F}}\approx\frac{1}{\dot{F}}$$

此式表明：在引入深度负反馈的情况下，负反馈放大器的增益只与反馈系数 $F$ 有关，因此有很高的稳定性。

由于增益的稳定性是用其绝对值的相对变化来表示的，所以上式可以表示为（假设在中频段进行分析，$A$、$F$、$A_f$都为实数）：

$$A_f=\frac{A}{1+AF}$$

上式对 $A$ 求微分得：$\dfrac{dA_f}{dA}=\dfrac{1}{(1+AF)^2}$

两式相除整理可得：$\dfrac{dA_f}{A_f}=\dfrac{1}{(1+AF)}\cdot\dfrac{dA}{A}$

表明闭环放大倍数的相对变化量$\dfrac{dA_f}{dA}$只是开环放大倍数的相对变化量$\dfrac{dA}{dA}$的$\dfrac{1}{(1+AF)}$。

由此可见，引入负反馈以后，增益的稳定性提高了 1+$AF$ 倍，但却牺牲了放大倍数。

**【实例 2-5】** 设计一个负反馈放大器，要求闭环放大倍数为 100，当开环放大倍数变化±10%时，闭环增益的相对变化量在±0.5%以内，试确定开环增益及反馈系数。

**解**：因为

$$\frac{dA_f}{A_f}=\frac{1}{(1+AF)}\cdot\frac{dA}{A}$$

所以反馈深度必须满足：$D=1+AF\geqslant\dfrac{dA/A}{dA_f/A_f}=\dfrac{10\%}{0.5\%}=20$

又因为 $A_f=\dfrac{A}{1+AF}$，则有 $A=(1+AF)A_f\geqslant 2000$，而 $AF\geqslant 20-1=19$

因此有

$$F\geqslant\frac{19}{A}=\frac{19}{2000}=0.95\%$$

**3．负反馈使放大器通频带展宽**

从本质上说，频带限制是由于放大电路对不同频率的信号呈现出不同的放大倍数而造成的。反馈具有稳定闭环增益的作用，因而对于频率增大（或减小）引起的放大倍数下降同样具有稳定作用。也就是说，它能减小频率变化对闭环增益的影响，从而展宽闭环增益的频率。

当输入等幅不同频率的信号时，高频段和低频段的输出信号比中频段的小，因此反馈信号也小，对净输入信号的削弱作用小，这样高、低频段的放大倍数减小的程度比中频段的小，从而扩展了通频带，如图 2-21 所示。

可以证明：引入负反馈后，放大器的通频带扩展了 1+$AF$ 倍。

**注意：**对于电压串联负反馈情况，展宽的是电压增益的频带（1+$AF$ 倍）。对于其他 3 种类型，能否展宽电压增益的频带与其他条件有关。

**4．负反馈使输入线性范围扩大，非线性失真减小**

负反馈可以改善放大电路的非线性失真，但是只能改善反馈环内产生的非线性失真。

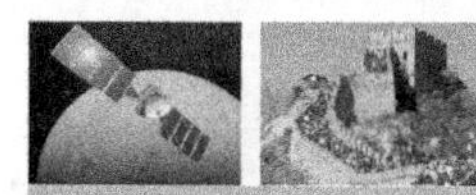

因为加入负反馈后，放大电路的输出幅度下降，不好对比，所以必须加大输入信号，使加入负反馈以后的输出幅度基本达到原来有失真时的输出幅度才有意义。

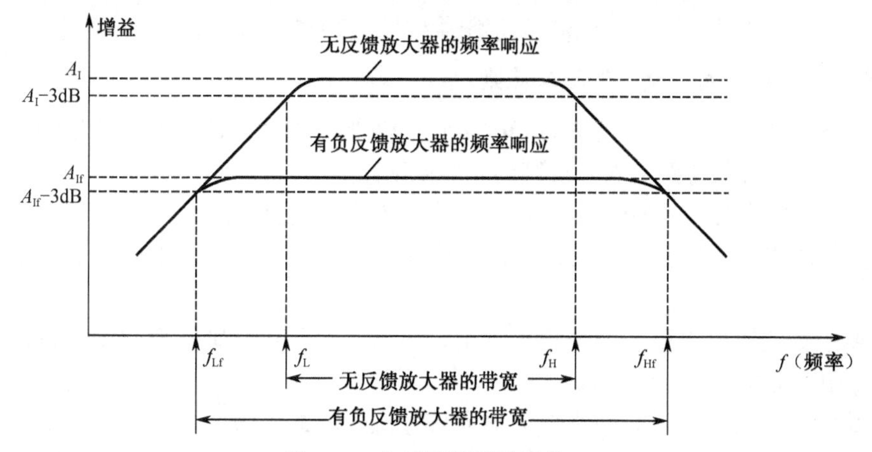


图 2-21　负反馈扩展通频带

加入负反馈改善非线性失真，可通过图 2-22 来加以说明。

失真的反馈信号使净输入信号产生相反的失真，从而弥补了放大电路本身的非线性失真。

**注意：** 虽然负反馈是利用失真来减小失真的，但不能消除失真。另外，负反馈放大器只能削弱放大器内部产生的谐波，对于混在输入信号中的谐波，负反馈放大器将会把它和有用信号一样放大。

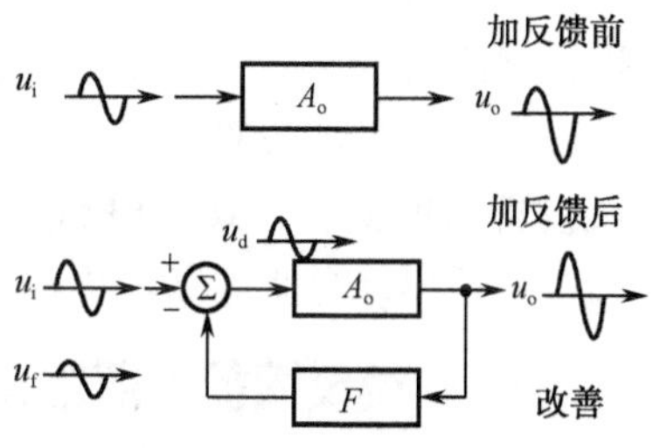


图 2-22　负反馈对非线性失真的影响

### 5. 负反馈能够改善放大器的输入电阻和输出电阻

1）对输入电阻的影响

负反馈对输入电阻的影响取决于反馈信号在输入端的连接方式：串联负反馈使输入电阻增大；并联负反馈使输入电阻减小。

当信号源 $u_i$ 不变时，引入串联负反馈后，$u_f$ 抵消了 $u_i$ 的一部分，因此基本放大电路的净输入电压 $u_{id}$ 减小，使输入电流 $i_i$ 减小，从而造成输入电阻 $R_{if}=\frac{u_i}{i_i}$ 比无反馈的输入电阻 $R_i$ 增加。反馈越深，$R_{if}$ 增加得越多。

并联负反馈时，由于输入电流（$i_i=i_{id}+i_f$，$i_{id}$ 为净输入电流）的增加，致使输入电阻 $R_{if}=\frac{u_i}{i_i}$ 减小。并联负反馈越深，$R_{if}$ 减小得越多。

2）对输出电阻的影响

输出电阻就是放大电路输出端等效电源的内阻。放大电路引入负反馈后，对输出电阻的影响取决于输出端的取样方式而与输入端的反馈类型无关。电压负反馈降低输出电阻，电流负反馈提高输出电阻。

电压负反馈具有稳定输出电压的作用，即当负载改变时，维持输出电压基本不变，相

当于内阻很小的电流源。因此，电压负反馈的引入，会使输出电阻比无反馈时小。

电流负反馈具有稳定输出电流的作用，即当负载改变时，维持输出电流基本不变，相当于内阻很大的电流源。因此，电流负反馈的引入，会使输出电阻比无反馈时大。

#### 6. 放大电路中引入负反馈的基本原则

综上所述，放大器引入负反馈后能改善它的性能，并且各种组态的负反馈放大器具有不同的特点，因此可以得到引入负反馈的一般原则：

（1）要想稳定直流量（如静态工作点），应引入直流负反馈；

（2）要想改善交流性能（如放大倍数、频带、失真、输入和输出电阻），应引入交流负反馈；

（3）要想稳定输出电压或减小输出电阻，应引入电压负反馈；要想稳定输出电流，或提高输出电阻，应引入电流负反馈。

（4）要想提高输入电阻或减小放大器向信号源索取的电流，应引入串联负反馈；要想减小输入电阻，应引入并联负反馈；

（5）要想反馈效果好，在信号源为电压源时应引入串联负反馈，在信号源为电流源时应引入并联负反馈；

（6）要想性能改善明显，反馈深度$|1+\dot{A}\dot{F}|$要足够大，但是反馈深度并不是越大越好，如果反馈深度太大，某些电路将因在一些频率下产生的附加相移，使原来的负反馈变成正反馈，甚至出现自激振荡，这样放大器也就无法正常放大，更谈不上性能改善了。

### 2.2.3 负反馈放大器的近似估算分析

#### 1. 负反馈放大器分析方法概述

按反馈信号的取样方式和输入端的连接方式不同，负反馈放大器共有 4 种类型：电压并联负反馈、电压串联负反馈、电流并联负反馈、电流串联负反馈。

反馈类型的判别方法如下：

（1）反馈信号与输入信号在不同节点为串联反馈，在同一个节点为并联反馈；

（2）反馈取自输出端或输出分压端为电压反馈，反馈取自非输出端为电流反馈。

#### 2. 深度负反馈条件下电压增益的近似估算

$(1+\dot{A}\dot{F})$ 是衡量反馈程度的一个很重要的量，称为反馈深度。

若$|1+\dot{A}\dot{F}|\gg 1$，可得 $\dot{A}_{\mathrm{F}}\approx\dfrac{1}{\dot{F}}$。

满足$|1+\dot{A}\dot{F}|\gg 1$条件的负反馈，称为深度负反馈。

在深度负反馈条件下，闭环放大倍数只取决于反馈系数，而与基本放大器几乎无关。

**【实例 2-6】** 图 2-23 所示电路中，为了实现下述性能要求，问各应引入何种负反馈？并将结果画在电路上：（1）希望 $u_s$=0 时，元件参数的改变对末级集电极电流影响小；（2）希望输入电阻较大；（3）希望输出电阻较小；（4）希望接上负载后，电压放大倍数基本不变；（5）希望信号源为电流源时，反馈的效果比较好。

**解：** 假设 $u_i$ 的瞬时极性为（+），根据信号传输的途径，依次标出有关各处的相应的瞬时极性，如图 2-23 所示，可以看出，只有从 $VT_3$ 集电极通过 $R_{f1}$ 引到 $VT_1$ 发射极的反馈通

路（用①表示）和从 $VT_3$ 发射极通过 $R_{f2}$ 引到 $VT_1$ 基极的反馈通路（用②表示）才是负反馈。不难判断，前者为电压串联负反馈，后者为电流并联负反馈。这是最大的跨级负反馈，而且由于反馈通路只由电阻组成，所以它们是交、直流负反馈。

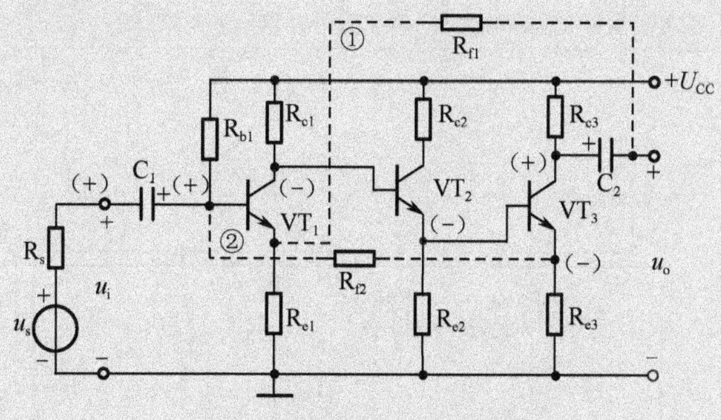


图 2-23　实例 2-6 的电路

（1）希望 $u_s$=0 时，元件参数的改变对末级集电极电流影响小，可引入直流电流负反馈，如图中②所示。

（2）希望输出电阻较大，可引入串联负反馈，如图中①所示。

（3）希望输出电阻较小，可引入电压负反馈，如图中①所示。

（4）希望接上负载后，电压放大倍数基本不变，可引入电压串联负反馈，如图中①所示。

（5）希望信号源为电流源时，反馈的效果比较好，可引入并联负反馈，如图中②所示。

## 案例分析 4　负反馈放大电路的性能测试及分析

<table>
<tr><td>任务名称</td><td colspan="3">负反馈放大电路的性能测试及分析</td></tr>
<tr><td>测试方法</td><td>仿真实现</td><td>课时安排</td><td>2</td></tr>
<tr><td>基本原理</td><td colspan="3">负反馈在电子电路中有着非常广泛的应用，虽然它使放大器的放大倍数降低，但能在多方面改善放大器的动态指标，如稳定放大倍数，改变输入、输出电阻，减小非线性失真和展宽通频带等。因此，几乎所有的实用放大器都带有负反馈。<br>负反馈放大器有 4 种组态，即电压串联、电压并联、电流串联、电流并联。本案例以电压串联负反馈为例，分析负反馈对放大器各项性能指标的影响。<br>负反馈放大器的主要性能参数如下所示。<br>（1）闭环电压放大倍数：$A_{uf}=\dfrac{A_u}{1+A_uF_u}$，其中 $A_u=\dfrac{u_o}{u_i}$，$A_u$ 为基本放大器（无反馈）的电压放大倍数，即开环电压放大倍数。<br>$1+A_uF$ 为反馈深度，它的大小决定了负反馈对放大器性能改善的程度。<br>（2）反馈系数：$F=\dfrac{R_F}{R_F+R_{F1}}$<br>（3）输入电阻：$R_{if}=(1+A_uF)R_i$<br>（4）输出电阻：$R_{of}=\dfrac{R_o}{1+A_uF}$<br>式中，$R_o$ 为基本放大器的输出电阻；$A_u$ 为基本放大器 $R_L=\infty$ 时的电压放大倍数。</td></tr>
<tr><td>任务要求</td><td colspan="3">（1）掌握负反馈放大电路对放大器性能的影响。<br>（2）学习负反馈放大器静态工作点、电压放大倍数、输入电阻、输出电阻的开环和闭环仿真方法。</td></tr>
</table>

续表

<table>
<tr><td>任务名称</td><td colspan="3">负反馈放大电路的性能测试及分析</td></tr>
<tr><td>测试方法</td><td>仿真实现</td><td>课时安排</td><td>2</td></tr>
<tr><td>虚拟仪器</td><td colspan="3">双踪示波器、信号发生器、交流毫伏表、数字万用表等</td></tr>
<tr><td>原理电路</td><td colspan="3">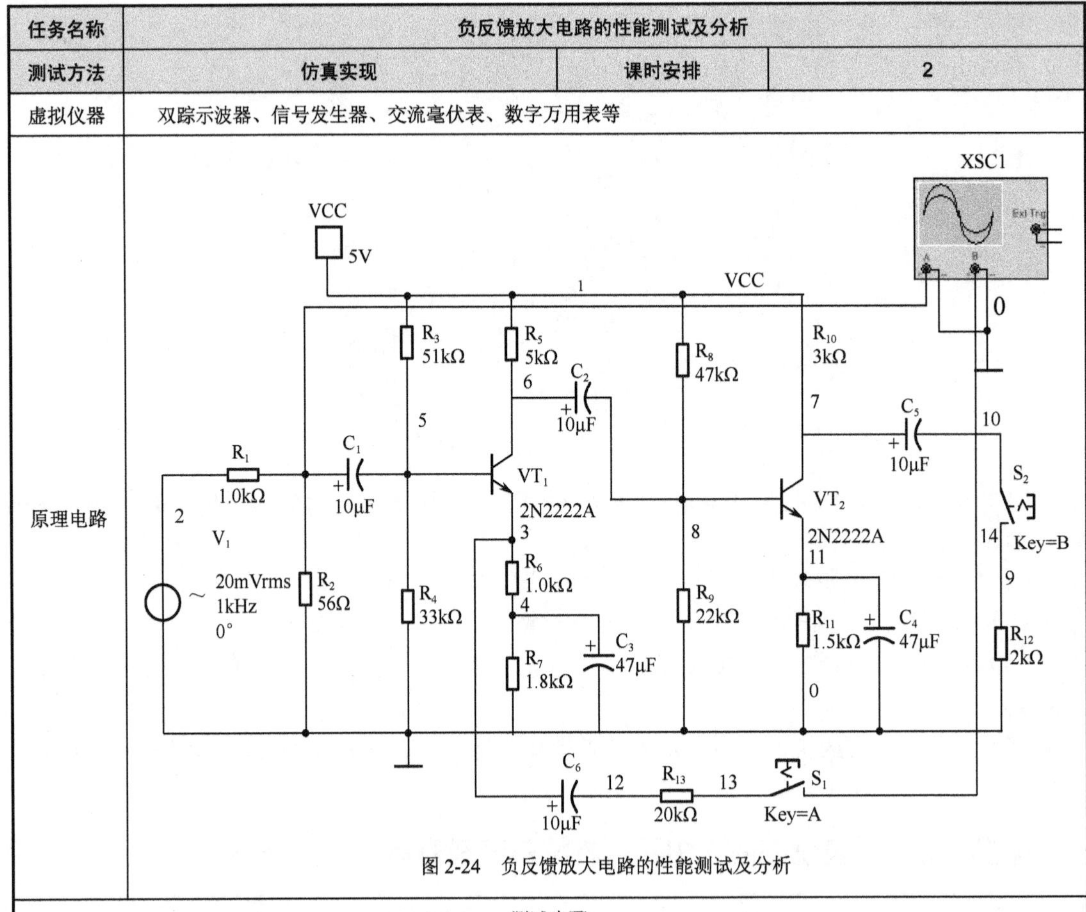<br>图 2-24　负反馈放大电路的性能测试及分析</td></tr>
<tr><td colspan="4">测试步骤</td></tr>
<tr><td></td><td colspan="3">1．打开 Multisim 或其他相关软件。<br>2．直流分析<br>（1）调节信号源 $V_1$ 的大小，使输出端在开环情况下输出不失真（如图 2-25 所示）。<br>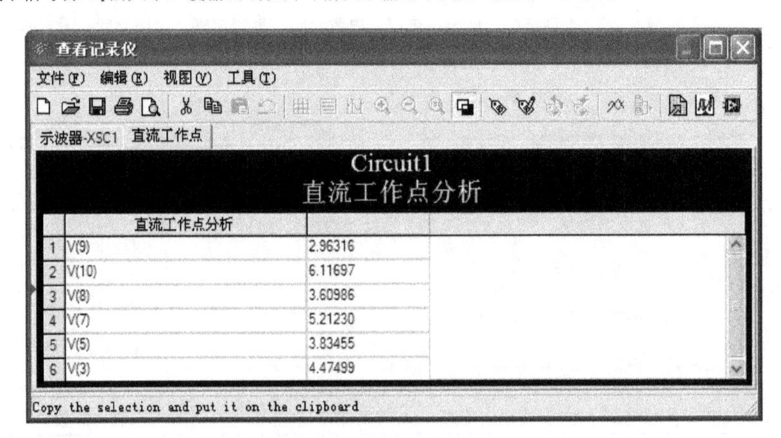<br>直流工作点分析<br>1 V(9) 2.96316<br>2 V(10) 6.11697<br>3 V(8) 3.60986<br>4 V(7) 5.21230<br>5 V(5) 3.83455<br>6 V(3) 4.47499<br>图 2-25　直流分析电路</td></tr>
</table>

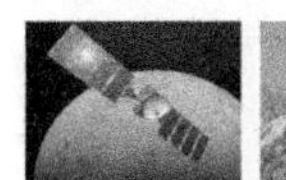

续表

| 任务名称 | 负反馈放大电路的性能测试及分析 | | |
| --- | --- | --- | --- |
| 测试方法 | 仿真实现 | 课时安排 | 2 |

（2）启动直流工作点分析，记录数据，填入表 2-8 中。

**表 2-8　数据记录**

| 三极管 $VT_1$ | | | 三极管 $VT_2$ | | |
| --- | --- | --- | --- | --- | --- |
| $U_b$ | $U_c$ | $U_e$ | $U_b$ | $U_c$ | $U_e$ |
| | | | | | |

3．放大倍数测试

用虚拟示波器分别测量输入/输出电压的峰-峰值，记入表 2-9 中。

**表 2-9　测试结果记录**

| | $R_L$ | $U_i$ | $U_o$ | $A_u/A_{uf}$ |
| --- | --- | --- | --- | --- |
| 开环（$S_1$ 断开） | $R_L=\infty$（$S_2$ 断开） | | | |
| | $R_L=2k\Omega$（$S_2$ 闭合） | | | |
| 闭环（$S_1$ 闭合） | $R_L=\infty$（$S_2$ 断开） | | | |
| | $R_L=2k\Omega$（$S_2$ 闭合） | | | |

4．输入电阻与输出电阻测试

测量输入/输出电阻的电路如图 2-26 所示。

1）输入电阻 $R_i$

在输入端串联一个 5.1kΩ的电阻，并且连接一个万用表。启动仿真，记录数据，并填表 2-10（☆万用表要打在交流档才能测试数据）：

**表 2-10　数据记录**

| 仿真数据（注意填写单位）$U_s$ | | $U_i$ | 计算 |
| --- | --- | --- | --- |
| 开环（$S_1$ 断开） | | | $R_i=\dfrac{U_iR_S}{U_S-U_i}=$ |
| 闭环（$S_1$ 闭合） | | | $R_{if}=\dfrac{U_iR_S}{U_S-U_i}=$ |

2）输出电阻 $R_o$

电路如图 2-26 所示，先接上负载电阻，测量输出电压 $U_L$；再断开负载，测量输出电压 $U_o$，填入表 2-11 中。

**表 2-11　测量结果记录**

| 仿真数据（注意填写单位）$U_L$ | | $U_o$ | 计算 |
| --- | --- | --- | --- |
| 开环（$S_1$ 断开） | | | $R_o=\dfrac{(U_o-U_i)R_L}{U_L}=$ |
| 闭环（$S_1$ 闭合） | | | $R_{of}=\dfrac{(U_o-U_i)R_L}{U_L}=$ |

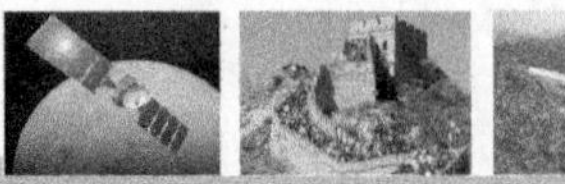

续表

| 任务名称 | 负反馈放大电路的性能测试及分析 | | |
|---|---|---|---|
| 测试方法 | 仿真实现 | 课时安排 | 2 |

5．负反馈对失真的改善作用

将图 2-24 电路中的开关“$S_1$”断开，双击电路窗口中的信号源符号，打开“AC Voltage”对话框，如图 2-27 所示：

（1）Voltage 区：设置输入电压的幅值为 1V。

（2）Voltage RMS 区：自动显示输入电压的有效值 0.71V。

（3）Frequency 区：设置输入电压频率为 1000Hz。

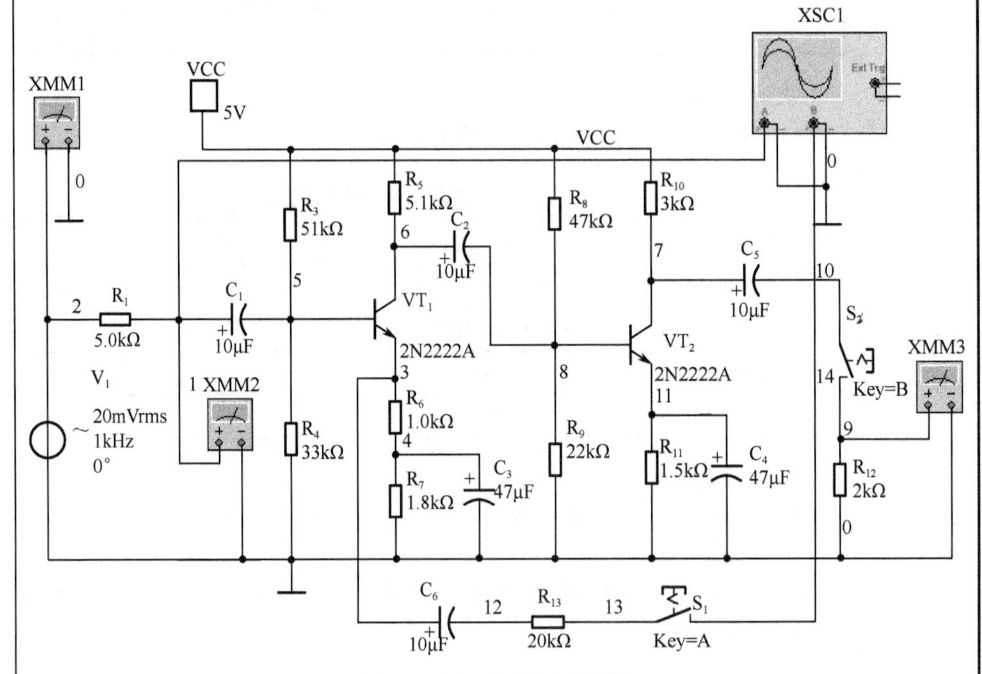


图 2-26　输入/输出电阻测量图

也可逐步加大 $u_i$ 的幅度，用示波器观察，使输出信号出现失真（注意不要过分失真），然后将开关“$S_1$”闭合，应观察到输出波形的失真得到明显的改善。

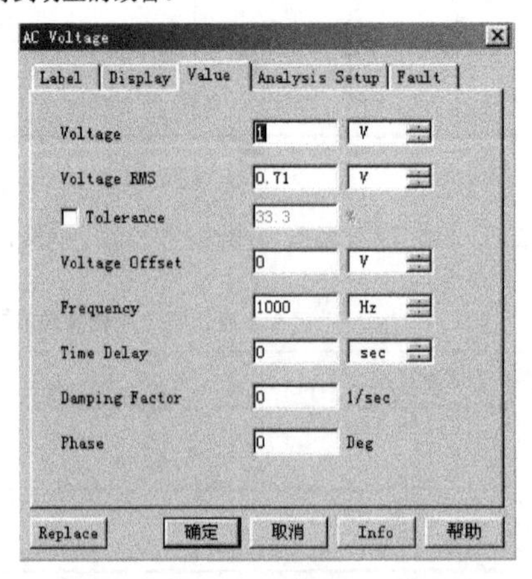


图 2-27　“AC Voltage”对话框

续表

| 任务名称 | 负反馈放大电路的性能测试及分析 | | |
|---|---|---|---|
| 测试方法 | 仿真实现 | 课时安排 | 2 |
| | 分别记录无失真、有失真时的输出波形。<br>① 无失真波形：<br><br>② 有失真波形：<br><br>6. 负反馈对频带的展宽<br>引入负反馈后，放大电路的中频放大倍数减少了，等于无负反馈时的 $\frac{1}{1+A_{u}F}$，而上限频率 $f_{H}$ 提高了，等于无负反馈时的 $(1+A_{u}F)$，下限频率降低到原来的 $\frac{1}{A_{u}F}$，因此总的通频带得到了展宽。<br>请分别记录加入负反馈前后的通频带情况（启动交流小信号分析，记录幅频特性）。<br>① 未加负反馈时放大电路的幅频特性：<br><br>② 加入负反馈后放大电路的幅频特性： | | |
| 拓展思考 | 1. 请总结负反馈对放大电路性能的影响。<br><br>2. 请自行设计完成一个电压并联负反馈放大电路，画出电路图。 | | |
| 总结与体会 | | | |
| 完成日期 | | 完成人 | |

## 2.3 集成运算放大器的分析与测试

在半导体制造工艺的基础上，把整个电路中的元器件制作在一块硅基片上，构成特定功能的电子电路，称为集成电路（IC）。

按集成电路的功能来分，有数字集成电路、模拟集成电路和数字模拟混合集成电路，甚至一个芯片就是一个电子系统。模拟集成电路种类繁多，如运算放大器、宽频带放大

器、功率放大器、模拟乘法器、模拟锁相环、模/数和数/模转换器、稳压器源及音响设备中常用的其他模拟专用集成电路等。

在模拟集成电路中，集成运算放大器（简称集成运放）应用极为广泛，是其他各类模拟集成电路应用的基础，本节重点介绍集成运算放大器的组成、性能及一般应用。

### 2.3.1 集成运算放大器的组成

集成电路体积小，但性能却很好。集成电路的外形，常见的有以下三种：圆壳式、双列直插式、扁平式，如图 2-28 所示。目前国产集成运放已有多种型号，封装主要采用圆壳式和双列直插式两种。

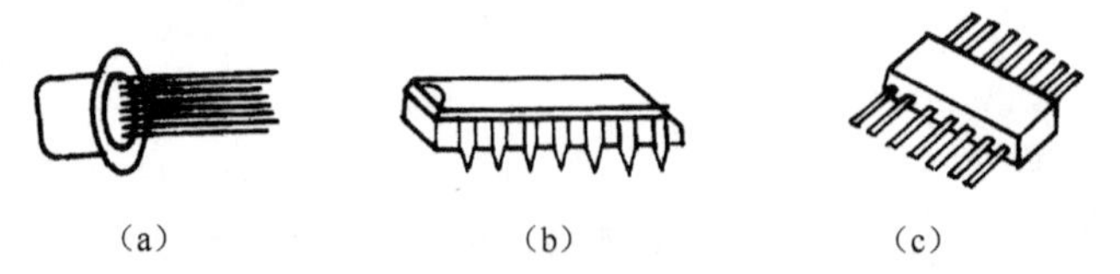


图 2-28 集成电路的外形

集成运算放大器实际是一种放大倍数很高的直接耦合放大电路，在信号处理、波形转换、自动控制等领域有着广泛的应用。其内部组成框图如图 2-29 所示，一般由输入级、中间级、输出级和偏置电路 4 部分组成。

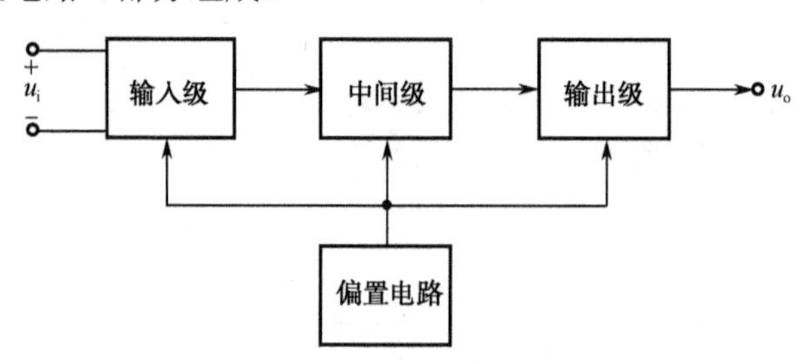


图 2-29 集成运放的内部组成框图

#### 1. 输入级

输入级一般是由 BJT、JFET 或 MOSFET 组成的差分式放大电路，利用它的对称特性可以提高整个电路的共模抑制比和其他方面的性能，它的两个输入端构成整个电路的反相输入端和同相输入端。

#### 2. 中间级

中间级主要提供足够大的电压放大倍数，它可由一级或多级放大电路组成，其本身要求具有较高的电压增益。

#### 3. 输出级

输出级一般由电压跟随器或互补电压跟随器所组成，以降低输出电阻，提高带负载能力。

#### 4. 偏置电路

偏置电路的作用是为各级提供合适的工作电流，一般由恒流源电路组成。

此外还有一些辅助环节，如电平移动电路、过载保护电路及高频补偿环节等。

在集成运放（或其他集成电路）的实际应用中，一般不必深究其内部具体电路，只要了解其外部引出端的功能及相应的接法就可以了。就集成运放而言，其主要引出端为两个输入端和一个输出端，因此，集成运放的电路符号可表示为图 2-30 所示的符号，图（a）为习惯通用符号，图（b）为国际标准符号。在此图中，把电源端、调零端、补偿端（内补偿时则无补偿端）等省去了，其中的“-”、“+”分别表示反相输入端和同相输入端。

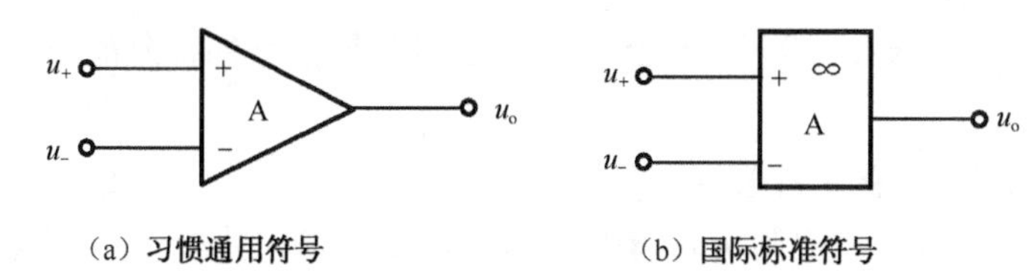


（a）习惯通用符号　　（b）国际标准符号

图 2-30　集成运放的符号

## 2.3.2　集成运算放大器的分类

集成运算放大器有以下 4 种分类方法。

### 1. 按其用途分类

按其用途分类可分为两大类：通用型和专用型集成运算放大器。

### 2. 按其供电电源分类

按其供电电源可分为两类：双电源集成运算放大器、单电源集成运算放大器。

### 3. 按其制作工艺分类

按其制作工艺可分为三类：双极型集成运算放大器、单极型集成运算放大器、双极-单极兼容型集成运算放大器。

### 4. 按运放级数分类

按单片封装中的运放级数分类，可分为四类：单运放、双运放、三运放、四运放。

## 2.3.3　集成运算放大器的主要参数

### 1. 集成运放的电气参数

1）输入失调电压 $U_{IO}$

当输入电压和输入端外接电阻为零时，为了使运放的输出失调电压为零，在输入端之间所加的补偿电压就是输入失调电压 $U_{IO}$，$U_{IO}$ 越小越好，表明电路匹配越好。

2）输入失调电流 $I_{IO}$

当运放的输出失调电压为零时，两输入端静态偏置电流之差称为输入失调电流 $I_{IO}$，即 $I_{IO}=I_{BP}-I_{BN}$，$I_{IO}$ 实际上为两输入端所加的补偿电流，它越小越好。

3）输入偏置电流 $I_{IB}$

运放反相输入端和同相输入端的静态偏置电流 $I_{BN}$ 和 $I_{BP}$ 的平均值称为输入偏置电流 $I_{IB}$，即 $I_{IB}=(I_{BN}+I_{BP})/2$。

4）开环差模电压增益 $A_{od}$

当运放工作在线性区时，输出开路电压 $u_o$ 与输入差模电压 $u_{id}=(u_p-u_n)$的比值，即为 $A_{od}$。$A_{od}$越大，运算精度越高，其理想值为无穷大。通常，$A_{od}>0$，其值在 105 以上。

5）共模抑制比 $K_{CMR}$

集成运放差模电压放大倍数与共模电压放大倍数的比值称为共模抑制比。

$K_{CMR}=20\lg\left|\frac{A_{ud}}{A_{uc}}\right|$，$K_{CMR}$表示集成运算放大器对共模信号的抑制能力，越大越好。

6）差模输入电阻 $r_{id}$和输出电阻 $r_{od}$

差模输入电阻 $r_{id}$和输出电阻 $r_{od}$指输入差模信号时运放的输入电阻和输出电阻，也就是通常所说的输入电阻 $r_i$ 和输出电阻 $r_o$。$r_{id}$ 的数量级为 MΩ，MOS 运放的 $r_{id}$ 可达 $10^6$MΩ；$r_{od}$一般小于 200Ω。

### 2. 极限参数

1）最大差模输入电压 $U_{idmax}$

最大差模输入电压指运放的两个输入端之间所允许加的最大电压值。若差模输入电压超过 $U_{idmax}$，则运放输入级将被反相击穿，甚至损坏。

2）最大共模输入电压 $U_{icmax}$

最大共模输入电压指运放能承受的最大共模输入电压。若共模输入电压超过 $U_{icmax}$，则运放的输入级工作不正常，$K_{CMR}$显著下降，运放的工作性能变差。

3）静态功耗 $P_D$

静态功耗指电路输入端短路，输出端开路时所消耗的功率，即集成运放可安全耗散的功率。

4）开路带宽 $f_{BW}$

开路带宽指 $A_{od}$下降 0.707 倍时的信号频率。

此外，运放的参数还有电源电压抑制比、全功率带宽、等效输入噪声电压和电流等，这里不再一一说明。

理想集成运算放大器的性能指标是：开环电压放大倍数 $A_{ud}\rightarrow\infty$，输入电阻 $r_i\rightarrow\infty$，输出电阻 $r_o\rightarrow 0$，$K_{CMR}\rightarrow\infty$；此外没有失调、温漂等。理想运放并不存在，但实际集成运算放大器的各项指标都接近于理想值，因此分析时可视为理想运放。

## 2.3.4 集成运算放大器的线性应用

集成运放的应用电路都是在反相、同相和差动三种输入的基本电路的基础上发展起来的，为此，先引入理想运放的概念。

### 1. 理想运放

为了简化分析，常常把集成运放理想化。理想运放具有下述理想参数。

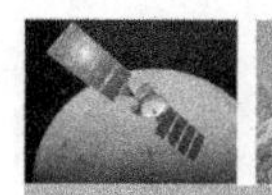

开环电压增益：$A_{ud}=\infty$。

输入阻抗：$r_i=\infty$。

输出阻抗：$r_o=0$。

开环带宽：$f_{BW}=\infty$。

以及失调与温漂均为零等。

理想运放在线性应用时的两个重要特性为：

（1）输出电压 $U_o$ 与输入电压之间满足关系式 $U_o=A_{ud}(U_+-U_-)$；由于 $A_{ud}=\infty$，而 $U_o$ 为有限值，所以 $U_+-U_-\approx0$，即 $U_+\approx U_-$，称为“虚短”；

（2）由于 $r_i=\infty$，故流进运放两个输入端的电流可视为零，即 $I_{IB}=0$，称为“虚断”，这说明运放对其前级的吸取电流极小。

上述两个特性是分析理想运放应用电路的基本原则，可简化运放电路和计算。

### 2. 基本运算电路

1）反相比例运算电路

反相比例运算电路如图 2-31 所示。对于理想运放，该电路的输出电压与输入电压之间的关系为

$$U_o=-\frac{R_F}{R_1}U_i$$

为了减小输入级偏置电流引起的运算误差，在同相输入端应接入平衡电阻

$$R_2=R_1//R_F$$

2）反相加法运算电路

反相加法运算电路如图 2-32 所示，输出电压与输入电压之间的关系为

$$U_o=-\left(\frac{R_F}{R_1}U_{i1}+\frac{R_F}{R_2}U_{i2}\right)\qquad R_3=R_1//R_2//R_F$$

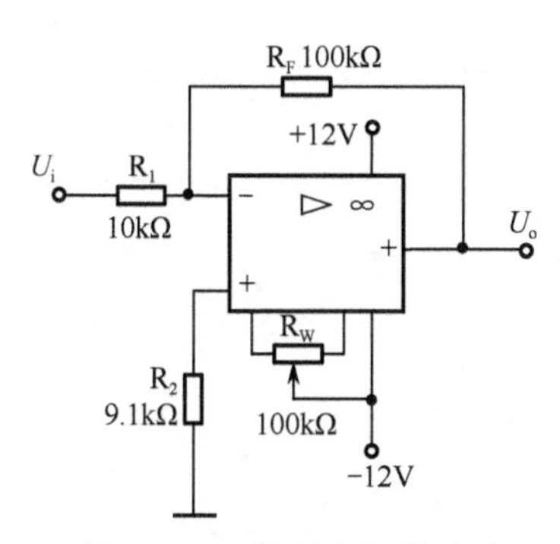


图 2-31　反相比例运算电路

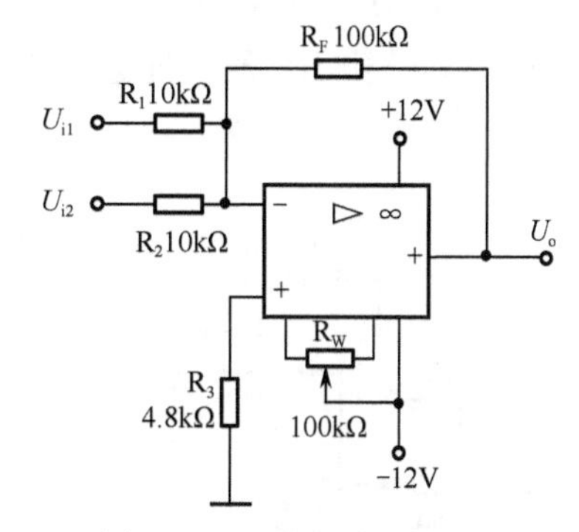


图 2-32　反相加法运算电路

3）同相比例运算电路

同相比例运算电路如图 2-33（a）所示，它的输出电压与输入电压之间的关系为

$$U_o=\left(1+\frac{R_F}{R_1}\right)U_i\qquad R_2=R_1//R_F$$

当 $R_1\to\infty$ 时，$U_o=U_i$，即得到如图 2-33（b）所示的电压跟随器。图中的 $R_2=R_F$，用以减小漂移和起保护作用。一般 $R_F$ 取 10kΩ，$R_F$ 太小起不到保护作用，太大则影响跟随性。

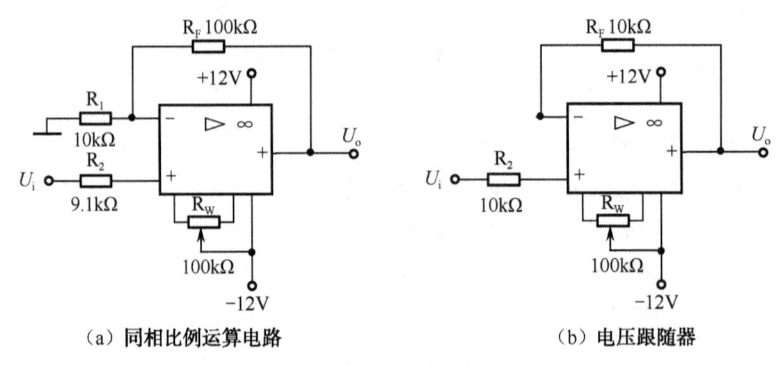


图 2-33　同相比例运算电路

4）差动放大电路（减法器）

对于图 2-34 所示的减法运算电路，当 $R_1=R_2$，$R_3=R_F$ 时，有如下关系式：

$$U_o=\frac{R_F}{R_1}(U_{i2}-U_{i1})$$

5）积分运算电路

积分运算电路如图 2-35 所示。在理想化条件下，输出电压为

$$u_o(t)=-\frac{1}{R_1C}\int_0^t u_i\mathrm{d}t+u_C(0)$$

式中，$u_C(0)$ 是 $t$=0 时电容 C 两端的电压值，即初始值。

如果 $u_i(t)$ 是幅值为 $E$ 的阶跃电压，并设 $u_C(0)=0$，则有

$$u_o(t)=-\frac{1}{R_1C}\int_0^t E\mathrm{d}t=-\frac{E}{R_1C}t$$

即输出电压 $u_o(t)$ 随时间增长而线性下降。显然 R、C 的数值越大，达到给定的 $U_o$ 值所需的时间就越长。积分输出电压所能达到的最大值受集成运放最大输出范围的限制。

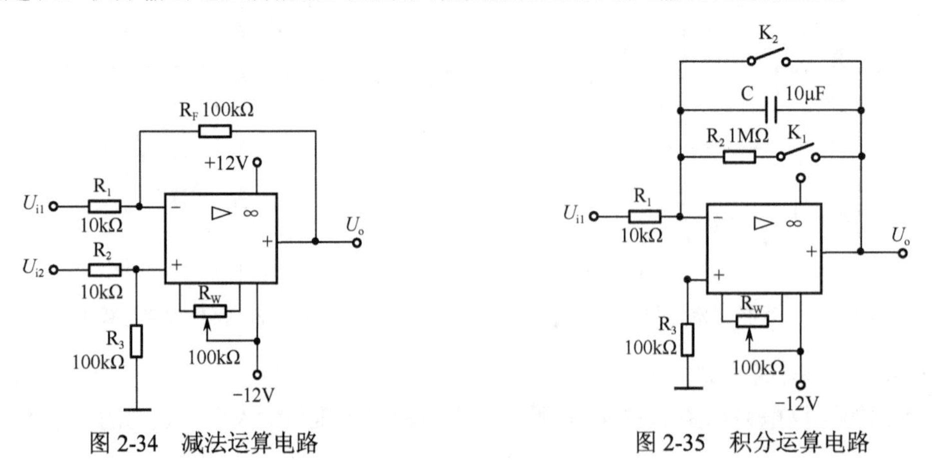


图 2-34　减法运算电路　　　　图 2-35　积分运算电路

在进行积分运算之前，首先应对运放调零。为了便于调节，将图 2-35 中的 $K_1$ 闭合，即

通过电阻 $R_2$ 的负反馈作用帮助实现调零。但在完成调零后，应将 $K_1$ 打开，以免因 $R_2$ 的接入造成积分误差。$K_2$ 的设置一方面为积分电容放电提供通路，同时可实现积分电容初始电压 $u_C(0)=0$，另一方面可控制积分起始点，即在加入信号 $u_i$ 后，只要 $K_2$ 一打开，电容就将被恒流充电，电路也就开始进行积分运算。

## 案例分析 5　集成运算放大器的基本运算功能测试及分析

<table>
<tr><td>任务名称</td><td colspan="3">集成运算放大器的基本运算功能测试及分析</td></tr>
<tr><td>测试方法</td><td>仿真实现</td><td>课时安排</td><td>2</td></tr>
<tr><td>基本原理</td><td colspan="3">集成运算放大器是一种具有高电压放大倍数的直接耦合多级放大电路。当其外部接入不同的线性或非线性元器件组成输入和负反馈电路时，可以灵活地实现各种特定的函数关系。在线性应用方面，它可组成比例、加法、减法、积分、微分、对数等模拟信号运算电路。</td></tr>
<tr><td>任务要求</td><td colspan="3">（1）学习集成运算放大器的使用方法。<br>（2）熟悉由集成运算放大器组成的基本运算电路。<br>（3）研究由集成运算放大器组成的比例、加法和减法等基本运算电路的功能。<br>（4）了解运算放大器在实际应用时应考虑的一些问题。</td></tr>
<tr><td>虚拟仪器</td><td colspan="3">双踪示波器、信号发生器、数字万用表等</td></tr>
<tr><td colspan="4">测试步骤</td></tr>
<tr><td></td><td colspan="3">1．反相比例运算电路<br>构建图 2-36 所示电路。对于理想运放，该电路的输出与输入电压之间的关系为 $u_o=-\frac{R_F}{R_1}u_i$。为减小输入级偏置电流引起的运算误差，在同相输入端应接入平衡电阻 $R_2=R_1//R_F$。<br>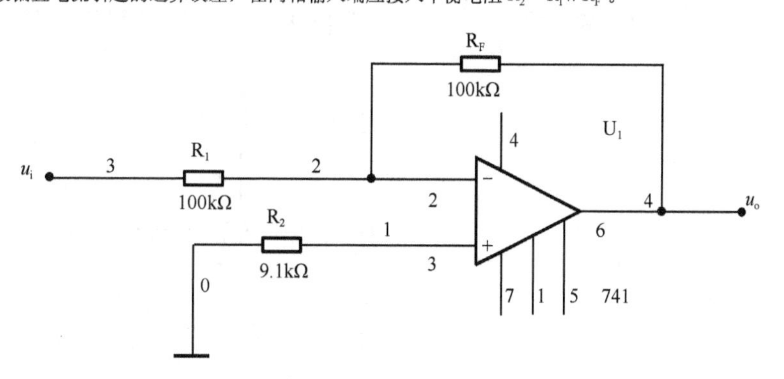<br><br>图 2-36　反相比例运算电路<br>（1）按图 2-36 正确连接电路。<br>（2）输入 $f=100\text{Hz}$，$u_i=0.5\text{V}$（峰-峰值）的正弦交流信号，打开直流开关，用毫伏表测量 $u_i$、$u_o$ 值，并用示波器观察 $u_i$ 和 $u_o$ 的相位关系，记入表 2-12 中。<br>表 2-12　反相比例运算电路的仿真数据<br><table><tr><td>$u_i$/V</td><td>$u_o$/V</td><td>$u_i$ 波形</td><td>$u_o$ 波形</td><td colspan="2">$A_u$</td></tr><tr><td rowspan="2"></td><td rowspan="2"></td><td rowspan="2">在下面的横线上画出</td><td rowspan="2">在下面的横线上画出</td><td>实测值</td><td>计算值</td></tr><tr><td></td><td></td></tr></table></td></tr>
</table>

续表

| 任务名称 | 集成运算放大器的基本运算功能测试及分析 | | |
|---|---|---|---|
| 测试方法 | 仿真实现 | 课时安排 | 2 |

画出 $u_i$ 波形：　　　　　　　　画出 $u_o$ 波形：

2．反相加法运算电路

电路如图 2-37 所示，输出电压与输入电压之间的关系为

$$u_o = -\left(\frac{R_F}{R_1}u_{i1} + \frac{R_F}{R_2}u_{i2}\right), \quad R_3 = R_1 // R_2 // R_F$$

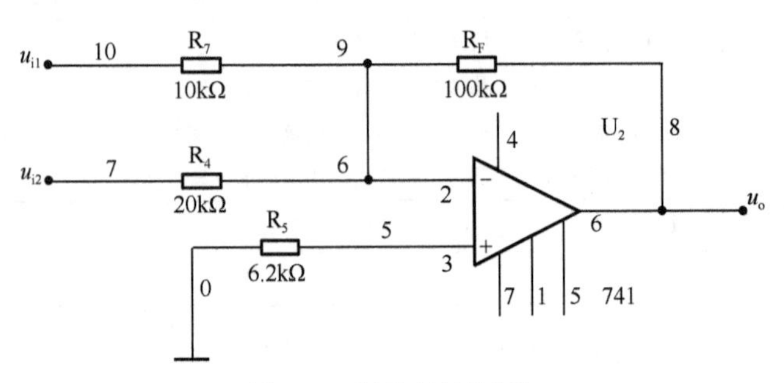


图 2-37　反相加法运算电路

（1）按图 2-37 连接电路。

（2）输入信号采用直流信号源，图 2-38 所示电路为简易可调直流信号源。

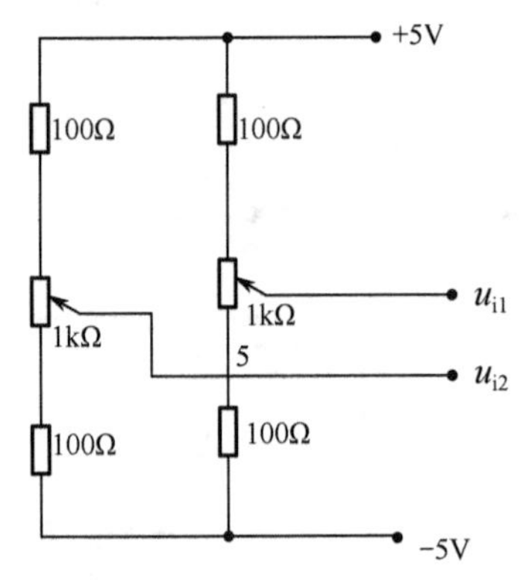


图 2-38　简易可调直流信号源

用万用表测量输入电压 $u_{i1}$、$u_{i2}$（且要求均大于 0，小于 0.5V）及输出电压 $u_o$，记入表 2-13 中。

表 2-13　测量数据记录

| $u_{i1}$ (V) | | | | | |
|---|---|---|---|---|---|
| $u_{i2}$ (V) | | | | | |
| $u_o$ (V) | | | | | |

续表

| 任务名称 | 集成运算放大器的基本运算功能测试及分析 | | |
|---|---|---|---|
| 测试方法 | 仿真实现 | 课时安排 | 2 |

3．同相比例运算电路

同相比例运算电路如图 2-39 所示。

它的输出电压与输入电压之间的关系为 $u_o=\left(1+\frac{R_F}{R_1}\right)u_i$， $R_2=R_1 // R_F$ 。

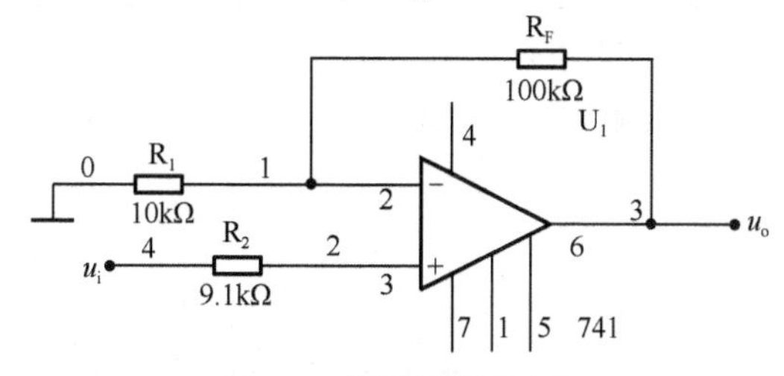


图 2-39　同相比例运算电路

按图 2-39 构造电路。实验步骤同 2，将结果记入表 2-14 中。

$f=100\text{Hz}$，$u_i=0.5\text{V}$ （峰-峰值）

**表 2-14　同相比例运算电路**

| $u_i$/ V | $u_o$/ V | $u_i$ 波形 | $u_o$ 波形 | $A_u$ | |
|---|---|---|---|---|---|
| | | 在下面的横线上画出 | 在下面的横线上画出 | 实测值 | 计算值 |
| | | | | | |

画出 $u_i$ 波形：　　　　　　　　画出 $u_o$ 波形：

当 $R_1\to\infty$ 时， $u_o=u_i$ ，即得到如图 2-40 所示的电压跟随器。图中的 $R_2=R_F$ ，用以减小漂移和起保护作用。一般 $R_F$ 取 10kΩ， $R_F$ 太小起不到保护作用，太大则影响跟随性。

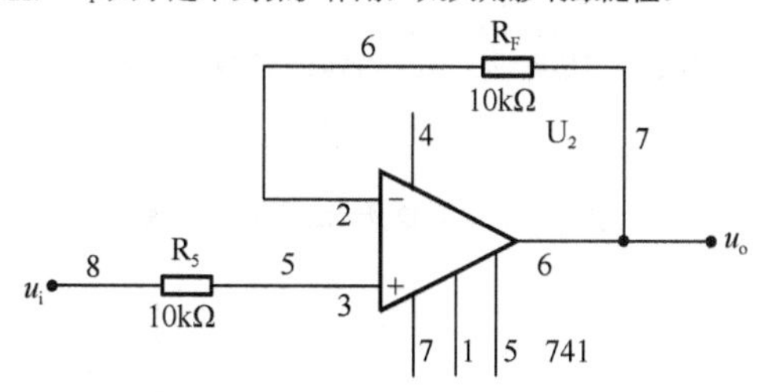


图 2-40　电压跟随器

按图 2-40 构造电路。实验步骤同上，将结果记入表 2-15 中。

$f=100\text{Hz}$，$u_i=0.5\text{V}$ （峰-峰值）

**表 2-15　电压跟随器电路**

| $u_i$/ V | $u_o$/ V | $u_i$ 波形 | $u_o$ 波形 | $A_u$ | |
|---|---|---|---|---|---|
| | | 在下面的横线上画出 | 在下面的横线上画出 | 实测值 | 计算值 |
| | | | | | |

续表

| 任务名称 | 集成运算放大器的基本运算功能测试及分析 | | |
|---|---|---|---|
| 测试方法 | 仿真实现 | 课时安排 | 2 |

画出 $u_i$ 波形：　　　　　　　　画出 $u_o$ 波形：

4．差动放大电路（减法器）

对于图 2-41 所示的减法运算电路，当 $R_1=R_2$，$R_3=R_F$ 时，有如下关系式：$u_o=\frac{R_F}{R_2}(u_{i2}-u_{i1})$。

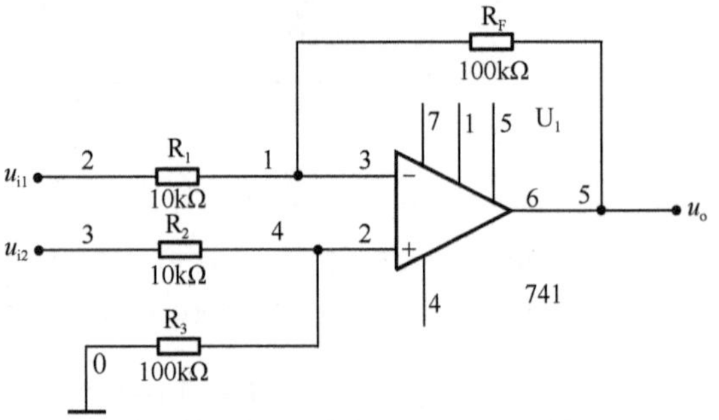

图 2-41　减法器

（1）按图 2-41 正确连接电路。

（2）采用直流输入信号，实验步骤同 3，记入表 2-16 中。

**表 2-16　数据记录**

| $u_{i1}$（V） | | | | | |
|---|---|---|---|---|---|
| $u_{i2}$（V） | | | | | |
| $u_o$（V） | | | | | |

拓展思考

1．请验证理想集成运算放大器的“虚短”、“虚断”特性。

2．请自行设计分析图 2-42 所示运算电路，画出输出波形图。

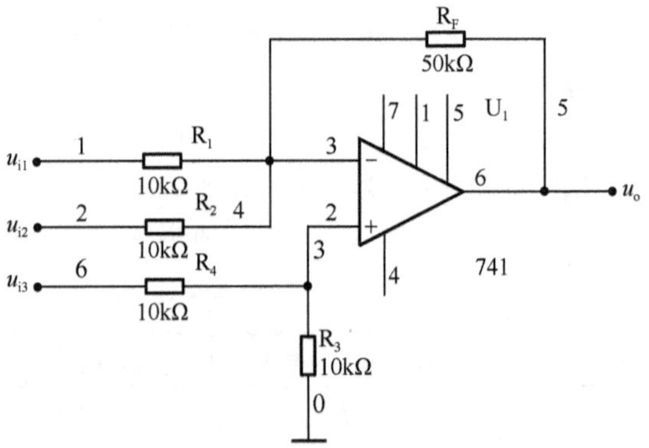

图 2-42　运算电路

续表

| 任务名称 | 集成运算放大器的基本运算功能测试及分析 | | |
|---|---|---|---|
| 测试方法 | 仿真实现 | 课时安排 | 2 |
| | （1）写出输入 $u_{i1}$、$u_{i2}$、$u_{i3}$ 与 $u_o$ 之间的关系：<br><br>（2）画出输出波形： | | |
| 总结与体会 | | | |
| 完成日期 | | 完成人 | |

## 2.4　低频功率放大电路分析与设计

在放大电路中，输出的信号往往都送到负载，去驱动某种换能装置。这些装置有收音机中的扬声器的音圈、电动机控制绕阻、计算机监视器或电视机的扫描偏转线圈。多级放大电路除了应有电压放大级外，还要求有一个能输出一定信号功率的输出级。这类主要用于向负载提供功率的放大电路常称为功率放大电路。

功率放大电路的主要任务是放大信号的功率，既有较大的输出电压，同时也有较大的输出电流，其负载阻抗一般相对较小。功率放大电路一般采用互补对称输出电路，以充分发挥其输入阻抗高、输出阻抗低、输出电流大、带负载能力强的优点。它一般采用正、负双电源供电，可以扩大输出电压范围，满足输出功率的要求。功率放大电路消耗能量多，信号容易失真，输出信号的功率大。

### 2.4.1　功率放大电路的特点与分类

#### 1. 功率放大电路与电压放大电路的主要区别

功率放大电路是一种以输出较大功率为目的的放大电路。

功率放大电路与电压放大电路的区别如下。

1）本质相同

电压放大电路（或电流放大电路）：主要用于增强电压幅度（或电流幅度）。

功率放大电路：主要输出较大的功率。

无论哪种放大电路，在负载上都同时存在输出电压、电流和功率，从能量控制的观点来看，放大电路实质上都是能量转换电路。因此，功率放大电路和电压放大电路没有本质的区别，名称上的区别只不过是强调输出量不同而已。

2）任务不同

电压放大电路：主要任务是使负载得到不失真的电压信号；输出的功率并不一定大；

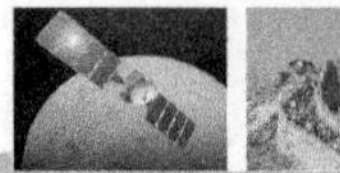

在小信号状态下工作。

功率放大电路：主要任务是使负载得到不失真（或失真较小）的输出功率；在大信号状态下工作。

3）指标不同

电压放大电路：主要指标是电压增益、输入和输出阻抗。

功率放大电路：主要指标是功率、效率、非线性失真。

4）研究方法不同

电压放大电路：图解法、等效电路法。

功率放大电路：图解法。

**2. 功率放大电路的特点**

对一般的电压放大器（或电流放大器）的主要要求是电压增益（或电流增益）或功率增益要高，而功率放大器与一般的电压放大器（或电流放大器）的要求不同，着重研究其最大输出的功率 $P_{om}$ 和效率 $\eta$ 等问题。

1）最大输出功率 $P_{om}$

功率放大器在输入正弦信号且输出基本不失真的情况下，负载上能够获得的最大交流功率称为最大输出功率 $P_{om}$。

2）效率 $\eta$

功率放大器的输出功率是由直流电源提供的，设直流电源提供的输出功率为 $P_V$，功放管的损耗功率为 $P_{VT}$，则有 $P_V = P_{om} + P_{VT}$。

所谓效率就是负载得到的有用信号功率和电源提供的直流总功率的比值，定义为

$$\eta = \frac{P_{om}}{P_V}$$

3）非线性失真

由于三极管等是非线性器件，在大信号工作状态下器件本身的非线性问题十分突出，所以输出信号不可避免地会产生一定的非线性失真。在实际应用中，我们应根据需要尽量减小非线性失真，满足负载要求。

由于功率放大器在大信号的情况下工作，所以在进行电路分析时，经常不采用微变等效电路法，而采用图解法来分析放大电路。

4）功率管的安全和散热

由于功率放大电路中的功放管承受的电压高、电流大、工作温度高，所以功率管损坏的可能性也比较大，在设计和使用时应充分考虑功率管的损坏与保护问题。

**3. 功率放大电路的分类**

功率放大电路按频率可分为低频功率放大电路和高频功率放大电路。本节只介绍低频功率放大电路。

功率放大电路按晶体管导通时间的不同可分为甲类功率放大电路、乙类功率放大电路

和甲乙类功率放大电路，如图 2-43 所示。

甲类功率放大电路：在输入信号的整个周期内，晶体管均导通，有电流流过，导通角为 360°，非线性失真小，但输出功率和效率低。

乙类功率放大电路：在输入信号的整个周期内，晶体管仅在半个周期内导通，导通角为 180°，只有半波输出，波形被切掉一半，严重失真，但效率高。

甲乙类功率放大电路：在输入信号的整个周期内，晶体管的导通时间大于半个周期而小于全周，导通角大于 180° 而小于 360°；波形被切掉一部分，严重失真，但效率较乙类低，较甲类高。

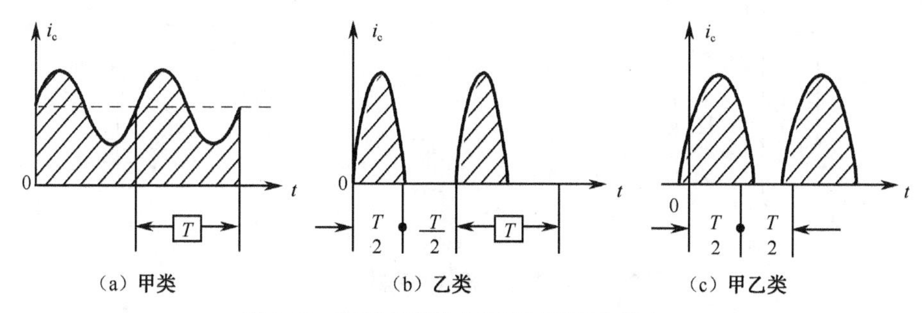


（a）甲类　（b）乙类　（c）甲乙类

图 2-43　低频功率放大器的三种工作状态

## 2.4.2　互补对称功率放大电路

### 1. 甲类共射放大电路的输出功率与效率

静态工作点位于直流负载线中点的放大器称为甲类放大器。工作在甲类状态下的三极管，在输入信号的整个周期内都处于导通的状态，静态工作点电流 $I_{CQ}$ 大于信号电流 $i_c$ 的幅值，静态工作点电压 $U_{CQ}$ 大于信号电压 $U_{CC}$ 的幅值。

工作在甲类状态下的放大器，当没有信号输入时，静态工作点的值为 $I_{CQ}$ 和 $U_{CEQ}$，电路消耗的功率为 $I_{CQ}$ 和 $U_{CEQ}$ 的乘积，即 $P_E=I_{CQ}U_{CEQ}$。

这说明甲类放大器在没有输入信号时，电路也要消耗能量，此时电路的能量转换效率为零。

当有信号输入时，部分直流功率转换成信号功率输出，信号越大，输出功率越大，电路能量转换的效率也随着增大。若功放管的饱和管压降可忽略，则在理想的情况下，信号电流和信号电压的最大值约等于 $I_{CQ}$ 和 $U_{CEQ}$。根据有效值和最大值的关系，可知在理想情况下，输出信号功率的最大值为 $P_m = IU = \frac{I_{CQ}}{\sqrt{2}} \cdot \frac{U_{CEQ}}{\sqrt{2}} = \frac{1}{2} I_{CQ} U_{CEQ}$。

根据效率的定义式 $\eta = \frac{P_0}{P_E}$，可得甲类放大器的最高效率为 50%。因为甲类放大器的能量转换效率较低，所以甲类放大器主要用于电压放大，在功放电路中较少用。

### 2. 乙类互补推挽功率放大电路的图解分析

为了解决乙类放大电路输出波形严重失真的问题，可利用两个管子组成如图 2-44（a）所示的乙类互补推挽功率放大电路。图中的三极管 $VT_1$（NPN）和 $VT_2$（PNP）的参数相同，并采用对称的正、负电源供电。

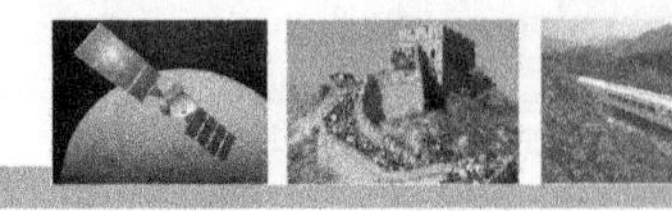

1）工作原理

静态时，输入信号为零，两个管子均不导通，输出电压也为零，电路无静态功耗。

动态时，当输入信号在正半周期间时，$VT_1$ 导通、$VT_2$ 截止，负载获得正半周电流，等效电路如图 2-44（b）所示（共集电极电路）。当输入信号在负半周期间时，$VT_2$ 导通、$VT_1$ 截止，负载获得负半周电流，两管轮流导通，在负载上得到一个完整周期的输出信号电流，减小了非线性失真。

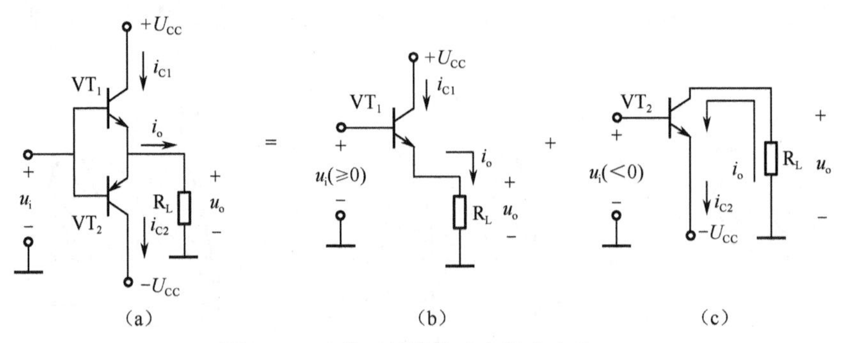


图 2-44　乙类互补推挽功率放大电路

2）主要指标

用图 2-45 表明电路的工作情况。图中以 $Q$ 点处的虚线为界，左半图是 $VT_1$ 的特性曲线，右半图是 $VT_2$ 的特性曲线。由于管子工作在乙类状态，所以两个曲线的交界点是静态工作点 $Q$，即 $u_{CE}=U_{CC}$ 处。负载线通过 $Q$ 点，其斜率为 $-1/R_L$。假设当 $u_{BE}>0$ 时，管子立即导通，则 $i_C$ 随输入信号的变化而变化，$i_C$ 的最大值等于（$U_{CC}-U_{CES}$）/$R_L$；$u_o$ 随 $i_C$ 变化而变化，$u_o$ 的最大值等于（$U_{CC}-U_{CES}$），图中忽略了管子的饱和压降 $U_{CES}$。

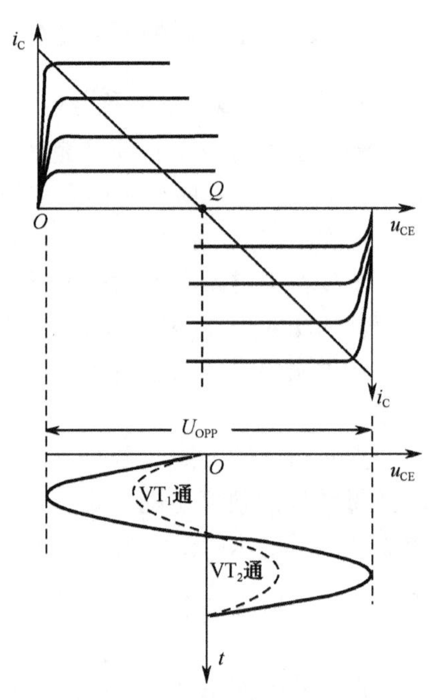


图 2-45　电路的工作情况

（1）最大不失真输出功率 $P_{omax}$

设互补功率放大电路为乙类工作状态，输入为正弦波。忽略三极管的饱和压降，负载上的最大不失真功率为

$$P_{omax}=\frac{[(U_{CC}-U_{CES})/\sqrt{2}]^2}{R_L}=\frac{(U_{CC}-U_{CES})^2}{2R_L}\approx\frac{U_{CC}^2}{2R_L}$$

（2）电源功率 $P_V$

直流电源提供的功率为半个正弦波的平均功率，信号越大，电流越大，电源功率也越大。

$$P_V=U_{CC}I_{CC}=U_{CC}\frac{2}{2\pi}\int_0^{\pi}I_{om}\sin\omega t\,d(\omega t)=U_{CC}\frac{2}{2\pi}\int_0^{\pi}\frac{U_{om}}{R_L}\sin\omega t\,d(\omega t)$$

$$=\frac{2}{2\pi}\frac{U_{CC}U_{om}}{R_L}$$

显然，$P_V$ 近似与电源电压的平方成比例。

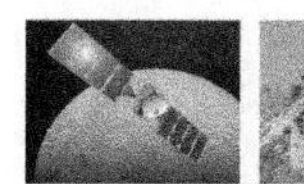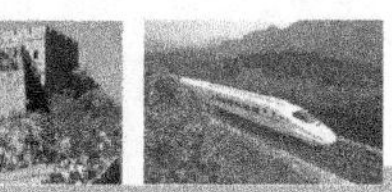
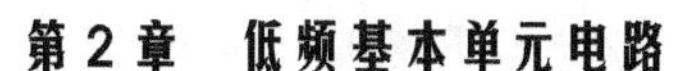


（3）三极管的管耗 $P_T$

电源输入的直流功率有一部分通过三极管转换为输出功率，剩余的部分则消耗在三极管上，形成三极管的管耗：

$$P_T = P_V - P_o = \frac{2U_{CC}U_{om}}{\pi R_L} - \frac{U_{om}^2}{2R_L}。$$

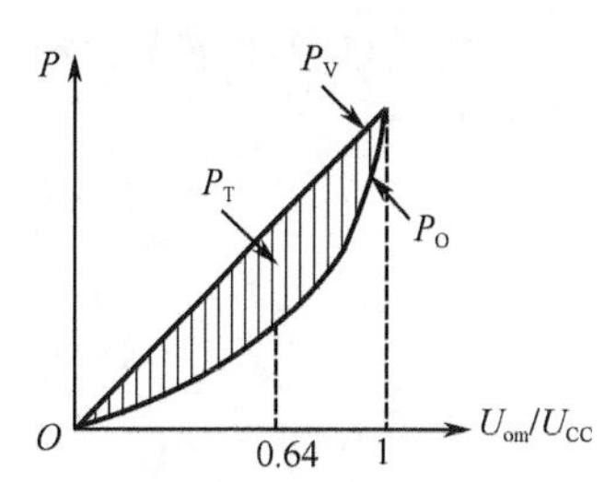

图 2-46　乙类互补推挽功率放大电路的管耗

将 $P_T$ 画成曲线，如图 2-46 所示。显然，管耗与输出幅度有关。图 2-46 中画阴影线的部分即代表管耗，$P_T$ 与 $U_{om}$ 成非线性关系，有一个最大值。可用 $P_T$ 对 $U_{om}$ 求导的办法来找出这个最大值。

$P_{Tmax}$ 发生在 $U_{om}$=0.64$U_{CC}$ 处，将 $U_{om}$=0.64$U_{CC}$ 代入 $P_T$ 表达式，可得

$$P_T = \frac{2U_{CC}U_{om}}{\pi R_L} - \frac{U_{om}^2}{2R_L} = \frac{2U_{CC}0.64U_{CC}}{\pi R_L} - \frac{(0.64U_{CC})^2}{2R_L}$$

$$= \frac{2.56U_{CC}^2}{\pi \cdot 2R_L} - \frac{0.64^2U_{CC}^2}{2R_L} \approx 0.8P_{omax} - 0.4P_{omax} = 0.4P_{omax}$$

对于一个三极管，$P_T \approx 0.2P_{omax}$。

（4）效率 $\eta$

$$\eta = \frac{P_o}{P_V} = \frac{I_{om}U_{om}}{2} \Big/ \frac{2U_{CC}I_{om}}{\pi} = \frac{\pi}{4}\frac{U_{om}}{U_{CC}}$$

当 $U_{om}$=$U_{CC}$ 时效率最大，$\eta = \pi/4 = 78.5\%$。

**3. 管耗功率与功率管的选用原则**

每管的最大管耗和电路的最大输出功率具有如下关系：

$$P_T \approx 0.2P_{omax}$$

这常用来作为乙类互补对称电路选择管子的依据，它说明如果要求输出功率为 10W，则只要采用两个额定管耗大于 2W 的管子就可以了。

由以上分析可知，若想得到最大输出功率，功率 BJT 的参数必须满足下列条件：

（1）每个 BJT 的最大允许管耗 $P_{CM}$ 必须大于 $P_{VT1m} \approx 0.2P_{om}$；

（2）考虑到当 $VT_2$ 导通时，$-u_{CE2} \approx 0$，此时 $u_{CE1}$ 具有最大值，且等于 $2U_{CC}$，因此应选用 $|U_{(BR)CEO}| > 2U_{CC}$ 的管子；

（3）通过 BJT 的最大集电极电流为 $U_{CC}/R_L$，选择 BJT 的 $I_{CM}$ 一般不宜低于此值。

**【实例 2-7】** 功放电路如图 2-44（a）所示，设 $U_{CC}$=20V，$R_L$=8Ω，BJT 的极限参数 $I_{CM}$=3A，$|U_{(BR)CEO}|$=50V，$P_{CM}$=7W。试求：

（1）最大输出功率 $P_{om}$ 及最大输出时的 $P_V$、$P_{VT1}$ 值，并检验所给 BJT 是否能安全工作？

（2）放大电路在 $\eta$=0.5 时的输出功率 $P_o$ 的值。

**解：**（1）

$$P_{om} = \frac{1}{2} \times \frac{U_{CC}^2}{R_L} = \frac{(20V)^2}{2 \times 8\Omega} = 25W$$

$$P_{VT1} \approx 0.137P_{om} = 0.137 \times 25W = 3.43W$$

$$P_V = P_o + 2P_{VT1} = 25W + 2 \times 3.43W = 31.9W$$

而通过 BJT 的最大集电极电流，BJT 的 C-E 极间的最大压降和它的最大管耗分别为

$$I_{\mathrm{Cm}}=\frac{U_{\mathrm{CC}}}{R_{\mathrm{L}}}=\frac{20\mathrm{V}}{8\Omega}=2.5\mathrm{A}$$

$$U_{\mathrm{CEm}}=2U_{\mathrm{CC}}=40\mathrm{V}$$

$$P_{\mathrm{VT1m}}=0.2P_{\mathrm{om}}=0.2\times25\mathrm{W}=5\mathrm{W}$$

所求 $I_{\mathrm{Cm}}$、$U_{\mathrm{CEm}}$ 和 $P_{\mathrm{VT1m}}$ 均分别小于极限参数 $I_{\mathrm{CM}}$、$|U_{\mathrm{(BR)CEO}}|$ 和 $P_{\mathrm{CM}}$，因此 BJT 能安全工作。

（2）$\eta$ =0.5 时，有

$$U_{\mathrm{om}}=\frac{4U_{\mathrm{CC}}\eta}{\pi}=\frac{4\times20\mathrm{V}\times0.5}{\pi}=12.7\mathrm{V}$$

$$P_{\mathrm{o}}=\frac{1}{2}\times\frac{U_{\mathrm{om}}^{2}}{R_{\mathrm{L}}}=\frac{1}{2}\times\frac{(12.7\mathrm{V})^{2}}{8\Omega}=10.1\mathrm{W}$$

4. 甲乙类互补推挽功率放大电路

在乙类互补推挽功率放大电路中，由于晶体管是非线性器件，管子的 $i_{\mathrm{B}}$ 必须在$|u_{\mathrm{BE}}|$大于晶体管的死区电压（硅管约为 0.5V，锗管约为 0.1V）时才有显著变化，所以当输入信号较小时，电路中的两个管子都截止，输出电流基本为零，出现一段“死区”，如图 2-47 所示。在两个管子交替工作的区域会出现失真，被称为交越失真。

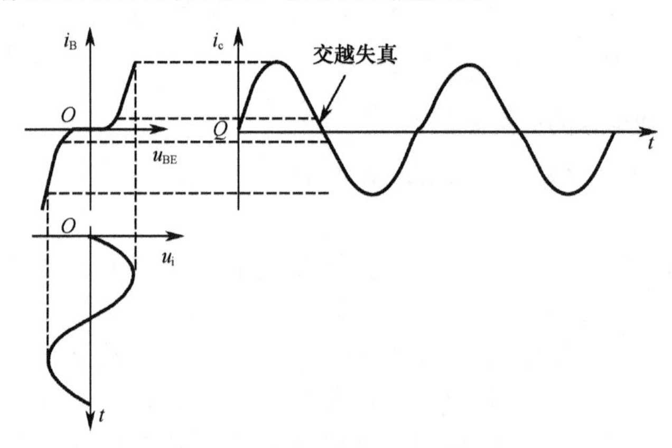


图 2-47 形成交越失真的原理

为了克服交越失真，通常给功率管（$VT_1$ 和 $VT_2$）提供一定的直流偏置，使其工作在甲乙类状态，即采用了甲乙类互补推挽功率放大电路。利用二极管提供偏置电压的甲乙类互补推挽功率放大电路如图 2-48（a）所示。

图 2-48（a）中的电路与乙类互补推挽功率放大电路相比，在电压放大级 $VT_3$ 的集电极加了两个二极管 $VD_1$ 和 $VD_2$。利用 $VT_3$ 的集电极电流在二极管（$VD_1$ 和 $VD_2$）上产生的正向压降给三极管（$VT_1$ 和 $VT_2$）提供了一个适当的偏压，使之处于微导通状态，静态电流很小。

当有输入信号时，因二极管 $VD_1$ 和 $VD_2$ 的交流电阻比 $R_{\mathrm{C}}$ 小得多，所以认为 $VT_1$、$VT_2$ 的基极交流电位相等，两个管子在信号过零点附近同时导通，$i_{\mathrm{C1}}$ 和 $i_{\mathrm{C2}}$ 的波形如图 2-48（b）所示。虽然此时流过每个管子的电流波形只是略大于半个周期的正弦波，但由于 $i_{\mathrm{o}}=I_{\mathrm{C1}}-I_{\mathrm{C2}}$，使得输出电流波形接近于正弦波，从而克服了交越失真。

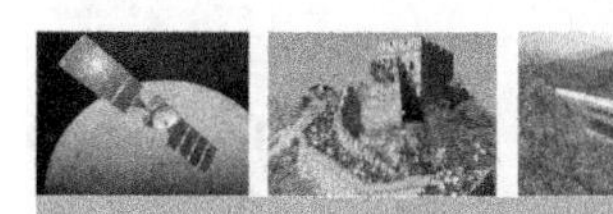


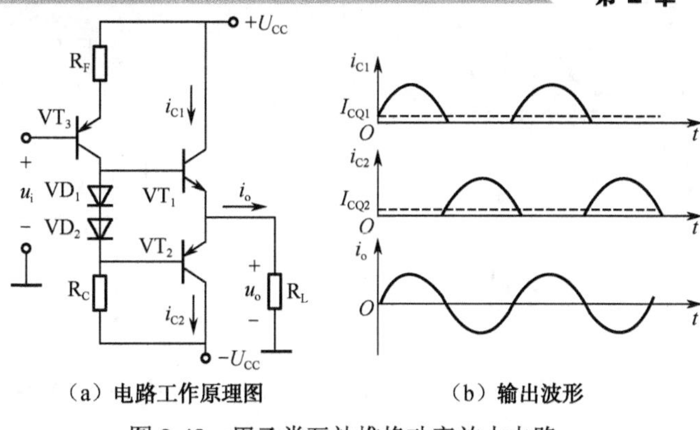


（a）电路工作原理图　　　　（b）输出波形

图 2-48　甲乙类互补推挽功率放大电路

### 2.4.3　集成功率放大电路

目前国内外的集成功率放大器已有多种型号的产品，它们都具有体积小、工作稳定、易于安装和调试等优点，对于使用者来说，只要了解其外部特性和外部线路的正确连接方法，就能方便地使用它们了，以下举例简介。

#### 1. 集成功放 LM386

LM386 是目前国外颇为流行的小功率音频放大器集成电路，国内也常见到。它的突出优点是频响宽、功耗低、电源电压适应范围宽、外接元件很少。由于它能够灵敏地使用于许多场合，所以通常又称为万用放大器。图 2-49 所示是它的外形和引脚排列图。它采用 8 脚双列直插式塑料封装，额定工作电压范围为 4～16V；当电源电压为 6V 时，静态工作电流为 4mA，因而极适合用电池供电；脚 1 和 8 之间外接电阻、电容元件以调整电路的电压增益；电路的频响范围较宽，可达到数百千赫兹；最大允许功耗为 660mW（25℃），使用时不需要散热片；工作电压为 4V，负载电阻为 4Ω时的输出功率（失真为 10%）约为 300mW；工作电压为 6V，负载电阻为 4Ω、8Ω、16Ω时的输出功率分别为 340mW、325mW、180mW。

LM386 有两个信号输入端，其中 2 端为反相输入端，3 端为同相输入端。每个输入端的输入阻抗都为 50kΩ。而且输入端对地的直流电位接近于零，即使与地短路，输出直流电平也不会产生大的偏离。上述输入特性使得 LM386 的使用灵活、方便。下面介绍它的两个应用电路实例。

#### 2. LM386 的应用电路

1）用 LM386 组成 OTL 功放电路

电路如图 2-50 所示。脚 7 接去耦电容 C，其容量可通过调试确定。脚 5 接 10Ω和 0.1μF 串联网络，是为防止电路自激而设置的，也可省去不用。脚 1、8 所接阻容网络是为了调整电路的电压增益而附加的，电容的取值为 10μF，R 约为 20kΩ。*R* 值越小，增益越大。脚 1、8 也可开路使用。综上所述，LM386 用于音频功率放大时，最简电路只用了一个输出电容来接扬声器。当需要高增益时，也只需再增加一个 10μF 电容短接在脚 1、8 之间。例如，当 LM386 用做唱机放大器时，可采用最简电路；当 LM386 用做收音机检波输出端时，可采用高增益电路。

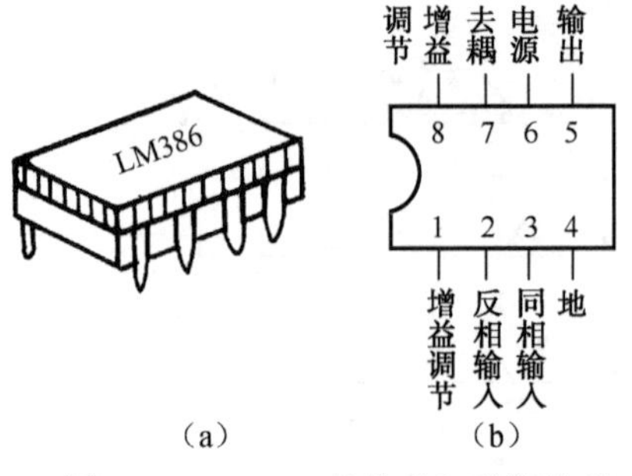


图 2-49 LM386 的外形和引脚排列

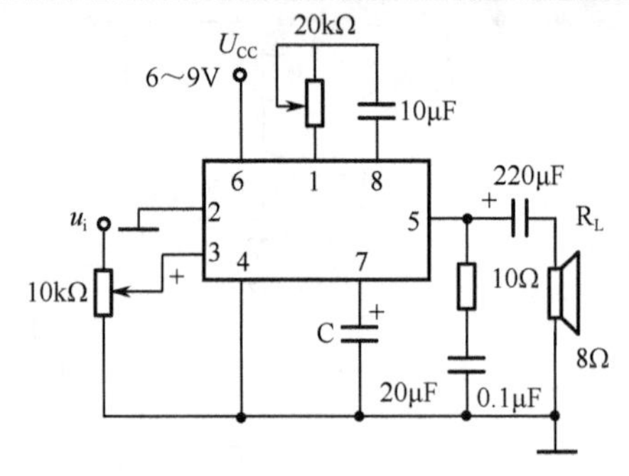


图 2-50 LM386 组成 OTL 电路

2）用 LM386 组成 BTL 应用线路

图 2-51 是用 LM386 组成 BTL（又称桥式功率放大器）的应用电路。它是一种在 OCL 功放电路基础上发展起来的性能优良的功率放大器。它的输出功率一般是单个功放的 4 倍，图示电路的最大输出功率可达 3W 以上。500kΩ电位器用来调整两块集成电路输出端的直流电位平衡，但一般 LM386 的输出端电位相差不大，因此这个电位器通常可以省去不用。

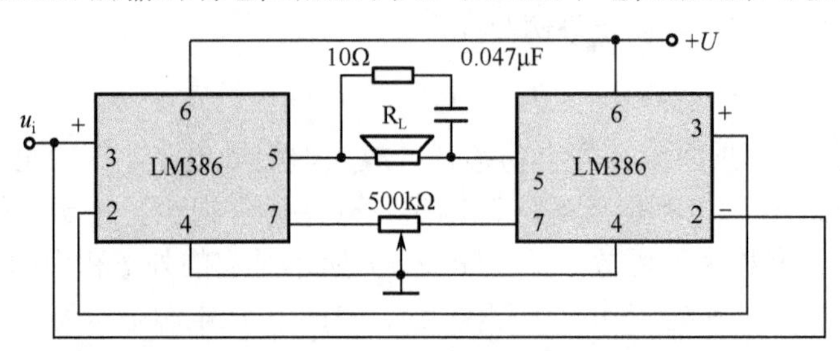


图 2-51 用 LM386 组成 BTL 的应用电路

## 案例分析 6 低频功率放大器的设计及分析

| 任务名称 | 低频功率放大器的设计及分析 | | |
|---|---|---|---|
| 测试方法 | 仿真实现 | 课时安排 | 2 |
| 基本原理 | 本低频功率放大器设计主要是对 20Hz～20kHz 的微弱信号进行放大，一般也就是音频信号，需满足输出功率为 0.5W，效率能达到 65%，且波形不能有明显的失真；当采用分立元件来搭建功放时，应有前级放大电路、功率放大电路两部分（如图 2-52 所示），其中前级放大电路主要放大输入信号的电压，功率放大电路主要放大来自前级输出信号的电压、电流，为负载提供能量，增加其带负载的能力。<br>输入信号 ⇒ 前级放大 ⇒ 功率放大 ⇒ 输出信号<br>图 2-52 结构框图<br>设计本功放时，前级放大电路采用两个 NE5532 实现两级放大，使用双电源±15V 供电，使微弱信号的电压得以一定的放大，再将信号送至后级功率放大电路，该部分采用的是两个 2N6487 三极管和一个 2N1132A 三极管。 | | |
| 原理电路 | 1．前置放大电路<br>前置放大电路应该由低噪声、高保真、高增益、快响应、宽带音响集成放大器构成，本系统设计选用 NE5532。<br>前置放大电路如图 2-53 所示。 | | |

续表

| 任务名称 | 低频功率放大器的设计及分析 | | |
| --- | --- | --- | --- |
| 测试方法 | 仿真实现 | 课时安排 | 2 |

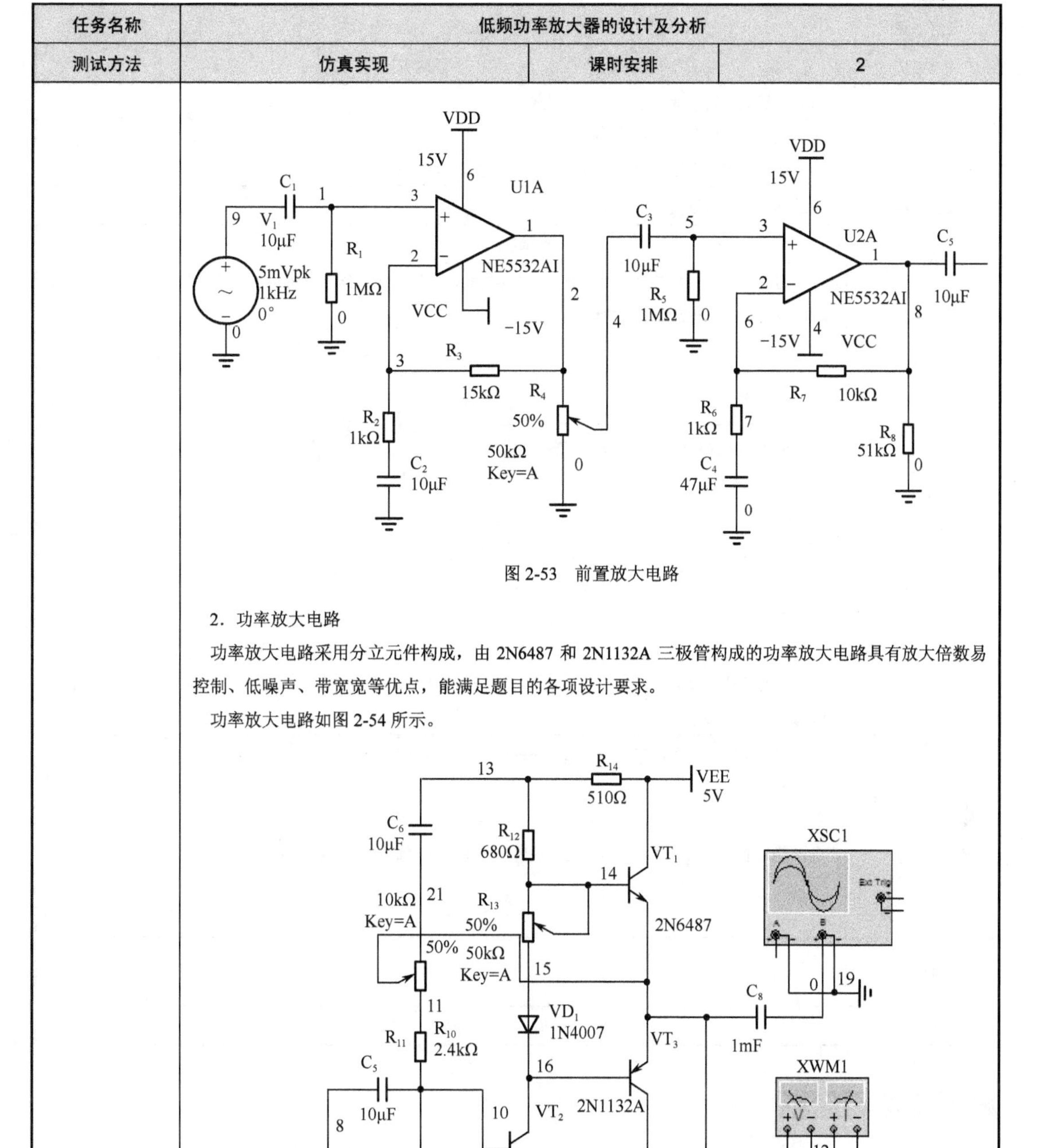


图 2-53　前置放大电路

2．功率放大电路

功率放大电路采用分立元件构成，由 2N6487 和 2N1132A 三极管构成的功率放大电路具有放大倍数易控制、低噪声、带宽宽等优点，能满足题目的各项设计要求。

功率放大电路如图 2-54 所示。



图 2-54　功率放大电路

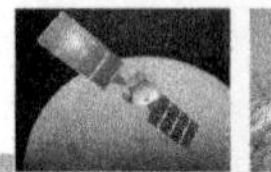

续表

| 任务名称 | 低频功率放大器的设计及分析 | | |
|---|---|---|---|
| 测试方法 | 仿真实现 | 课时安排 | 2 |
| 任务要求 | （1）理解低频功率放大电路的工作原理。<br>（2）正确构建前置放大器及功率放大电路。<br>（3）研究功率放大电路的重要参数，对电路进行性能分析。 | | |
| 虚拟仪器 | 双踪示波器、信号发生器、数字万用表等 | | |
| 测试步骤 | | | |
| | 1．将前置放大器与功率放大器级联，构成完整的功率放大电路。设置输入信号频率为 1kHz，用示波器同时观察输入/输出波形，并记录：<br>2．分析输入/输出波形的关系，简述其原因：<br>3．设置输入信号频率为 20kHz，用示波器同时观察输入/输出波形，并记录：<br>4．用功率表测试输入功率、输出功率，分析结果是否满足设计的功率要求？（即计算其工作效率是否满足 65%的要求） | | |
| 拓展思考 | 1．若产生波形失真，如何调整电路参数以满足电路放大要求？<br>2．能不能直接用信号发生器产生相关的信号源代替前置放大电路？为什么？ | | |
| 总结与体会 | | | |
| 完成日期 | | 完成人 | |

# 知识梳理与总结

● 放大电路的基本组成：信号源、放大电路及负载。放大电路的核心器件是晶体管。

● 放大电路的主要性能指标有：放大倍数（增益 A）、输入阻抗 $R_i$、输出阻抗 $R_o$、频率特性等。

● 共射极基本放大电路：在放大状态下，BJT 有正确的偏置（射正集反），电路工作时包含交流信号与直流信号的共同作用。

● 共射极放大电路（恒流式偏置）的直流通路分析，计算静态工作点：

$$I_B = \frac{U_{CC} - U_{BE}}{R_B}, \ I_C = \beta I_B, \ U_{CE} = U_{CC} - I_C R_C$$

● 共射极放大电路的交流分析有图解法和微变等效电路法。前者承认电子器件的非线性，后者是将非线性特性局部线性化。通常用图解法求 Q 点和最大不失真输出电压幅值，用微变等效电路求解电压增益、输入电阻和输出电阻。

● 放大电路有三种组态：共射极放大电路、共基极放大电路、共集电极放大电路，各自的组成和电路特性、特点都不相同。

● 反馈的基本概念与分类：在放大电路中，把输出量（电压或电流）的一部分或全部送回到输入端的过程称为反馈。

● 反馈分为正反馈和负反馈。正反馈用于振荡器，负反馈用于放大电路。

● 按信号不同，反馈可分为直流、交流反馈；按输入端的接入方式，反馈可分为串联反馈、并联反馈；按输出量不同，反馈可分为电压、电流反馈。

● 负反馈放大电路的性能指标有：开环增益 $A_o$、闭环增益 $A_f$ 及反馈系数 F 等。

● 负反馈放大电路的组态有：电压并联、电压串联、电流并联、电流串联 4 种类型。

● 负反馈对放大器性能的影响：负反馈可以提高增益稳定性、减小非线性失真、抑制噪声、扩展通频带、控制输入/输出阻抗等。

结论：

✓ 要想稳定动态性能，引入交流负反馈；要想稳定静态工作点，引入直流负反馈。

✓ 要想稳定输出电压，引入电压负反馈；要想稳定输出电流，引入电流负反馈。

✓ 要想增加输入电阻，引入串联负反馈；要想减小输入电阻，引入并联负反馈。

✓ 要想减小输出电阻，引入电压负反馈；要想增加输出电阻，引入电流负反馈。

● 集成运算放大器由输入级、中间级、输出级和偏置电路构成。

● 集成运放可以实现加、减、积分等多种信号运算，此时集成运放工作于线性工作区内。分析此类电路，需要利用两个重要概念："虚短"和"虚断"。

● 低频功率放大器有甲、乙、甲乙 3 种工作类型。其晶体管的导通角、信号的波形失真度、电路的功率利用率等都不同。

● 低频功率放大器放大的是功率，区别于 2..。1 节所讲的基本放大电路，但核心器件都是晶体管。常用的是乙类互补对称功率放大电路，其主要优点是效率高，在理想情况下的最大效率约为 78.5%。

● 为保证 BJT 安全工作，双电源互补对称电路工作在乙类时，器件的极限参数必须满足 $P_{CM} > P_{VT1} \approx 0.2P_{om}$，$|U_{(BR)CEO}| > 2U_{CC}$，$I_{CM} > U_{CC}/R_L$。

● 由于 BJT 的输入特性存在死区电压，所以乙类互补对称电路会出现交越失真。克服交越失真的办法是采用甲乙类（接近乙类）互补对称电路。

## 习题 2

1．试分析图 2-55 所示各电路对正弦交流信号有无放大作用，并简述理由。设各电容的容抗可忽略。

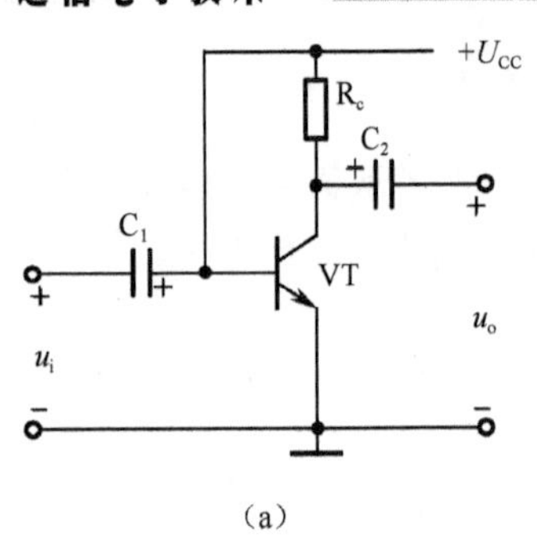


（a）

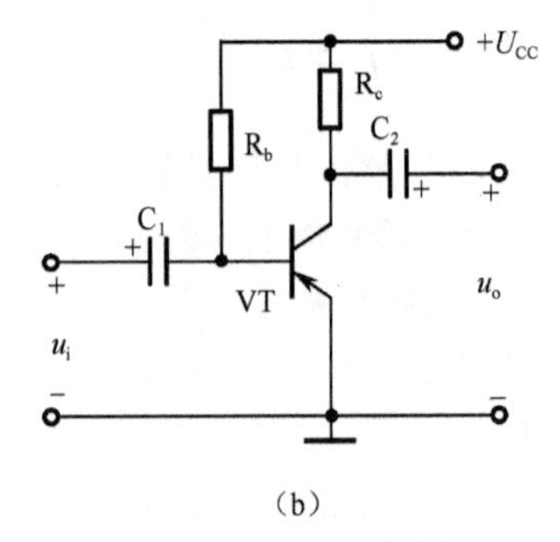


（b）

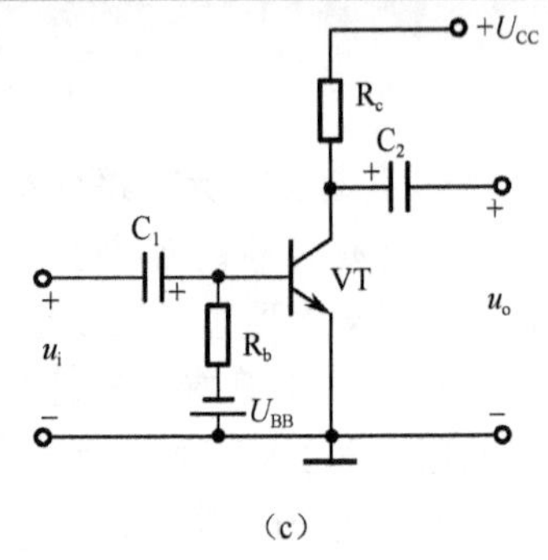


（c）

图 2-55　习题 1 的图

2．电路如图 2-56 所示，图中的 $U_{CC}=12V$，$R_S=1k\Omega$，$R_c=4k\Omega$，$R_b=560k\Omega$，$R_L=4k\Omega$，三极管的 $U_{BE}=0.7V$，$r_{bb'}=100\Omega$，$\beta=50$。

（1）估算静态工作点 $I_B$、$I_C$、$U_{CE}$；

（2）画出三极管及整个放大电路的交流微变等效电路；

（3）求 $A_u$、$R_i$、$R_o$、$A_{us}$。

3．分压式偏置电路如图 2-57 所示，已知三极管的 $U_{BE}=0.7V$，$r_{bb'}=100\Omega$，$\beta=60$，$U_{CE(sat)}=0.3V$。

（1）估算工作点 $Q$；

（2）求放大电路的 $A_u$、$R_i$、$R_o$、$A_{us}$。

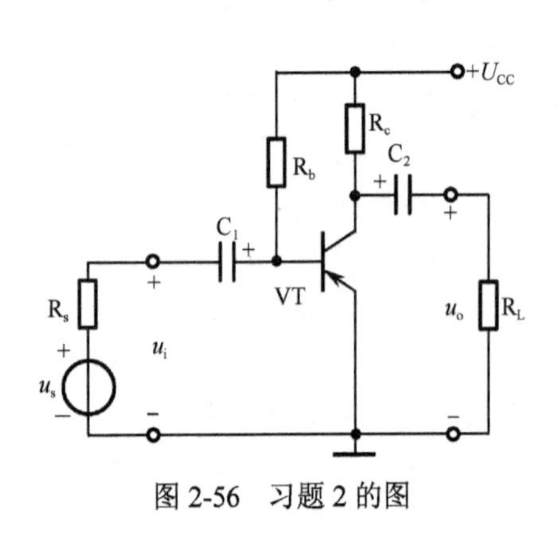


图 2-56　习题 2 的图

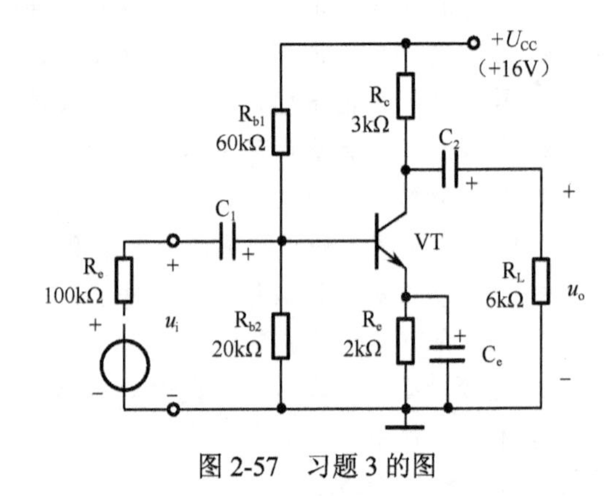


图 2-57　习题 3 的图

4．放大电路产生零点漂移的主要原因是什么？

5．集成运放的输入级为什么采用差分式放大电路？对集成运放的中间级和输出级各有什么要求？一般采用什么样的电路形式？

6．理想集成运算放大器有哪些特点？

7．理想集成运算放大器工作在线性区的条件是什么？什么是“虚短”、“虚断”、“虚地”？

8．什么是反馈？正反馈和负反馈各应用于何种电路或系统？

9．在放大电路中引入电压负反馈后，对其性能有什么影响？

10．如图 2-58 所示为一恒流电路，试求输出电流 $i_o$ 与输入电压 $U$ 的关系。

11．求图 2-59 所示电路中 $u_o$ 与 $u_i$ 的关系。

12．求图 2-60 所示电路中 $u_o$ 与 $u_{i1}$、$u_{i2}$ 的关系。

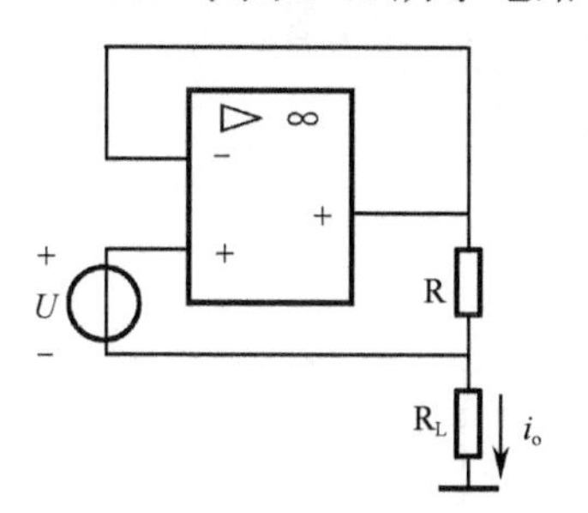


图 2-58　习题 10 的图

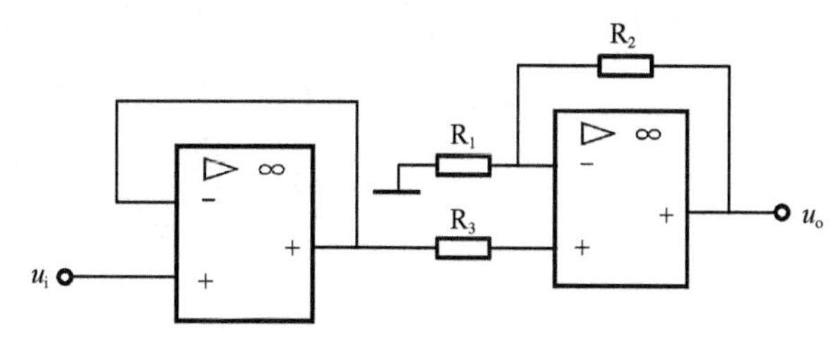


图 2-59　习题 11 的图

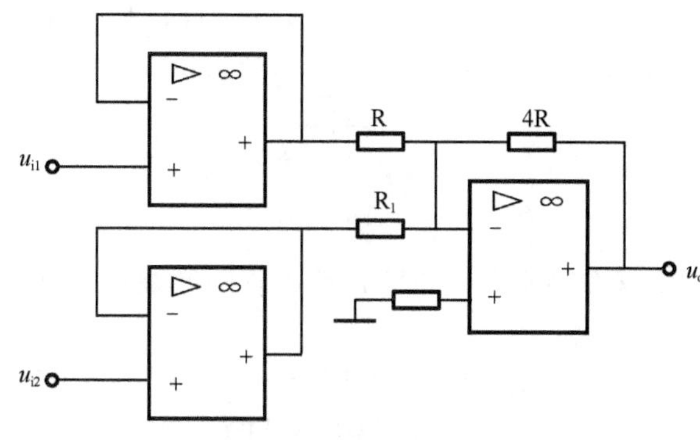


图 2-60　习题 12 图

13．从电路的结构来看，怎样区分串联反馈与并联反馈？

14．在电压串联负反馈放大器中，若开环电压放大倍数 $A_u$=−1000，反馈系数 $F_u$=−0.049，输出电压 $U_o$=2V（有效值），求反馈深度、输入电压 $U_i$、反馈电压 $U_f$、净输入电压 $U'_i$ 和闭环电压放大倍数 $A_{uf}$。

15．对于某电压串联负反馈放大器，若输入电压 $U_i$=0.1V（有效值），测得其输出电压为 1V，去掉负反馈后，测得其输出电压为 10V（保持 $U_i$ 不变），求反馈系数 $F_u$。

16．为了满足下述要求，各应引入什么组态的负反馈？

（1）某仪表放大电路，要求输入电阻大，输出电阻稳定；

（2）要得到一个由电流控制的电流源；

（3）要得到一个由电流控制的电压源；

（4）需要一个阻抗变换电路，输入电阻小，输出电阻大；

（5）要得到一个阻抗变换电路，输入电阻大，输出电阻小。

17．电路如图 2-61 所示，它的最大越级反馈可从 $VT_3$ 的集电极或发射极引出，接到 $VT_1$ 的发射极或基极，于是共有四种接法（1 和 3、1 和 4、2 和 3、2 和 4 相连接）。试判断这四种接法各为什么组态的反馈？是正反馈还是负反馈？

18．电路仍如图 2-61 所示。为了实现下述要求，各应采用什么负反馈形式？如何连接？

（1）要求 $R_L$ 变化时输出电压基本不变；

（2）要求信号源为电流源时，反馈的效果比较好；

（3）要求放大器的输出信号接近恒流源；

（4）要求信号源为电流源时，输出电压稳定；

（5）要求输入电阻大，且输出电流变化尽可能小。

19．与甲类功率放大电路相比，乙类互补对称功率放大电路的主要优点是什么？

20．乙类互补对称功率放大电路的效率在理想情况下可达到多少？

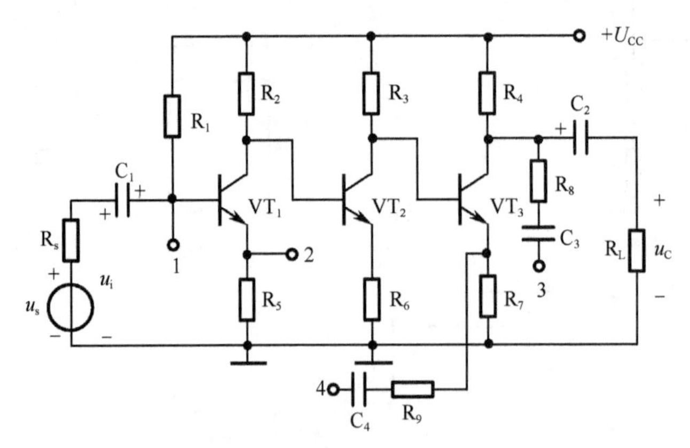


图 2-61　习题 17、18 的图

21．在甲类、乙类和甲乙类放大电路中，放大管的导通角分别等于多少？它们中哪一类放大电路的效率高？

22．一个双电源互补对称电路如图 2-62 所示，设已知 $U_{CC}$=12V，$R_L$=16Ω，$u_i$ 为正弦波。求：（1）在 BJT 的饱和压降 $U_{CES}$ 可以忽略不计的条件下，负载上可能得到的最大输出功率 $P_{om}$；

（2）每个管子允许的管耗 $P_{CM}$ 至少应为多少？

23．一个单电源互补对称功放电路如图 2-63 所示，设 $u_i$ 为正弦波，$R_L$=8Ω，管子的饱和压降 $U_{CES}$ 可以忽略不计。试求最大不失真输出功率 $P_{om}$ 为 9W 时，

（1）电源电压 $U_{CC}$ 至少应为多大？

（2）根据所求 $U_{CC}$ 的最小值，计算相应的最小值 $I_{CM}$、$|U_{(BR)CEO}|$；

（3）当输出功率最大时，电源供给的功率 $P_V$；

（4）每个管子允许的管耗 $P_{CM}$ 的最小值；

（5）当输出功率最大时，所需的输入电压有效值。

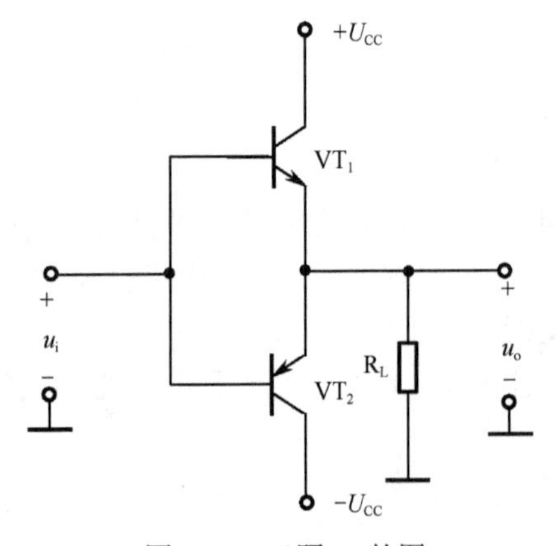


图 2-62　习题 22 的图

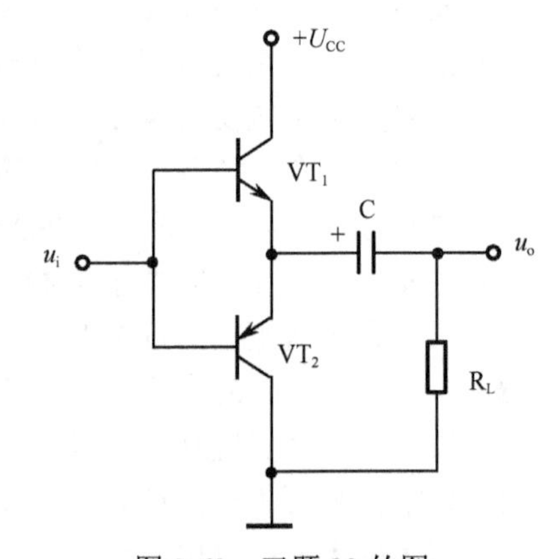


图 2-63　习题 23 的图

# 第3章 数字逻辑电路基础

## 教学导航

<table>
<tr><td rowspan="4">教</td><td rowspan="4">知识重点</td><td>1. 数制和码制表示方法及相互转换</td></tr>
<tr><td>2. 逻辑代数的基本运算和逻辑函数的表示方法</td></tr>
<tr><td>3. 逻辑代数的基本公式和定律</td></tr>
<tr><td>4. 逻辑函数的优化实现：公式优化和卡诺图优化</td></tr>
<tr><td></td><td>知识难点</td><td>基本逻辑运算、公式和定律的使用；逻辑函数的优化</td></tr>
<tr><td></td><td>推荐教学方式</td><td>将理论与技能训练相结合，掌握基本逻辑关系，灵活运用公式、定律或卡诺图实现逻辑函数的优化</td></tr>
<tr><td></td><td>建议学时</td><td>10 学时</td></tr>
<tr><td rowspan="5">学</td><td>推荐学习方法</td><td>以小组讨论的学习方式，结合本章内容，通过仿真实践理解、掌握逻辑代数的基本运算和函数的优化方法</td></tr>
<tr><td rowspan="3">必须掌握的理论知识</td><td>1. 常用数制、码制的转换</td></tr>
<tr><td>2. 逻辑函数的表示方法、基本逻辑运算类型</td></tr>
<tr><td>3. 利用公式或卡诺图实现任意逻辑函数的优化</td></tr>
<tr><td>必须掌握的技能</td><td>使用 Multisim 或类似软件完成基本逻辑运算、函数的优化实现</td></tr>
</table>

数字化是信息社会的主要标志之一，数字技术已经渗透到了我们日常生活的方方面面。从我们每天接触的手机、MP3，到微机、网络，都是数字技术发展的结晶。从本章开始，我们将从数制和编码，逐渐进入数字技术的各个领域。

## 3.1 模拟信号与数字信号

电子电路所处理的电信号可以分为两大类：一类是在时间和数值上都连续变化的信号，称为模拟信号，如电流、电压等；另一类是在时间和数值上都离散的信号，称为数字信号。相应地，传送和处理数字信号的电路称为数字电路。

### 1. 模拟信号（Analog signals）

模拟信号是时间上连续、数值上也连续的信号。它有无穷多个数值，其数学表达式比较复杂，如正弦波信号、指数型信号等。图 3-1 表示常见的模拟信号及数字信号。

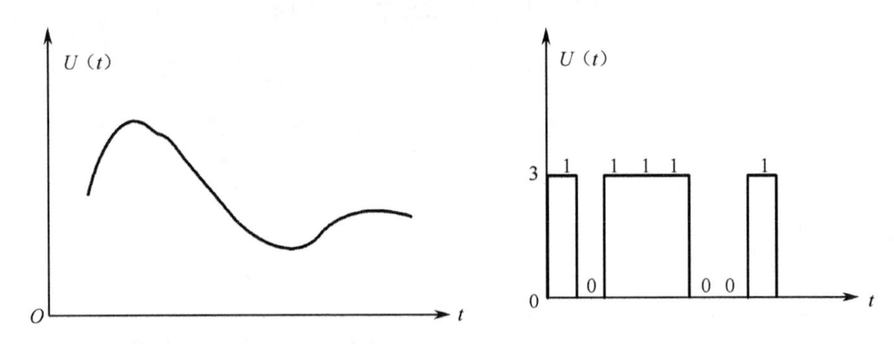


图 3-1 模拟信号和数字信号

人们从自然界感知的许多物理量都是模拟性质的，如速度、压力、温度、声音、质量等。在工程技术上，为了分析方便，常常用传感器将模拟量转换为电流、电压或电阻等电学量。

### 2. 数字信号（Digital signals）

数字信号是时间上离散、数值上也离散的信号，常常用 0 和 1 来表示，这样可借助复杂的数字系统来实现信号的存储、分析和传输。

用于处理数字信号的电路通常称为数字系统或设备，最典型的是计算机。与模拟系统相比，数字系统具有以下显著优点：

（1）结构简单，便于集成化、系统地生产，成本低廉，使用方便；

（2）抗干扰性强，可靠性高，精度高；

（3）处理功能强，不仅能实现数值运算，还可以实现逻辑功能运算和判断；

（4）可编程数字系统，能容易地实现各种所需的算法，灵活性大；

（5）数字信号易于存储、加密、压缩、传输和再现；

（6）利用 A/D、D/A 转换，即模数、数模互相转化，可将模拟电路与数字电路紧密结合，使模拟信号的处理最终实现数字化。

# 3.2　数码的表示

## 3.2.1　数制

数制是人们对数量计数的一种统计规则。在日常生活中，用的最多的数制是十进制（Decimal）；在数字系统中多采用二进制（Binary），以及八进制（Octal）和十六进制（Hexadecimal）。

每种数制都包含以下两种基本要素。

（1）基数：基数是数制中所用到的数码的个数，常用 R 表示。例如，在十进制中，包含从 0 到 9 的 10 个数码。因此，它的基数 $R$=10。

（2）位权：任意进制数中的每一位都有相应的固定常数，此常数与相应数码相乘所得到的结果即为这一位的数值，通常我们将此固定常数称为位权值，或位权。例如，在十进制中，$23_D$ 的个位的权是 $10^0=1$，十位的权是 $10^1=10$，因此其数值即为 2×10+3×1=23。

### 1. 十进制数

十进制是生活中用得最多的数制，由 0，1，2，3，4，5，6，7，8，9 十个数码组成，因此其基数 $R=10$，第 $i$ 位的权为$10^i$。任意一个十进制数 $N$ 的数值用公式可表示为

$$(N)_{10}=a_{n-1}a_{n-2}\cdots a_2a_1\cdot a_0a_{-1}\cdots a_{-m}=\sum_{i=-m}^{n-1}a_i10^i \tag{3-1}$$

式中，$n$ 为整数位数；$m$ 为小数位数；10 为基数；$10^i$ 为第 $i$ 位的位权。

其进借位规则是“逢十进一，借一当十”。

### 2. 二进制数

二进制数是数字系统中用得最多的数制，由 0，1 两个数码组成，因此其基数 $R=2$，第 $i$ 位的权为 $2^i$。任意一个二进制数 $N$ 的数值可表示为

$$(N)_2=a_{n-1}a_{n-2}\cdots a_2a_1\cdot a_0a_{-1}\cdots a_{-m}=\sum_{i=-m}^{n-1}a_i2^i \tag{3-2}$$

其进借位规则是“逢二进一，借一当二”。

### 3. 八进制数

八进制数是数字系统中常用的数制，由 0，1，2，3，4，5，6，7 八个数码组成，因此其基数 $R=8$，第 $i$ 位的权为 $8^i$。

其进借位规则是“逢八进一，借一当八”。

### 4. 十六进制数

十六进制数由 0，1，2，3，4，5，6，7，8，9，A，B，C，D，E，F 十六个数码组成，因此其基数 $R=16$，第 $i$ 位的权为 $16^i$。

其进借位规则是“逢十六进一，借一当十六”。

#### 5. R 进制数

推广到一般情况，$R$ 进制数应由 0，1，…，$R$-1 这 $R$ 个数码组成，因此其基数为 $R$，第 $i$ 位的权为 $R^i$。任意一个 $R$ 进制数 $N$ 的数值可表示为

$$(N)_R = a_{n-1}a_{n-2}\cdots a_2 a_1 \cdot a_0 a_{-1}\cdots a_{-m} = \sum_{i=-m}^{n-1} a_i R^i \tag{3-3}$$

其进借位规则是“逢 $R$ 进一，借一当 $R$”。

不同进制数之间为了相互区分，通常在数后添加一个下标以便区分。十进制通常用 D（Decimal）来表示、二进制用 B（Binary）来表示，八进制用 O（Octal）来表示，而十六进制则用 H（Hexadecimal）来表示。例如，十进制数 10.1 可表示为 10.1D 或 $10.1_D$，二进制数 10.1 可表示为 10.1B 或 $10.1_B$，以此类推。

### 3.2.2 不同数制之间的转换

二进制在表示、运算和电路实现方面有其独特的优点，但位数较多，不易读写；十进制数与人们生活习惯相符，但直接用电路实现较为困难。因此，为了便于电路实现，通常要将十进制、八进制或十六进制转换为二进制数；为了方便读写，则常将二进制数转换为十进制、八进制等。下面通过二进制与十进制之间的转换来了解一下如何对不同数制进行转换。

#### 1. 各种进制转换为十进制

将二进制、八进制、十六进制数转换为十进制数时，只要将其按权式展开，再将所有各项按十进制数相加，就可以得到等值的十进制数。

**【实例 3-1】** 将二进制数 $101.01_B$、八进制数 $172.01_O$ 分别转换为十进制数。

**解：**

$$101.01_B = 1\times2^2 + 0\times2^1 + 1\times2^0 + 0\times2^{-1} + 1\times2^2$$
$$= 4 + 1 + 0.25 = 5.25D$$
$$172.01_O = 1\times8^2 + 7\times8^1 + 2\times8^0 + 1\times8^{-2} = 122.015625D$$

#### 2. 十进制转换为二进制

将十进制数转换为二进制数时，可将其分为整数和小数两个部分分别进行转换，最后将结果合并为目标数。

1）整数部分的转换

整数部分的转换采用除基取余法。

**【实例 3-2】** 将 $49_D$ 转换为二进制数。

**解：**

| 除数 | 商 | 余数 | |
|---|---|---|---|
| 2 | 49 | | |
| 2 | 24 | ……1 | 低位 |
| 2 | 12 | ……0 | |
| 2 | 6 | ……0 | |
| 2 | 3 | ……0 | |
| 2 | 1 | ……1 | |
| | 0 | ……1 | 高位 |

$$49_D = 110001_B$$

2）小数部分的转换

小数部分的转换采用的是乘基取整法。

由实例 3-2 的计算过程可以看出，再计算下去将会出现循环，因此永远无法将小数部分变为 0，这时可根据题目要求确定具体的精度。

同理，将十进制数转换为八进制数或十六进制数时，同样可以将整数和小数部分分开，分别用除基取余法和乘基取整法来求取所对应的值，只是计算中应注意将基数改为 8 或 16。

**【实例 3-3】** 将十进制数 $0.4_D$ 转换为二进制数（转换结果取 4 位小数）。

**解：**

$$
\begin{array}{rl}
 & 0.4 \\
\times & 2 \\
\hline
 & \boxed{0}.8 \quad \cdots\cdots 0 \text{ 高位} \\
\times & 2 \\
\hline
 & \boxed{1}.6 \quad \cdots\cdots 1 \\
\times & 2 \\
\hline
 & \boxed{1}.2 \quad \cdots\cdots 1 \\
\times & 2 \\
\hline
 & \boxed{0}.4 \quad \cdots\cdots 0 \text{ 低位}
\end{array}
$$

$$0.4_D=0.0110_B$$

通过上面的例子也可以看出：任意进制数都可以完整地转换为十进制数，而十进制数有时却不能完全转换为非十进制数，这时只能通过具体精度要求，求到一定位数的近似表示。

## 3.2.3 码制

编码就是用二进制码来表示给定的信息符号。这些信息既可以是十进制数 0，1，…，9，也可以是字符 A，B，…，Z 等。常见的码制有二-十进制编码、格雷码、ASCII 码等。

### 1. 二-十进制编码

由于数字系统是以二值数字逻辑为基础的，所以数字系统中的信息都是用一定位数的二进制码表示的，这个二进制码称为“代码”。

二-十进制编码（Binary Coded Decimal，BCD）是一种常用的代码，包括 8421BCD 码，2421BCD 码，4421BCD 码，5421BCD 码和余 3 码等。其中最常用的 8421BCD 码中从左到右每位的权分别为 8，4，2 和 1，按权相加可得到该码所表示的十进制数，因此它又被称为有权码。而余 3 码则是在 8421BCD 码的基础上加 3，因此余 3 码属于无权码。

表 3-1 给出了各编码与十进制数之间的对应关系。

**表 3-1　各编码与十进制数之间的对应关系**

| 十进制数 | 8421 码 | 2421 码 | 4421 码 | 5421 码 | 余 3 码 |
|---|---|---|---|---|---|
| 0 | 0000 | 0000 | 0000 | 0000 | 0011 |
| 1 | 0001 | 0001 | 0001 | 0001 | 0100 |
| 2 | 0010 | 0010 | 0010 | 0010 | 0101 |
| 3 | 0011 | 0011 | 0011 | 0011 | 0110 |
| 4 | 0100 | 0100 | 0100 | 0100 | 0111 |

续表

| 十进制数 | 8421 码 | 2421 码 | 4421 码 | 5421 码 | 余 3 码 |
|---|---|---|---|---|---|
| 5 | 0101 | 0101 | 0101 | 1000 | 1000 |
| 6 | 0110 | 0110 | 0110 | 1001 | 1001 |
| 7 | 0111 | 0111 | 0111 | 1010 | 1010 |
| 8 | 1000 | 1110 | 1100 | 1011 | 1011 |
| 9 | 1001 | 1111 | 1101 | 1100 | 1100 |

4 位二进制数共有 16 种组合，而当 BCD 码用于表示十进制数时，通常只用到 10 种组合，剩下的 6 种组合通常被称为无效码。例如，8421BCD 码中的有效码范围是 0000，0001，…，1001，无效码范围是 1010，1011，…，1111。

### 2. 格雷码

格雷码是一种无权码，其特点是任意两个相邻的码组之间只有 1 位数不同。表 3-2 给出了 4 位格雷码的编码方式。从表 3-2 中可以看出，最小数 0 和最大数 15 之间也只有 1 位数不同，可将这两个数看成相邻的，因此它是一种循环码，这样格雷码也被称为循环码。

表 3-2　4 位格雷码的编码方式

| 十进制数 | 二进制数 | 格雷码 | 十进制数 | 二进制数 | 格雷码 |
|---|---|---|---|---|---|
| 0 | 0000 | 0000 | 8 | 1000 | 1100 |
| 1 | 0001 | 0001 | 9 | 1001 | 1101 |
| 2 | 0010 | 0011 | 10 | 1010 | 1111 |
| 3 | 0011 | 0010 | 11 | 1011 | 1110 |
| 4 | 0100 | 0110 | 12 | 1100 | 1010 |
| 5 | 0101 | 0111 | 13 | 1101 | 1011 |
| 6 | 0110 | 0101 | 14 | 1110 | 1001 |
| 7 | 0111 | 0100 | 15 | 1111 | 1000 |

### 3. ASCII 码

用若干位二进制符号表示数字、英文字母命令及特殊符号的编码叫做字符编码，常用的字符编码是美国国家信息交换标准码（American Standard Code for Information Interchange，ASCII 码），它由 7 位二进制符号组成。ASCII 码是目前大部分计算机与外部设备交换信息的字符编码方式。

### 4. 奇偶校验码

奇偶校验码是一种可以检测一位错误的代码，它由信息位和校验位两部分组成。

信息位可以是任何一种二进制代码，它代表要传输的原始信息。

校验位仅有一位，它既可以放在信息位的前面，也可以放在信息位的后面，其编码方式有两种：

（1）使每一个码组中信息位和校验位的“1”的总个数为奇数，称为奇校验；

（2）使每一个码组中信息位和校验位的“1”的总个数为偶数，称为偶校验。

# 3.3　数字逻辑门及布尔代数

逻辑，是事物间的因果关系。逻辑运算是逻辑状态按照指定的某种因果关系进行推理的过程。逻辑代数是描述客观事物逻辑关系的数学方法，是进行逻辑分析与综合的数学工具，又称为布尔代数。1849 年，英国数学家乔治·布尔（George Boole）首先提出了描述客观事物逻辑关系的数学方法，即逻辑代数。其研究对象为逻辑函数和逻辑变量之间的关系。

逻辑门电路是用以实现逻辑关系的电子电路，与基本逻辑关系相对应，主要有与门、或门、与非门、或非门、异或门等。

## 3.3.1　简单逻辑运算

### 1. 与运算

在逻辑代数中，把“与”看做逻辑变量 A、B 之间的三种基本逻辑运算之一，并以“·”表示与运算。

在逻辑学上将“与”定义为：只有决定事物结果的所有条件同时具备时，结果才会发生。这种因果关系称为逻辑与，也叫逻辑相乘。如图 3-2 所示，当两个开关都闭合时灯泡才亮，否则灯泡不亮。因此，灯泡的状态与两个开关的状态之间满足逻辑与的关系。我们把实现与逻辑功能的单元电路称为与门。同样可以列出与逻辑功能的真值表，如表 3-3 所示，通过表 3-3 一般可以将与逻辑功能简记为：有 0 出 0，全 1 出 1。

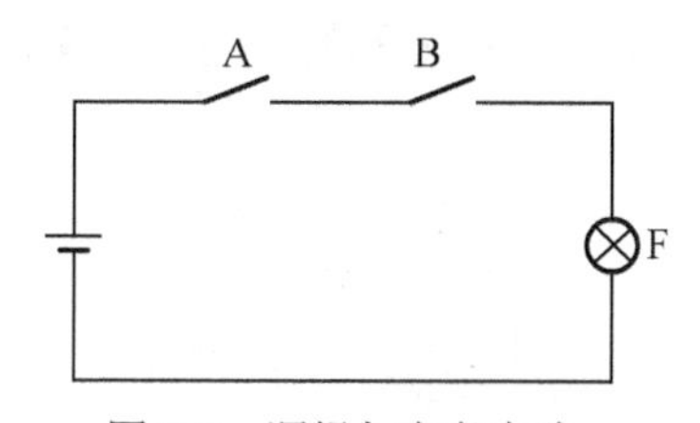


图 3-2　逻辑与定义电路

表 3-3　与运算真值表

| A | B | F |
|---|---|---|
| 0 | 0 | 0 |
| 0 | 1 | 0 |
| 1 | 0 | 0 |
| 1 | 1 | 1 |

根据与逻辑功能，知其表达式为

$$F = A \cdot B = AB \tag{3-4}$$

$A \cdot 1 = A$，$A \cdot 0 = 0$，此为 0-1 律。

$1 \times 1 = 1$，$A \cdot A = A$，此为重叠律。

为了方便逻辑电路的分析与设计，与逻辑还可用逻辑符号表示，如图 3-3 所示。

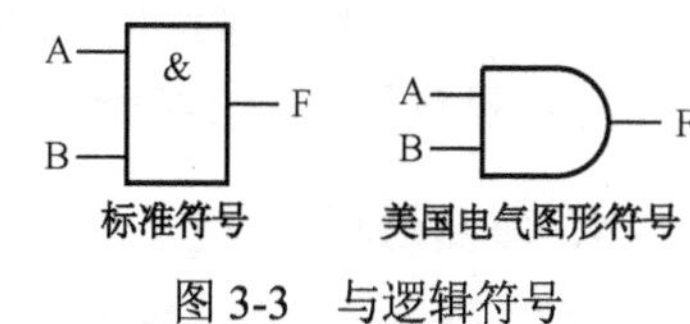


图 3-3　与逻辑符号

### 2. 或运算

在逻辑代数中，把“或”看做逻辑变量 A、B 之间的三种基本逻辑运算之一，并以“+”表示或运算。

在逻辑学上将“或”定义为：决定事物结果发生的诸多条件中只要有一个条件具备时，结果便会发生。这种因果关系称为逻辑或，也叫逻辑相加。如图 3-4 所示，两个开关只

要有一个闭合灯泡就亮，否则灯泡不亮。因此，灯泡的状态与两个开关的状态之间满足逻辑或的关系。实现或逻辑功能的单元电路称为或门，图 3-5 为或逻辑符号。或运算真值表 3-4 所示。

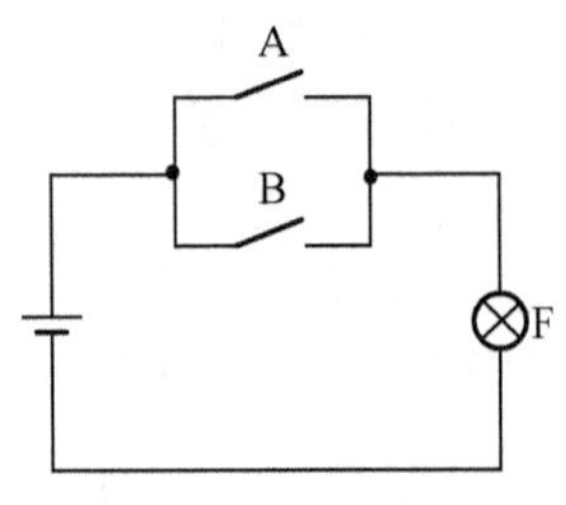


图 3-4　逻辑或定义电路

表 3-4　或运算真值表

| A | B | F |
|---|---|---|
| 0 | 0 | 0 |
| 0 | 1 | 1 |
| 1 | 0 | 1 |
| 1 | 1 | 1 |

根据或逻辑功能，知其表达式为

$$F=A+B \tag{3-5}$$

$A+1=1$，$A+0=A$，此为 0-1 律。

$1+1=1$，$A+A=A$，此为重叠律。

通过或逻辑功能的真值表 3-4 一般可以将或逻辑功能简记为：有 1 出 1，全 0 出 0。

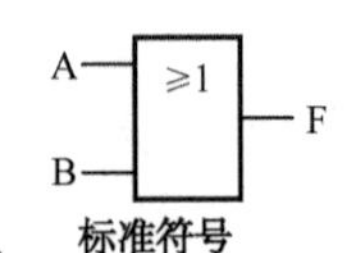

图 3-5　或逻辑符号

### 3. 非运算

非逻辑又称逻辑反。其典型电路如图 3-6 所示。

如果用 A 表示开关的状态，用 1 表示开关闭合，用 0 表示开关断开；用 F 表示指示灯的状态，用 1 表示灯亮，用 0 表示灯不亮，则可以列出用 0、1 表示的非逻辑关系的真值表，如表 3-5 所示。

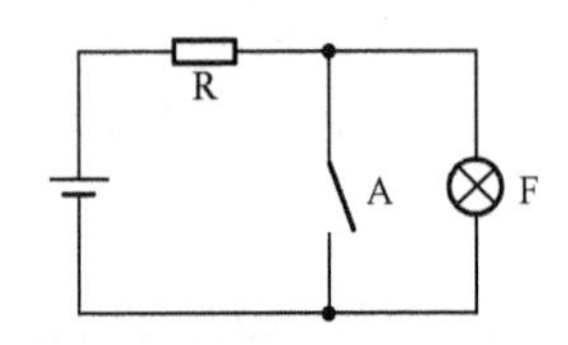


图 3-6　逻辑非定义电路

表 3-5　非逻辑真值表

| A | F |
|---|---|
| 0 | 1 |
| 1 | 0 |

根据表 3-5，不难得到非逻辑的表达式为

$$F=\overline{A} \tag{3-6}$$

$\overline{0}=1$，$\overline{1}=0$。因此常常称 0 的反码为 1，1 的反码为 0；同时又能得到 $\overline{\overline{0}}=\overline{1}=0$，$\overline{\overline{1}}=\overline{0}=1$，这一规则称为非非律。

非逻辑符号如图 3-7 所示。

A　1　F
标准符号

A　F
美国电气图形符号

图 3-7　非逻辑符号

### 4. 复合运算

复合运算中较为特别的是异或和同或运算。

（1）异或运算可以描述为：当 2 个输入不同时，输出为 1；当 2 个输入相同时，输出为 0。

异或运算也可以用下式来表示：

$$F = A \oplus B = \overline{A}B + A\overline{B} \tag{3-7}$$

异或逻辑的电路符号及逻辑真值表如图 3-8 和表 3-6 所示。

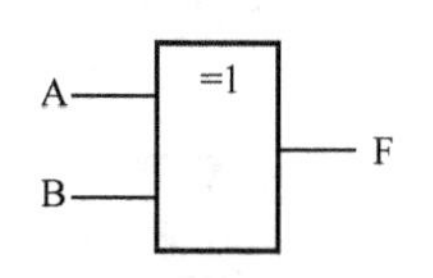


图 3-8　异或门图形符号

表 3-6　异或逻辑真值表

| A | B | F |
|---|---|---|
| 0 | 0 | 0 |
| 0 | 1 | 1 |
| 1 | 0 | 1 |
| 1 | 1 | 0 |

（2）同或运算可以描述为：当 2 个输入相同时，输出为 1；当 2 个输入不同时，输出为 0。

同或运算也可以用下式来表示：

$$F=A \odot B = \overline{A}\,\overline{B} + AB \tag{3-8}$$

同或逻辑符号及逻辑真值表如图 3-9 和表 3-7 所示。

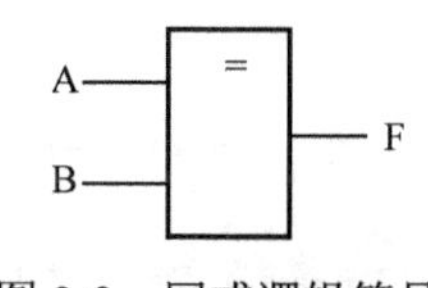


图 3-9　同或逻辑符号

表 3-7　同或逻辑真值表

| A | B | F |
|---|---|---|
| 0 | 0 | 1 |
| 0 | 1 | 0 |
| 1 | 0 | 0 |
| 1 | 1 | 1 |

复合逻辑运算可由与、或、非三种基本逻辑运算组合而成，在数字电路中被广泛采用的还有与非、或非、与或非等运算，所对应的表达式及逻辑符号如表 3-8 所示。

可通过表 3-8 中异或和同或的表达式推导其真值表，可以发现两者之间存在互为反函数的关系。

表 3-8　复合逻辑运算

| 逻　辑 | 逻辑表达式 | 标 准 符 号 | 美国电气图形符号 |
|---|---|---|---|
| 与非 | $F = \overline{AB}$ | A, B → & → F | A, B → F |
| 或非 | $F = \overline{A+B}$ | A, B → ≥1 → F | A, B → F |
| 与或非 | $F = \overline{AB+CD}$ | A, B, C, D → & ≥1 → F | A, B, C, D → F |

续表

| 逻　辑 | 逻辑表达式 | 标 准 符 号 | 美国电气图形符号 |
| --- | --- | --- | --- |
| 异或 | $F=A\overline{B}+\overline{A}B$ | A, B, =1, F | A, B, F |
| 同或 | $F=AB+\overline{A}\overline{B}$ | A, B, =1, F | A, B, F |

## 案例分析 7　数字逻辑基本运算的测试及验证

| 任务名称 | 数字逻辑基本运算的测试及验证 | | |
| --- | --- | --- | --- |
| 测试方法 | 仿真实现 | 课时安排 | 2 |
| 任务要求 | （1）测试基本逻辑运算的逻辑功能：与非、或非、异或逻辑。<br>（2）用 Multisim 或同类软件仿真验证。 | | |
| 虚拟仪器 | 双踪示波器、数字万用表等 | | |
| 测试步骤 | | | |

1．测试验证“与非”逻辑运算功能

（1）打开 Multisim 或其他同类软件，单击“Place/Componet”，准备放置元件，如图 3-10 所示。

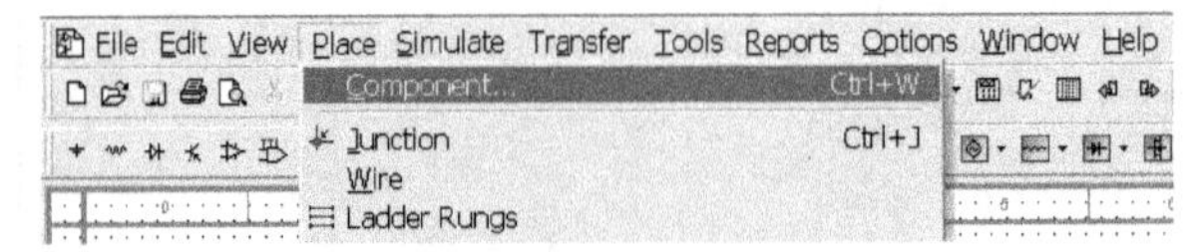


图 3-10　在 Multisim 中选择放置元件

（2）出现如图 3-11 所示的菜单项，在 Group 标签下选择 TTL，在 Family 标签下选择 74LS-IC，在 Component 标签下选择 7400N，单击“OK”按钮，将 7400N 放置于图中；接着在 Group 标签下选择 Basic，再选择 SWITCH，在 Component 标签下选择 SPDT 单刀双掷开关，单击“OK”按钮，放置单刀双掷开关。

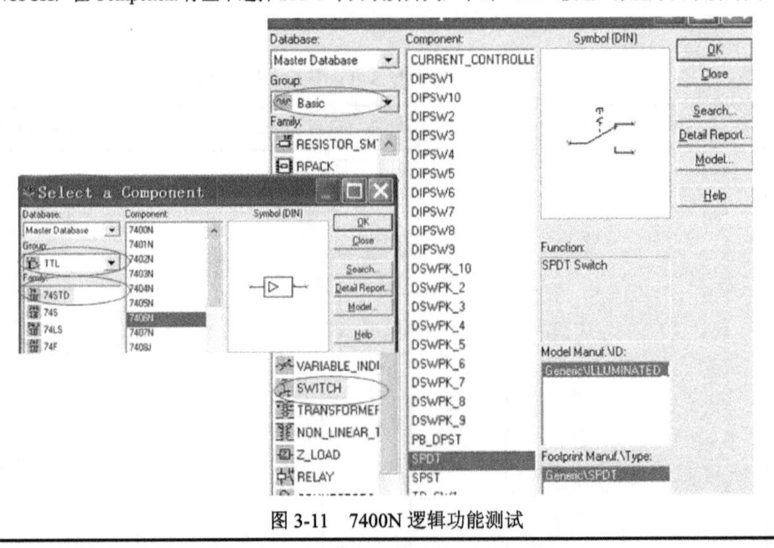


图 3-11　7400N 逻辑功能测试

续表

| 任务名称 | 数字逻辑基本运算的测试及验证 | | |
| --- | --- | --- | --- |
| 测试方法 | 仿真实现 | 课时安排 | 2 |

用同样的方法在 Source 标签下放置电源 VCC 和 DGND。最后在操作界面右侧的“Instruments（仪表）”中选择 Multimeter（万用表）。

构建如图 3-12 所示的 74LS00 测试电路。

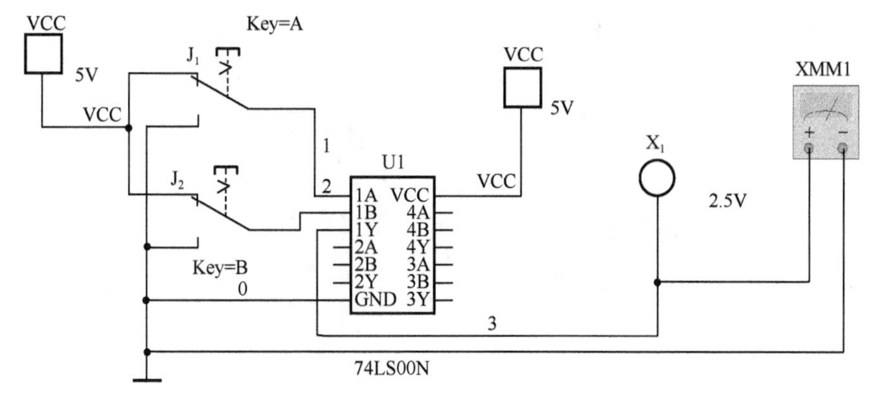


图 3-12　74LS00 测试电路

（3）单击“Run”按钮。

将鼠标置于工作区域，按动 A、B 键，则分别控制开关 $J_1$、$J_2$ 的上、下切换。当开关与 VCC 相连时，输入为高电平；当开关与 GND 相连时，输入为低电平。分别将开关上、下切换，观察输出指示灯的变化和万用表中电平的变化。

用 A 表示输入变量，输入高电平用“1”表示，输入低电平用“0”表示。用 F 表示输出变量，灯亮表示输出高电平，用“1”表示，灯灭表示低电平，用“0”表示。将测试结果填入表 3-9 中，并判断 74LS00 的逻辑功能是____________。逻辑表达式____________________________。

表 3-9　74LS00 功能测试

| A | B | F |
| --- | --- | --- |
| 0 | 0 | |
| 0 | 1 | |
| 1 | 0 | |
| 1 | 1 | |

2．测试验证“或非”逻辑运算功能

（1）同上操作，放置元器件，构建如图 3-13 所示的 74LS02 测试电路。

（2）单击“Run”按钮。

将鼠标置于工作区域，按动 A、B 键，则分别控制开关 $J_1$、$J_2$ 的上、下切换。当开关与 VCC 相连时，输入为高电平；当开关与 GND 相连时，输入为低电平。分别将开关上、下切换，观察输出指示灯的变化和万用表中电平的变化。

用 A 表示输入变量，输入高电平用“1”表示，输入低电平用“0”表示。用 F 表示输出变量，灯亮表示输出高电平，用“1”表示，灯灭表示低电平，用“0”表示。

续表

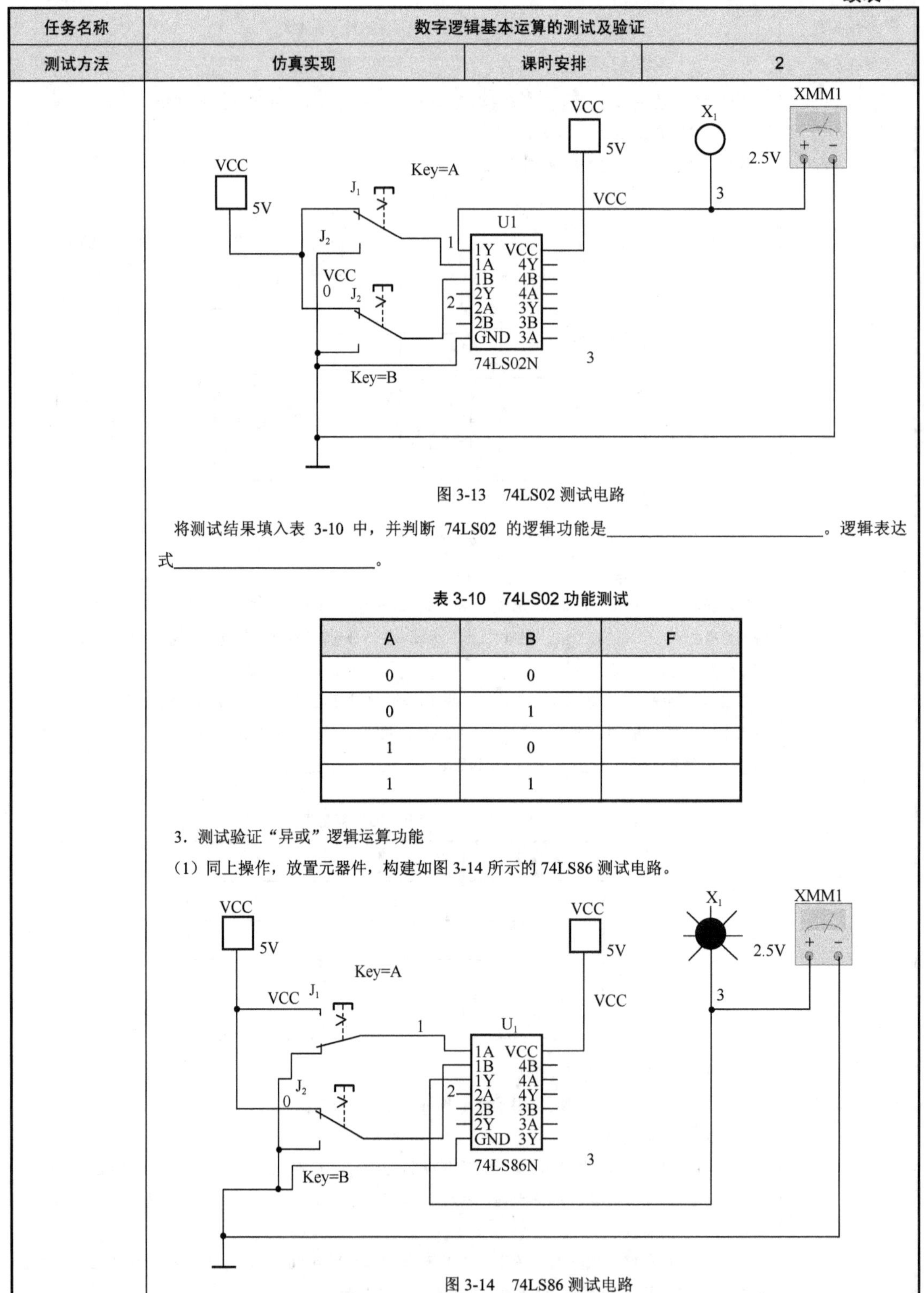

| 任务名称 | 数字逻辑基本运算的测试及验证 | | |
|---|---|---|---|
| 测试方法 | 仿真实现 | 课时安排 | 2 |

图 3-13　74LS02 测试电路

将测试结果填入表 3-10 中，并判断 74LS02 的逻辑功能是____________________。逻辑表达式____________________。

表 3-10　74LS02 功能测试

| A | B | F |
|---|---|---|
| 0 | 0 | |
| 0 | 1 | |
| 1 | 0 | |
| 1 | 1 | |

3．测试验证“异或”逻辑运算功能

（1）同上操作，放置元器件，构建如图 3-14 所示的 74LS86 测试电路。

图 3-14　74LS86 测试电路

续表

<table>
<tr><td>任务名称</td><td colspan="3">数字逻辑基本运算的测试及验证</td></tr>
<tr><td>测试方法</td><td>仿真实现</td><td>课时安排</td><td>2</td></tr>
<tr><td></td><td colspan="3">
（2）单击“Run”按钮。<br>
将鼠标置于工作区域，按动 A、B 键，则分别控制开关 $J_1$、$J_2$ 的上、下切换。当开关与 VCC 相连时，输入为高电平；当开关与 GND 相连时，输入为低电平。分别将开关上、下切换，观察输出指示灯的变化和万用表中电平的变化。<br>
用 A 表示输入变量，输入高电平用“1”表示，输入低电平用“0”表示。用 F 表示输出变量，灯亮表示输出高电平，用“1”表示，灯灭表示低电平，用“0”表示。<br>
（3）将测试结果填入表 3-11 中。<br>
表 3-11　74LS86 功能测试
<table>
<tr><th>A</th><th>B</th><th>F</th></tr>
<tr><td>0</td><td>0</td><td></td></tr>
<tr><td>0</td><td>1</td><td></td></tr>
<tr><td>1</td><td>0</td><td></td></tr>
<tr><td>1</td><td>1</td><td></td></tr>
</table>
判断 74LS86 的逻辑功能是____________。<br>
其逻辑表达式______________________。
</td></tr>
<tr><td>拓展思考</td><td colspan="3">
1．请自行构建对应电路，测试“与”、“或”、“非”、“同或”的逻辑运算功能。完成电路，并验证以上逻辑功能。<br>
2．将异或门表达式转化为与非门表达式：<br>
$Y=A\overline{B}+\overline{A}B=\overline{\overline{A\overline{B}+\overline{A}B}}=\overline{\overline{A\overline{B}}\,\overline{\overline{A}B}}$，构建对应电路，进行测试。
</td></tr>
<tr><td>总结与体会</td><td colspan="3"></td></tr>
<tr><td>完成日期</td><td></td><td>完成人</td><td></td></tr>
</table>

## 3.3.2　布尔代数公理与规则

逻辑代数作为一种代数，有相应的基本定律和运算规则等，下面介绍逻辑代数的基本定律、规则和公式。

### 1．逻辑代数的基本定律

逻辑代数的基本定律如表 3-12 所示。这些定律的正确性可通过列真值表来证明。

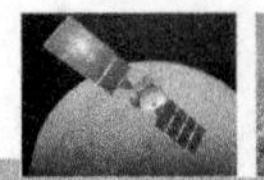

表 3-12　逻辑代数的基本定律

| 名　称 | | 表 达 式 |
| --- | --- | --- |
| 0-1 律 | $A\cdot 0=0$ | $A+1=1$ |
| 自等律 | $A\cdot 1=A$ | $A+0=A$ |
| 重叠律 | $A\cdot A=A$ | $A+A=A$ |
| 互补律 | $A\cdot\overline{A}=0$ | $A+\overline{A}=1$ |
| 交换律 | $A\cdot B=B\cdot A$ | $A+B=B+A$ |
| 结合律 | $A\cdot(B\cdot C)=(A\cdot B)\cdot C$ | $A+(B+C)=(A+B)+C$ |
| 分配律 | $A\cdot(B+C)=AB+AC$ | $A+B\cdot C=(A+B)(A+C)$ |
| 吸收律 | $A(A+B)=A$ | $A+AB=A$ |
| 反演律 | $\overline{AB}=\overline{A}+\overline{B}$ | $\overline{A+B}=\overline{A}\,\overline{B}$ |
| 非非律 | $\overline{\overline{A}}=A$ | |

**【实例 3-4】** 用真值表证明反演律 $\overline{AB}=\overline{A}+\overline{B}$ 和 $\overline{A+B}=\overline{A}\,\overline{B}$ 的正确性。

**解：** 由表 3-13 可知，$\overline{AB}=\overline{A}+\overline{B}$ 左右两个表达式对应的结果都相同，因此该公式正确。公式 $\overline{A+B}=\overline{A}\,\overline{B}$ 的正确性请读者参照本例自行证明。

表 3-13　$\overline{AB}=\overline{A}+\overline{B}$ 的真值表

| A | B | $\overline{AB}$ | $\overline{A}+\overline{B}$ |
| --- | --- | --- | --- |
| 0 | 0 | 1 | 1 |
| 0 | 1 | 1 | 1 |
| 1 | 0 | 1 | 1 |
| 1 | 1 | 0 | 0 |

在逻辑代数的运算、化简及变换中，还经常用到下列公式：

$$AB+\overline{A}B=A \tag{3-9}$$

$$A+\overline{A}B=A+B \tag{3-10}$$

$$AB+\overline{A}C+BC=AB+\overline{A}C \tag{3-11}$$

$$\overline{A}B+A\overline{B}=\overline{AB+\overline{A}\,\overline{B}} \tag{3-12}$$

以上各式的正确性请读者自行证明。

### 2. 逻辑代数的基本运算规则

1）代入规则

在任意逻辑代数等式中，如果等式两边所有出现某一个变量的位置都用一个逻辑函数代替，等式仍然成立。

例如，反演律 $\overline{AD}=\overline{A}+\overline{D}$，若令 D=BC，则有 $\overline{ABC}=\overline{A}+\overline{BC}=\overline{A}+\overline{B}+\overline{C}$。

反复使用代入规则，可将反演律扩展为

$$\overline{A_1+A_2+\cdots+A_n}=\overline{A_1}\cdot\overline{A_2}\cdot\cdots\cdot\overline{A_n}$$

$$\overline{A_1+A_2+\cdots+A_n}=\overline{A_1}+\overline{A_2}+\cdots+\overline{A_n}$$

2）反演规则

已知逻辑函数 F，求其反函数 $\overline{F}$ 时，只要将 F 中所有的原变量变为反变量，反变量变为原变量，“・”变为“+”，“+”变为“・”，“0”变为“1”，“1”变为“0”，就可以得到 $\overline{F}$，这就是反演规则。

在变换过程中应注意：两个以上变量的公用“非”号应该保持不变；运算的优先顺序为先算括号，然后算逻辑乘，最后进行逻辑加运算。

**【实例 3-5】** 已知 $F = A\overline{B} + \overline{CD} + \overline{E}$，求 $\overline{F}$。

**解：** $\overline{F} = (\overline{A} + B)\cdot\overline{\overline{C}+\overline{D}}\cdot E$

**【实例 3-6】** 已知 $F = A + B + \overline{\overline{C}\,\overline{D+\overline{E}}}$，求 $\overline{F}$。

**解：** $\overline{F} = \overline{A}\,\overline{\overline{B}C+\overline{\overline{D}E}} = \overline{A}B + \overline{ACDE}$

3）对偶规则

对于任何一个逻辑表达式 F，如果将式中所有的“・”变为“+”，“+”变为“・”，“0”变为“1”，“1”变为“0”，而变量保持不变，就得到表达式 F′，这个表达式称为 F 的对偶式，这一变换方式称为对偶规则。

对偶函数与原函数有如下特点：对偶函数与原函数互为对偶函数；两个逻辑函数相等，则它们各自的对偶式也相等。

**【实例 3-7】** 已知 $F = A\overline{B} + \overline{CD} + \overline{E}$，求 F′。

**解：** $F' = (A + \overline{B})\overline{C + DE}$

**【实例 3-8】** 已知 $F = A + \overline{B + \overline{C}\,\overline{D + \overline{E}}}$，求 F′。

**解：** $F' = A\overline{B\overline{C} + \overline{D\overline{E}}} = A\overline{B} + ACD\overline{E}$

## 3.4　逻辑函数的综合分析

逻辑函数有以下两种分析化简方法。

（1）公式法优化：利用逻辑代数的基本公式和定律来化简逻辑函数。

（2）卡诺图优化：先将逻辑函数填入卡诺图，再进行化简的方法。

### 3.4.1　积之和形式及和之积形式

逻辑函数表达式可以分为一般表达式和标准表达式两类。

一般表达式又可以分为“与或”表达式、“或与”表达式和混合表达式。

例如，式（3-13）是典型的“与或”表达式，式（3-14）是典型的“或与”表达式，式（3-15）则具有混合表达式的特点。

$$F(A,B,C) = A\overline{B} + \overline{A}B\overline{C} + C \tag{3-13}$$

$$F(A,B,C) = (A + \overline{B} + \overline{C})(\overline{A} + C)(\overline{B} + C) \tag{3-14}$$

$$F(A,B,C) = (A + \overline{B})C + (\overline{B} + \overline{C}) + \overline{A} \tag{3-15}$$

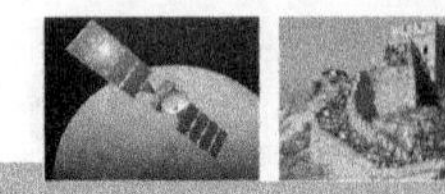

标准表达式可以分为最小项表达式（积之和形式）和最大项表达式（和之积形式），其中最小项表达式的应用最为广泛，下面将着重进行介绍。

**1. 最小项表达式**

最小项表达式是由若干个最小项构成的“与或”表达式。

最小项是指这样一种“与”项，设有 $n$ 个变量，由它们所组成的具有 $n$ 个变量的“与”项中，每个变量或以原变量或以反变量的新式出现一次，且仅出现一次。

例如，3 变量 A，B，C 所包含的最小项有 $\overline{A}\,\overline{B}\,\overline{C}$，$\overline{A}\,\overline{B}C$，$\overline{A}B\overline{C}$，$\overline{A}BC$，$A\overline{B}\,\overline{C}$，$A\overline{B}C$，$AB\overline{C}$，ABC，共 8 个。

因此，函数 $F(A,B,C)=AB\overline{C}+A\overline{B}C+\overline{A}B\overline{C}$ 是最小项表达式，而函数 $G(A,B,C)=A\overline{B}C+\overline{A}B$ 不是最小项表达式。

对于 $n$ 个变量的函数，最小项的个数共有 $2^n$ 个。

通常将最小项记做 $m_i$，如最小项 $\overline{A}B\overline{C}$ 可表示为“010”，因此可记做 $m_2$。3 变量函数的最小项对应关系如表 3-14 所示。

因此，最小项表达式 $F(A,B,C,D)=\overline{A}B\overline{C}\,\overline{D}+\overline{A}BC\overline{D}+A\overline{B}\,\overline{C}\,\overline{D}+ABCD$，也可以表示成 $F(A,B,C,D)=m_4+m_6+m_8+m_{15}$ 或记为 $F(A,B,C,D)=\sum m(4,6,8,15)$，其中“$\sum$”为累加运算。

最小项的重要性质：

（1）对于任何一个最小项，只有对应此最小项的一组变量取值，才能使其值为“1”，即取值为“1”的概率最小，最小项由此得名；

（2）任意两个最小项 $m_i$ 和 $m_j(i \neq j)$，其逻辑“与”为“0”；

（3）$n$ 个变量的全部最小项之和恒等于“1”；

（4）某一个最小项若不包含在原函数 F 中，则必包含在反函数 $\overline{F}$ 中；

（5）具有相邻性的两个最小项之和可以合并成一项，并消去一个变量。所谓相邻性即指两个最小项只有一个因子不同，如 ABC 和 $A\overline{B}C$ 具有相邻性，则 $ABC+A\overline{B}C=AC(B+\overline{B})=AC$，可消去变量 B。

**表 3-14　3 变量函数的最小项对应关系表**

| 最小项 | 使最小项为 1 的变量取值 | | | 对应十进制数 | 编　号 |
|---|---|---|---|---|---|
| | A | B | C | | |
| $\overline{A}\,\overline{B}\,\overline{C}$ | 0 | 0 | 0 | 0 | $m_0$ |
| $\overline{A}\,\overline{B}C$ | 0 | 0 | 1 | 1 | $m_1$ |
| $\overline{A}B\overline{C}$ | 0 | 1 | 0 | 2 | $m_2$ |
| $\overline{A}BC$ | 0 | 1 | 1 | 3 | $m_3$ |
| $A\overline{B}\,\overline{C}$ | 1 | 0 | 0 | 4 | $m_4$ |
| $A\overline{B}C$ | 1 | 0 | 1 | 5 | $m_5$ |
| $AB\overline{C}$ | 1 | 1 | 0 | 6 | $m_6$ |
| ABC | 1 | 1 | 1 | 7 | $m_7$ |

**2. 最大项表达式**

最大项表达式是由若干个最大项构成的“或与”表达式。

最大项是指这样一种“或”项，设有 $n$ 个变量，由它们所组成的具有 $n$ 个变量的“或”项中，每个变量或以原变量或以反变量的新式出现一次，且仅出现一次。

例如，3 个变量 A，B，C 所包含的最小项有 A+B+C，$A+B+\overline{C}$，$A+\overline{B}+C$，$A+\overline{B}+\overline{C}$，$\overline{A}+B+C$，$\overline{A}+B+\overline{C}$，$\overline{A}+\overline{B}+C$，$\overline{A}+\overline{B}+\overline{C}$，共 8 个。因此，逻辑函数表达式 $F(A,B,C)=(A+B+C)(A+B+\overline{C})(A+\overline{B}+\overline{C})$是最大项表达式。与最小项一样，对于 $n$ 个变量的函数，最大项的个数共有 $2^n$ 个。在函数的最大项表达式中，既可包含部分最大项，也可包含全部最大项。

同样，最大项也可以用 $M_i$ 表示，如将最大项中的原变量用“0”表示，反变量用“1”表示，则构成的二进制数所对应的十进制数即为 $i$ 的取值。例如，最大项$A+\overline{B}+\overline{C}$可表示为 $M_3$。3 变量函数的最大项对应关系如表 3-15 所示。

同样，最大项表达式也可以用累乘符号“$\prod$”来表示，如逻辑函数可表示为 $F(A,B,C)=(A+\overline{B}+C)(\overline{A}+B+C)(\overline{A}+B+\overline{C})=M_2\cdot M_4\cdot M_5=\prod M(2,4,5)$。

最大项的主要性质：

（1）对于任何一个最大项，只有对应此最大项的一组变量取值，使其值为 0，其余情况均为 1，即取值为“1”的概率最大，最大项由此得名；

（2）任意两个最大项 $M_i$ 和 $M_j(i\neq j)$，其逻辑“或”恒为“1”；

（3）$n$ 个变量的全部最大项之积恒为 0；

（4）某一个最大项若不包括在原函数 F 中，则必包含在反函数$\overline{F}$中；

（5）若两个最大项只有一个变量不同，则这两个最大项具有相邻性。具有相邻性的两个最大项之积可以消去一个变量。

表 3-15　3 变量函数的最大项对应关系表

| 最　大　项 | 使最小项为 0 的变量取值 | | | 对应的十进制数 | 编　　号 |
|---|---|---|---|---|---|
| | A | B | C | | |
| $A+B+C$ | 0 | 0 | 0 | 0 | $M_0$ |
| $A+B+\overline{C}$ | 0 | 0 | 1 | 1 | $M_1$ |
| $A+\overline{B}+C$ | 0 | 1 | 0 | 2 | $M_2$ |
| $A+\overline{B}+\overline{C}$ | 0 | 1 | 1 | 3 | $M_3$ |
| $\overline{A}+B+C$ | 1 | 0 | 0 | 4 | $M_4$ |
| $\overline{A}+B+\overline{C}$ | 1 | 0 | 1 | 5 | $M_5$ |
| $\overline{A}+\overline{B}+C$ | 1 | 1 | 0 | 6 | $M_6$ |
| $\overline{A}+\overline{B}+\overline{C}$ | 1 | 1 | 1 | 7 | $M_7$ |

### 3. 最小项与最大项的关系

对于同一个逻辑函数，既可以采用最小项之和的形式，也可以采用最大项之积的形式。

设一逻辑函数 $F(A,B,C)=\overline{A}BC+A\overline{B}C+AB\overline{C}$，则 $F(A,B,C)=m_3+m_5+m_6$，则有：

$$\overline{\overline{F}}(A,B,C)=\overline{\overline{\overline{A}BC+A\overline{B}C+AB\overline{C}}} \quad （非非律）$$

$$=\overline{\overline{\overline{A}BC}\cdot\overline{A\overline{B}C}\cdot\overline{AB\overline{C}}} \quad （反演律）$$

$$=\overline{(A+\overline{B}+\overline{C})\cdot(\overline{A}+B+\overline{C})\cdot(\overline{A}+\overline{B}+C)} \quad （反演律）$$

$$=\overline{M_3\cdot M_5\cdot M_6} \quad （最小项编号）$$

因此，$F(A,B,C)=m_3+m_5+m_6=\overline{M_3\cdot M_5\cdot M_6}$

那么最小项与最大项之间的关系如何呢？这里以一个逻辑函数为例说明最大项、最小项之间的关系。例如，3 变量 A、B、C 的最小项之一 $m_0(\overline{A}\overline{B}\overline{C})$ 通过反演律可得

$$m_0=\overline{A}\overline{B}\overline{C}=\overline{A+B+C}=\overline{M_0}$$

因此，不难推广得到对于相同 $n$ 变量，其最大项与最小项之间总是满足 $m_i=\overline{M_i}$ 。

### 3.4.2 逻辑函数的优化实现

所谓函数的优化实现，即对数字逻辑函数进行化简。

优化方法包含公式优化法和卡诺图优化法。

#### 1. 公式法优化函数

公式法优化函数即运用逻辑代数中的基本定律、公式及运算规则实现优化，常用的手段有以下几种。

1）吸收法

利用公式 A+AB=A，消去多余的乘积项，如

$$F=\overline{B+CD}+\overline{BC}+\overline{C}$$
$$=\overline{B+CD}+\overline{C}$$
$$=\overline{B}\,\overline{C}D+\overline{C}$$
$$=\overline{C}$$

2）消去法

利用 $A+\overline{A}B=A+B$ ，消去多余的变量，如

$$F=BC+A(\overline{B}+\overline{C})+\overline{A}C$$
$$=BC+\overline{BC}A+\overline{A}C$$
$$=BC+A+\overline{A}C$$
$$=BC+A+C$$
$$=A+C$$

3）并项法

利用 $A+\overline{A}=1$，两项合并消去一个变量，如

$$F=\overline{A}\,\overline{B}C+\overline{A}BC+A\overline{B}C+ABC+\overline{C}$$
$$=(\overline{A}\,\overline{B}+AB)C+(\overline{A}B+A\overline{B})C+\overline{C}$$
$$=[(\overline{A}\,\overline{B}+AB)+(\overline{\overline{A}\,\overline{B}+AB})]C+\overline{C}$$
$$=C+\overline{C}=1$$

4）配项法

为了便于化简，表达式中的某项可乘以$(A+\overline{A})$，或在表达式中加上$A\cdot\overline{A}$再进行化简，如

$$
\begin{aligned}
F &= A\overline{B}+B\overline{C}+\overline{B}C+\overline{A}B \\
&= A\overline{B}(C+\overline{C})+B\overline{C}(A+\overline{A})+\overline{B}C+\overline{A}B \\
&= A\overline{B}C+A\overline{B}\overline{C}+AB\overline{C}+\overline{A}B\overline{C}+\overline{B}C+\overline{A}B \\
&= \overline{B}C(1+A)+A\overline{C}(\overline{B}+B)+\overline{A}B(1+\overline{C}) \\
&= \overline{A}B+A\overline{C}+\overline{B}C
\end{aligned}
$$

从上面的例子可见，公式法化简对逻辑代数公式和定律及化简技巧的要求较高，因此通常采用下面介绍的卡诺图法对逻辑函数进行化简。

## 2. 卡诺图优化函数

相对于上面介绍的公式法，卡诺图法更为简便直观、容易掌握，在数字逻辑电路设计中得到了广泛的应用。

前面已经介绍了两个概念：最小项表达式与最大项表达式。

在任何两个逻辑项中，若只有一个变量取值不同，一项以原变量形式出现（如 ABC 中的 C），另一项以反变量形式出现（如 $AB\overline{C}$ 中的$\overline{C}$），就称这两个逻辑项为相邻项，可利用公式$A+\overline{A}=1$消去这个不同的变量后，再将它们合并为一项。

由此可总结出如下规律：凡两个逻辑相邻项，可合并为一项，其合并后的结果中只保留相邻项中的相同变量，消去了取值不同的变量。按照这个规律，可以把逻辑函数中的各个最小项用图形表示出来，这种图就叫做卡诺图。

1）卡诺图

卡诺图（Karnaugh map）是由美国贝尔实验室的毛瑞斯·卡诺（Maurice Karnaugh）在 1953 发明的。卡诺图是一种矩阵式的真值表，因此两个变量函数的卡诺图由 $4(2^2)$个方格构成，三个变量函数的卡倍图由 $8(2^3)$个方格构成，四个变量函数的卡倍图则由 $16(2^4)$个方格构成，四个以上变量的卡诺图通常不予讨论。两变量、三变量和四变量的卡诺图如图 3-15 所示。

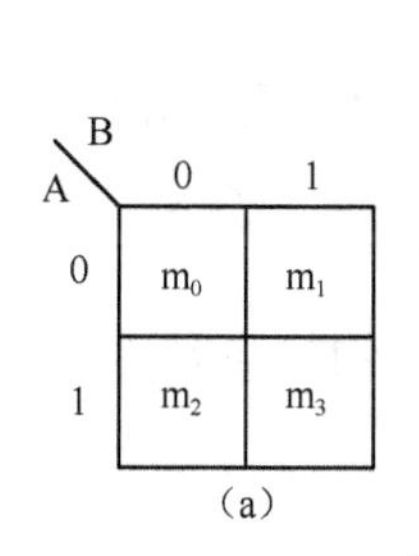

(a)

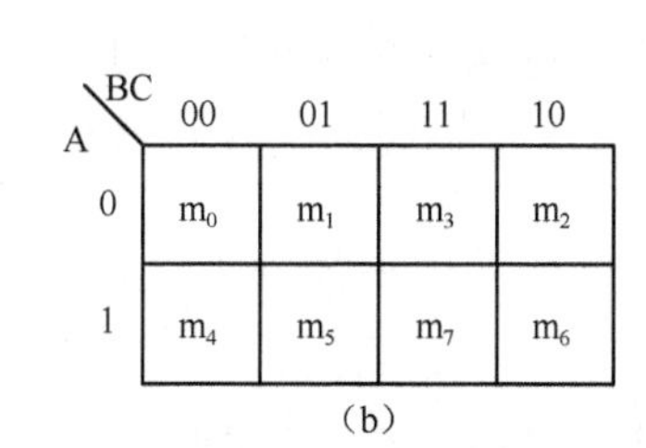

(b)

| AB \ CD | 00 | 01 | 11 | 10 |
|---|---|---|---|---|
| 00 | $m_0$ | $m_1$ | $m_3$ | $m_2$ |
| 01 | $m_4$ | $m_5$ | $m_7$ | $m_6$ |
| 11 | $m_{12}$ | $m_{13}$ | $m_{15}$ | $m_{14}$ |
| 10 | $m_8$ | $m_9$ | $m_{11}$ | $m_{10}$ |

(c)

图 3-15　两变量、三变量和四变量的卡诺图

卡诺图中的每个方格对应一组输入变量，相邻方格所对应的变量组合只有一个变量发生变化，因此输入变量不能按照二进制数的顺序排列，而是按照循环码的顺序排列。

卡诺图具有以下性质：

（1）$n$ 个变量的卡诺图有 $2^n$ 个方格，每个方格对应一个最小项；

（2）每个变量与反变量将卡诺图等分为两个部分，并且各占的方格个数相同；

（3）卡诺图上两个相邻的方格所代表的最小项只有 1 个变量相异。

相邻的含义除了位置相邻外，还包括首尾相邻，如图 3-15（c）中的 $m_1$ 和 $m_3$ 属于位置相邻，而 $m_2$ 和 $m_{10}$，$m_0$ 和 $m_2$ 则属于首尾相邻。

2）卡诺图的填入

所谓卡诺图的填入指将已知逻辑表达式用卡诺图表示，它按照逻辑函数表达式的特点可以分为 3 种情况。

（1）最小项表达式的填入

因为卡诺图中的每个方格都对应一个最小项，所以只要将构成函数的每个最小项相应的方格填 1，其余的方格填 0 即可，如图 3-16（a）所示。

（2）最大项表达式的填入

根据最大项与最小项之间的转换关系，只需要将表达式中最大项下标对应的方格填入 0，其他填入 1 即可，如图 3-16（b）所示。

（3）非标准表达式的填入

如果是“与或”表达式，将每个“与”项中的原变量用 1 表示，反变量用 0 表示，在卡诺图中找出交叉的方格填 1，每个与项都填完后，剩余的方格填入 0，如图 3-16（c）所示；如果是“或与”表达式，则找出使各“或”项为 0 的变量组合对应的方格填入 0，每个或项都填完后，剩余的方格填“1”。

| AB \ CD | 00 | 01 | 11 | 10 |
|---|---|---|---|---|
| 00 | 0 | 1 | 0 | 0 |
| 01 | 1 | 1 | 0 | 0 |
| 11 | 1 | 0 | 0 | 1 |
| 10 | 0 | 0 | 0 | 0 |

$F(A, B, C, D)=\sum(1, 4, 5, 12, 14)$

（a）

| AB \ CD | 00 | 01 | 11 | 10 |
|---|---|---|---|---|
| 00 | 1 | 1 | 0 | 1 |
| 01 | 0 | 1 | 0 | 1 |
| 11 | 1 | 1 | 0 | 1 |
| 10 | 0 | 1 | 1 | 0 |

$F(A, B, C, D)=\prod(3, 4, 7, 8, 10, 15)$

（b）

| AB \ CD | 00 | 01 | 11 | 10 |
|---|---|---|---|---|
| 00 | 0 | 0 | 0 | 0 |
| 01 | 0 | 0 | 1 | 1 |
| 11 | 0 | 1 | 1 | 1 |
| 10 | 1 | 1 | 1 | 1 |

$F(A, B, C, D)=A\overline{B}+AC+A\overline{C}D$

（c）

图 3-16　卡诺图填入的 3 种情况

3）卡诺图化简的依据

卡诺图化简的依据就是相邻最小项可以合并成一项并消去 1 个发生变化的变量。利用卡诺图化简逻辑函数的基本原理是：具有相邻性（含几何相邻、逻辑相邻）的最小项合并，消去变量，如图 3-17 所示。

在图 3-17（a）、（b）中画出了 2 个最小项相邻的几种情况。例如，图 3-17（a）中的 $\overline{A}BC\,(m_3)$和 $ABC(m_7)$相邻，因此有

$$\overline{A}BC+ABC=(\overline{A}+A)BC=BC$$

合并后将 A 和 $\overline{A}$ 一对因子消去，只剩下公共因子 B 和 C。

在图 3-17（d）中，$\overline{A}B\overline{C}D\,(m_5)$、$\overline{A}BCD\,(m_7)$、$AB\overline{C}D\,(m_{13})$和 $ABCD(m_{15})$相邻，因此有

$$\begin{aligned}\overline{A}B\overline{C}D+\overline{A}BCD+AB\overline{C}D+ABCD&=\overline{A}BD(C+\overline{C})+ABD(C+\overline{C})\\&=(A+\overline{A})BD=BD\end{aligned}$$

由此可见，合并后消去了 2 对因子 A 和 $\overline{A}$、C 和 $\overline{C}$，只剩下 4 个最小项的公共因子 B 和 D。

在图 3-17（e）中，上面两行的 8 个最小项相邻，可以将它们合并为一项 $\overline{A}$，其他因子则都被消去了。

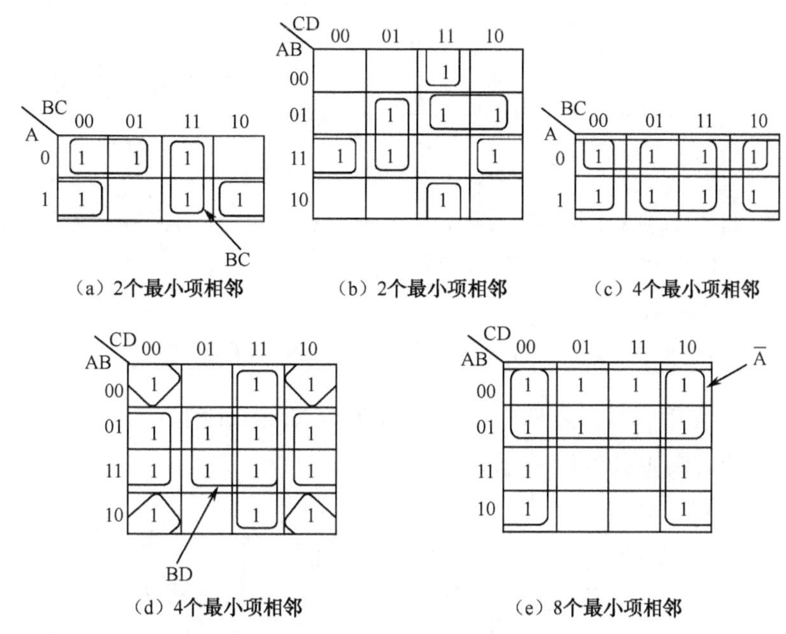


图 3-17　最小项相邻的几种情况

4）卡诺图化简的步骤

通过上面的分析，可以归纳出合并最小项的一般规则：如果有 $2^n$ 个最小项相邻（$n$=1，2，…）并排列成一个矩形组，则可以将其合并为一项，消去 $n$ 对因子。合并后的结果仅仅包含这些最小项的公共因子。

至此，用卡诺图化简逻辑函数，可以按照以下步骤来进行。

（1）将逻辑函数转换为最小项之和的形式。

（2）画出表示该逻辑函数的卡诺图。

（3）找出可以合并的最小项，用包围圈圈出来。其包围的原则是：

① 所包围的最小项个数必须符合 $2^n$（$n=0,1,2,\cdots$）；

② 每个包围圈应尽可能大，使化简后的乘积项所包含的因子数目最少；

③ 每个包围圈中至少有一个最小项仅仅被圈过一次，否则会出现多余项。

（4）将化简后所有的与项相或，便可以得到最简与或的形式。

**【实例 3-9】** 化简函数 $F(A,B,C,D)=\sum m(1,4,5,6,7,8,9,12,13)$。

**解：**（1）将函数填入卡诺图，如图 3-18（a）所示。

（2）化简卡诺图，如图 3-18（b）所示。找到卡诺图中的 1 方格，将相邻的 $2^i$ 个 1 构成矩形，图中最多有 4 个 1 方格相邻，分别将它们用矩形框起来，共可以构成 3 个矩形。检查是否将每个 1 方格都框起来了，并保证每个矩形中至少有 1 个 1 方格是没有被其他矩形框过的。例如，图 3-18（c）中虚线矩形中所有的 1 方格都被其他框过了，因此是多余的。

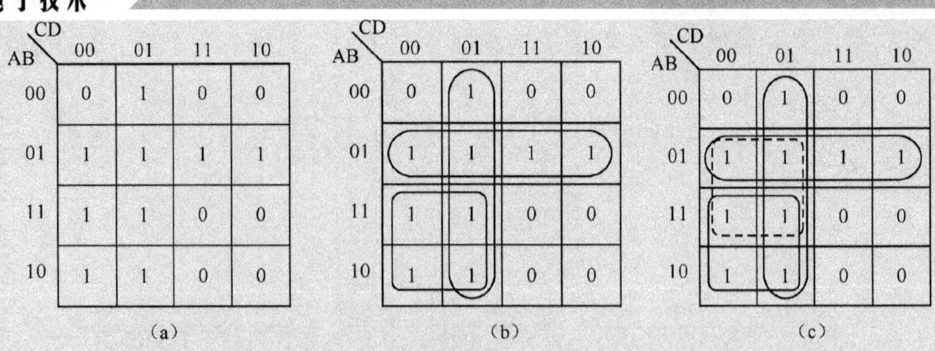

图 3-18　实例 3-9 的卡诺图化简

选中的相邻的 1 方格对应的最小项分别是 $m_1$，$m_5$，$m_{13}$，$m_9$；$m_4$，$m_5$，$m_7$，$m_6$；$m_8$，$m_9$，$m_{12}$，$m_{13}$。可以分别消去两个变量，变为 $\overline{C}D$，$\overline{A}B$，$A\overline{C}$。

（3）写出最简表达式：

$$F(A,B,C,D)=\overline{A}B+A\overline{C}+\overline{C}D$$

**【实例 3-10】** 化简函数 $F(A,B,C,D)=\sum m(2,3,5,7,8,10,12,13)$

**解：** 本例的卡诺图如图 3-19 所示。

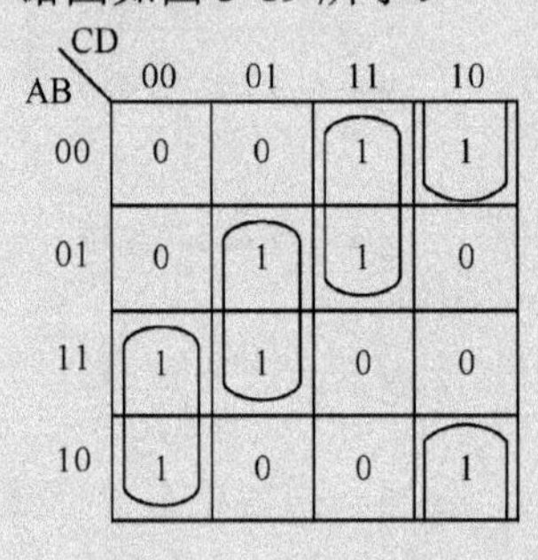

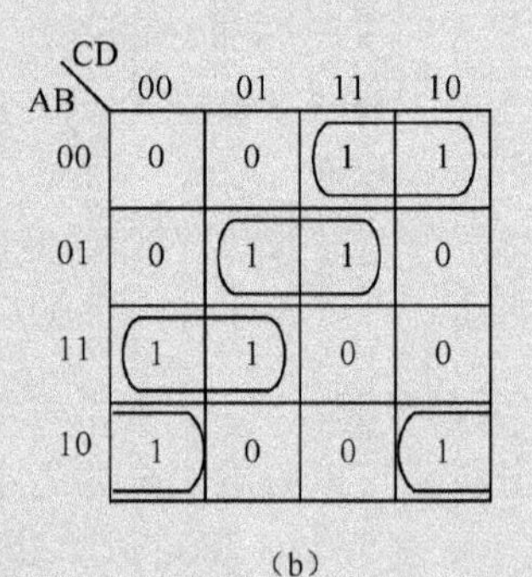

图 3-19　实例 3-10 的卡诺图化简

按照图中的两种化简方法，得到的最简表达式如下：

$$F(A,B,C,D)=\overline{A}CD+B\overline{C}D+A\overline{C}\overline{D}+\overline{B}C\overline{D}$$

$$F(A,B,C,D)=\overline{A}\overline{B}C+\overline{A}BD+AB\overline{C}+A\overline{B}\overline{D}$$

由此可见，两者都是最简表达式，因此卡诺图的化简不是唯一的。

几种特别的卡诺图化简如图 3-20 所示。

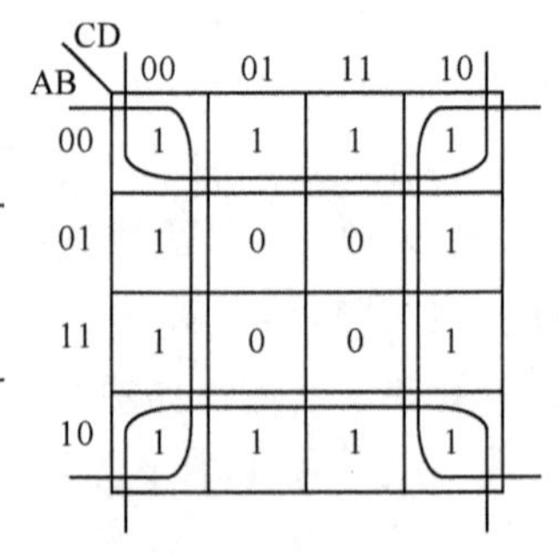

图 3-20　几种特别的卡诺图化简

5）具有无关项的函数化简

当分析某些具体的逻辑函数时，某些变量组合对逻辑函数的结果不产生影响，也可能某些变量组合在输入变量的所有组合中不出现，这些变量组合对应的最小项称为无关项。

通常无关项分为约束项和任意项两类。在某个逻辑函数中，输入变量的取值不是任意的，那些不能输入的变量组合称为约束项。在某些逻辑函数中，在输入变量的某些取值下，函数值是 1 或 0 皆可，通常在卡诺图中用×表示，不影响逻辑函数结果，这些变量组合称为无关项。

例如，在输入变量为 8421BCD 码的逻辑函数中，输入变量的取值范围是 0000～1001，而变量组合 1010～1111 不可能出现，因此 1010～1111 这 6 种情况对应的最小项属于约束项。

**【实例 3-11】** 化简具有约束的逻辑函数

$$F(A,B,C,D)=\sum m(5,13,15)$$

约束条件：　$\sum m(0,2,7,8,10)=0$

**解：**本例的卡诺图如图 3-21 所示。

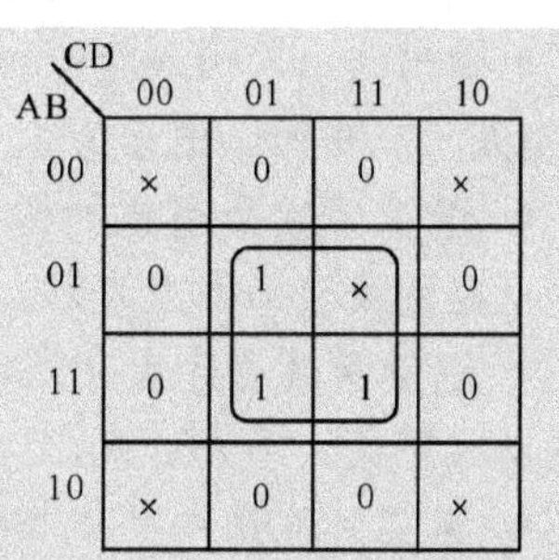

图 3-21　实例 3-11 的卡诺图化简

在本例中，为了使 1 方格能够构成最大相邻矩形，将无关项 $m_7$ 看做 1；而剩余的 4 个无关项 $m_0$，$m_2$，$m_8$，$m_{10}$ 看做 0。化简结果如下：

$$F(A,B,C,D)=BD$$

**【实例 3-12】** 化简具有约束的逻辑函数

$$F(A,B,C,D)=\sum m(1,3,9,11)+\sum m_{\times}(5,7,8,10)$$

**解：**本例的卡诺图如图 3-22 所示。

| AB \ CD | 00 | 01 | 11 | 10 |
|---|---|---|---|---|
| 00 | 0 | 1 | 1 | 0 |
| 01 | 0 | × | × | 0 |
| 11 | 0 | 0 | 0 | 0 |
| 10 | × | 1 | 1 | × |

（a）

| AB \ CD | 00 | 01 | 11 | 10 |
|---|---|---|---|---|
| 00 | 0 | 1 | 1 | 0 |
| 01 | 0 | × | × | 0 |
| 11 | 0 | 0 | 0 | 0 |
| 10 | × | 1 | 1 | × |

（b）

图 3-22　实例 3-12 的卡诺图化简

在本例中可能出现图 3-22 中的两种化简方法，其中图（b）中使用了无关项进行化简，但构成的矩形个数比图（a）中多，因此图（a）的化简是最简的。化简结果如下：

$$F(A,B,C,D)=\overline{B}D$$

由上面的例子可见，当无关项有助于化简时，可将其看做 1；当无关项无助于化简时，可将其看做 0。

## 知识梳理与总结

● 二进制数只有两个数码：0、1。其进位规则是逢二进一。同时，在数字系统中，0和1又表示两个对立的逻辑状态。

● 用四位二进制数码表示一位十进制数码的码制称为BCD码（Binary Coded Decimal），8421BCD码就是指这四位二进制数码由高位向低位的权依次为8、4、2、1。

● 逻辑代数的基本运算有与、或、非，与运算的逻辑功能是有0出0，全1出1；或运算的逻辑功能是有1出1，全0出0；与运算的逻辑功能是有1出0，有1出0。

● 常见的复合逻辑运算有与非、或非、异或、同或等，与非运算的逻辑功能是有0出1，全1出0；或非运算的逻辑功能是有1出0，全0出1；异或运算的逻辑功能是输入状态不同时输出为1，输入状态相同时输出为0；同或运算的逻辑功能是输入状态不同时输出为0，输入状态相同时输出为1。

● 逻辑函数是用来对逻辑问题进行描述的，通常可采用真值表、函数表达式、卡诺图、电路图及波形图来表示。

● 逻辑函数表达式可以分为“与或式”和“或与式”。标准与或式即最小项表达式，标准或与式即最大项表达式。

● 在实际应用中，电路结构越简单，性能越优越。因此，常需要对逻辑函数进行优化，既可以采用公式法，也可以采用卡诺图实现。

## 习题3

1．请将下列数转换为十进制数。

（1）$(101.01)_2$　　（2）$(F.C)_H$

（3）$(0100\ 1101.1001\ 100)_2$　　（4）$(7.4)_O$

2．请将下列数转换为二进制数。

（1）$(28)_D$　　（2）$(19.8)_D$

（3）$(32.5)_D$　　（4）$(34.25)_D$

3．请将下列数转换为8421BCD码。

（1）$(95)_D$　　（2）$(100.1)_D$

（3）$(1010.0001)_B$　　（4）$(110.11)_B$

4．写出下列函数的对偶式。

（1）$F=\overline{ABC}+AC+1$　　（2）$F=\overline{AB+CD}+\overline{A}B$

5．写出下列函数的反演式。

（1）$F=\overline{(A+\overline{B})(C+\overline{D}E)}+BD$　　（2）$F=A+\overline{B+\overline{C+\overline{\overline{D}}}+E}$

6．请将下列函数用二输入与非门表示，并画出电路图。

（1）$F(A,B,C)=A\overline{B}+C$

（2）$F(A,B,C)=(A+B)(\overline{B}+C)$

（3） $F(A,B,C,D)=AB\overline{C}+\overline{B}D$

7．写出下列函数的最小项表达式。

（1） $F(A,B,C)=A\overline{B}+C$

（2） $F(A,B,C)=(A+\overline{B}+C)(\overline{A}+\overline{B})$

（3） $F(A,B,C,D)=A\overline{B}+\overline{CD}$

（4） $F(A,B,C,D)=\overline{A}BC(C+D)+C\overline{D}$

8．根据真值表（表 3-16）写出函数的最小项和最大项表达式。

**表 3-16　真值表**

| A | B | C | F |
|---|---|---|---|
| 0 | 0 | 0 | 1 |
| 0 | 0 | 1 | 0 |
| 0 | 1 | 0 | 0 |
| 0 | 1 | 1 | 1 |
| 1 | 0 | 0 | 0 |
| 1 | 0 | 1 | 1 |
| 1 | 1 | 0 | 1 |
| 1 | 1 | 1 | 0 |

9．用公式法化简下列函数。

（1） $F(A,B,C)=A(B+C)\overline{B}\,\overline{C}$

（2） $F(A,B,C)=(AB\overline{C}+C)\overline{B}+\overline{C}$

（3） $F(A,B,C,D)=A\overline{BC}+\overline{AB}+\overline{A}D+BD$

10．用卡诺图化简下列函数。

（1） $F(A,B,C)=A\overline{B}C+B\overline{C}$

（2） $F(A,B,C)=(A+\overline{B}+\overline{C})+(\overline{A}+B+\overline{C})C$

（3） $F(A,B,C,D)=A\overline{B}\,\overline{C}+\overline{AB}+\overline{A}D+C+BD$

（4） $F(A,B,C)=\sum m(2,3,4,6)$

（5） $F(A,B,C,D)=(A+\overline{B}\,\overline{C})\overline{D}+(A+B)CD$

（6） $F(A,B,C,D)=\sum m(0,2,5,7,8,10,13,15)$

（7） $F(A,B,C)=\sum m(0,6)+\sum m_{\times}(2,5)$

（8） $F(A,B,C,D)=\sum m(0,1,3,4,6,7,14,15)+\sum m_{\times}(8,9,11,12)$

# 第4章 组合逻辑电路的分析与设计

## 教学导航

| | | |
|---|---|---|
| 教 | 知识重点 | 1. 基本逻辑门电路的功能与特性 |
| | | 2. 特殊门电路的特性 |
| | | 3. 组合逻辑电路的特点及分析设计方法 |
| | | 4. 常用组合逻辑电路的功能分析与应用 |
| | 知识难点 | 组合逻辑电路的分析与设计、中规模集成电路（74LS138/139、74LS153/151）的功能及应用 |
| | 推荐教学方式 | 将理论与技能训练相结合，掌握TTL逻辑门的功能特性、组合逻辑电路的分析设计方法等 |
| | 建议学时 | 18学时 |
| 学 | 推荐学习方法 | 以小组讨论的学习方式，结合本章内容，通过仿真实践理解、掌握组合逻辑电路的分析与设计，以及常用组合逻辑电路模块的功能应用 |
| | 必须掌握的理论知识 | 1. TTL门电路的电特性 |
| | | 2. 组合逻辑电路的分析与设计 |
| | | 3. 常用中规模集成组合逻辑模块的逻辑功能 |
| | 必须掌握的技能 | 1. 分析任意组合逻辑电路的功能 |
| | | 2. 设计给定的逻辑要求所对应的组合逻辑电路 |
| | | 3. 应用集成逻辑电路模块实现任意逻辑函数的功能 |

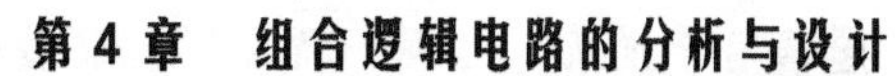

门电路是数字电路的基本逻辑单元。门电路通常可以分为分立元件门电路和集成电路两类，随着集成电路的发展，分立元件门电路逐步被集成电路所取代。本章首先重点介绍集成逻辑门电路，然后简单介绍组合逻辑电路的分析和设计方法，最后介绍若干典型电路及实际应用中组合逻辑电路的竞争-冒险现象。

# 4.1　实现技术

## 4.1.1　TTL 门电路及其特性

### 1. 三极管的开关特性

TTL（Transistor-Transistor Logic）集成门电路的输入-输出都由晶体三极管构成，充分地利用了三极管的开关特性。

所谓三极管的开关特性，是指三极管在一定条件下在截止和饱和两个状态间相互转换的特性。如图 4-1 所示，若电路的输入电压 $U_I$ 为低电平，使得 $U_{BE}$ 小于开启电压，则 $I_B$=0，$I_C$=0，$U_O$ 为高电平，三极管截止，相当于开关断开；若电路的输入电压 $U_I$ 为高电平，使得三极管饱和导通，则 $U_{CE}=U_{CES}\approx 0.3V$，$U_O$ 为低电平，相当于开关闭合。

当然，三极管饱和与截止状态之间的转变实际上需要一定的时间才能完成。

### 2. TTL 集成与非门电路

与非门是 TTL 门电路中结构最典型的一种。图 4-2 给出了 TTL 与非门的典型电路，它由 3 个部分构成：$VT_1$、$R_1$ 组成输入级；$VT_2$、$R_2$、$R_3$ 组成中间级；$VT_3$、$VT_4$、$R_4$ 和 VD 组成输出级。设输入信号的高、低电平分别为 $U_{IH}=3.4V$，$U_{IL}=0.2V$。为简化分析，PN 结的伏安特性可以用折线化的等效电路来代替，并假设开启电压 $U_{ON}=0.7V$。

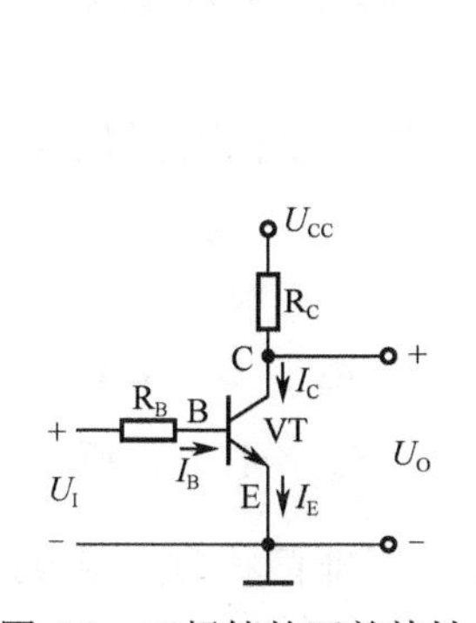



图 4-1　三极管的开关特性

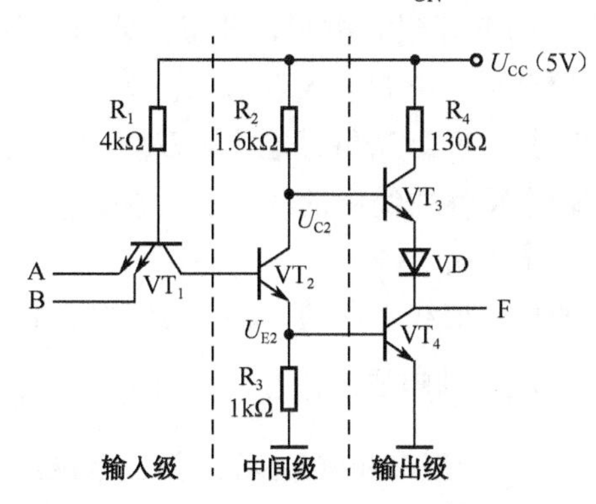



图 4-2　TTL 与非门的典型电路

如图 4-2 所示，当 $U_A=U_B=U_{IH}$ 时，如果不考虑 $VT_2$ 的存在，则 $VT_1$ 的基极电位 $U_{B1}=U_{IH}+U_{ON}=4.1V$。显然，在存在 $VT_2$ 和 $VT_4$ 的情况下，$VT_2$ 和 $VT_4$ 的发射结必然导通。而一旦 $VT_2$ 和 $VT_4$ 导通后，$VT_1$ 的基极电位 $U_{B1}$ 就被钳位在 2.1V，因此 $U_{B1}$ 实际上不可能等于 4.1V，而只能是 2.1V 左右。$VT_2$ 的导通使 $U_{C2}$ 降低而 $U_{E2}$ 升高，导致 $VT_2$ 截止、$VT_4$ 导通，输出 F 变为低电平 $U_{OL}$。

当输入至少有一个为低电平时，三极管 $VT_1$ 的发射结正偏导通，从而使 $VT_1$ 的基极电

位被钳定在$U_{B1}=U_{IL}+U_{ON}=0.9V$。因此，$VT_2$的发射结不会导通。由于$VT_1$的集电极回路电路是$R_2$和$VT_2$的集电极反向电阻之和，阻值非常大，所以$VT_1$工作在深度饱和状态，使$U_{CE(sat)}\approx 0.3$。这时$VT_1$的集电极电流极小，在定量计算时可以忽略不计。$VT_2$截止后$U_{C2}$为高电平，而$U_{E2}$为低电平，从而使$VT_3$导通，$VT_4$截止，输出F为高电平$U_{OH}$。

由此可见，输出和输入之间为与非逻辑关系，即$F=\overline{AB}$。

由上面的分析可知，输出级的特点是在稳定状态下$VT_3$和$VT_4$总是交替导通和截止，这就有效地降低了输出级的静态功耗并提高了驱动负载的能力。此外，为了确保$VT_3$饱和导通时$VT_4$可靠地截止，又在$VT_4$的发射极下面串接了二极管VD。

1）TTL与非门的电压传输特性

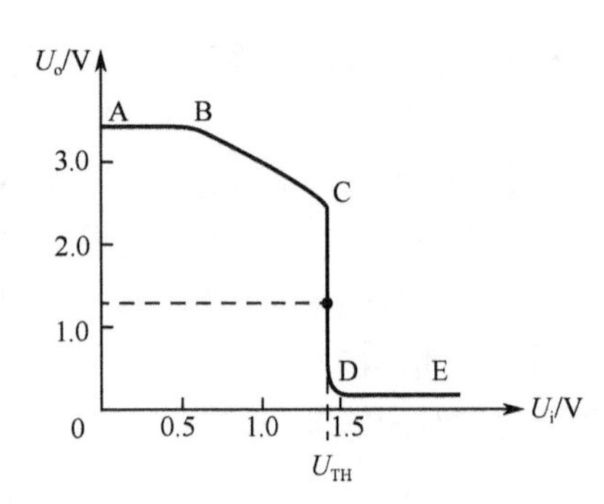


图4-3　TTL与非门的电压传输特性曲线

将图4-2中的TTL与非门的输出电压随输入电压变化的关系通过曲线描述出来，即得到了图4-3所示的电压传输特性曲线。

从图4-3中可以看出电压传输特性曲线可以分为四个部分：

（1）在AB段，因为输入电压$U_i$<0.6V，所以$U_{B1}<1.3V$，$VT_2$和$VT_4$截止而$VT_3$导通，输出为高电平$U_{OH}\approx U_{CC}-U_{BE3}-U_{VD}\approx 3.4V$，此段通常被称为截止区；

（2）在BC段，由于$U_i$高于0.7V但低于1.3V，所以$VT_2$导通而$VT_4$继续截止。这时$VT_2$工作在放大区，随着$U_i$的升高$U_{C2}$和$U_o$线性地下降，此段通常被称为线性区；

（3）在CD段，当$U_i$大于1.4V时，$U_{B1}\approx 2.1V$，这时$VT_2$和$VT_4$同时导通，$VT_3$截止，输出电压急剧下降到低电平，此段通常称为转折区。转折区中点对应的输入电压称为阈值电压或门槛电压，用$U_{TH}$来表示；

（4）在DE段，随着$U_i$继续增大，$U_o$不再变化，此段通常被称为饱和区。

下面介绍输出特性曲线中的几个重要参数。

（1）阈值电压$U_{TH}$

在电压传输特性曲线上，通常将C点对应的$U_i$称为关门电平$U_{OFF}$，将D点对应的$U_i$称为开门电平$U_{ON}$，则阈值电压$U_{TH}=\frac{1}{2}(U_{OFF}+U_{ON})$。由于$U_{OFF}\approx U_{ON}$，所以可以近似认为$U_{TH}\approx U_{OFF}\approx U_{ON}$。一般又将$U_{TH}$称为门槛电压，它决定了与非门状态的转换，是电路截止和导通的分界值，也是输出高、低电平的分界值。

（2）输入端噪声容限

从电压传输特性曲线上可以看出，输入电压在偏离标准低电平输入$U_{IL}$时，输出高电平并未立即改变；同样，输入电压在偏离标准高电平输入$U_{IH}$时，输出低电平也未立即改变。由此可见，输入高、低电平允许有一个波动范围。在保证输出高、低电平基本不变（或在允许范围内波动）的前提下，输入电平的允许波动范围称为输入端噪声容限。通常噪声容限分为输入高电平噪声容限$U_{NH}$和输入低电平噪声容限$U_{NL}$，如图4-4所示。

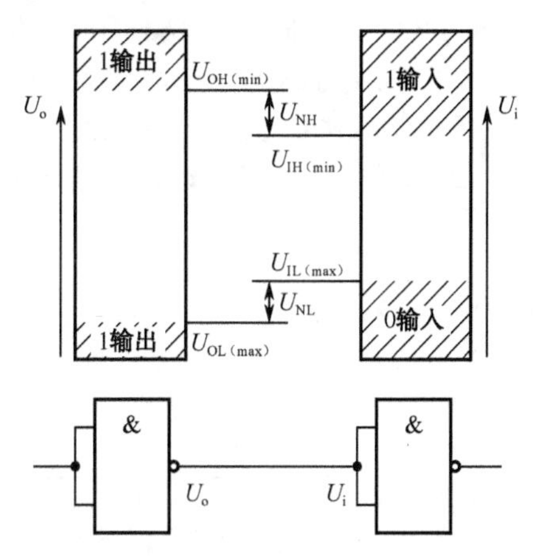


图 4-4　输入端噪声容限示意图

为了正确区分 1 和 0 这两个逻辑状态，首先规定了输出高电平的下限 $U_{OH(min)}$ 和输出低电平的上限 $U_{OL(max)}$。同时，又可以根据电压传输特性曲线上定出输入低电平的上限 $U_{IL(max)}$，并根据电压传输特性曲线定出输入高电平的下限 $U_{IH(min)}$。

在将许多门电路互相连接组成系统时，前一级门电路的输出是后一级门电路的输入。对后一级而言，输入高电平信号可能出现的最小值即 $U_{OH(min)}$。由此可以得到输入为高电平时的噪声容限为

$$U_{NH} = U_{ON(min)} - U_{IH(min)} \tag{4-1}$$

同理可得，输入为低电平时的噪声容限为

$$U_{NL} = U_{IL(max)} - U_{OL(max)} \tag{4-2}$$

74 系列门电路的标准参数为 $U_{OH(min)}$=2.4V，$U_{OL(max)}$=0.4V，$U_{IH(min)}$=2.0V，$U_{IL(max)}$=0.8V，因此可以得到 $U_{NH}$=0.4V，$U_{NL}$=0.4V。

很显然，$U_{NH}$ 和 $U_{NL}$ 都是用来衡量门电路抗干扰能力的特性指标，其值越大，门电路的抗干扰能力越强；同时，为了保证在输入高、低电平时，输出都能在允许范围内，通常选取 $U_{NH}$ 和 $U_{NL}$ 中较小的值作为门电路的噪声容限。

2）TTL 与非门的输入特性

研究门电路的输入端和输出端的伏安特性，即输入特性和输出特性，有利于正确地处理门电路和其他电路之间的连接问题。在下面的分析中仅仅考虑输入信号是高电平还是低电平，而不考虑介于高、低电平之间的情况。

在图 4-2 给出的 TTL 与非门电路中，可以将输入端等效为图 4-5 所示的形式。当输入为低电平（0.2V）时，电流从 $VT_1$ 的发射极流出，我们把这个电流称为输入低电平电流 $I_{IL}$，其大小为

$$I_{IL} = \frac{U_{CC} - U_{BE1} - U_{IL}}{R_1} \approx -1\text{mA} \tag{4-3}$$

这里的参考方向是流进 $VT_1$ 发射结。同时把 $U_I$=0 时的输入电流称为输入短路电流 $I_{IS}$。显然，$I_{IS}$ 的数值比 $I_{IL}$ 的数值要略大一些。在做近似分析计算时，经常用手册上给出的 $I_{IS}$ 近似代替 $I_{IL}$ 使用。

当输入为高电平（3.4V）时，$VT_1$ 的 $U_{BC}>0$、$U_{BE}<0$，即发射结反偏，集电结正偏。将这种状态称为倒置状态。由于 BJT 在倒置状态下电流放大系数极小，从而导致高电平输入电流 $I_{IH}$ 也很小。74 系列门电路每个输入端的 $I_{IH}$ 小于 40μA。

根据图 4-5 的等效电路可以画出图 4-6 所示的输入电流随输入电压变化的曲线——输入特性曲线。

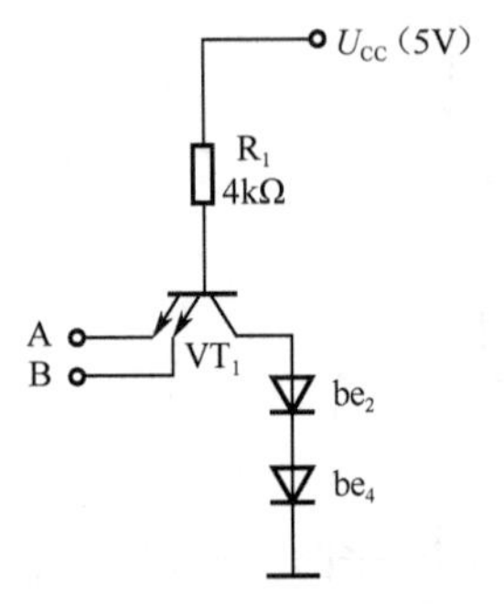


图 4-5　TTL 与非门的输入端等效电路

图 4-6　TTL 与非门的输入特性曲线

3）输入负载特性

输入负载特性是指在输入端加入一个电阻 $R_i$ 后，输入电压 $U_i$ 随电阻 $R_i$ 的变化关系。其测量电路和特性曲线如图 4-7 所示。

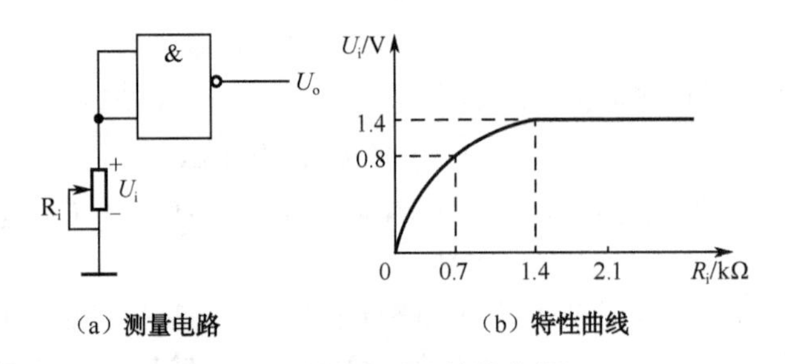


（a）测量电路　　（b）特性曲线

图 4-7　测量电路和特性曲线

当 $R_i$ 在 0～1.4kΩ区域时，$U_i$ 随 $R_i$ 的增大而上升；当 $R_i$ 达到 1.4kΩ左右时，尽管输入没有加任何电压，但输入端也相当于加了一个高电平电压。因此对于 TTL 电路的输入来说，输入悬空相当于输入高电平。当 $R_i = 0.7\text{k}\Omega$ 时，$U_i = 0.8\text{V}$，近似于允许输入低电平电压的最大值，因此当输入电阻 $R_i < 0.7\text{k}\Omega$ 时，输入端相当于低电平。

4）输出特性曲线

输出特性是指输出电压 $U_o$ 随输出电流 $I_L$ 的变化关系。TTL 与非门输出高电平和输出低电平时，输出特性曲线是不同的。

（1）带拉电流负载（输出高电平）

TTL 与非门输出高电平时的等效电路如图 4-8（a）所示，负载特性曲线如图 4-8（b）所示。由于负载电流是由输出端流向负载的，故称为拉电流负载。

随着负载电流 $I_L$ 的增大，$R_4$ 上的压降随之增大，最终使 $VT_3$ 的集电结正偏，$VT_3$ 进入饱和状态。这时 $VT_3$ 失去射极跟随器功能，从而使输出 $U_o$ 随 $I_L$ 绝对值的增大近似线性下降。

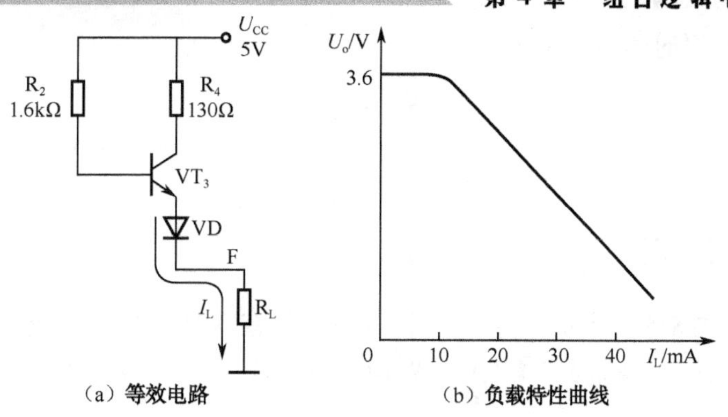


（a）等效电路　　（b）负载特性曲线

图 4-8　带拉电流负载时的输出特性

74 系列门电路规定：输出为高电平时，最大负载电流不能超过 0.4mA。

（2）带灌电流负载（输出低电平）

TTL 与非门输出低电平时的等效电路如图 4-9（a）所示，负载特性曲线如图 4-9（b）所示。由于负载电流是由负载流向输出端的，故称为灌电流负载。

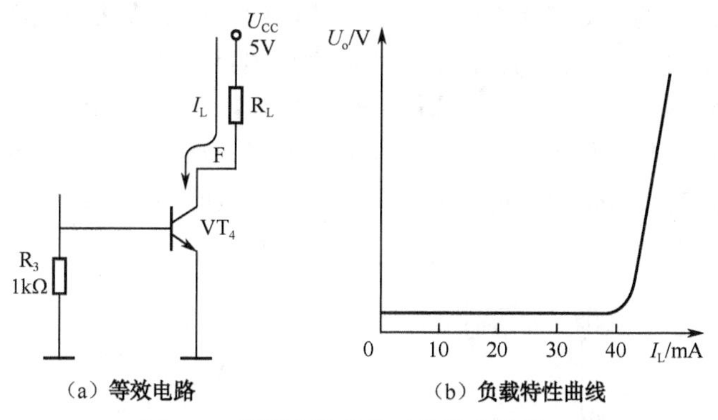


（a）等效电路　　（b）负载特性曲线

图 4-9　带灌电流负载时的输出特性

当输出为低电平时，门电路输出级的 $VT_3$、VD 截止，$VT_4$ 导通，输出端的电路可等效为图 4-9（a）所示形式。由于 $VT_4$ 饱和导通时，集电极与发射极间的内阻很小，所以负载电流 $I_L$ 增大时输出的低电平几乎不变，但 $I_L$ 过大时，输出电压急剧变大。

5）扇出系数

根据 TTL 与非门的输出负载特性，可以看出 TTL 与非门的输出端接负载后，此负载既可能是灌电流负载，也有可能是拉电流负载，如图 4-10 所示。TTL 与非门带同类型门电路负载的数量，被称为扇出系数 $N_o$。如图中所示，门 G 的高电平输出电流为 $I_{OH}$，低电平输出电流为 $I_{OL}$，每个非门的高电平输入电流为 $I_{IH}$，低电平输入电流为 $I_{IL}$，则门 G 输出高电平时的扇出系数 $N_{OH}$ 为

$$N_{OH}=\frac{I_{OH}}{I_{IH}}$$

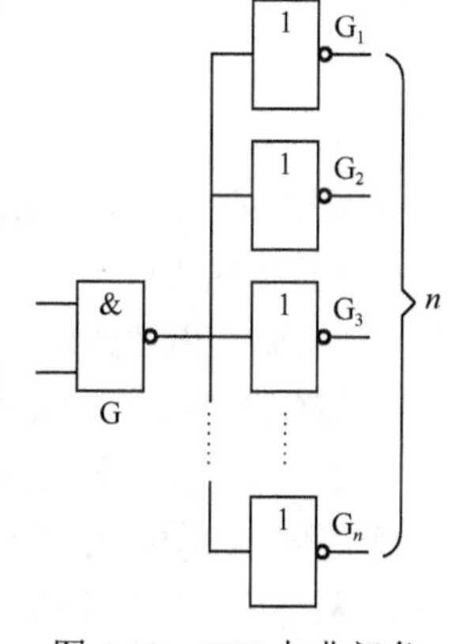


图 4-10　TTL 与非门负载驱动 n 个 TTL 非门

门 G 输出低电平时的扇出系数 $N_{OL}$ 为

$$N_{OL}=\frac{I_{OL}}{I_{IL}}$$

如果 $N_{OH}\neq N_{OL}$，则 $N_O=\min(N_{OH},N_{OL})$。

## 4.1.2 特殊门电路

TTL 集成门电路除了上面介绍的与非门外，还有常见的与门、或门、非门、与或非门、异或门等，以及较为特别的集电极开路门（OC 门）和三态输出门等电路。下面着重介绍一下 OC 门和三态门。

### 1. OC 门（Open Collector Logical Gate Circuit）

在实际应用中，为了实现与逻辑，常常需要把几个门的输出端并联起来使用，这称为线与。

提高工作速度之后的 TTL 与非门虽然具有一定的优点但不能进行线与，这是由 TTL 门电路的输出结构所决定的。如果将两个 TTL 与非门的输出端直接用线连接起来，则必然有很大的负载电流同时流过两个门的输出级，可能使门电路损坏。

OC 门电路如图 4-11（a）所示，逻辑符号如图 4-11（b）所示。与 TTL 与非门电路相比，OC 门取消了 $R_4$、$VT_3$ 和 VD，使得 $VT_4$ 的集电极开路，因此 OC 门又被称为集电极开路门。为保证 OC 门的正常使用，通常 OC 门的输出端通过一个上拉电阻与电源相接。

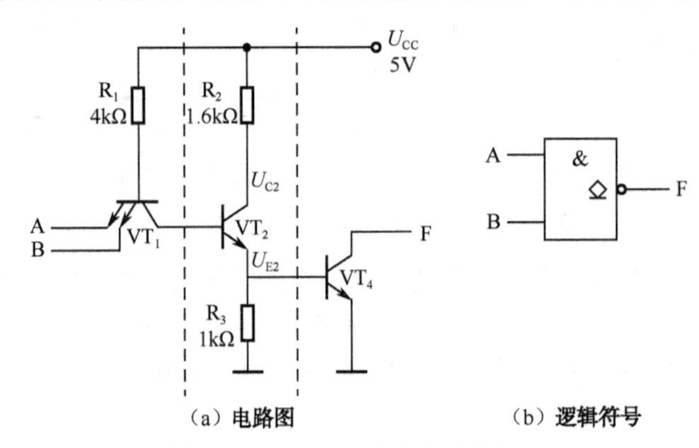


（a）电路图　　（b）逻辑符号

图 4-11　OC 门电路及逻辑符号

OC 门的主要用途有以下几个。

（1）实现“线与”。所谓“线与”，就是将若干个 OC 门的输出直接连在一起，输出为这些 OC 门原输出的逻辑与。如图 4-12（a）所示，输出 $F=\overline{AB}\cdot\overline{CD}$。

**注意：**“线与”仅适用于 OC 门，普通 TTL 门电路如果将输出端并接，将有可能损坏电路。

（2）作为驱动器使用。OC 门可以用来驱动不同的负载，如脉冲变压器、继电器、发光二极管等，如图 4-12（b）所示。

（3）实现电平转换。OC 门输出端所接电源 $U_{CC}$ 可以不同于门电路本身的电源电压，只要根据需要选择 $U_{CC}$ 就可以得到所需要的高电平值。因此，OC 门经常用于系统接口部分的电平转换。

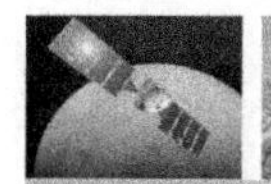

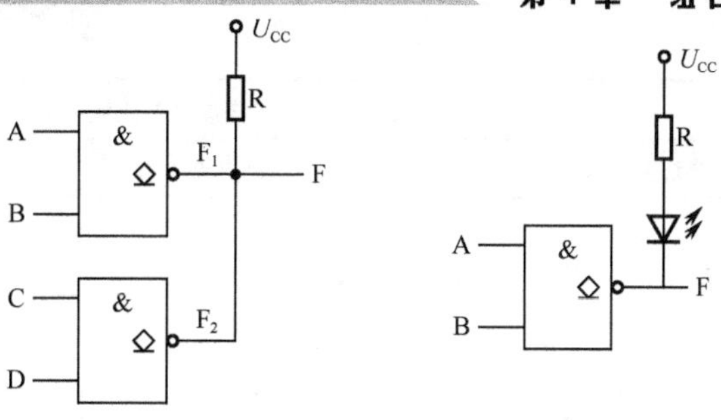


图 4-12　OC 门的用途示意图

## 案例分析 8　OC 门逻辑功能测试

<table>
<tr><td>任务名称</td><td colspan="3">OC 门 74LS06 逻辑功能测试</td></tr>
<tr><td>测试方法</td><td>仿真实现</td><td>课时安排</td><td>2</td></tr>
<tr><td>任务要求</td><td colspan="3">（1）测试 OC 门电路 74LS06 的逻辑功能及相关应用。<br>（2）用 Multisim 或同类软件仿真验证。</td></tr>
<tr><td>虚拟仪器</td><td colspan="3">74LS06、数字万用表等</td></tr>
<tr><td colspan="4">测试步骤</td></tr>
<tr><td></td><td colspan="3">1．单击“Place/Componet”，准备放置元件，按照图 4-13 适当调整元件方向并连线。在 Group 标签下选择 TTL，再选择 74STD，在 Component 标签下选择 7406N，单击“OK”按钮，放置 7406；接着在 Group 标签下选择 Basic，再选择 SWITCH，在 Component 标签下选择 SPDT 单刀双掷开关，单击“OK”按钮，放置单刀双掷开关。<br>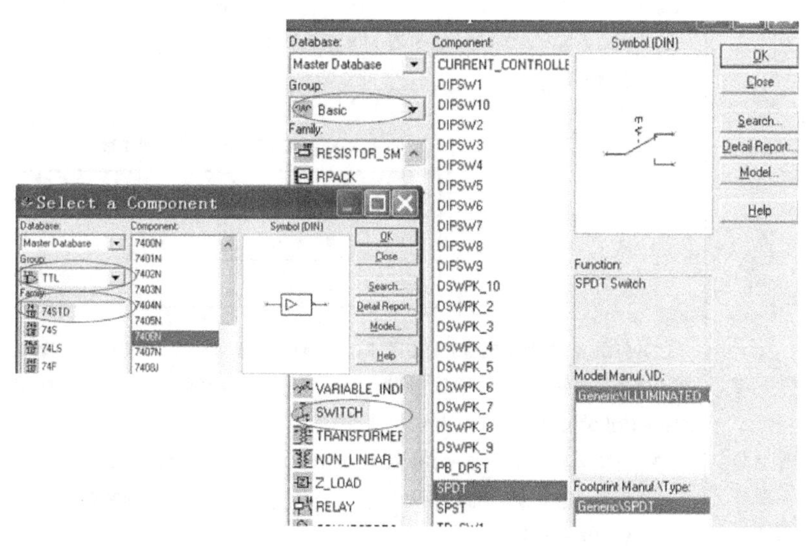<br>图 4-13　放置元件<br>用同样的方法在 Group 标签下选择 Basic 中的 Rsistor，在 Component 标签下选择 270Ω，在 Indicator 标签下放置 PROBE 电平指示，在 Source 标签下放置电源 VCC 和 DGND。最后在操作界面右侧的“Instruments（仪表）”中选择 Multimeter（万用表）。</td></tr>
</table>

续表

| 任务名称 | OC 门 74LS06 逻辑功能测试 | | |
|---|---|---|---|
| 测试方法 | 仿真实现 | 课时安排 | 2 |

2. 构建如图 4-14 所示的 7406 逻辑功能测试电路。

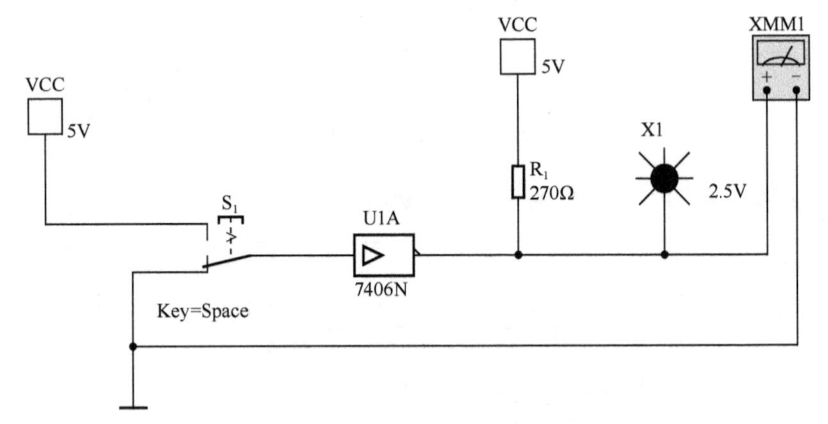


图 4-14　7406 逻辑功能测试电路

3. 7406 逻辑功能测试。

（1）单击 Simulate 下的“Run”按钮。将鼠标置于工作区域，按动 Space（空格）键，则开关上、下切换，当开关与 VCC 相连时，输入为高电平；当开关与 GND 相连时，输入为低电平。分别将开关上、下切换，观察输出指示灯的变化和万用表中电平的变化。用 A 表示输入变量，输入高电平用“1”表示，输入低电平用“0”表示。用 F 表示输出变量，灯亮表示输出高电平，用“1”表示，灯灭表示低电平，用“0”表示。

将测试结果填入表 4-1 中，并判断 7406 的逻辑功能是_________。

逻辑表达式为____________________。

表 4-1　OC 门基本逻辑功能测试

| A | F |
|---|---|
| 0 | |
| 1 | |

（2）将图 4-14 所示电路中的电阻 $R_1$（270Ω）断开，测试上述电路的逻辑功能。可以得出结论：无论输入为高电平或低电平，其输出始终为________电平。这说明：OC 门电路的输出必须通过上拉________到 $U_{CC}$ 才能正常工作。

（3）将图 4-14 所示电路中的电阻 $R_1$（270Ω）重新接上，将电阻接至+10V、+15V 电源上，测试当输入为低电平时，输出的电平值分别是_______V 和______V。结论：7406 OC 门________________（填可以/不可以）实现电平转换。

（4）按图 4-15 将 OC 门电路 7406 连接“线与”输出形式。

按照真值表 4-2 测试电路并将输出结果填入表中。

续表

| 任务名称 | OC 门 74LS06 逻辑功能测试 | | |
|---|---|---|---|
| 测试方法 | 仿真实现 | 课时安排 | 2 |

表 4-2　OC 门“线与”逻辑功能测试

| A | B | F |
|---|---|---|
| 0 | 0 | |
| 0 | 1 | |
| 1 | 0 | |
| 1 | 1 | |

图 4-15　7406“线与”功能测试

从测试结果分析得出 F 与 A、B 之间的关系为：F=______________，（填符合或不符合）__________ $F=F_1 \cdot F_2$。

结论：OC 门电路______（填可以/不可以）实现线与。

注：在该电路中，开关 $S_1$ 和 $S_2$ 的上、下切换的控制键修改为 A 和 B，具体修改方法如下：双击 $S_1$ 或 $S_2$ 中的“Key=Space”，在弹出菜单的“Key for Switch”标签中选择 A 或 B 即可，当然也可以选择其他控制按键。

| 总结与体会 | | | |
|---|---|---|---|
| 完成日期 | | 完成人 | |

## 2. 三态门（Three-State Output Gate，简称 TS 门）

三态门除了前面讲的高电平输出、低电平输出外，还有一个高阻状态。

当图 4-16（a）所示电路中的控制端 EN 为高电平时（EN=1），P 点为高电平，二极管 $VD_1$ 截止，电路的工作状态与普通的与非门没有什么区别，即 $F=\overline{AB}$。而当 EN 为低电平

时（EN=0），P 点为低电平，二极管 $VD_1$ 导通，$VT_4$ 截止，$VT_3$ 的基极电位被钳定在 0.7V 左右，从而使 $VT_3$ 截止。由于 $VT_3$、$VT_4$ 同时截止，所以输出端 F 呈现高阻状态。这样输出端就有三种可能出现的状态：高阻、低电平、高电平，因此将这种门电路称为三态输出门。

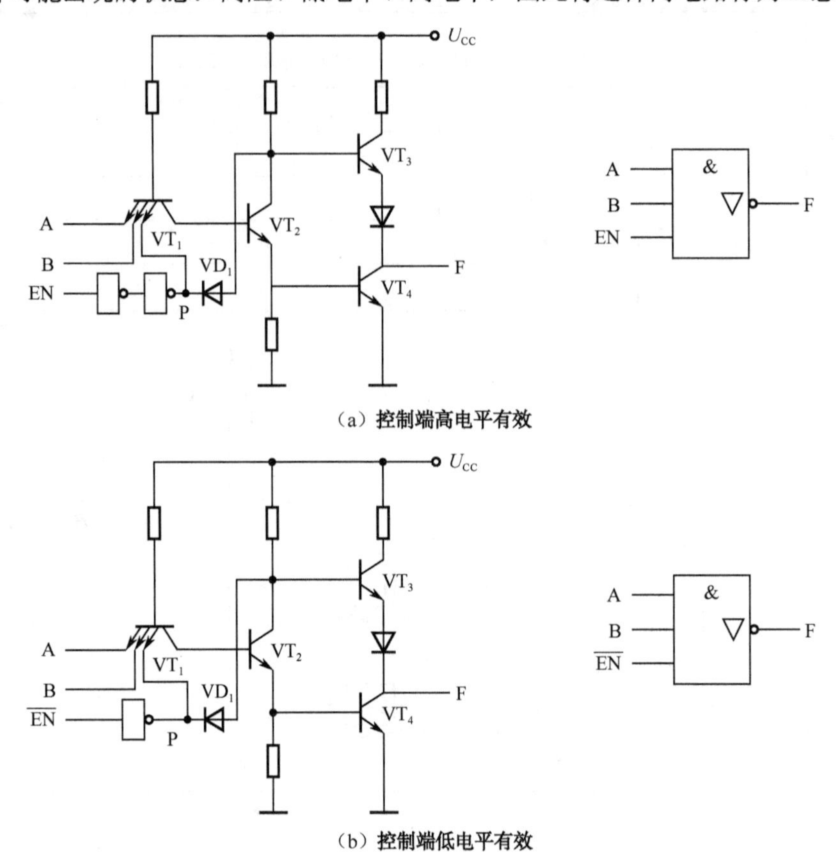


（a）控制端高电平有效

（b）控制端低电平有效

图 4-16　三态输出门的电路图及图形符号

当图 4-16（a）所示电路的控制端 EN 为高电平时（EN=1），电路处于正常的与非工作状态，因此称控制端为高电平有效。而当图 4-16（b）所示电路的控制端 $\overline{EN}$ 为低电平时（$\overline{EN}$=0），电路处于正常的与非工作状态，因此称控制端为低电平有效。

在一些复杂的数字系统（如微型计算机）中，为了减少各个单元电路之间连线的数目，希望能在同一条线上分时传递若干个门电路的输出信号。这时可采取图 4-17 所示的连接方式。

图 4-17 中的 $G_1$～$G_n$ 均为三态与非门。只要在工作时控制各个门的 EN 端轮流等于 1，而且任何时刻仅有一个为 1，就可以把各个门的输出信号轮流送到公共的传输线——总线上而互不干扰。这种连接方式称为总线结构。

三态门还常做成单输入/单输出的总线驱动器，并且输入与输出有同相和反相两种类型。

利用三态门还可以实现数据的双向传输。如图 4-18 所示，当 EN=1 时 $G_1$ 工作而 $G_2$ 为高阻状态，数据 $D_0$ 经 $G_1$ 反相后送到总线上去；当 EN=0 时 $G_2$ 工作而 $G_1$ 为高阻状态，数据 $D_0$ 经 $G_2$ 反相后由 $\overline{D_1}$ 送出。

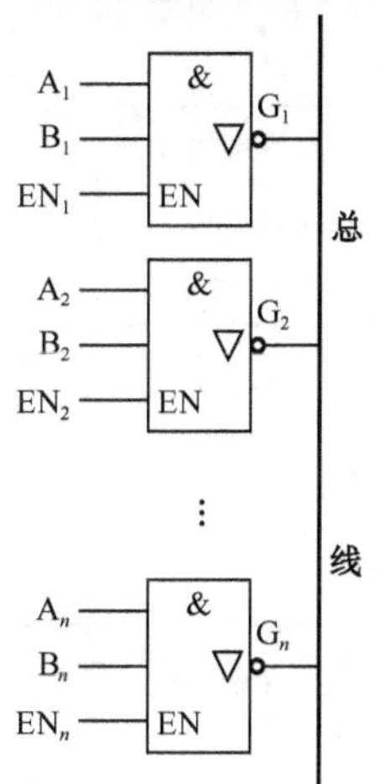


图 4-17　用三态门接成的总线结构

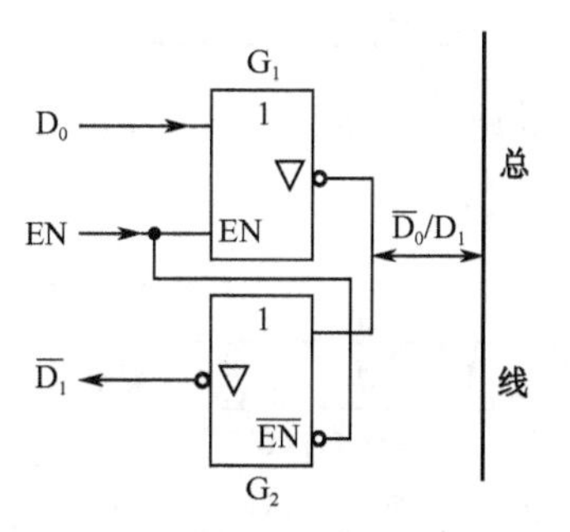


图 4-18　三态门实现数据双向传输

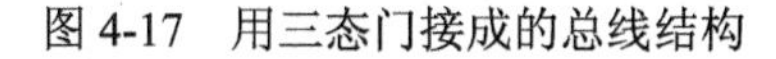

### 3. CMOS 门电路

CMOS 逻辑电路是以金属氧化物半导体场效应管为基础制成的集成电路。由于场效应晶体管中只有一种载流子的运动，所以 CMOS 集成门电路又被称为单极型电路。

单极型 CMOS 集成电路具有工艺简单、成本低、占用芯片面积小且集成度高、工作电源电压范围宽且输出电压摆幅大、输入阻抗高、易于连接、抗干扰能力强、温度稳定性好和功耗低等一系列优点，因此得到了广泛的应用。

### 4. TTL 门电路、CMOS 门电路的分类及其比较

常用的数字集成逻辑电路有以下几种。

1）晶体管—晶体管逻辑电路（Transistor-Transistor Logical Circuit，简称 TTL）

TTL 包括：

（1）TTL（中速 TTL 或称标准 TTL）；

（2）STTL（肖特基 TTL）；

（3）LSTTL（低功耗肖特基 TTL）；

（4）ALSTTL（先进低功耗肖特基 TTL）。

2）射级耦合数字逻辑电路（Emitter Coupled Logic，ECL）

3）MOS 集成电路

MOS 集成电路包括：

（1）PMOS（P 沟道型 MOS 集成电路）；

（2）NMOS（N 沟道型 MOS 集成电路）；

（3）CMOS（互补型 MOS 集成电路），它包括：

① CMOS（标准 CMOS4000 系列）；

② HC（高速 CMOS 系列）；

③ HCT（与 TTL 兼容的 HCMOS 系列）。

根据器件使用环境不同，TTL 系列及 HCMOS 分为 54 系列和 74 系列，如表 4-3 所示。

表 4-3　TTL 及 HCMOS 分类

| | 系　列 | 工作温度范围（℃） | 电源电压（TTL 系列）(V) |
|---|---|---|---|
| 军品 | 54 | −55～+125 | +4.5～+5.5（DC） |
| 民品 | 74 | 0～+70 | +4.75～+5.25（DC） |

常用的集成逻辑电路有 TTL、ECL 和 CMOS 3 种系列，各系列的分类及特点如表 4-4 所示。

表 4-4　3 种集成电路的性能比较

| 系　列 | 型　号 | 电源电压（V） | 门传输延迟时间（ms） | 门静态功耗（mW） |
|---|---|---|---|---|
| TTL | 54/74TTL | 5±5%（74）<br>5±10%（74） | 10 | 10 |
| | 54/74LSTTL | | 7.5 | 2 |
| | 54/74ALSTTL | | 5 | 1 |
| ECL | CE10K | −5.2±10% | 2 | 25 |
| | CE100K | −4.2～−5.5 | 0.75 | 40 |
| CMOS | 4000 | 3～18 | 80～20 | $5\times10^{-3}$ |
| | 54/74HC | 2～6 | 10 | $2.5\times10^{-3}$ |
| | 54/74HCT | 2～6 | 10 | $2.5\times10^{-3}$ |

由表 4-4 可知，ECL 电路的速度快，但是功耗大，抗干扰能力弱，一般用于高速且干扰小的电路中；CMOS 电路的静态功耗低，且 MOS 电路线路简单、集成度高，HCMOS 的速度有所提高，因此目前在大规模和超大规模集成电路中应用广泛；TTL 介于两者之间，当工作频率不高，又要求使用方便且不易损坏时，可选用 LSTTL。

### 4.1.3　集成门电路的使用注意事项

在使用 TTL 集成门电路时，必须注意以下 3 方面的事项。

#### 1. 电源

TTL 门电路对电源电压的纹波及稳定度一般要求≤10%，有的要求≤5%，即电源电压应限制在 5±0.5V（或 5±2.5V）以内；电流容量应有一定余量；电源极性不能接反，否则会烧坏芯片，对此可与电源串接一个二极管加以保护。

为了滤除纹波电压，通常在印制板电源入口处加装 20～50μF 的滤波电容。

逻辑电路和强电控制电路要分别接地，以防止强电控制电路地线上的干扰。

为了防止来自电源输入端的高频干扰，可以在芯片电源引脚处接入 0.01～0.1μF 的高频滤波电容。

#### 2. 输入端

输入端不能直接与高于±5.5V 或低于−0.5V 的电源连接，否则将损坏芯片。

为提高电路的可靠性，多余输入端一般不能悬空，可视情况进行处理。常用的处理方法如图 4-19 所示。如果输入端为“与”逻辑关系，则多余输入端可以直接接电源，或与其他输入端并接，如图 4-19（a）、（b）所示；如果输入端为“或”逻辑关系，则多余输入端

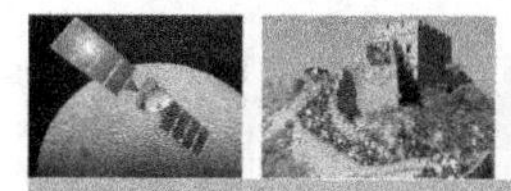

可以直接接地或与其他输入端并接，如图 4-19（c）、（d）所示。

### 3. 输出端

输出端不允许与电源 $U_{CC}$ 直接相连，一般可串接一个 2kΩ左右的电阻。

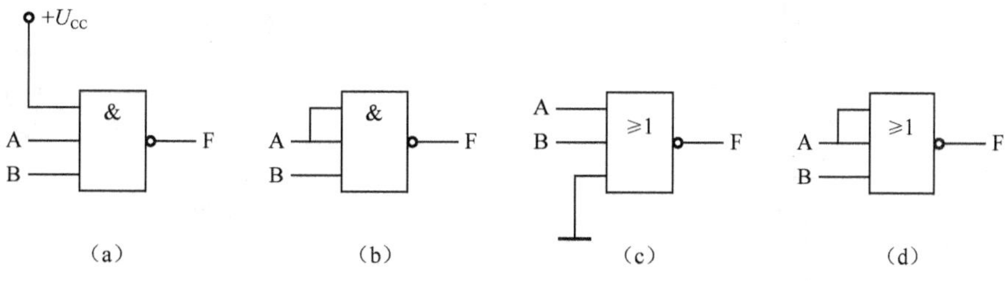


图 4-19　多余输入端的处理

## 案例分析 9　三态门逻辑功能测试

| 任务名称 | 三态门 74LS125 逻辑功能测试 | | |
|---|---|---|---|
| 测试方法 | 仿真实现 | 课时安排 | 2 |
| 任务要求 | （1）测试三态门电路 74LS125 的逻辑功能及相关应用。<br>（2）用 Multisim 或同类软件仿真验证。 | | |
| 虚拟仪器 | 74LS125、数字万用表等 | | |
| 测试步骤 | | | |

1．打开 Multisim 或其他同类软件，按图 4-20 连接电路。

2．$S_2$（输入 B）为三态门 74LS125 的使能端 $\overline{EN}$ 控制，$S_1$（输入 A）为三态门 74LS125 的输入端。

3．按图 4-20（a）将 $\overline{EN}$ 接低电平时，分别将 A 输入高、低电平，测试输出电平值，填入表 4-5 中（用 1 表示高电平，0 表示低电平）。

表 4-5　74LS125 逻辑功能测试

| $\overline{EN}$ | A | F |
|---|---|---|
| 1 | 0 | |
| 1 | 1 | |
| 0 | 0 | |
| 0 | 1 | |

4．按图 4-20（a）将 $\overline{EN}$ 接高电平时，分别将 A 输入高、低电平，测试输出电平值。

注意观察此时无论 A 输入高电平还是低电平，其电流表的值始终为________mA。说明此时三态门 74LS125 的输出处于_______（高阻/低电平/高电平）。

5．步骤 4 中实际上只测试了当 $\overline{EN}$ 接高电平时，输出与 $U_{CC}$ 之间呈现的高阻状态。按图 4-20（b）仍然将 $\overline{EN}$ 接高电平，此时，无论将 A 接高电平或低电平，输出所串联的电流表中的电流依然接近______A，进一步验证：当 $\overline{EN}$ 为高电平时，三态门电路 74LS125 的输出为________（高阻/低电平/高电平）。结论：三态门电路 74LS125 的使能端为______（高电平/低电平）有效。

续表

<table>
<tr><td>任务名称</td><td colspan="3">三态门 74LS125 逻辑功能测试</td></tr>
<tr><td>测试方法</td><td>仿真实现</td><td>课时安排</td><td>2</td></tr>
<tr><td></td><td colspan="3">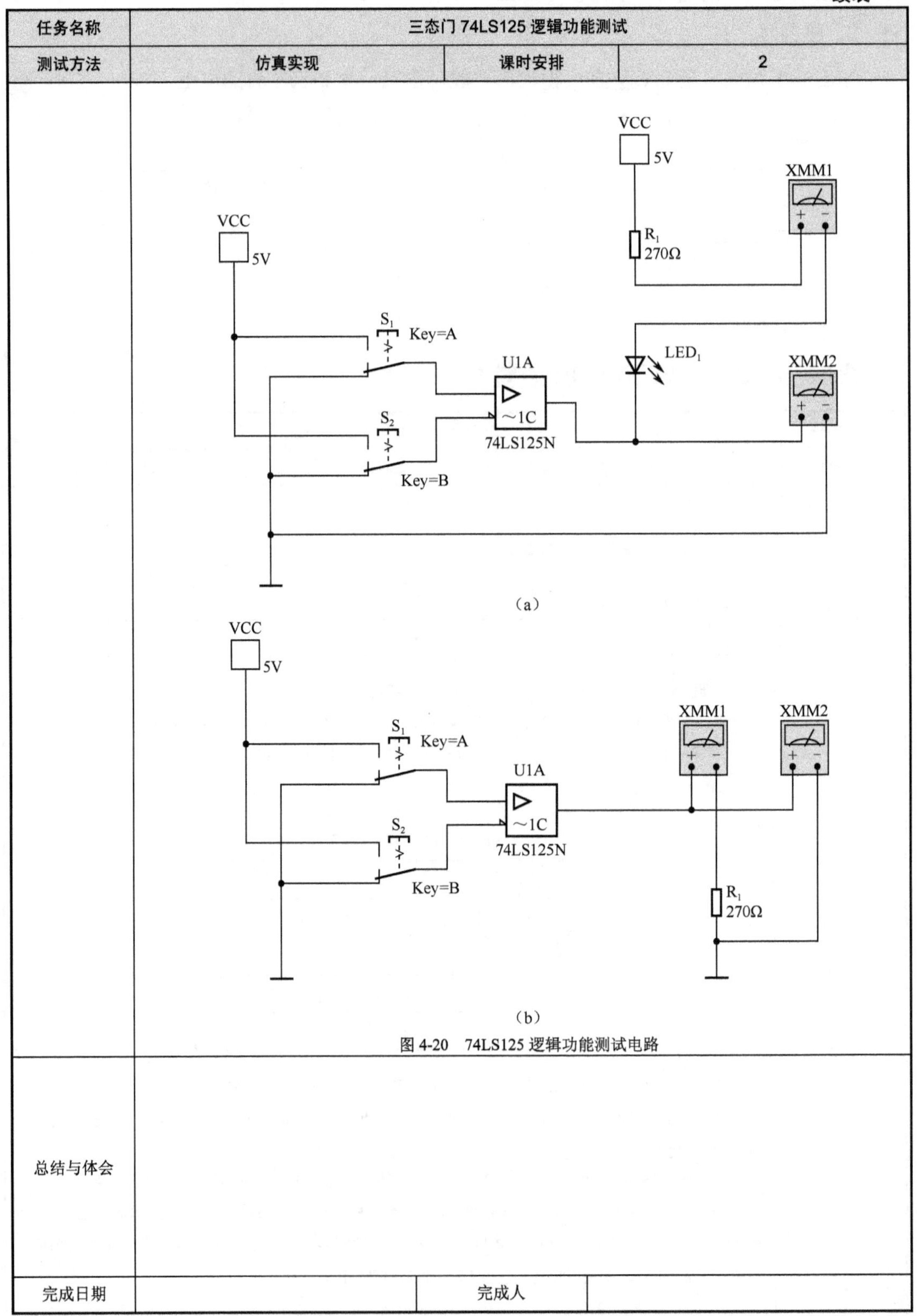

图 4-20　74LS125 逻辑功能测试电路</td></tr>
<tr><td>总结与体会</td><td colspan="3"></td></tr>
<tr><td>完成日期</td><td></td><td>完成人</td><td></td></tr>
</table>

# 4.2　组合逻辑电路的分析与设计

根据一定的逻辑关系，由若干只有两种状态的器件连接起来完成一定逻辑功能的电路网络就是所谓的数字逻辑网络，即数字逻辑电路，简称数字电路或逻辑电路。它用于产生数字信号并进行信号的变换、传递、存储等。

一般数字电路可分为两类：一类是没有记忆功能的电路；另一类是具有记忆功能的电路，通常把前者叫做组合逻辑电路，把后者叫做时序逻辑电路。

组合逻辑电路是数字电路中应用最为广泛的电路之一。组合逻辑电路的特点是：输出状态只与当前的输入状态有关，而与电路原来的状态无关；只要输入状态有所改变，输出状态也随之发生改变。图 4-21 是组合逻辑电路的框图。

一个多输入、多输出的组合逻辑电路均可以用图 4-21 表示。图中的 $x_0$，$x_1$，…，$x_m$ 为输入变量，$y_0$，$y_1$，…，$y_n$ 为输出变量，输出与输入之间的逻辑关系用一组逻辑函数表示：

$$\begin{cases} y_0 = f_1(x_0,\ x_1,\ \cdots,\ x_m) \\ y_1 = f_2(x_0,\ x_1,\ \cdots,\ x_m) \\ \vdots \\ y_n = f_n(x_0,\ x_1,\ \cdots,\ x_m) \end{cases}$$

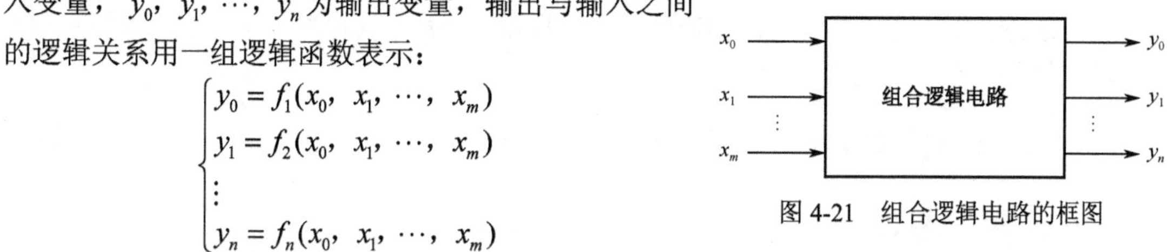


图 4-21　组合逻辑电路的框图

通常组合逻辑电路都由简单门电路或集成组合逻辑电路构成，不包括任何的存储电路。

## 4.2.1　组合逻辑电路的分析

组合逻辑电路的分析是对给定的逻辑电路经过分析，弄清楚该电路的逻辑功能，即确定输入、输出间的逻辑关系，且在必要时运用逻辑函数化简的方法，对逻辑电路设计是否合理进行评定。通过分析，不仅能确定电路的逻辑功能，而且还可以发现原电路设计的不足之处，以便完善和改进设计。

需要说明的是，这里讲述的是由单元门电路构成的组合逻辑电路的分析。通常组合逻辑电路的分析步骤是：

（1）写出逻辑表达式，即由输出到输入或由输入到输出逐级地推导，写出输出逻辑函数表达式；

（2）进行化简，即用公式法或卡诺图法将函数表达式化简成最简表达式；

（3）列真值表；

（4）根据真值表总结归纳逻辑功能，写出简洁的文字说明。

下面通过例子具体说明组合逻辑电路的分析方法。

**【实例 4-1】** 逻辑电路图如图 4-22 所示，请分析其逻辑功能。

**解：**（1）用 $T_1$，$T_2$，$T_3$ 表示中间变量，如图 4-22 所示。

（2）从输入端到输出端逐级写出逻辑表达式：

$$T_1 = \overline{AB}$$

$$T_2 = \overline{AT_1} = \overline{A} + B$$

$$T_3 = \overline{B\overline{T_1}} = A + \overline{B}$$

$$S = \overline{T_2 T_3} = \overline{A}B + A\overline{B}$$

$$C = \overline{T_1} = AB$$

（3）列出输出函数的真值表，如表 4-6 所示。

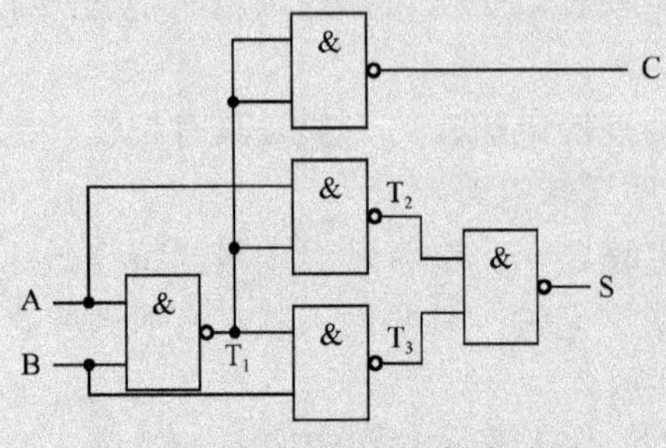


图 4-22　实例 4-1 的逻辑电路图

表 4-6　实例 4-1 的真值表

| A | B | C | S |
|---|---|---|---|
| 0 | 0 | 0 | 0 |
| 0 | 1 | 0 | 1 |
| 1 | 0 | 0 | 1 |
| 1 | 1 | 1 | 0 |

（4）通过真值表可看出本电路实现了一位半加器的功能，其中输入 A，B 为加数和被加数，输出 S 为本位和，输出 C 为进位信号。

**【实例 4-2】** 分析如图 4-23 所示电路的逻辑功能。

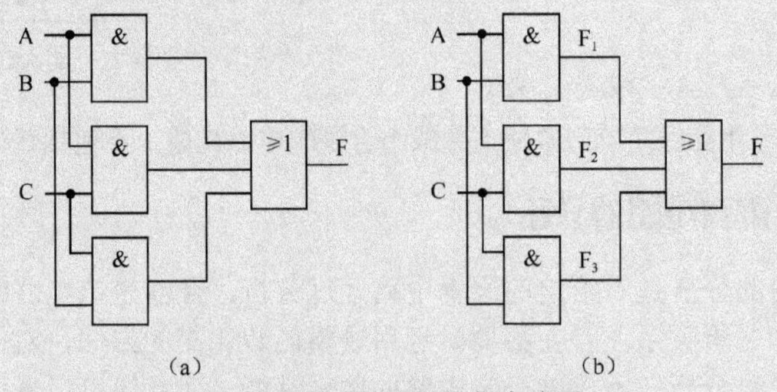


图 4-23　实例 4-2 的逻辑电路图

**解：**（1）逐级在门电路的输出端标出字母，如图 4-23（b）中的 $F_1$、$F_2$、$F_3$。

（2）逐级写出逻辑表达式：$F_1 = AB$；$F_2 = AC$；$F_3 = BC$。

（3）写出输出 F 的表达式：$F = AB + AC + BC$。

（4）列出真值表，如表 4-7 所示。

表 4-7　实例 4-2 的真值表

| A | B | C | F |
|---|---|---|---|
| 0 | 0 | 0 | 0 |
| 0 | 0 | 1 | 0 |
| 0 | 1 | 0 | 0 |
| 0 | 1 | 1 | 1 |
| 1 | 0 | 0 | 0 |
| 1 | 0 | 1 | 1 |
| 1 | 1 | 0 | 1 |
| 1 | 1 | 1 | 1 |

（5）判断逻辑功能：根据功能真值表可以判断，本电路为三人表决器电路。三人表决器常用于表决时，只有当三人中有两人或两人以上同意通过某一决议时，决议才能生效。

## 案例分析 10　组合逻辑电路的功能分析

| 任务名称 | 组合逻辑电路的功能分析 | | |
|---|---|---|---|
| 测试方法 | 仿真实现 | 课时安排 | 2 |
| 任务内容 | 图 4-24　组合逻辑电路分析 | | |
| 任务要求 | （1）测试图 4-24 所示电路的逻辑功能，并用 Multisim 或同类软件仿真验证。<br>（2）用上述组合逻辑电路分析方法验证是否一致。 | | |
| 虚拟仪器 | 数字万用表、逻辑转换仪等 | | |
| 测试步骤 | | | |

1．打开 Multisim 或其他同类软件。

2．单击"Place/Componet"，准备放置元件，如图 4-25 所示。

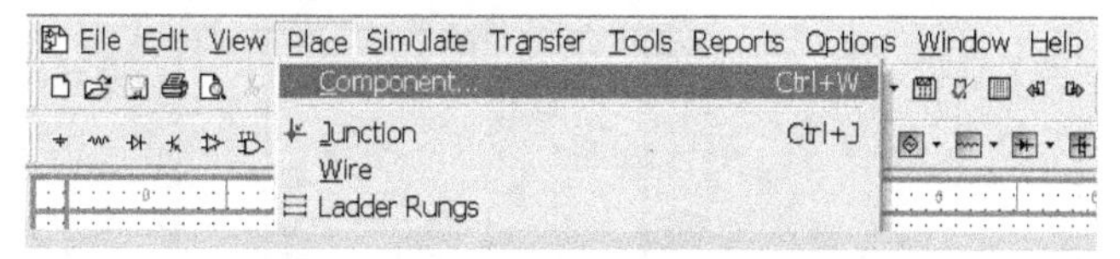


图 4-25　在 Multisim 中放置集成电路（一）

在图 4-26 中分别调用 74LS04 非门、74LS02 或非门、74LS08 与门，并连接电路。

3．单击鼠标左键选中"Instruments"（仪表）中的 logic converter（逻辑转换仪），并拉至工作区域，再将电路中的 3 个输入 A、B、C 分别接到 logic converter 左边 8 个输入端子的其中 3 个，将输出 F 接到 logic converter 右边的第一个端子，即 logic converter 的输出端子上。

双击 logic converter，如图 4-28 所示，单击 → 1011，得到真值表，再单击 1011 SIMP AIB，得到最简与或逻辑表达式：

$$F=\overline{A}\,\overline{B}C+\overline{A}B\overline{C}+A\overline{B}\,\overline{C}+ABC=A\oplus B\oplus C$$

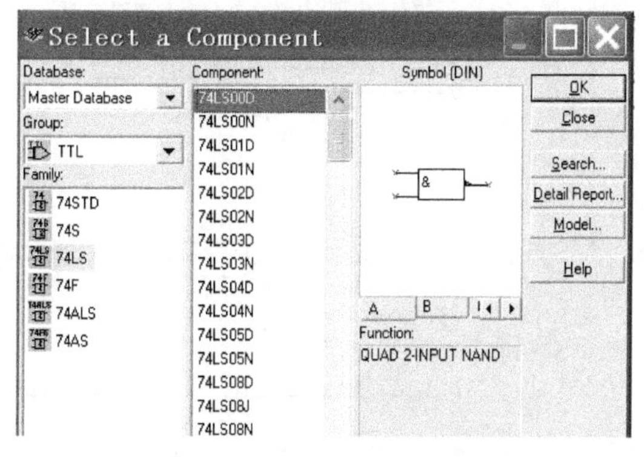


图 4-26　在 Multisim 中放置集成电路（二）

续表

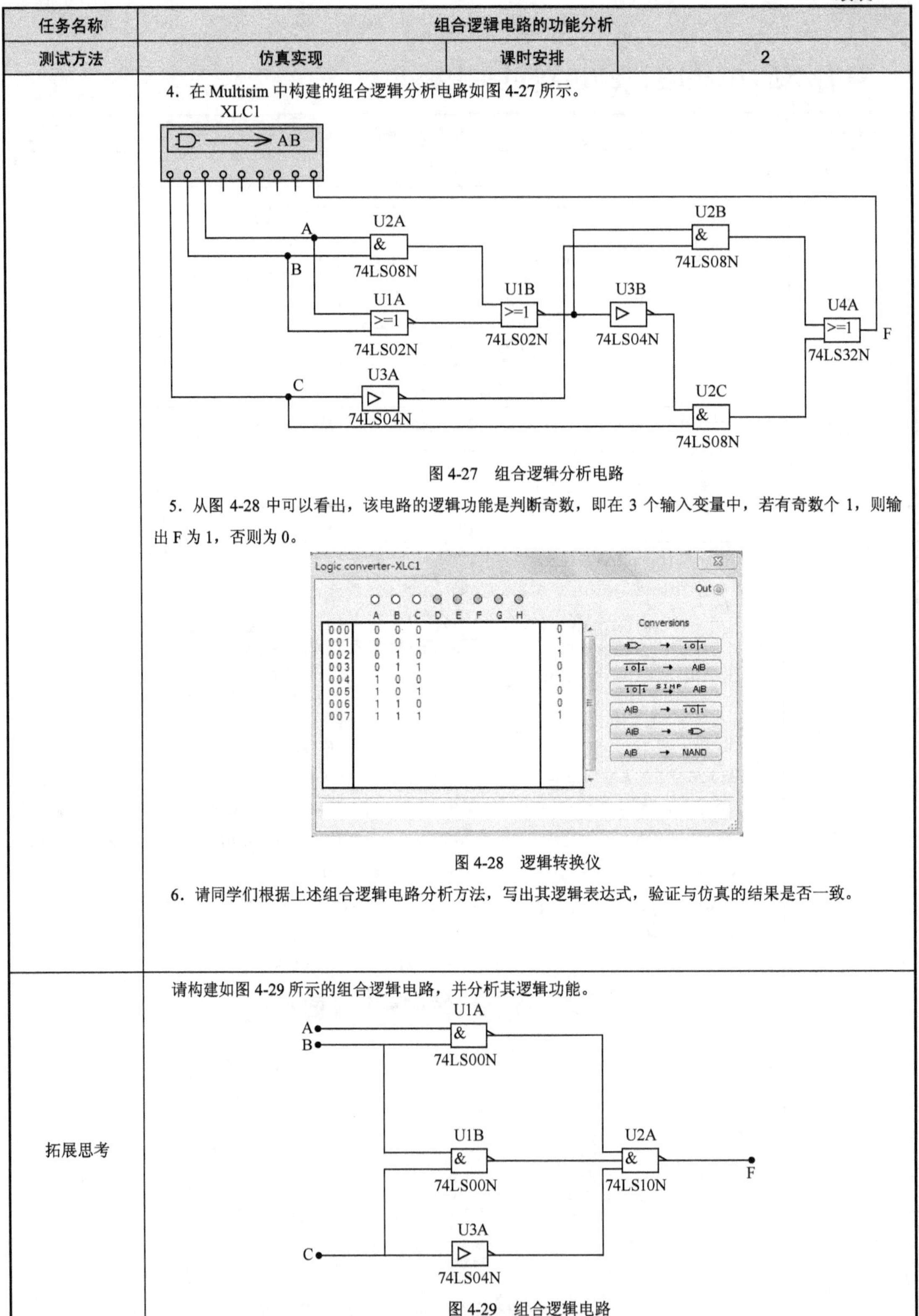

| 任务名称 | 组合逻辑电路的功能分析 | | |
|---|---|---|---|
| 测试方法 | 仿真实现 | 课时安排 | 2 |
| | 4．在 Multisim 中构建的组合逻辑分析电路如图 4-27 所示。<br><br>图 4-27　组合逻辑分析电路<br>5．从图 4-28 中可以看出，该电路的逻辑功能是判断奇数，即在 3 个输入变量中，若有奇数个 1，则输出 F 为 1，否则为 0。<br><br>图 4-28　逻辑转换仪<br>6．请同学们根据上述组合逻辑电路分析方法，写出其逻辑表达式，验证与仿真的结果是否一致。 | | |
| 拓展思考 | 请构建如图 4-29 所示的组合逻辑电路，并分析其逻辑功能。<br><br>图 4-29　组合逻辑电路 | | |

续表

| 任务名称 | 组合逻辑电路的功能分析 | | |
|---|---|---|---|
| 测试方法 | 仿真实现 | 课时安排 | 2 |
| 拓展思考 | 1．写出表达式：<br>2．列出真值表：<br>3．分析本电路的逻辑功能： | | |
| 总结与体会 | | | |
| 完成日期 | | 完成人 | |

### 4.2.2　组合逻辑电路的设计

组合逻辑电路设计也称组合逻辑电路综合，它是组合逻辑电路分析的逆过程，即根据给定逻辑功能的文字描述或逻辑功能的其他描述方式，在特定条件下，用最简逻辑电路来实现给定逻辑功能的方案，并画出逻辑图。这里所说的"最简"是指电路所用的器件数最少，器件的种类最少，并且器件之间的连线也最少。

组合逻辑电路的设计步骤（如图 4-30 所示）为：

（1）对逻辑问题进行抽象，确定输入和输出变量，明确两者之间的逻辑关系；

（2）列出真值表；

（3）根据真值表写出逻辑函数表达式，并进行化简，求得最简逻辑表达式；

（4）根据最简逻辑表达式画出逻辑电路图。

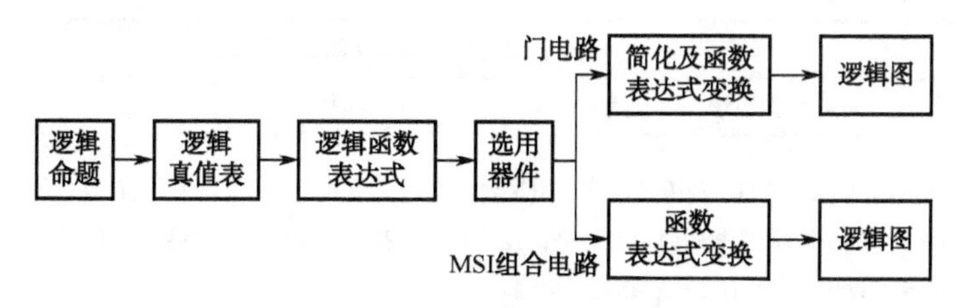


图 4-30　组合逻辑电路的设计步骤

**【实例 4-3】** 某机房有三台服务器，为保证数据的正常传输，必须保证有两台或两台以上服务器正常工作，如果出现异常则报警灯亮，提示工作人员进行维修。请设计一电路实现对报警灯的控制。

**解：**（1）设三台服务器分别为 A，B，C，正常工作为 1，异常为 0；设报警灯为 F，报警为 1，反之为 0。

（2）由此可列出真值表，如表 4-8 所示。

**表 4-8　实例 4-3 的真值表**

| A | B | C | F |
|---|---|---|---|
| 0 | 0 | 0 | 1 |
| 0 | 0 | 1 | 1 |
| 0 | 1 | 0 | 1 |
| 0 | 1 | 1 | 0 |
| 1 | 0 | 0 | 1 |
| 1 | 0 | 1 | 0 |
| 1 | 1 | 0 | 0 |
| 1 | 1 | 1 | 0 |

（3）直接填入卡诺图，如图 4-31 所示。

进行化简，得到最简表达式：

$$F(A,B,C)=\overline{A}\,\overline{B}+\overline{A}\,\overline{C}+\overline{B}\,\overline{C}$$

（4）根据最简表达式画出逻辑电路图，如图 4-32 所示。

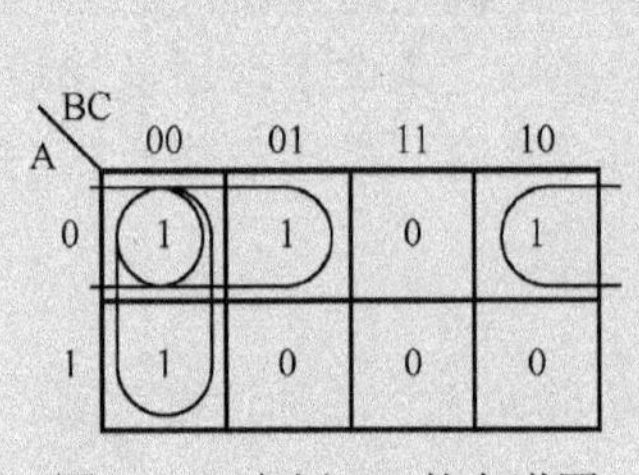


图 4-31　实例 4-3 的卡诺图

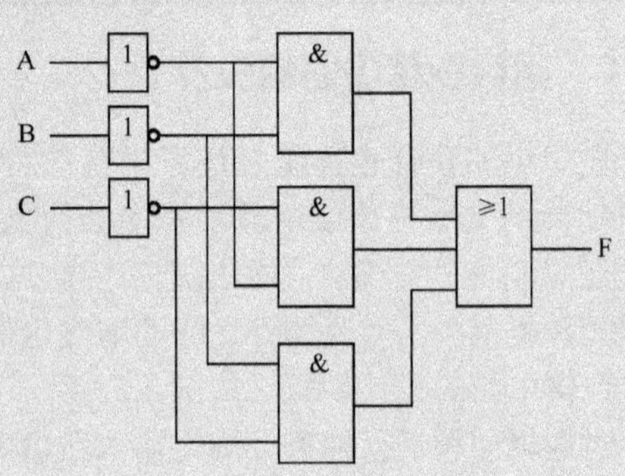


图 4-32　实例 4-3 的逻辑电路图

## 案例分析 11　组合逻辑电路的功能设计测试

| 任务名称 | 组合逻辑电路的功能设计测试 | | |
|---|---|---|---|
| 测试方法 | 仿真实现 | 课时安排 | 2 |
| 任务内容 | 某实验室有红、黄两个故障指示灯，用来表示 3 台设备的工作状态。当只有一台设备有故障时，黄灯亮；当有两台设备同时产生故障时，红灯亮；当三台设备都产生故障时，才会使红灯和黄灯均亮。试用 74LS00 和 74LS86 设计一个设备工作状态测试电路。 | | |
| 任务要求 | （1）用 74LS00 和 74LS86 设计一个实验室设备工作状态测试电路，画出电路图。<br>（2）用 Multisim 或同类软件仿真验证。 | | |
| 虚拟仪器 | 数字万用表、逻辑转换仪等 | | |

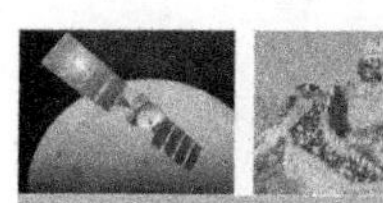

续表

| 任务名称 | 组合逻辑电路的功能设计测试 | | |
| --- | --- | --- | --- |
| 测试方法 | 仿真实现 | 课时安排 | 2 |
| 测试步骤 | | | |

上述组合逻辑电路的设计步骤如下所示。

1．首先进行逻辑抽象：

（1）设三台待检测的设备为输入变量，分别为 A、B、C，三台设备正常工作时为 1 状态，故障时为 0 状态；

（2）故障指示灯分别用 $F_2$、$F_1$ 表示，$F_2$ 为黄灯、$F_1$ 为红灯，灯亮用逻辑 1 表示，灯不亮用逻辑 0 表示。

2．根据逻辑假设，列出真值表，如表 4-9 所示。

**表 4-9　组合逻辑电路功能设计的真值表**

| A | B | C | $F_2$ | $F_1$ |
| --- | --- | --- | --- | --- |
| 0 | 0 | 0 | 0 | 0 |
| 0 | 0 | 1 | 1 | 0 |
| 0 | 1 | 0 | 1 | 0 |
| 0 | 1 | 1 | 0 | 1 |
| 1 | 0 | 0 | 1 | 0 |
| 1 | 0 | 1 | 0 | 1 |
| 1 | 1 | 0 | 0 | 1 |
| 1 | 1 | 1 | 1 | 1 |

3．根据真值表，写出逻辑表达式：

$$F_1 = \overline{A}BC + A\overline{B}C + AB\overline{C} + ABC\text{，}\quad F_2 = \overline{A}\,\overline{B}C + \overline{A}B\overline{C} + A\overline{B}\,\overline{C} + ABC$$

4．根据题意，用 74LS00 二输入与非门和 74LS86 异或门实现，因此将 $F_2$ 和 $F_1$ 的表达式化简变换为与非表达式或异或表达式：

$$\begin{aligned} F_1 &= \overline{A}BC + A\overline{B}C + AB\overline{C} + ABC \\ &= \overline{\overline{C(A \oplus B)} \cdot \overline{AB}} \end{aligned}$$

$$F_2 = \overline{A}\,\overline{B}C + \overline{A}B\overline{C} + A\overline{B}\,\overline{C} + ABC = A \oplus B \oplus C$$

5．画出逻辑电路图。打开 Multisim 或同类软件，按照设计提示，画出如题要求的仿真电路：

6．按照真值表验证所设计电路的正确性。

续表

| 任务名称 | 组合逻辑电路的功能设计测试 | | |
|---|---|---|---|
| 测试方法 | 仿真实现 | 课时安排 | 2 |
| 拓展思考 | 请设计一个组合逻辑电路，其功能要求是：能实现将8421BCD码转换为余3码。按照以下步骤完成：<br>1．根据功能要求，列出真值表；<br>2．由真值表写出表达式；<br>3．用Multisim构建对应电路，画出电路图。 | | |
| 总结与体会 | | | |
| 完成日期 | | 完成人 | |

# 4.3 组合逻辑电路构件块

常用组合逻辑电路构件块通常能独立完成部分逻辑功能，并集成在一块芯片内，因此又称为中规模集成电路。常用组合逻辑电路包括编码器、译码器、多路选择器和多路分配器等。

## 4.3.1 编码器

将输入信息用特定的二进制码表示的过程称为编码，实现编码的电路称为编码器。

74LS148是一种带扩展功能的8-3线优先编码器，其引脚排列及逻辑符号如图4-33所示，其中$\overline{I}_0$～$\overline{I}_7$为编码器输入端（低电平有效）；$\overline{ST}$为选通输入端（低电平有效）；$\overline{Y}_0$～$\overline{Y}_2$为编码器输出（低电平有效）；$\overline{Y}_{EX}$为扩展输出端（低电平有效）；$\overline{Y}_S$为选通输出端（低电平有效）。

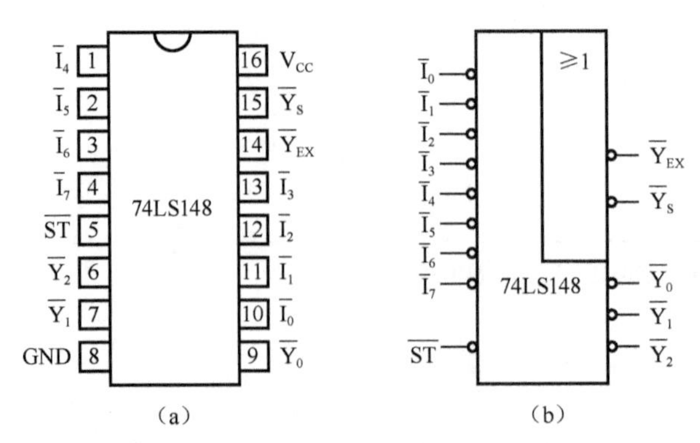


图4-33　74LS148的引脚排列及逻辑符号

优先编码器74LS148的功能真值表如表4-10所示。

表 4-10　74LS148 的功能真值表

| $\overline{ST}$ | $\overline{I}_7$ | $\overline{I}_6$ | $\overline{I}_5$ | $\overline{I}_4$ | $\overline{I}_3$ | $\overline{I}_2$ | $\overline{I}_1$ | $\overline{I}_0$ | $\overline{Y}_2$ | $\overline{Y}_1$ | $\overline{Y}_0$ | $\overline{Y}_{EX}$ | $\overline{Y}_S$ |
|---|---|---|---|---|---|---|---|---|---|---|---|---|---|
| 1 | × | × | × | × | × | × | × | × | 1 | 1 | 1 | 1 | 1 |
| 0 | 1 | 1 | 1 | 1 | 1 | 1 | 1 | 1 | 1 | 1 | 1 | 1 | 0 |
| 0 | 0 | × | × | × | × | × | × | × | 0 | 0 | 0 | 0 | 1 |
| 0 | 1 | 0 | × | × | × | × | × | × | 0 | 0 | 1 | 0 | 1 |
| 0 | 1 | 1 | 0 | × | × | × | × | × | 0 | 1 | 0 | 0 | 1 |
| 0 | 1 | 1 | 1 | 0 | × | × | × | × | 0 | 1 | 1 | 0 | 1 |
| 0 | 1 | 1 | 1 | 1 | 0 | × | × | × | 1 | 0 | 0 | 0 | 1 |
| 0 | 1 | 1 | 1 | 1 | 1 | 0 | × | × | 1 | 0 | 1 | 0 | 1 |
| 0 | 1 | 1 | 1 | 1 | 1 | 1 | 0 | × | 1 | 1 | 0 | 0 | 1 |
| 0 | 1 | 1 | 1 | 1 | 1 | 1 | 1 | 0 | 1 | 1 | 1 | 0 | 1 |

当$\overline{I}_7=0$时，无论其他输入端的输入电平是否有效，输出只给出$\overline{I}_7$所对应的编码，即$\overline{Y}_2\overline{Y}_1\overline{Y}_0=000$。当$\overline{I}_7=1$，$\overline{I}_6=0$时，无论其他输入电平是否有效，输出只给出$\overline{I}_6$所对应的编码，即$\overline{Y}_2\overline{Y}_1\overline{Y}_0=001$。以此类推，可知在 74148 中，优先级最高的是$\overline{I}_7$，优先级最低的是$\overline{I}_0$。

表中出现了 3 种$\overline{Y}_2\overline{Y}_1\overline{Y}_0=111$的情况，可以通过$\overline{Y}_{EX}$和$\overline{Y}_S$的不同状态加以区别。

## 4.3.2　译码器

译码器的功能与编码器正好相反，即将编码时赋予代码的含义翻译过来。常见的译码器包括变量译码器、显示译码器等。

### 1. 变量译码器

二进制变量译码器是使用最为广泛的一种将 $n$ 个输入变为 $2^n$ 个输出的多输出端组合逻辑电路，每个输出端对应于一个最小项表达式（或最小项表达式的“非”表达式），因此又可以称为最小项译码器、最小项发生器电路。

图 4-34 为 3 位二进制（3-8 线）译码器的框图。输入的 3 位二进制代码共有 8 种状态，译码器将每个输入代码译成对应的一根输出线上的高电平［如图 4-34（a）所示］或低电平［如图 4-34（b）所示］信号，因此也把这个译码器叫做 3-8 线译码器。74LS138 就是一块输出低电平有效的 3 位二进制译码器。

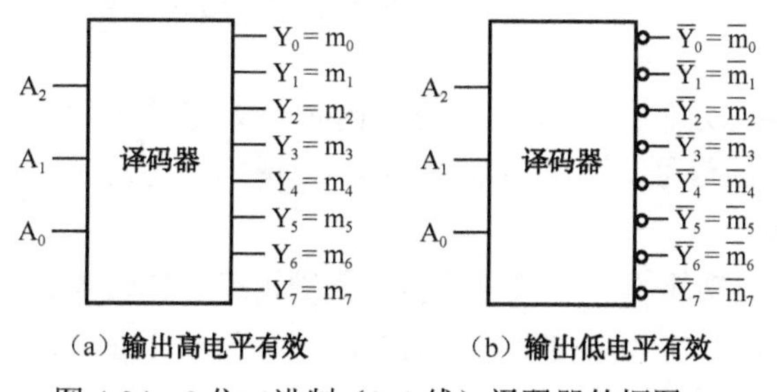


图 4-34　3 位二进制（3-8 线）译码器的框图

除 3 位二进制线译码器外，常见的变量译码器还有 2 位二进制变量译码器、4 位二进制变量译码器等。

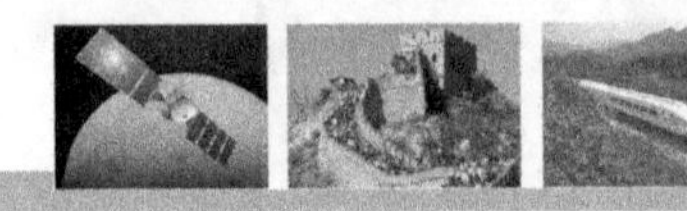

什么是使能端？在中规模集成电路中，经常会碰到“使能端”（Enable Pin），它可以用来控制电路的工作状态，或利用它在多个芯片中选择一部分芯片工作，因此有时又称其为“片选”输入端。如图 4-35 所示，在一个输出高电平有效的 2 位二进制变量译码器上增加了一个输入端 EN，当 EN=0 时，三输入与非门 $G_3$～$G_0$ 的输出全部为 0，即输出端没有一个处于有效工作状态，可以理解为 EN=0 时，该译码器不工作；当 EN=1 时，三输入与非门 $G_3$～$G_0$ 的输出仅与其他两个输入端有关，译码器可以正常工作。通常把这种在 EN=1 时正常工作的电路称为“使能端高电平有效”。而在图 4-36 中，当 $\overline{EN}$=0 时，电路处于工作状态，因此称这个电路为“使能端低电平有效”。

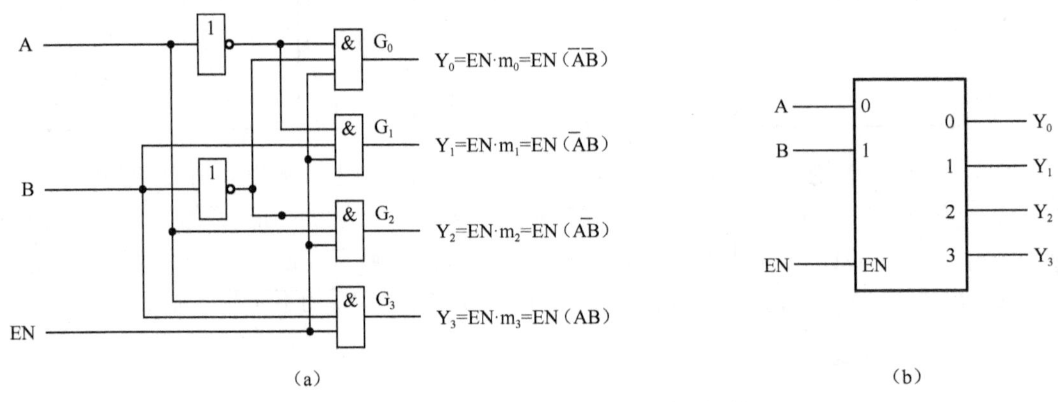


图 4-35　使能端高电平有效的译码器及其逻辑符号

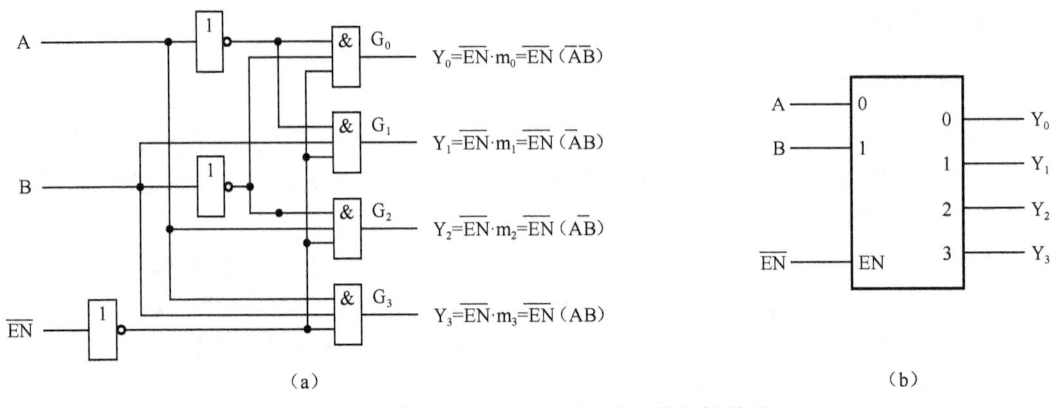


图 4-36　使能端低电平有效的译码器及其逻辑符号

变量译码器又称为二进制译码器，它的输出是一组与输入代码一一对应的高、低电平的信号，下面以典型 3-8 线译码器为例说明变量译码器的工作原理。

74LS138 是带有扩展功能的 3-8 线译码器，其逻辑符号如图 4-37 所示，其中 $A_0$～$A_2$ 为输入端（高电平有效）；$\overline{Y}_0$～$\overline{Y}_7$ 为输出端（低电平有效）；$ST_A$，$\overline{ST_B}$，$\overline{ST_C}$ 为使能输入端，$ST_A$ 为高电平有效，$\overline{ST_B}$ 和 $\overline{ST_C}$ 为低电平有效。

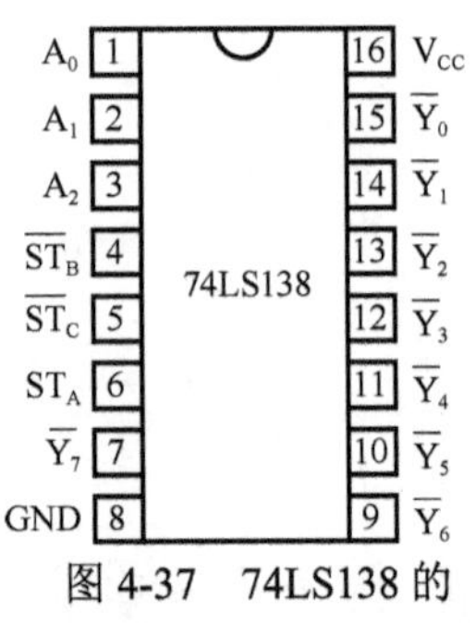


图 4-37　74LS138 的逻辑符号

74LS138 的功能真值表如表 4-11 所示。

表 4-11　74LS138 的功能真值表

| $ST_A$ | $\overline{ST_B}+\overline{ST_C}$ | $A_2$ | $A_1$ | $A_0$ | $\overline{Y_0}$ | $\overline{Y_1}$ | $\overline{Y_2}$ | $\overline{Y_3}$ | $\overline{Y_4}$ | $\overline{Y_5}$ | $\overline{Y_6}$ | $\overline{Y_7}$ |
|---|---|---|---|---|---|---|---|---|---|---|---|---|
| 1 | 0 | 0 | 0 | 0 | 0 | 1 | 1 | 1 | 1 | 1 | 1 | 1 |
| 1 | 0 | 0 | 0 | 1 | 1 | 0 | 1 | 1 | 1 | 1 | 1 | 1 |
| 1 | 0 | 0 | 1 | 0 | 1 | 1 | 0 | 1 | 1 | 1 | 1 | 1 |
| 1 | 0 | 0 | 1 | 1 | 1 | 1 | 1 | 0 | 1 | 1 | 1 | 1 |
| 1 | 0 | 1 | 0 | 0 | 1 | 1 | 1 | 1 | 0 | 1 | 1 | 1 |
| 1 | 0 | 1 | 0 | 1 | 1 | 1 | 1 | 1 | 1 | 0 | 1 | 1 |
| 1 | 0 | 1 | 1 | 0 | 1 | 1 | 1 | 1 | 1 | 1 | 0 | 1 |
| 1 | 0 | 1 | 1 | 1 | 1 | 1 | 1 | 1 | 1 | 1 | 1 | 0 |
| × | 1 | 1 | 1 | 1 | 1 | 1 | 1 | 1 | 1 | 1 | 1 | 1 |
| 0 | × | 1 | 1 | 1 | 1 | 1 | 1 | 1 | 1 | 1 | 1 | 1 |

当 $ST_A=1$，$\overline{ST_B}+\overline{ST_C}=0$ 时，74LS138 正常工作；输入变量 $A_2A_1A_0$，$A_2$ 为最高位，$A_0$ 为最低位。根据真值表可以得到如下逻辑表达式：

$$\overline{Y_0}=\overline{\overline{A_2}\,\overline{A_1}\,\overline{A_0}}=\overline{m_0} \qquad \overline{Y_4}=\overline{A_2\overline{A_1}\,\overline{A_0}}=\overline{m_4}$$

$$\overline{Y_1}=\overline{\overline{A_2}\,\overline{A_1}A_0}=\overline{m_1} \qquad \overline{Y_5}=\overline{A_2\overline{A_1}A_0}=\overline{m_5}$$

$$\overline{Y_2}=\overline{\overline{A_2}A_1\overline{A_0}}=\overline{m_2} \qquad \overline{Y_6}=\overline{A_2A_1\overline{A_0}}=\overline{m_6}$$

$$\overline{Y_3}=\overline{\overline{A_2}A_1A_0}=\overline{m_3} \qquad \overline{Y_7}=\overline{A_2A_1A_0}=\overline{m_7}$$

由上述式子可以看出，74LS138 的输出变量等于相应输入变量构成的最小项的非，因此 74LS138 能用于逻辑函数的表示。

**【实例 4-4】** 请用 74LS138 及门电路实现函数 $F(A,B,C)=\sum m(1,3,5,6)$。

**解：** 可将函数做如下变化，与 74LS138 的输出相对应：

$$\begin{aligned}F(A,B,C)&=\sum m(1,3,5,6)\\&=m_1+m_3+m_5+m_6\\&=\overline{\overline{m_1+m_3+m_5+m_6}}\\&=\overline{\overline{m_1m_3m_5m_6}}\end{aligned}$$

由此可见，只需将输入变量 C，B，A 与 74LS138 输入端相连（注意高、低位顺序），并将输出端 $\overline{Y_1}$，$\overline{Y_3}$，$\overline{Y_5}$，$\overline{Y_6}$ 取与非运算即可。同时，为保证 74LS138 正常工作，应将 $ST_A$ 接高电平，$\overline{ST_B}$ 和 $\overline{ST_C}$ 接低电平，如图 4-38 所示。

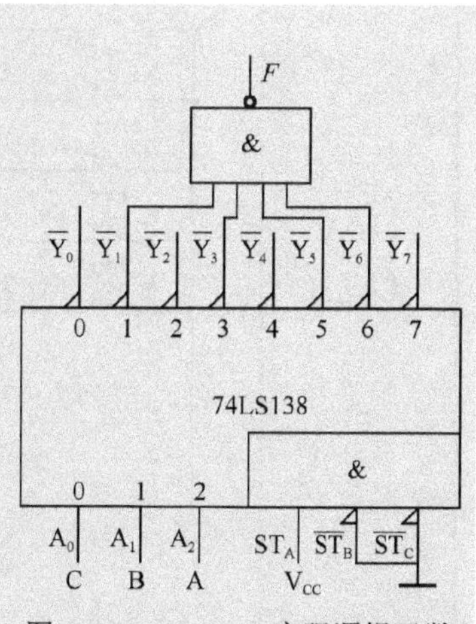


图 4-38　74LS138 实现逻辑函数

**【实例 4-5】** 请用 74LS138 及门电路实现逻辑函数 $F(A,B,C,D)=\sum m(0,3,6,8,10,15)$。

**解：** 由于一片 74LS138 只有 8 路输出，而本例需要 16 路输出，所以只能采用两片 74LS138，并将其扩展为 4-16 线译码器，然后采用与上例相同的方法实现此函数。具体电路图如图 4-39 所示。

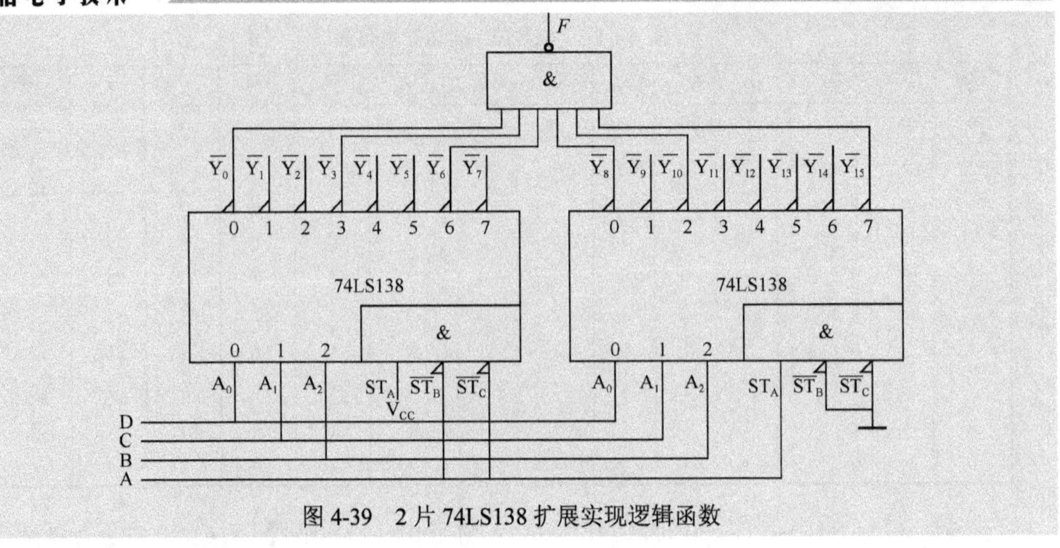


图 4-39　2 片 74LS138 扩展实现逻辑函数

本例是利用使能端实现两片芯片的选通，从而实现功能扩展的。由于 74LS138 的使能端较多，所以其扩展的方法也并不是唯一的。

## 案例分析 12　多路开关控制电路的仿真测试

| 任务名称 | 多路开关控制电路的仿真测试 | | |
|---|---|---|---|
| 测试方法 | 仿真实现 | 课时安排 | 2 |
| 任务内容 | 图 4-40　多路开关控制电路的仿真测试 | | |
| 任务要求 | 按测试程序要求完成所有测试内容，并撰写测试报告 | | |
| 虚拟仪器 | 74LS138、数字万用表等 | | |

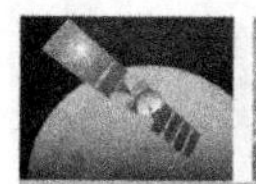

续表

<table>
<tr><td>任务名称</td><td colspan="3">多路开关控制电路的仿真测试</td></tr>
<tr><td>测试方法</td><td>仿真实现</td><td>课时安排</td><td>2</td></tr>
<tr><td colspan="4">测试步骤</td></tr>
<tr><td></td><td colspan="3">1．按图 4-40 接好电路。<br>2．检查接线无误后，运行软件。<br>3．将 $ST_A$ 接低电平，任意改变其他输入端状态，观察 $\overline{Y_0}\sim\overline{Y_7}$ 输出端状态的变化情况，并将观察结果记入表 4-12 中。<br>结论：当 $ST_A$=0 时，输出 $\overline{Y_0}\sim\overline{Y_7}$ 的状态为全_____（0/1），电路______（工作/不工作）。<br>4．将 $\overline{ST_B}$ 、$\overline{ST_C}$ 中的任意一个接高电平（即令 $\overline{ST_B}+\overline{ST_C}$ =1），任意改变其他输入端状态，观察 $\overline{Y_0}\sim\overline{Y_7}$ 输出端状态的变化情况，并将观察结果记入表 4-12 中。<br>结论：当 $\overline{ST_B}+\overline{ST_C}$ =1 时，输出 $\overline{Y_0}\sim\overline{Y_7}$ 的状态为全_____（0/1），电路______（工作/不工作）。<br>5．将 $ST_A$ 接高电平，$\overline{ST_B}$ 、$\overline{ST_C}$ 同时接低电平（即令 $\overline{ST_B}+\overline{ST_C}$ =0），改变输入端 $A_2$ 、$A_1$ 、$A_0$ 的状态，观察 $\overline{Y_0}\sim\overline{Y_7}$ 输出端状态的变化情况，并将观察结果记入表 4-12 中。<br><br>表 4-12　多路开关控制电路测试<br><br>
<table>
<tr><td colspan="5">输　入</td><td colspan="8">输　出</td></tr>
<tr><td>$ST_A$</td><td>$\overline{ST_B}+\overline{ST_C}$</td><td>$A_2$</td><td>$A_1$</td><td>$A_0$</td><td>$\overline{Y_0}$</td><td>$\overline{Y_1}$</td><td>$\overline{Y_2}$</td><td>$\overline{Y_3}$</td><td>$\overline{Y_4}$</td><td>$\overline{Y_5}$</td><td>$\overline{Y_6}$</td><td>$\overline{Y_7}$</td></tr>
<tr><td>0</td><td>×</td><td>×</td><td>×</td><td>×</td><td></td><td></td><td></td><td></td><td></td><td></td><td></td><td></td></tr>
<tr><td>×</td><td>1</td><td>×</td><td>×</td><td>×</td><td></td><td></td><td></td><td></td><td></td><td></td><td></td><td></td></tr>
<tr><td>1</td><td>0</td><td>0</td><td>0</td><td>0</td><td></td><td></td><td></td><td></td><td></td><td></td><td></td><td></td></tr>
<tr><td>1</td><td>0</td><td>0</td><td>0</td><td>1</td><td></td><td></td><td></td><td></td><td></td><td></td><td></td><td></td></tr>
<tr><td>1</td><td>0</td><td>0</td><td>1</td><td>0</td><td></td><td></td><td></td><td></td><td></td><td></td><td></td><td></td></tr>
<tr><td>1</td><td>0</td><td>0</td><td>1</td><td>1</td><td></td><td></td><td></td><td></td><td></td><td></td><td></td><td></td></tr>
<tr><td>1</td><td>0</td><td>1</td><td>0</td><td>0</td><td></td><td></td><td></td><td></td><td></td><td></td><td></td><td></td></tr>
<tr><td>1</td><td>0</td><td>1</td><td>0</td><td>1</td><td></td><td></td><td></td><td></td><td></td><td></td><td></td><td></td></tr>
<tr><td>1</td><td>0</td><td>1</td><td>1</td><td>0</td><td></td><td></td><td></td><td></td><td></td><td></td><td></td><td></td></tr>
<tr><td>1</td><td>0</td><td>1</td><td>1</td><td>1</td><td></td><td></td><td></td><td></td><td></td><td></td><td></td><td></td></tr>
</table>
<br>结论：要保证 74LS138 正常工作，实现较少的信号控制较多开关的功能，需要同时满足 $ST_A$=_____、$\overline{ST_B}$ =_____、$\overline{ST_C}$ =_____的条件。当它正常工作时，三个输入端 $A_2$ 、$A_1$ 、$A_0$ 可以组合产生_____种不同代码，74LS138 将每一种输入代码译成 $\overline{Y_0}\sim\overline{Y_7}$ 中对应输出端上的_____（低/高）电平信号，因此可称其输出为“_____（低/高）电平有效”，与该输出端相连的发光二极管________（点亮/熄灭）。</td></tr>
<tr><td>拓展思考</td><td colspan="3">设计一个用三个开关控制一个灯的逻辑电路：要求任何一个开关都能控制灯的亮灭。用 74LS138 和 74LS20 实现。测试电路的逻辑功能。<br>（1）设 A、B、C 为输入变量，分别代表 3 个开关，变量为“1”表示开关闭合，变量为“0”表示开关断开。设 Y 为输出变量，代表灯的工作情况，“1”代表灯亮，“0”代表灯不亮。<br>（2）真值表如表 4-13 所示。</td></tr>
</table>

续表

| 任务名称 | 多路开关控制电路的仿真测试 | | |
|---|---|---|---|
| 测试方法 | 仿真实现 | 课时安排 | 2 |

表 4-13　真值表

| A | B | C | Y |
|---|---|---|---|
| 0 | 0 | 0 | |
| 0 | 0 | 1 | |
| 0 | 1 | 0 | |
| 0 | 1 | 1 | |
| 1 | 0 | 0 | |
| 1 | 0 | 1 | |
| 1 | 1 | 0 | |
| 1 | 1 | 1 | |

（3）逻辑表达式：

（4）画出逻辑电路图，测试电路的逻辑功能。

| 总结与体会 | | | |
|---|---|---|---|
| 完成日期 | | 完成人 | |

## 2. 显示译码器

在数字系统中，经常需要将数字、文字、符号的二进制代码翻译成人们习惯的形式并直观地显示出来。由于各种工作方式的显示器件对译码器的要求区别很大，而实际工作中又希望显示器件和译码器配合使用，或直接驱动显示器件，所以这类译码器称为显示译码器。下面以 LED 数码管及 CD4511 为例来说明显示译码器的工作原理。

1）LED 数码管

LED 数码管是用 LED 构成显示数码的笔画来显示数字的。由于 LED 具有较高的亮度，并且有多种颜色可供选择，故 LED 数码管在很多领域得到了广泛应用。

通常情况下，LED 数码管根据其原理可以分为共阳极数码管和共阴极数码管，如图 4-41 所示为典型七段共阴极数码管的引脚图和原理图。

LED 数码管是由 LED 组成的，LED 较普通二极管具有更高的导通电压（2V 以上），其点亮电流一般为 10～20mA。

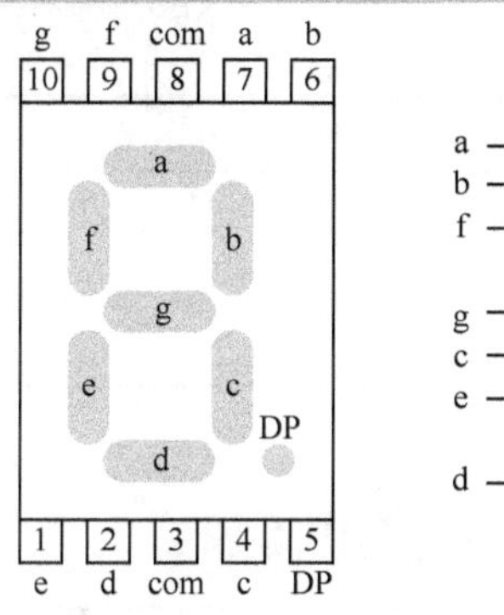

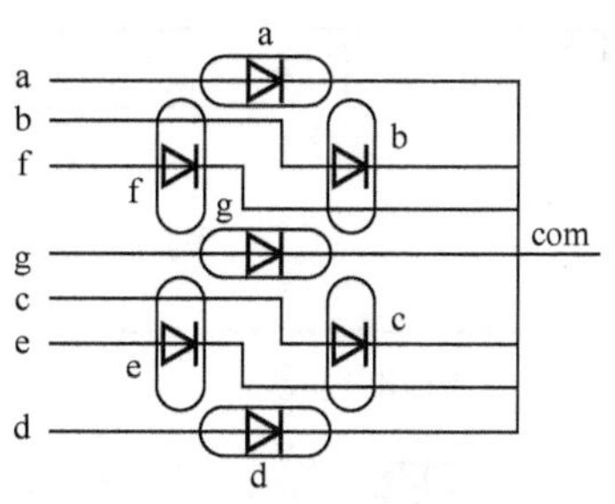


图 4-41　七段共阴极数码管的引脚图及原理图

2）CD4511 显示译码驱动器

要将 LED 点亮，只要使其正向导通即可。由于 LED 分为共阴极和共阳极，所以与其配合使用的显示译码器也有输出高电平和低电平两类。由于 LED 的点亮电流较大，LED 显示译码器通常需要具有一定的电流驱动能力，所以 LED 显示译码器又常被称为显示译码驱动器。

CD4511 是输出高电平有效的 CMOS 显示译码器，与共阴极数码管配合使用，其输入为 8421BCD 码。其引脚图如图 4-42 所示。

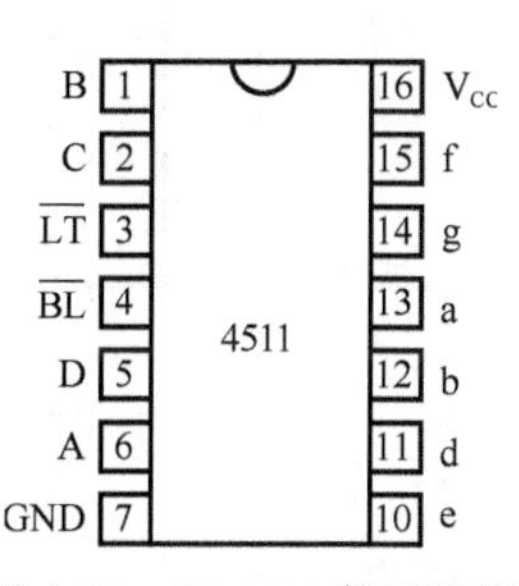


图 4-42　CD4511 的引脚图

图中，$\overline{LT}$ 为试灯极，低电平有效，输入低电平则所有笔画全亮；$\overline{BL}$ 为灭灯极，低电平有效，输入低电平则所有笔画全灭；LE 为锁存极，当输入为低电平时，CD4511 的输出与输入相对应，当输入高电平时，将当前输出状态锁存，不再随输入改变而改变。

D，C，B，A 为 8421BCD 码的输入端，其中 D 端为高位，A 端为低位。

a～g 为输出端，为高电平有效，因此其输出应与共阴极数码管各输入端相对应。

CD4511 的功能真值表如表 4-14 所示。

**表 4-14　CD4511 的功能真值表**

| $\overline{LT}$ | $\overline{BL}$ | LE | D | C | B | A | a | b | c | d | e | f | g |
|---|---|---|---|---|---|---|---|---|---|---|---|---|---|
| 1 | 1 | 0 | 0 | 0 | 0 | 0 | 1 | 1 | 1 | 1 | 1 | 1 | 0 |
| 1 | 1 | 0 | 0 | 0 | 0 | 1 | 0 | 1 | 1 | 0 | 0 | 0 | 0 |
| 1 | 1 | 0 | 0 | 0 | 1 | 0 | 1 | 1 | 0 | 1 | 1 | 0 | 1 |
| 1 | 1 | 0 | 0 | 0 | 1 | 1 | 1 | 1 | 1 | 1 | 0 | 0 | 1 |
| 1 | 1 | 0 | 0 | 1 | 0 | 0 | 0 | 1 | 1 | 0 | 0 | 1 | 1 |
| 1 | 1 | 0 | 0 | 1 | 0 | 1 | 1 | 0 | 1 | 1 | 0 | 1 | 1 |
| 1 | 1 | 0 | 0 | 1 | 1 | 0 | 0 | 0 | 1 | 1 | 1 | 1 | 1 |
| 1 | 1 | 0 | 0 | 1 | 1 | 1 | 1 | 1 | 1 | 0 | 0 | 0 | 0 |
| 1 | 1 | 0 | 1 | 0 | 0 | 0 | 1 | 1 | 1 | 1 | 1 | 1 | 1 |
| 1 | 1 | 0 | 1 | 0 | 0 | 1 | 1 | 1 | 1 | 0 | 0 | 1 | 1 |

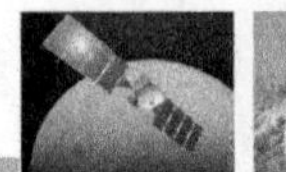

续表

| $\overline{LT}$ | $\overline{BL}$ | LE | D | C | B | A | a | b | c | d | e | f | g |
|---|---|---|---|---|---|---|---|---|---|---|---|---|---|
| 0 | × | × | × | × | × | × | 1 | 1 | 1 | 1 | 1 | 1 | 1 |
| 1 | 0 | × | × | × | × | × | 0 | 0 | 0 | 0 | 0 | 0 | 0 |
| 1 | 1 | 1 | × | × | × | × | ※ | ※ | ※ | ※ | ※ | ※ | ※ |

注：表中的※代表锁存极 LE=1 之前的输出状态。

## 案例分析 13　显示译码器及 LED 数码管的功能测试

| 任务名称 | 显示译码器及 LED 数码管的功能测试 | | |
|---|---|---|---|
| 测试方法 | 仿真实现 | 课时安排 | 2 |

任务内容

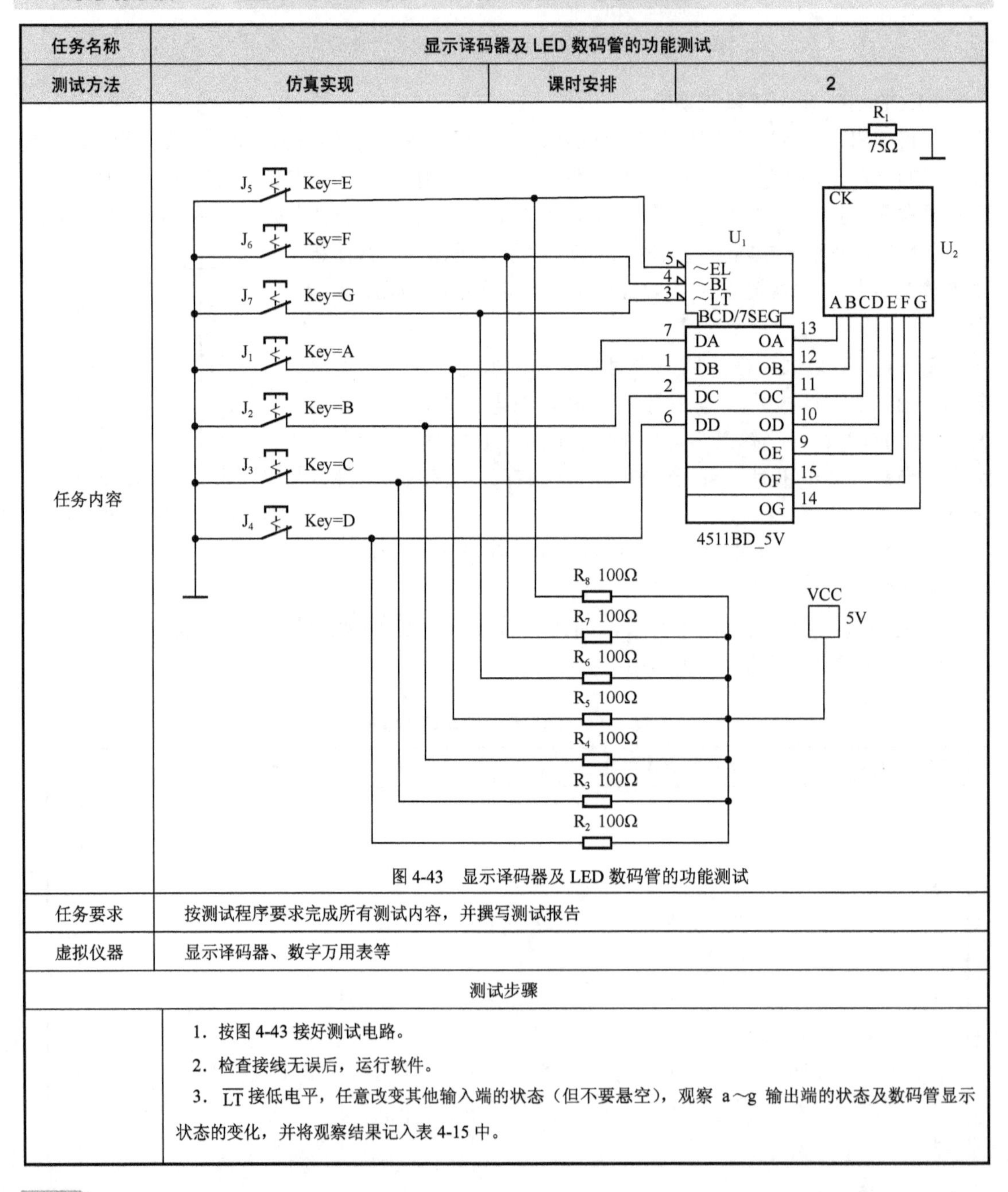


图 4-43　显示译码器及 LED 数码管的功能测试

| 任务要求 | 按测试程序要求完成所有测试内容，并撰写测试报告 |
|---|---|
| 虚拟仪器 | 显示译码器、数字万用表等 |

测试步骤

1．按图 4-43 接好测试电路。

2．检查接线无误后，运行软件。

3．$\overline{LT}$ 接低电平，任意改变其他输入端的状态（但不要悬空），观察 a~g 输出端的状态及数码管显示状态的变化，并将观察结果记入表 4-15 中。

续表

| 任务名称 | 显示译码器及 LED 数码管的功能测试 | | |
|---|---|---|---|
| 测试方法 | 仿真实现 | 课时安排 | 2 |

结论：当 $\overline{LT}$=0 时，无论其他输入端的状态如何变化，CD4511 的 a～g 输出端状态为___________，LC5011 的所有笔画___________。

表 4-15　CD4511 及 LC5011 功能测试表

| $\overline{LT}$ | $\overline{BL}$ | LE | D | C | B | A | a | b | c | d | e | f | g | 数码管显示 |
|---|---|---|---|---|---|---|---|---|---|---|---|---|---|---|
| 0 | × | × | × | × | × | × | | | | | | | | |
| 1 | 0 | × | × | × | × | × | | | | | | | | |
| 1 | 1 | 0 | 0 | 0 | 0 | 0 | | | | | | | | |
| 1 | 1 | 0 | 0 | 0 | 0 | 1 | | | | | | | | |
| 1 | 1 | 0 | 0 | 0 | 1 | 0 | | | | | | | | |
| 1 | 1 | 0 | 0 | 0 | 1 | 1 | | | | | | | | |
| 1 | 1 | 0 | 0 | 1 | 0 | 0 | | | | | | | | |
| 1 | 1 | 0 | 0 | 1 | 0 | 1 | | | | | | | | |
| 1 | 1 | 0 | 0 | 1 | 1 | 0 | | | | | | | | |
| 1 | 1 | 0 | 0 | 1 | 1 | 1 | | | | | | | | |
| 1 | 1 | 0 | 1 | 0 | 0 | 0 | | | | | | | | |
| 1 | 1 | 0 | 1 | 0 | 0 | 1 | | | | | | | | |
| 1 | 1 | 0 | 1 | 0 | 1 | 0 | | | | | | | | |
| 1 | 1 | 0 | 1 | 0 | 1 | 1 | | | | | | | | |
| 1 | 1 | 0 | 1 | 1 | 0 | 0 | | | | | | | | |
| 1 | 1 | 0 | 1 | 1 | 0 | 1 | | | | | | | | |
| 1 | 1 | 0 | 1 | 1 | 1 | 0 | | | | | | | | |
| 1 | 1 | 0 | 1 | 1 | 1 | 1 | | | | | | | | |
| 1 | 1 | 1 | × | × | × | × | | | | | | | | |

4. $\overline{LT}$ 接高电平，$\overline{BL}$ 接低电平，任意改变其他输入端的状态，观察 a～g 输出端的状态及数码管显示状态的变化，并将观察结果记入表 4-15 中。

结论：当 $\overline{LT}$=1、$\overline{BL}$=0 时，无论其他输入端的状态如何变化，CD4511 的 a～g 输出端状态为___________，LC5011 的所有笔画___________。

5. 将 $\overline{LT}$ 和 $\overline{BL}$ 接高电平，LE 接低电平，改变 A，B，C，D 的状态，观察 a～g 输出端的状态及数码管显示状态的变化，并将观察结果记入表 4-15 中。

结论：当 $\overline{LT}$=1、$\overline{BL}$=1、LE=0 时，CD4511 的 a～g 输出端状态_______________，LC5011 的显示_______________。

6. 将 $\overline{LT}$ 和 $\overline{BL}$ 接高电平，将 LE 从低电平改为高电平，改变 A，B，C，D 的状态，观察 a～g 输出端的状态及数码管显示状态是否发生变化。

结论：当 $\overline{LT}$=1、$\overline{BL}$=1、LE=1 时，CD4511 的 a～g 输出端状态_______________，LC5011 的显示_______________。

| 总结与体会 | | | |
|---|---|---|---|
| 完成日期 | | 完成人 | |

### 4.3.3 数据选择器

在多路数据传输过程中，能够根据需要将其中任意一路挑选出来的电路称为数据选择器，也称为多路选择器或多路开关。下面以四选一为例说明它的工作原理。

如图 4-44（a）所示，四选一选择器首先通过选择控制信号的输入，然后从输入数据中选择一路，最后从输出端输出。其功能真值表如表 4-16 所示。

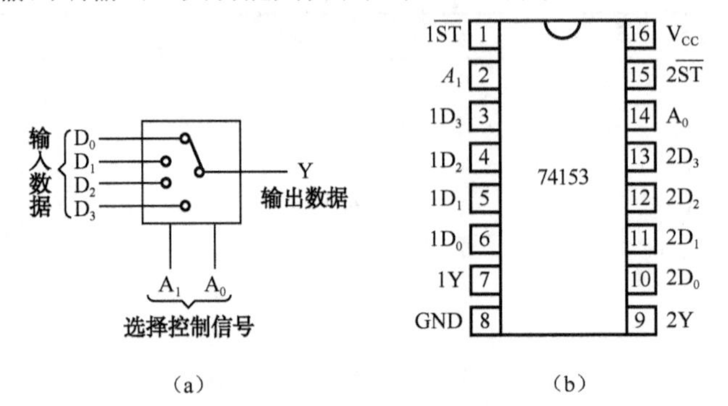


（a）　　（b）

图 4-44　四选一选择器 LS74153 示意图及引脚图

表 4-16　74LS153 的功能真值表

| $A_1$ | $A_0$ | $\overline{ST}$ | $\overline{Y}$ |
|---|---|---|---|
| × | × | 1 | 0 |
| 0 | 0 | 0 | $D_0$ |
| 0 | 1 | 0 | $D_1$ |
| 1 | 0 | 0 | $D_2$ |
| 1 | 1 | 0 | $D_3$ |

由表 4-16 可以得到逻辑函数表达式：

$$Y = D_0\overline{A_1 A_0} + D_1\overline{A_1}A_0 + D_2A_1\overline{A_0} + D_3A_1A_0$$

从数据选择器的输出和输入的表达式中可以看出，它们实际上是数据输入与地址输入的最小项相“与”的关系，因此数据选择器可以实现各种组合逻辑功能。

图 4-45（a）为八选一数据选择器 74LS151 的引脚排列图，图 4-45（b）为八选一数据选择器 74LS151 的逻辑符号。74LS151 的功能真值表如表 4-17 所示。

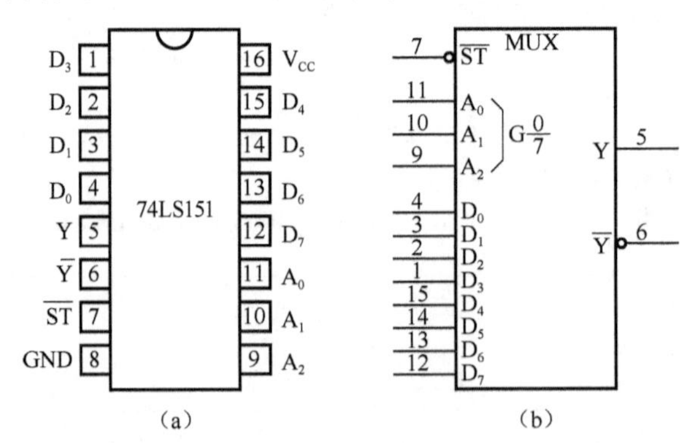


（a）　　（b）

图 4-45　八选一数据选择器 74LS151 的引脚图和逻辑符号

表 4-17　74LS151 的功能真值表

| $\overline{ST}$ | $A_2$ | $A_1$ | $A_0$ | Y | $\overline{Y}$ |
|---|---|---|---|---|---|
| 1 | × | × | × | 0 | 1 |
| 0 | 0 | 0 | 0 | $D_0$ | $\overline{D_0}$ |
| 0 | 0 | 0 | 1 | $D_1$ | $\overline{D_1}$ |
| 0 | 0 | 1 | 0 | $D_2$ | $\overline{D_2}$ |
| 0 | 0 | 1 | 1 | $D_3$ | $\overline{D_3}$ |
| 0 | 1 | 0 | 0 | $D_4$ | $\overline{D_4}$ |
| 0 | 1 | 0 | 1 | $D_5$ | $\overline{D_5}$ |
| 0 | 1 | 1 | 0 | $D_6$ | $\overline{D_6}$ |
| 0 | 1 | 1 | 1 | $D_7$ | $\overline{D_7}$ |

在图 4-45 中，$\overline{ST}$ 为芯片选通输入端，低电平有效；控制输入端共有 3 位，其中 $A_2$ 为高位；共有 8 路数据输入，分别是 $D_0$～$D_8$；当地址输入端 $A_2A_1A_0$ 为 000 时，Y 选择 $D_0$ 的数据输出，以此类推，当地址输入端 $A_2A_1A_0$ 为 111 时，Y 选择 $D_7$ 的数据输出。

不难看出，当电路处于正常工作状态时，输出和输入的关系如下：

$$Y = m_0D_0 + m_1D_1 + m_2D_2 + m_3D_3 + m_4D_4 + m_5D_5 + m_6D_6 + m_7D_7$$

从数据选择器的输出和输入之间的关系可以看出：数据输入与地址输入的最小项相与就是数据选择器的输出。因此数据选择器可以实现组合逻辑函数功能。

**【实例 4-6】** 请用 74LS153 实现逻辑函数 $F(A,B,C) = AB\overline{C} + AC + \overline{BC}$。

**解：** 方法一：可将逻辑函数变换为

$$F(A,B,C) = AB\overline{C} + AC + \overline{BC}$$

$$= \overline{A}\,\overline{B}\cdot\overline{C} + \overline{A}B\cdot 0 + A\overline{B}\cdot 1 + AB\cdot 1$$

对比 74LS153 功能逻辑函数，令 $D_0 = \overline{C}$，$D_1 = 0$，$D_2 = 1$，$D_3 = 1$，$A_1 = A$，$A_0 = B$，则输出 $Y = F$。电路连线如图 4-46 所示。

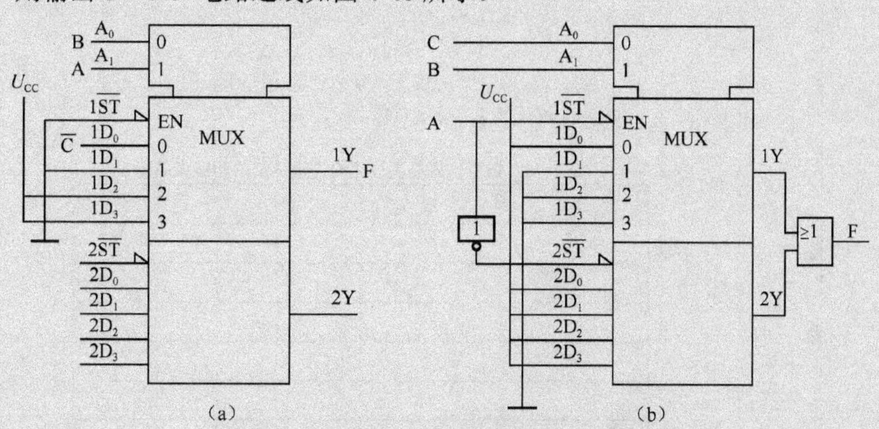


图 4-46　74LS153 实现逻辑函数的连线示意图

方法二：可将 74LS153 扩展为八选一多路选择器，可用函数描述为

$$Y = D_0\overline{A_2}\,\overline{A_1}\,\overline{A_0} + D_1\overline{A_2}\,\overline{A_1}A_0 + D_2\overline{A_2}A_1\overline{A_0} + D_3\overline{A_2}A_1A_0 +$$

$$D_4A_2\overline{A_1}\,\overline{A_0} + D_5A_2\overline{A_1}A_0 + D_6A_2A_1\overline{A_0} + D_7A_2A_1A_0$$

将函数变换为与上式相似的形式，即

$$F(A,B,C)=AB\bar{C}+AC+\bar{B}\bar{C}$$
$$=\bar{A}\bar{B}\bar{C}\cdot 1+\bar{A}\bar{B}C\cdot 0+\bar{A}B\bar{C}\cdot 0+\bar{A}BC\cdot 0+$$
$$A\bar{B}\bar{C}\cdot 1+A\bar{B}C\cdot 1+AB\bar{C}\cdot 1+ABC\cdot 1$$

确定数据输入端的取值，按图 4-46（b）连接电路即可。

## 案例分析 14　数据选择器实现组合逻辑函数的功能测试

| 任务名称 | 数据选择器实现组合逻辑函数的功能测试 | | |
|---|---|---|---|
| 测试方法 | 仿真实现 | 课时安排 | 2 |
| 任务内容 | 图 4-47　八选一数据选择器 74LS151 构成的组合逻辑电路图 | | |
| 任务要求 | 按测试程序要求完成所有测试内容，并撰写测试报告 | | |
| 虚拟仪器 | 数据选择器、数字万用表等 | | |
| 测试步骤 | | | |

1．八选一数据选择器的逻辑关系式：

$$Y=m_0D_0+m_1D_1+m_2D_2+m_3D_3+m_4D_4+m_5D_5+m_6D_6+m_7D_7$$
$$F=m_0\cdot 0+m_1\cdot 0+m_2\cdot 0+m_3\cdot 1+m_4\cdot 0+m_5\cdot 1+m_6\cdot 1+m_7\cdot 1$$
$$=m_3+m_5+m_6+m_7=\bar{A}BC+A\bar{B}C+AB\bar{C}+ABC$$

2．根据上式，可以列出该电路的功能真值表，如表 4-18 所示。

表 4-18　数据选择器构成组合逻辑电路的功能真值表

| A | B | C | F |
|---|---|---|---|
| | | | |
| | | | |
| | | | |
| | | | |
| | | | |
| | | | |
| | | | |
| | | | |

续表

| 任务名称 | 数据选择器实现组合逻辑函数的功能测试 | | |
|---|---|---|---|
| 测试方法 | 仿真实现 | 课时安排 | 2 |

3．根据表 4-18 判断电路的逻辑功能为____________________。

4．用 Multisim 或同类软件仿真验证。参考图 4-48。

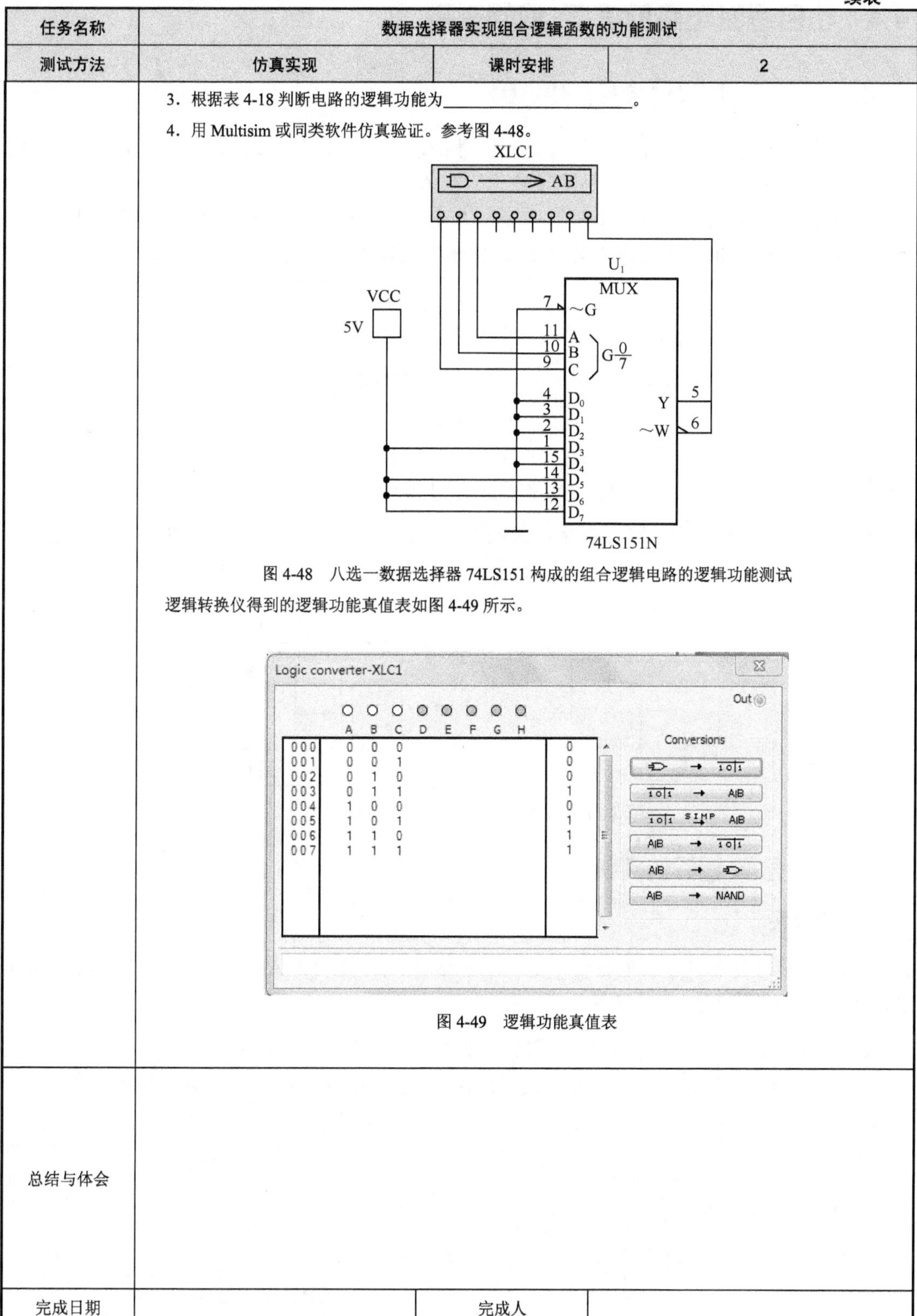


图 4-48　八选一数据选择器 74LS151 构成的组合逻辑电路的逻辑功能测试

逻辑转换仪得到的逻辑功能真值表如图 4-49 所示。

Logic converter-XLC1

Out

| | A | B | C | D | E | F | G | H | Out |
|---|---|---|---|---|---|---|---|---|---|
| 000 | 0 | 0 | 0 | | | | | | 0 |
| 001 | 0 | 0 | 1 | | | | | | 0 |
| 002 | 0 | 1 | 0 | | | | | | 0 |
| 003 | 0 | 1 | 1 | | | | | | 1 |
| 004 | 1 | 0 | 0 | | | | | | 0 |
| 005 | 1 | 0 | 1 | | | | | | 1 |
| 006 | 1 | 1 | 0 | | | | | | 1 |
| 007 | 1 | 1 | 1 | | | | | | 1 |

Conversions
1 0|1 → A|B
1 0|1 SIMP A|B
A|B → 1 0|1
A|B → NAND

图 4-49　逻辑功能真值表

| 总结与体会 | | | |
|---|---|---|---|
| 完成日期 | | 完成人 | |

# *4.4 组合逻辑电路的竞争-冒险现象

## 4.4.1 竞争-冒险现象及产生原因

在组合逻辑电路中，由于电平跃变或信号传输的延迟，使得输出有可能出现短时间出错，一般以尖脉冲现象出现，这种现象被称为竞争-冒险。

在图 4-50 所示的电路中，输入信号 A 从 0 变为 1，B 从 1 变为 0，由于跃变延迟，且 A 上升到阈值电压 $U_T$ 时，B 还未下降到 $U_T$，使输出出现了竞争-冒险现象。

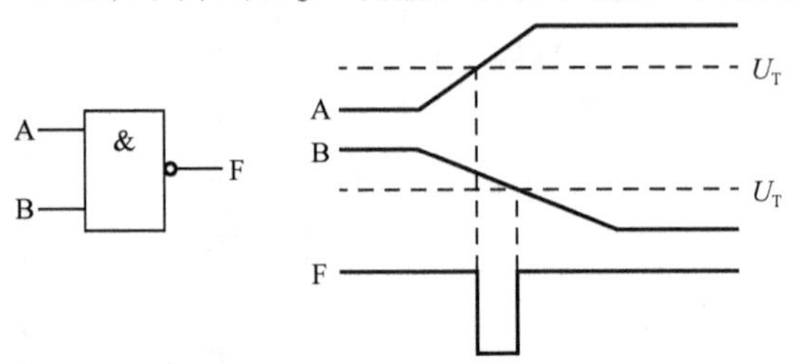


图 4-50 跃变延迟引起竞争-冒险

在图 4-51 所示电路中，输入信号 A 经两路传输到与门的输入端，由于门电路引起的延迟，当 $\overline{A}$ 由 1 变为 0 时，相对 A 由 0 变为 1 滞后了一段时间，使得输出出现了竞争-冒险现象。

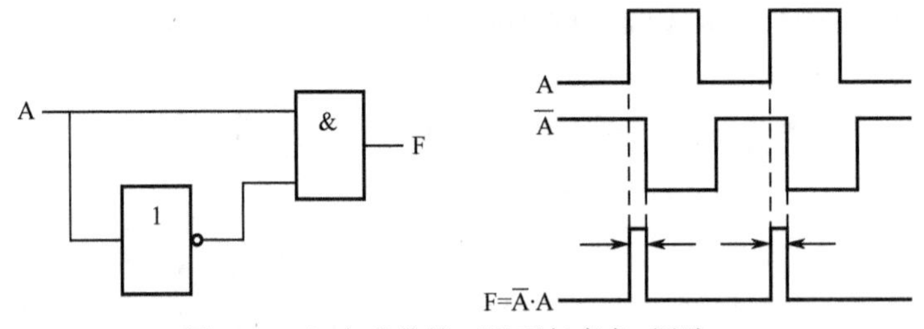


图 4-51 门电路传输延迟引起竞争-冒险

## 4.4.2 竞争-冒险的判断

### 1. 代数法

在组合逻辑电路中，如果有一个逻辑函数表达式可化简为 $A\cdot\overline{A}$ 或 $A+\overline{A}$ 的形式，则此电路就有可能出现竞争-冒险现象。

**【实例 4-7】** 判断 $F=A\overline{C}+BC$ 是否出现竞争-冒险现象。

**解：** 当 $A=B=1$ 时，$F=A+\overline{A}$，则可能出现竞争-冒险现象，如图 4-52 所示。

图 4-52 实例 4-7 出现竞争-冒险

### 2. 卡诺图法

在卡诺图中，如果两个最小项构成的矩形相邻且不相交，则对应的电路也有可能出现竞争-冒险现象。

例如，在图 4-53 中，因为有 4 个矩形相邻而不相交，所以卡诺图对应的电路有可能出现竞争-冒险现象。

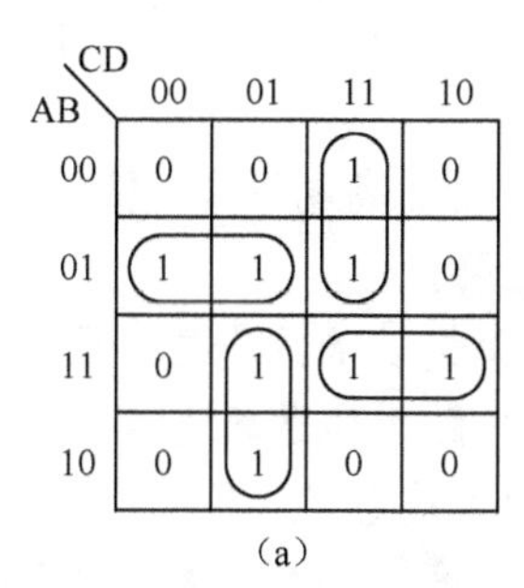


（a）

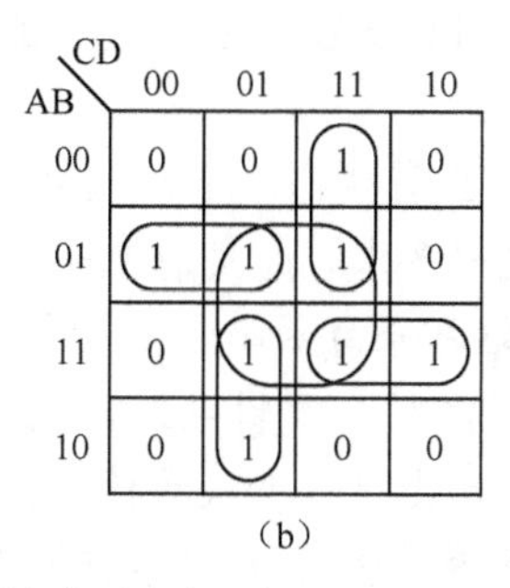


（b）

图 4-53　用卡诺图判断竞争-冒险现象

## 4.4.3　竞争-冒险现象的消除

竞争-冒险现象会造成短时间的逻辑错误或使系统误操作，因此应尽量消除竞争-冒险现象。通常有以下几种方法消除竞争-冒险现象。

### 1. 冗余项法

冗余项是指在表达式中加上一项对逻辑功能不产生影响的逻辑项，保证数据输出的稳定。如图 4-53（b）在图（a）的基础上再加上了一个矩形，虽然在化简中是多余的，但加上该矩形后各个矩形就变成相交的，这时该电路便不存在竞争-冒险现象了。

### 2. 滤波法

实际的竞争-冒险现象输出的波形宽度非常窄，可以在输出端加上一个小电容将尖脉冲滤除，如图 4-54（a）所示。

### 3. 选通法

可以在电路中加上一个选通信号，当输入信号跃变时，输出端关闭；当输入信号稳定后，输出端开启，如图 4-54（b）所示。

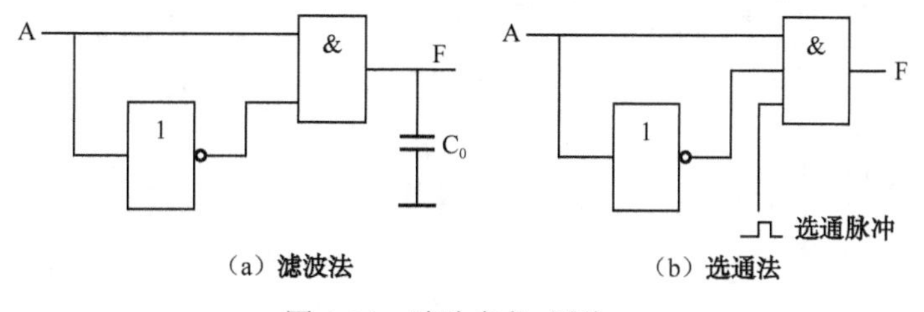


（a）滤波法　　（b）选通法

图 4-54　消除竞争-冒险

## 知识梳理与总结

● TTL 门电路速度快、抗干扰能力强，其中应用较多的是 74LS 系列。TTL 门电路的电特性包括输入特性、输入负载特性、输出特性等，对于 TTL 门电路的应用有重要意义。

● 普通的 TTL 门电路的输出端不能并联，而 OC 门能实现线与的逻辑功能。运用 OC 门驱动负载门电路，可以提高驱动负载的能力，保证电平的正常传输。此外，运用 OC 门还可以实现电平的转移。

● 三态门输出有三种状态：输出低电平 0、输出高电平 1、输出高阻态。分析其功能时务必注意使能端的电平要求，是何种电平有效控制。

● 一般数字电路可分为两类：一类是没有记忆功能的电路；另一类是具有记忆功能的电路，通常把前者叫做组合逻辑电路，把后者叫做时序逻辑电路。组合逻辑电路的特点是任何给定时刻的稳定输出仅仅取决于该时刻的输入状态。

● 组合逻辑电路的分析和设计方法是重点内容。分析是指由电路找出其功能，而设计的目的则是按照功能要求来实现逻辑电路。

● 常用组合逻辑电路中主要以中规模集成逻辑模块为重点。译码器、编码器及数据选择器等集成电路的构成、功能和使能端的处理，要灵活应用于任意逻辑函数的实现中。

● 竞争-冒险现象，其产生的根本原因是信号的传输延迟，可以通过公式法或卡诺图法进行判断，进而使其得到避免。

## 习题 4

1．若编码器中有 50 个编码对象，则要求输出二进制代码位数为________位。

2．一个十六选一的数据选择器，其地址控制端有________个。

3．四选一数据选择器的数据输出 Y 与数据输入 $D_i$ 和地址线 $A_i$ 之间的逻辑表达式为 Y=________。

4．3-8 线变量译码器的输入端有________个，输出端口有________个，且输出端均是________电平有效。

5．试分析图 4-55 所示各门电路的输出是什么状态（高电平、低电平或高阻态）？假设均为 TTL 门电路。

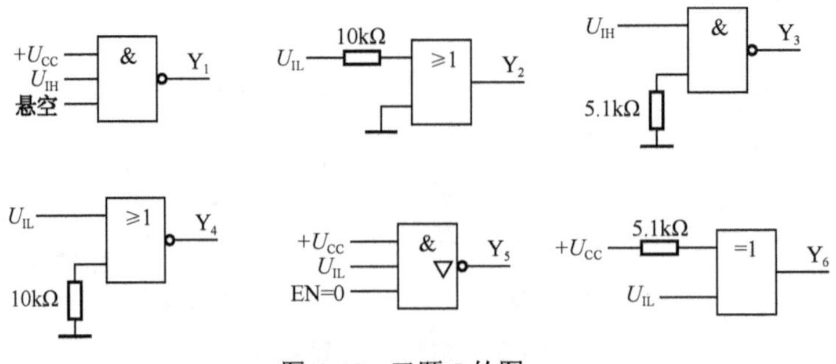


图 4-55　习题 5 的图

6．试写出图 4-56 中的各个 TTL 门电路的输出。

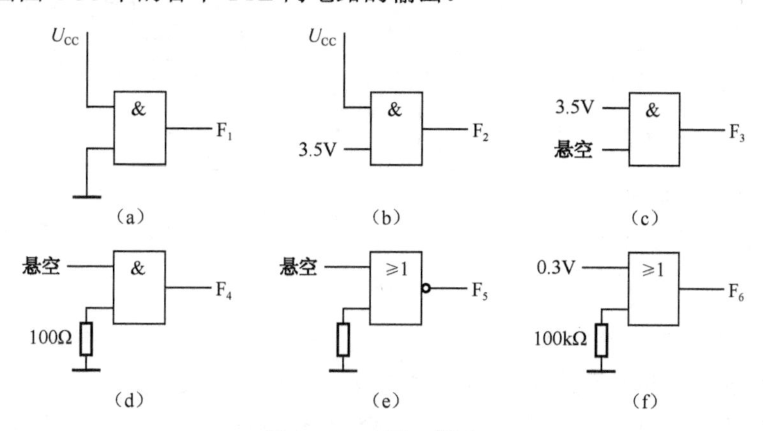


图 4-56　习题 6 的图

7．试写出图 4-57 所示门电路的输出。

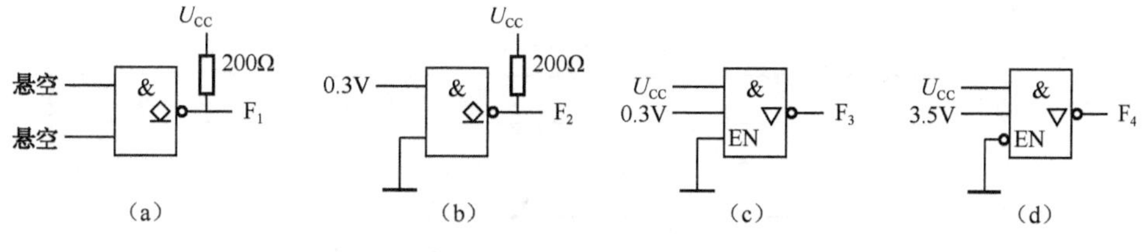


图 4-57　习题 7 的图

8．分别写出图 4-58 所示电路的逻辑功能。

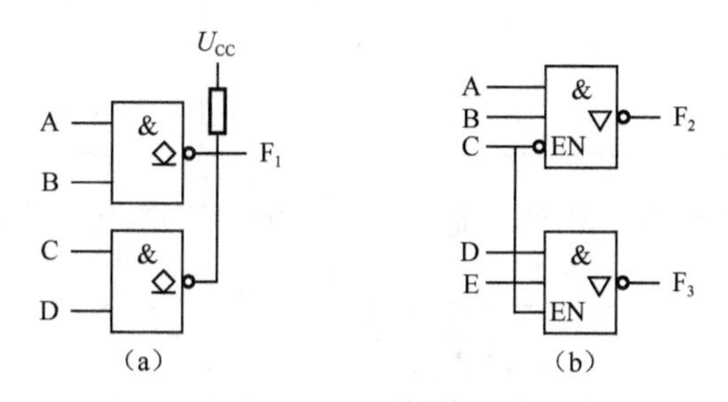


图 4-58　习题 8 的图

9．由 74LS125 和 74LS04 构成如图 4-59 所示的电路，请根据输入波形画出输出波形。

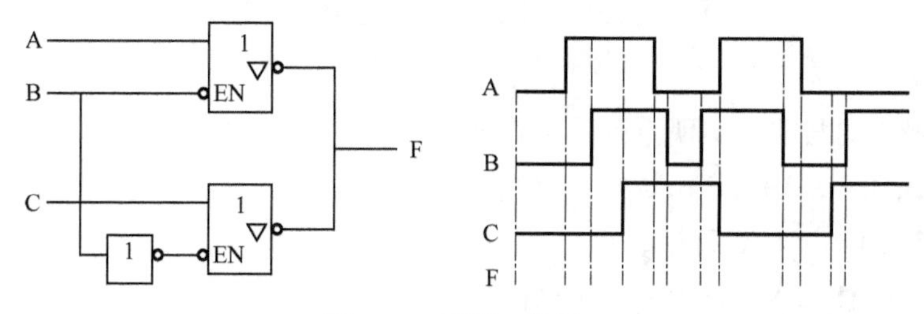


图 4-59　习题 9 的图

10．分析图 4-60 中所示电路的功能。

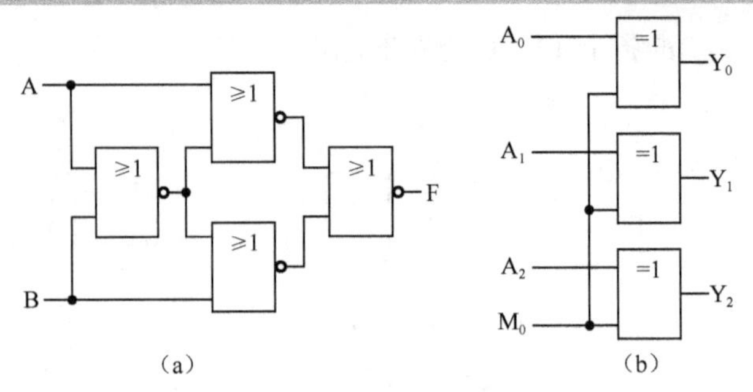


图 4-60　习题 10 的图

11．有 A、B、C 三个输入信号，当三个信号都是 0 时，或者有一个为 1 时，输出 F=1；在其余情况下，输出均为 0。试列出真值表，写出逻辑表达式。

12．交通灯有红、黄、绿三色，只有当其中一个灯亮时为正常，其余状态均为故障。试用与非门设计一个交通灯故障报警电路。

13．请用基本门电路设计一个全加器电路，其真值表如表 4-19 所示。

**表 4-19　真值表**

| A | B | $C_{i-1}$ | $C_O$ | S |
|---|---|---|---|---|
| 0 | 0 | 0 | 0 | 0 |
| 0 | 0 | 1 | 0 | 1 |
| 0 | 1 | 0 | 0 | 1 |
| 0 | 1 | 1 | 1 | 0 |
| 1 | 0 | 0 | 0 | 1 |
| 1 | 0 | 1 | 1 | 0 |
| 1 | 1 | 0 | 1 | 0 |
| 1 | 1 | 1 | 1 | 1 |

14．请用 74LS00 实现图 4-61 所示输入、输出波形实现的逻辑功能。

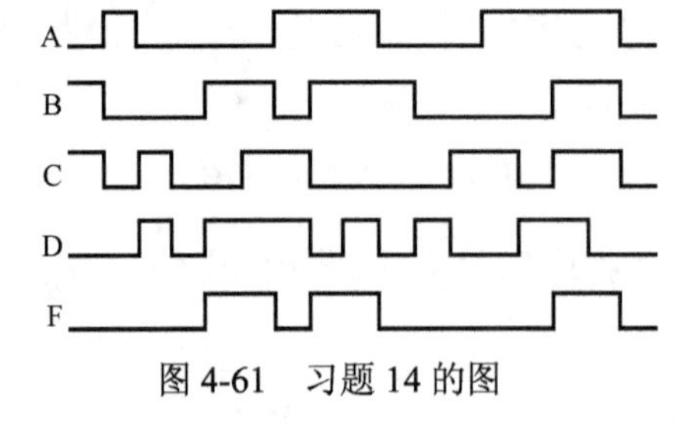


图 4-61　习题 14 的图

15．请用最少的与非门实现下列函数功能。

（1）$F(A,B,C)=\overline{AB}+\overline{BC}+AC$

（2）$F(A,B,C)=\sum m(0,2,3,4,6)$

（3）$F(A,B,C,D)=\sum m(1,3,4,7,12,15)$

16．请用 74LS138 及门电路实现下列函数。

（1）$F(A,B,C)=ABC+\overline{A}(B+C)$

（2） $F(A,B,C)=A\oplus B\oplus C$

（3） $F(A,B,C)=\sum m(1,3,5,6)$

（4） $F(A,B,C)=\prod M(3,4,5)$

17. 请用两片 74LS138 及门电路实现下列函数。

（1） $F(A,B,C,D)=\sum m(0,3,5,12,13,14,15)$

（2） $F(A,B,C,D)=A\bar{B}C+BCD$

18. 请用 74LS138 及门电路实现如下功能：将 8421BCD 码转换成 2421 码。

19. 请用 74LS153 实现下列函数，功能真值表如 4-20 所示。

**表 4-20 功能真值表**

| $\overline{ST}$ | $A_1$ | $A_0$ | $D_3$ | $D_2$ | $D_1$ | $D_0$ | Y |
|---|---|---|---|---|---|---|---|
| 1 | × | × | × | × | × | × | 0 |
| 0 | 0 | 0 | × | × | × | 1/0 | 1/0 |
| 0 | 0 | 1 | × | × | 1/0 | × | 1/0 |
| 0 | 1 | 0 | × | 1/0 | × | × | 1/0 |
| 0 | 1 | 1 | 1/0 | × | × | × | 1/0 |

（1） $F(A,B,C)=\sum m(1,3,4,7)$

（2） $F(A,B,C)=(A+\bar{B})(A+\overline{B+C})$

（3） $F(A,B,C)=A\bar{B}C+\overline{AC}+B\bar{C}$

20. 设计一个有三输入信号 A、B、C、一个输出信号 Z 的判偶电路，功能是当输入中有偶数个 1 时，输出 Z=1，否则 Z=0。

（1）用最少的与非门实现。

（2）用 74LS138 及门电路实现。

（3）用 74LS151 实现。

21. 判断下列函数是否会出现竞争-冒险现象。

（1） $F(A,B,C)=\bar{A}\bar{B}+AC+B\bar{C}$

（2） $F(A,B,C,D)=\bar{A}B+\bar{B}\bar{C}+AC\bar{D}$

（3） $F(A,B,C,D)=\bar{B}\bar{D}+\bar{A}\bar{C}\bar{D}+\bar{A}\bar{B}C+A\bar{B}\bar{C}+AC\bar{D}$

# 第5章 时序逻辑电路的分析与设计

## 教学导航

|  |  |  |
|---|---|---|
| 教 | 知识重点 | 1. 触发器的类型及时序逻辑电路的特点 |
|  |  | 2. 常用典型触发器的逻辑功能及表示方法 |
|  |  | 3. 时序逻辑电路的分析与设计方法 |
|  |  | 4. 计数器的逻辑功能及其应用 |
|  | 知识难点 | 时序逻辑电路的分析与设计、计数器的应用 |
|  | 推荐教学方式 | 将理论与技能训练相结合，掌握典型触发器的功能及时序逻辑电路的分析、设计方法 |
|  | 建议学时 | 16学时 |
| 学 | 推荐学习方法 | 以小组讨论的学习方式，结合本章内容，通过仿真实践理解、掌握触发器的功能分析和时序逻辑电路的分析 |
|  | 必须掌握的理论知识 | 1. 触发器的类型及时序逻辑电路的特点 |
|  |  | 2. 各类典型触发器的功能及时序逻辑电路的功能分析 |
|  |  | 3. 计数器的功能及其计数模式的改变 |
|  | 必须掌握的技能 | 1. 熟练分析时序逻辑电路的功能 |
|  |  | 2. 能够设计简单的同步时序逻辑电路 |
|  |  | 3. 灵活应用置数、清零法实现计数器的不同计数模式 |

在数字设备和数字系统中，另一类数字逻辑电路是时序逻辑电路，简称时序电路。它包括同步时序电路和异步时序电路两种。

在前面的章节中讨论过组合逻辑电路，组合逻辑电路的每个输出信号值仅取决于施加于输入端的信号值。

而时序逻辑电路的输出值不只取决于当前的输入值，还与前一时刻输入形成的状态有关。这类电路包括可以存储逻辑信号的存储元件，存储元件的内容代表了电路的状态。

当电路的输入发生改变时，新输入的值既可以使电路的状态不发生任何变化，也可以使电路进入另一个状态。

时序电路的基本结构框图如图 5-1 所示，它一般由组合电路和存储电路两部分组成。图中的 $X(X_1, X_2, \cdots, X_i)$是外部输入信号；$Y(Y_1, Y_2, \cdots, Y_j)$是外部输出信号；$Z(Z_1, Z_2,\cdots, Z_k)$是内部输出，也是存储电路的输入信号；$Q(Q_1, Q_2,\cdots, Q_l)$是存储电路的输出信号，也是组合逻辑电路的内部输入。

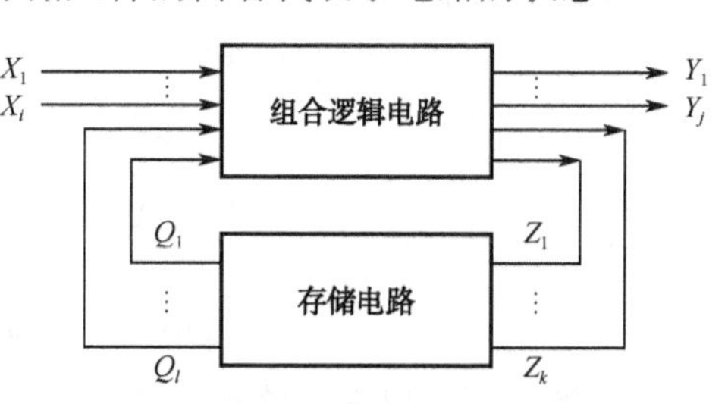

图 5-1 时序电路的基本结构框图

## 5.1 触发器的结构与功能

触发器的特点：触发器具有两个稳定的状态，在外加信号的触发下，可以从一个稳态转到另一个稳态。触发器可以记忆和存储两个信息——“0”或“1”，因此说 1 个触发器可以记忆 1 位二进制数。

根据电路结构的不同，触发器可以分为基本触发器和钟控触发器两大类。

具有时钟脉冲输入信号（Clock Pulse）的触发器即为钟控触发器。钟控触发器又可以分为电平式触发器、边沿触发器和主从触发器三类。

根据逻辑功能的不同，触发器还可以分为 RS 触发器、JK 触发器、D 触发器及 T（T′）触发器等。常用特征表（真值表）、特征方程、状态转移图和时序图来表示其逻辑功能。

### 5.1.1 基本 RS 触发器

图 5-2 所示是由或非门构成的基本 RS 触发器。它的输入信号 S（set，置位）和 R（Reset，复位）可以用来改变存储元件的电路状态 Q。电路中的两个或非门用交叉耦合的方式相连，组成基本触发器。

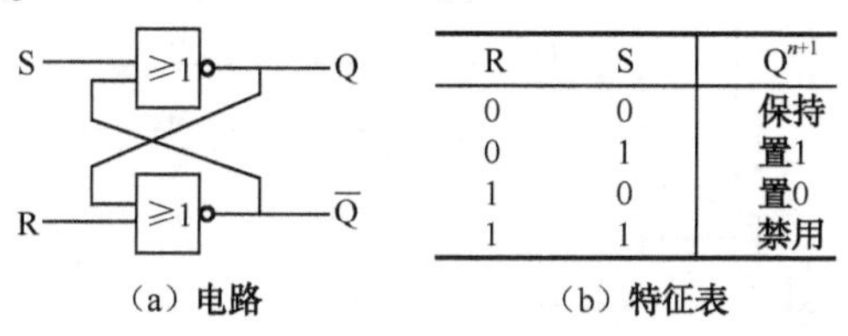


| R | S | $Q^{n+1}$ |
|---|---|---|
| 0 | 0 | 保持 |
| 0 | 1 | 置1 |
| 1 | 0 | 置0 |
| 1 | 1 | 禁用 |

（a）电路　　（b）特征表

图 5-2 或非门构成的基本 RS 触发器

图 5-2（b）中的特征表描述了它的特性。当复位端 R、置位端 S 同时为 0 时，锁存器保持原状态；当 R=0，S=1 时，锁存器置 1；当 R=1，S=0 时，锁存器置 0。第四种情况是

R=1，S=1 时，输出 $Q^{n+1}$ 和 $\overline{Q}^{n+1}$ 均为 0，但这种情况显然有悖于逻辑，因此为“禁用状态”。图 5-2（b）中的表通常称为特征表。

由特征表可以得出该基本 RS 触发器的输出状态特征方程为 $Q^{n+1}=S+\overline{R}Q^{n}$，且有约束条件，为 $SR=0$。

图 5-3（a）所示是由与非门构成的基本 RS 触发器。其工作原理类似于上述由或非门构成的 RS 触发器。图 5-3（b）是其特征表。

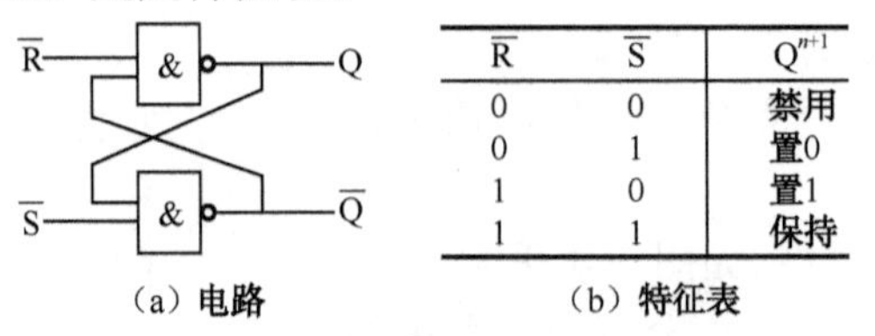


| $\overline{R}$ | $\overline{S}$ | $Q^{n+1}$ |
| --- | --- | --- |
| 0 | 0 | 禁用 |
| 0 | 1 | 置0 |
| 1 | 0 | 置1 |
| 1 | 1 | 保持 |

（a）电路　　（b）特征表

图 5-3　与非门构成的基本 RS 触发器

由特征表可以得出该基本 RS 触发器的输出状态特征方程为 $Q^{n+1}=S+\overline{R}Q^{n}$，但约束条件为 $S+R=1$，不同于由或非门构成的基本 RS 触发器。

以上两种结构的基本 RS 触发器均有不允许状态，即禁用状态。但它们的逻辑功能都有三种：置 0、置 1、保持。

两种基本 RS 触发器的电路符号如图 5-4 所示。

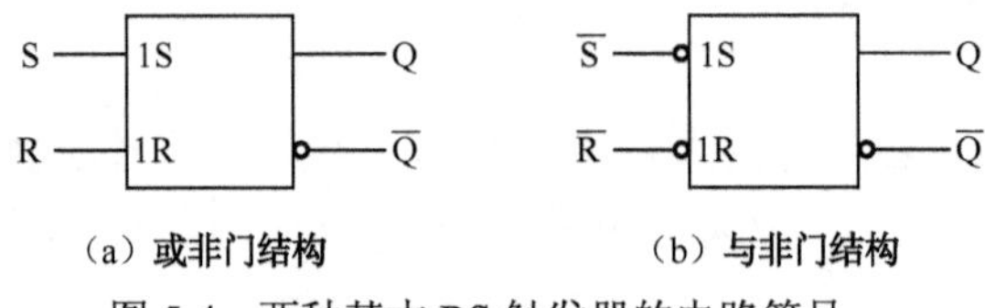


（a）或非门结构　　（b）与非门结构

图 5-4　两种基本 RS 触发器的电路符号

## 5.1.2　钟控 RS 触发器

基本 RS 触发器用做记忆元件，能记住当 S 和 R 输入端为 0 时的状态，也称为钟控 RS 锁存器。RS 触发器的状态随着 S 和 R 输入信号的改变而改变，其状态的改变总是发生在输入信号改变时。若不能控制其输入信号的改变时间，就无法知道什么时候其输出状态会改变了。

在基本 RS 触发器输入端加入时钟控制信号则可以解决上述问题，如图 5-5 所示。

图 5-5（a）所示为修改后的电路，这类使用控制信号的触发器电路称为钟控 RS 触发器。图 5-5（b）是其特征表，可得到 $t+1$ 时刻的 Q 的输出状态，即输入为 S、R、CP，输出为 $Q^{n+1}$ 的函数。

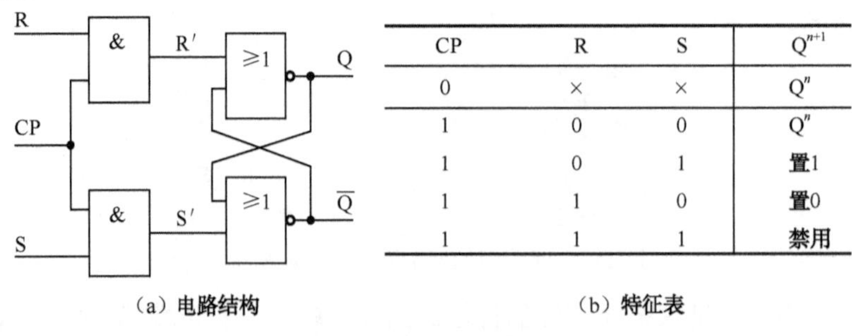


| CP | R | S | $Q^{n+1}$ |
| --- | --- | --- | --- |
| 0 | × | × | $Q^n$ |
| 1 | 0 | 0 | $Q^n$ |
| 1 | 0 | 1 | 置1 |
| 1 | 1 | 0 | 置0 |
| 1 | 1 | 1 | 禁用 |

（a）电路结构　　（b）特征表

图 5-5　钟控 RS 触发器

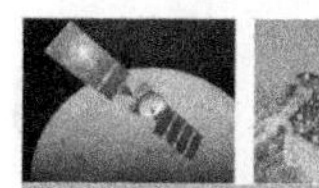

当 CP=0 时，无论 S、R 输入端的值是什么，锁存器将保持 $t$ 时刻的状态 $Q^n$。这里用 S=×，R=×表示，×表示信号值为 0 或 1。

由图 5-5 可见，钟控 RS 触发器只有在 CP＝1 时，输出状态才会取决于输入信号 S、R。图 5-6 所示为钟控 RS 触发器的电路符号，可以用特征方程描述其逻辑功能：

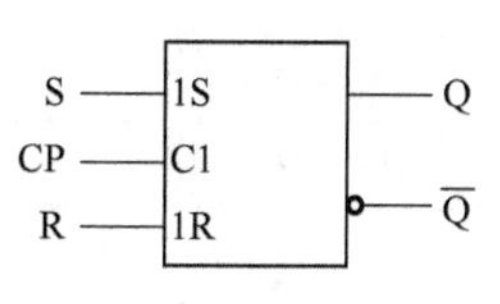


图 5-6　钟控 RS 触发器的电路符号

$$\begin{cases} \text{CP=0}: Q^{n+1} = Q^n \\ \text{CP=1}: Q^{n+1} = S + \overline{R}Q^n \end{cases}$$

## 案例分析 15　RS 触发器的功能测试

<table>
<tr><td>任务名称</td><td colspan="3">RS 触发器的功能测试</td></tr>
<tr><td>测试方法</td><td>仿真实现</td><td>课时安排</td><td>2</td></tr>
<tr><td>任务内容</td><td colspan="3">与非门交叉耦合构成的基本 RS 触发器如图 5-7 所示。<br>
<table><tr><th>$\overline{R}$</th><th>$\overline{S}$</th><th>$Q^{n+1}$</th></tr><tr><td>0</td><td>0</td><td>禁用</td></tr><tr><td>0</td><td>1</td><td>置0</td></tr><tr><td>1</td><td>0</td><td>置1</td></tr><tr><td>1</td><td>1</td><td>保持</td></tr></table>
图 5-7　与非门交叉耦合构成的基本 RS 触发器</td></tr>
<tr><td>任务要求</td><td colspan="3">（1）使用 74LS00 构建一个基本 RS 触发器。<br>（2）测试所构建的基本 RS 触发器的逻辑功能，完成其特性表。</td></tr>
<tr><td>虚拟仪器</td><td colspan="3">74LS00、数字万用表等</td></tr>
<tr><td colspan="4">测试步骤</td></tr>
<tr><td></td><td colspan="3">1．用两个与非门组成基本 RS 触发器，输入端 S、R 接逻辑开关的输出端口，输出端 Q、$\overline{Q}$ 接逻辑电平显示输入端口（即万用表的输入端口），如图 5-8 所示。<br>图 5-8　与非门构成的基本 RS 触发器</td></tr>
</table>

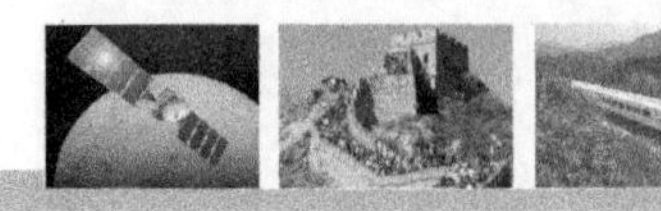

续表

| 任务名称 | RS 触发器的功能测试 | | |
| --- | --- | --- | --- |
| 测试方法 | 仿真实现 | 课时安排 | 2 |

2．运行仿真，切换开关 A、B 的状态，并按表 5-1 进行记录。

表 5-1　基本 RS 触发器的功能测试

| R | S | Q | $\overline{Q}$ |
| --- | --- | --- | --- |
| 1 | 1→0 | | |
| | 0→1 | | |
| 1→0 | 1 | | |
| 0→1 | | | |
| 0 | 0 | | |

根据仿真结果，写出基本 RS 触发器的功能：

| 拓展思考 | 1．请自行完成由或非门构成的基本 RS 触发器电路，用 Multisim 软件画出电路并参照上述内容验证其逻辑功能。<br>2．如果需加入时钟控制信号 CP，构成钟控 RS 触发器，如何实现？请用 Multisim 软件画出其电路。 | | |
| --- | --- | --- | --- |
| 总结与体会 | | | |
| 完成日期 | | 完成人 | |

## 5.1.3　钟控 D 触发器

本节将描述在实践中更有用的另一种钟控触发器。它只有一个输入端 D，并且在时钟信号的控制下存储输入端的值。这种锁存器称为钟控 D 触发器。

图 5-9 为钟控 D 触发器的电路结构。它是基于钟控 RS 触发器的但又有所不同，它的输入端 S 和 R 不是分开的，而只有一个数据输入端 D。为了方便起见，图中标出了相当于 S 和 R 的输入端。若 D=1，则 S=1 且 R=0，使锁存器处于 Q=1 状态；若 D=0，则 S=0 且 R=1，于是 Q=0。当然，状态变化只能发生在 CP=1 时。

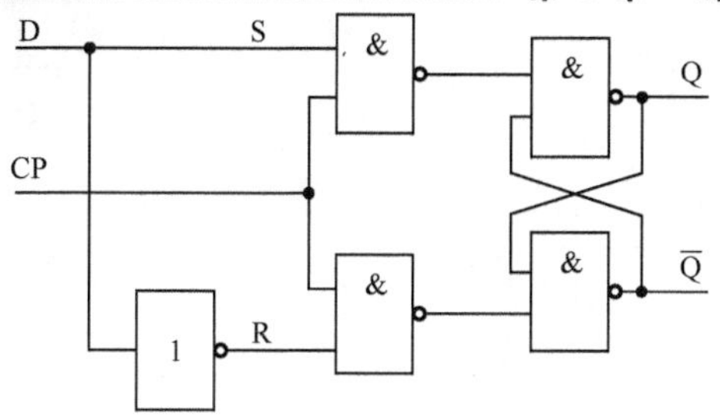


图 5-9　钟控 D 触发器的电路结构

图 5-10（a）为钟控 D 触发器的电路符号，根据其逻辑功能可以列出特征表，如图 5-10（b）所示。由图可见，只要 CP=1，输出 Q 就跟随输入的 D 而变化，此刻它们的波形是一致的；而当时钟 CP 的电平为 0 时，输出 Q 就不能发生任何变化，如图 5-10（c）的时序图所示。

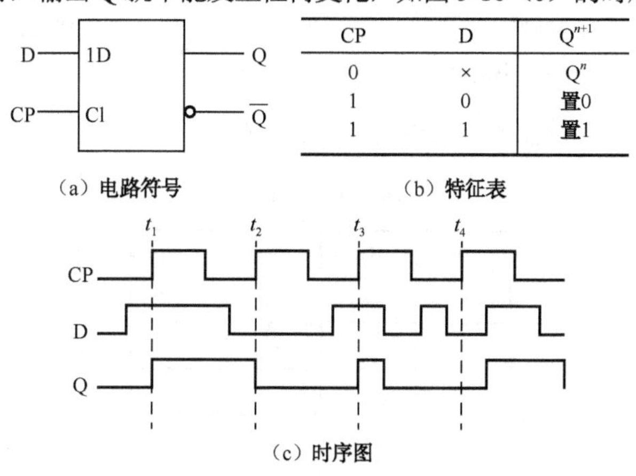


（a）电路符号

| CP | D | $Q^{n+1}$ |
|---|---|---|
| 0 | × | $Q^n$ |
| 1 | 0 | 置0 |
| 1 | 1 | 置1 |

（b）特征表

（c）时序图

图 5-10　钟控 D 触发器

因此，钟控 D 触发器的功能可以用以下特征方程描述：

$$\begin{cases} CP = 0：Q^{n+1} = Q^n \\ CP = 1：Q^{n+1} = D \end{cases}$$

在前面章节中介绍过逻辑值由高电平和低电平体现。由于钟控 D 触发器的输出受到时钟输入电平高、低的控制，所以这种触发器也称为电平敏感型锁存器。因此钟控 D 触发器也称为钟控 D 锁存器。

下面将介绍另一种存储元件，其输出仅在时钟信号电平发生变化的那一时刻才可能发生改变，这种元件称为跳变沿触发存储元件。

### 5.1.4　边沿 D 触发器

图 5-11 所示就是一个上升沿触发的 D 触发器。该电路只需要 6 个与非门，因此用的晶体管较少。

图 5-11（b）给出了这种触发器的电路符号。图中的时钟输入表明该触发器是由时钟的正跳变沿触发的，此类触发器称为上升沿触发的边沿触发器。图 5-11（c）为其特征方程。

由图 5-11 可见，该触发器工作于时钟控制信号的上升时刻，此时输出状态取决于信号 D；其余时间，输出均不会发生改变。

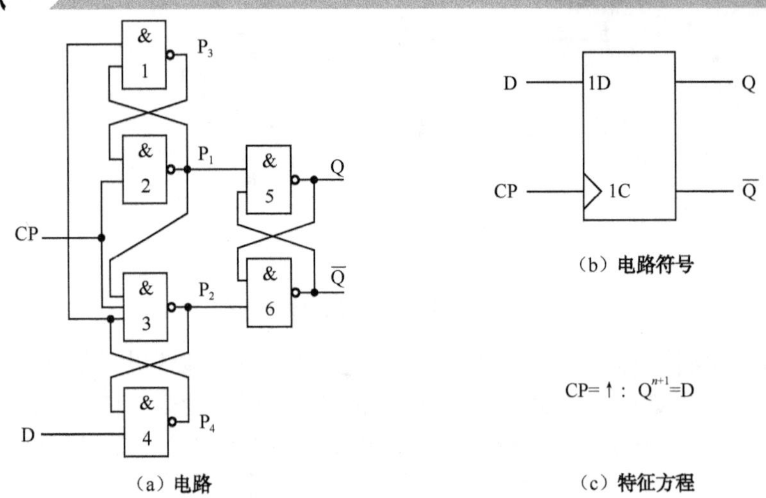


图 5-11　上升沿触发的 D 触发器

可以列出此边沿 D 触发器的真值表，如表 5-2 所示。

**表 5-2　真值表**

| CP | D | $Q^n$ | $Q^{n+1}$ |
|---|---|---|---|
| × | × | × | $Q^n$ |
| ↑ | 0 | 0 | 0 |
| ↑ | 0 | 1 | 0 |
| ↑ | 1 | 0 | 1 |
| ↑ | 1 | 1 | 1 |

由表 5-2 还可以得出其状态转移图，如图 5-12 所示。

在图 5-12 中，用 0 外加 1 个圈表示 0 状态，用 1 外加 1 个圈表示 1 状态；用有箭头的线段表示 CP 脉冲的有效边沿到来之后的状态的变化方向；箭头上方或下方是状态转换的条件。

下面举例说明边沿 D 触发器的工作情况，其波形图如图 5-13 所示。

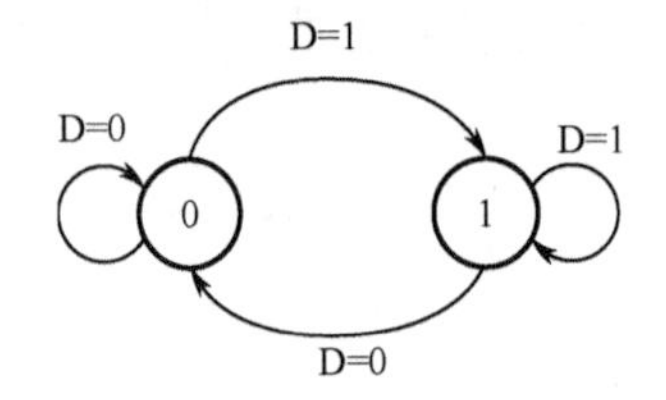


图 5-12　D 触发器的状态转移图

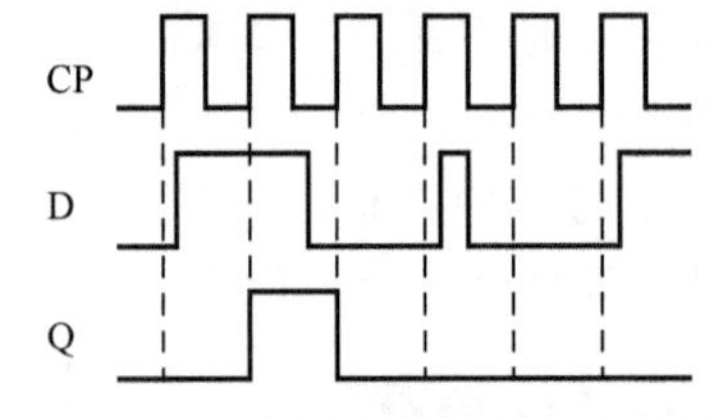


图 5-13　D 触发器的波形图（时序图）

下面简单介绍一下电平敏感存储元件与跳变沿触发存储元件之间的不同。

图 5-14（b）中画出了在相同数据和时钟输入的前提下，三种不同存储元件的输出波形。其中第一个元件是钟控 D 触发器（也称为锁存器），是电平敏感型；第二个是正跳变沿触发的 D 触发器；第三个是负跳变沿触发的 D 触发器。

为突出这些存储元件的不同之处，输入信号 D 在时钟的半个周期里变化多次。请注意观察，在时钟为高电平期间，钟控 D 锁存器的输出就会跟随着输入信号 D 的变化而变化；

而正跳变沿触发器的输出只在时钟从 0 变到 1 的时刻才对 D 的值做出响应；负跳变沿触发器的输出只在时钟从 1 变到 0 的时刻才对 D 的值做出响应。

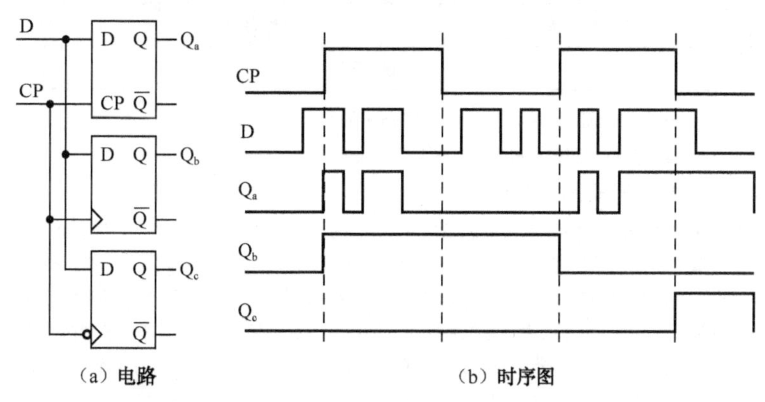

（a）电路　　　　（b）时序图

图 5-14　电平敏感型和跳变沿触发型 D 存储元件的比较

电平敏感型触发器在约定钟控电平（CP=1 或 CP=0）期间接受输入激励信号，输入激励信号的变化都会引起触发器状态的改变；而在非约定钟控信号电平期间，触发器不接受输入激励信号，触发器状态保持不变。

因此，当 CP=1 且脉冲宽度较宽时，触发器将会出现连续不停的多次翻转。跳变沿触发型触发器不仅可以克服电平敏感型触发器的多次翻转现象，而且仅仅在时钟 CP 的上升沿和下降沿时刻才对输入激励信号响应，从而大大提高了抗干扰能力。

## 案例分析 16　D 触发器的功能测试及验证

| 任务名称 | D 触发器的功能测试及验证 | | |
|---|---|---|---|
| 测试方法 | 仿真实现 | 课时安排 | 2 |
| 任务内容 | VCC 5V；U2 500Hz；XMM1；U1A：4 ~1PR，3 1CLK，2 1D，1 ~1CLR，1Q 5，~1Q 6；74LS74N；$S_1$ Key=Space<br>图 5-15　D 触发器的功能测试及验证 | | |
| 任务要求 | （1）使用 74LS74 构成一个 D 触发器工作电路。<br>（2）测试并验证 D 触发器的逻辑功能，完成其特性表。 | | |
| 虚拟仪器 | 74LS74、数字万用表、时钟脉冲信号源等 | | |

续表

| 任务名称 | D 触发器的功能测试及验证 | | |
|---|---|---|---|
| 测试方法 | 仿真实现 | 课时安排 | 2 |

测试步骤

1．打开 Multisim 软件，完成图 5-15 所示的 D 触发器工作电路。

2．测试复位、置位功能，自拟表格记录。

3．测试 D 触发器的逻辑功能。

按表 5-3 进行测试，并观察触发器状态更新是否发生在脉冲的上升沿（即由 0→1），记录下来。

边沿 D 触发器的动作特点是：当 CP 脉冲的有效边沿到来时，触发器的输出状态等于输入端 D 的状态，而在 CP 脉冲信号的其他时刻，D 触发器保持原来状态不变。D 触发器的状态方程 $Q^{n+1}=D$，D 触发器常被用于数字信号的寄存、移位寄存、分频和波形发生等。一个芯片中封装着两个相同的 D 触发器，每个触发器只有一个 D 端，它们都带有置 0 端 $\overline{R_D}$ 和置 1 端 $\overline{S_D}$，为低电平有效，CP 上升沿触发。

**表 5-3　D 触发器的功能测试**

| CP | D | $Q^n$ | $Q^{n+1}$ | 逻辑功能 |
|---|---|---|---|---|
| × | × | 0 | | |
| | | 1 | | |
| × | × | 0 | | |
| | | 1 | | |
| 1→0 | 1 | 0 | | |
| | | 1 | | |
| 0→1 | 1 | 0 | | |
| | | 1 | | |
| 1→0 | 0 | 0 | | |
| | | 1 | | |
| 0→1 | 0 | 0 | | |
| | | 1 | | |

拓展思考

将 D 触发器的 $\overline{Q}$ 端与 D 端相连接，如图 5-16 所示，分析其逻辑功能；写出状态方程、画出次态波形图、计算输出信号的频率（假设触发器的初始状态为 0）。



图 5-16　D 触发器的功能拓展测试

| 总结与体会 | | | |
|---|---|---|---|
| 完成日期 | | 完成人 | |

### 5.1.5　T 触发器

T 触发器也是常用的存储器件，在 D 触发器输入端添加简单门电路，就可以构成 T 触发器，如图 5-17（a）所示。

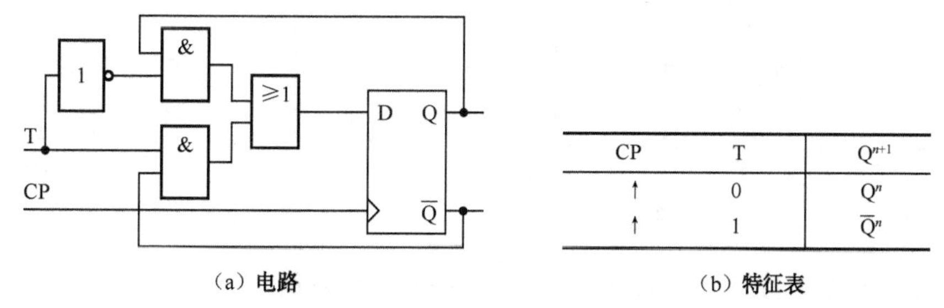


| CP | T | $Q^{n+1}$ |
|---|---|---|
| ↑ | 0 | $Q^n$ |
| ↑ | 1 | $\overline{Q}^n$ |

（a）**电路**　　　　（b）**特征表**

图 5-17　T 触发器的电路及特征表

在信号 T 的控制下，使 D 触发器的数据输入等于 Q 或 $\overline{Q}$。在时钟的每一个上升沿，触发器都有可能改变其状态 $Q^n$。若 T=0，则 D=Q，状态保持不变，也就是说，$Q^{n+1}=Q^n$。但是若 T=1，则 D= $\overline{Q}$，新的状态 $Q^{n+1}=\overline{Q}^n$。因此，当正跳变沿到来时，该电路的操作是：若 T=0，则该电路保持它的当前状态；若 T=1，则该电路的状态翻转。

图 5-17（b）用特征表的形式说明了电路的操作。T 触发器这个名字来自于它的行为，T=1 时触发器的状态“翻转”（英文为 toggle）。翻转的特点使得 T 触发器成为构建计数器电路的一个有用元件。T 触发器的电路符号如图 5-18（a）所示，其功能可以用特征方程来描述：$Q^{n+1}=TQ^n+\overline{T}\overline{Q^n}$。

可以参考图 5-18（b）的波形图来理解 T 触发器的工作情况。

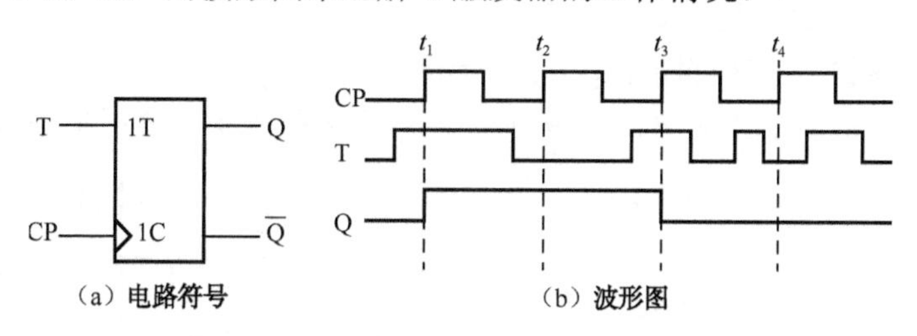


（a）**电路符号**　　　　（b）**波形图**

图 5-18　T 触发器的电路符号及波形图

### 5.1.6　JK 触发器

根据图 5-18（a）所示的电路，可以推导出另一种有趣的电路。该电路不同于 T 触发器只有一个 T 输入端，它有两个输入端 J 和 K。该电路的输入端 D 定义为

$$D=J\overline{Q}+\overline{K}Q$$

该电路被称为 JK 触发器。它将 RS 触发器和 T 触发器的行为以一种有用的方式结合起来。对于所有的输入，除了 J=K=1 以外，若令 J=S，K=R，其行为同 RS 触发器一样。对于 J=K=1 的情况，RS 触发器必须避免，此时 JK 触发器将其状态翻转，其功能与 T 触发器相同。如图 5-19 所示为 JK 触发器的电路结构。

JK 触发器是一种很灵活的电路。它可以像 D 触发器和 RS 触发器一样直接用于存储的

目的；但是它也可以用做T触发器，只要将J和K输入端连接在一起即可。

JK触发器如图5-20所示，其中图5-20（a）为工作于时钟下降沿的JK触发器；图5-50（b）则是工作于时钟上升沿的JK触发器。

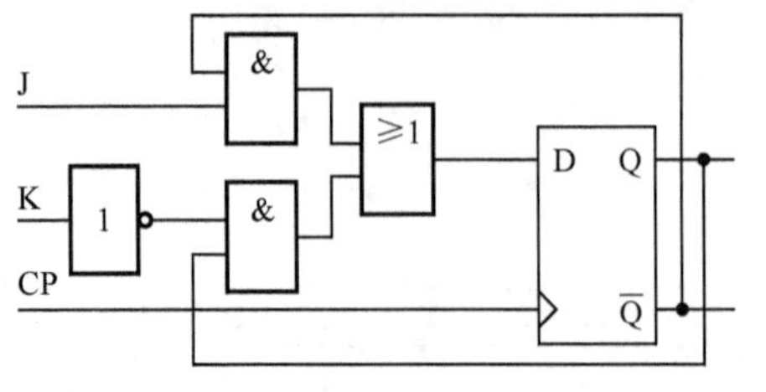


图5-19　JK触发器的电路结构

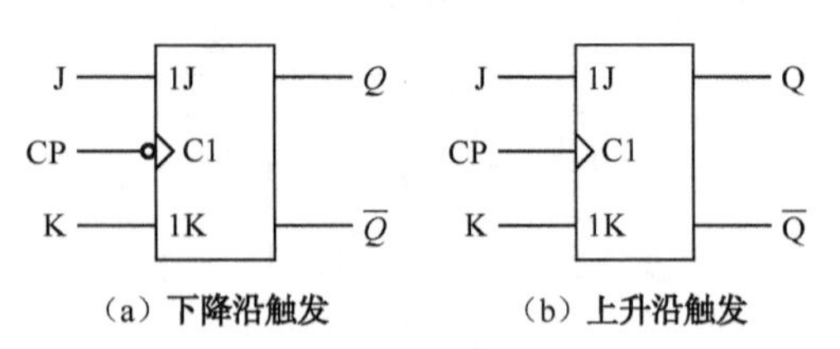


图5-20　JK触发器

边沿JK触发器的特征方程是：$Q^{n+1}=J\overline{Q^n}+\overline{K}Q^n$，其特征表如表5-4所示。

**表5-4　特征表**

| CP | J | K | $Q^{n+1}$ |
|---|---|---|---|
| ↑/↓ | 0 | 0 | $Q^n$（保持） |
| ↑/↓ | 0 | 1 | 置0 |
| ↑/↓ | 1 | 0 | 置1 |
| ↑/↓ | 1 | 1 | $\overline{Q}^n$（翻转） |

由表5-4可知，JK触发器在时钟信号有效时可以实现4种功能，即保持、置0、置1、翻转。JK触发器有多种类型：边沿JK触发器（上升沿或下降沿）、钟控JK触发器、主从JK触发器等。它们的工作条件各不相同，内部结构也各有差异，但其4种逻辑功能是一致的，分析相关问题时请注意区分。

边沿JK触发器的状态转移图如图5-21所示。

边沿JK触发器的波形图如图5-22所示（设初始状态为0，CP时钟下降沿触发）。

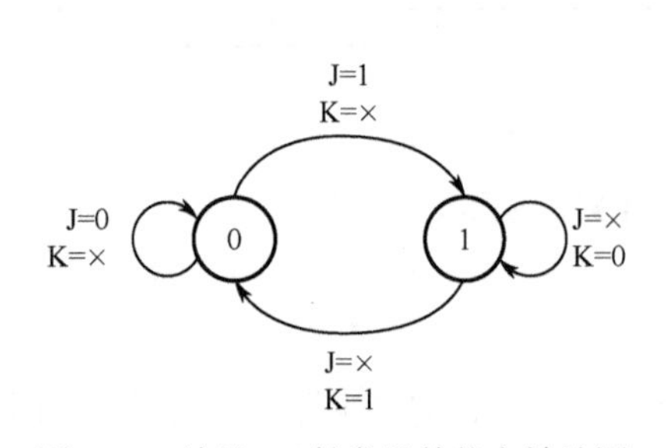


图5-21　边沿JK触发器的状态转移图

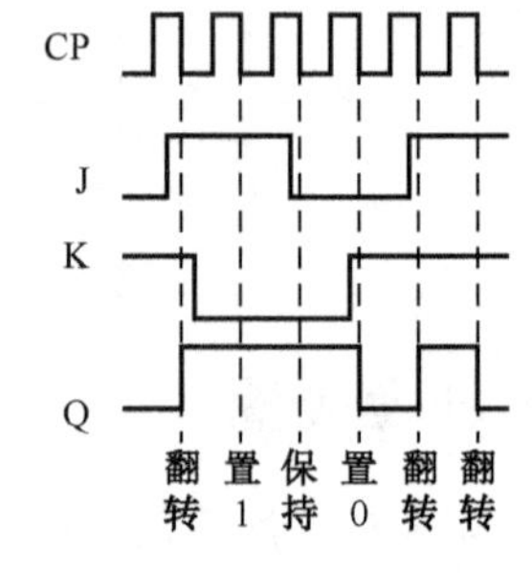


图5-22　JK触发器的波形图（时序图）

## 案例分析17　JK触发器的功能测试及验证

| 任务名称 | JK触发器74LS112的功能测试及验证 | | |
|---|---|---|---|
| 测试方法 | 仿真实现 | 课时安排 | 2 |
| 任务内容 | 74LS112是下降边沿触发的JK触发器。图5-23为74LS112双JK触发器的引脚排列。图5-24为74LS112双JK触发器的功能表。 | | |

续表

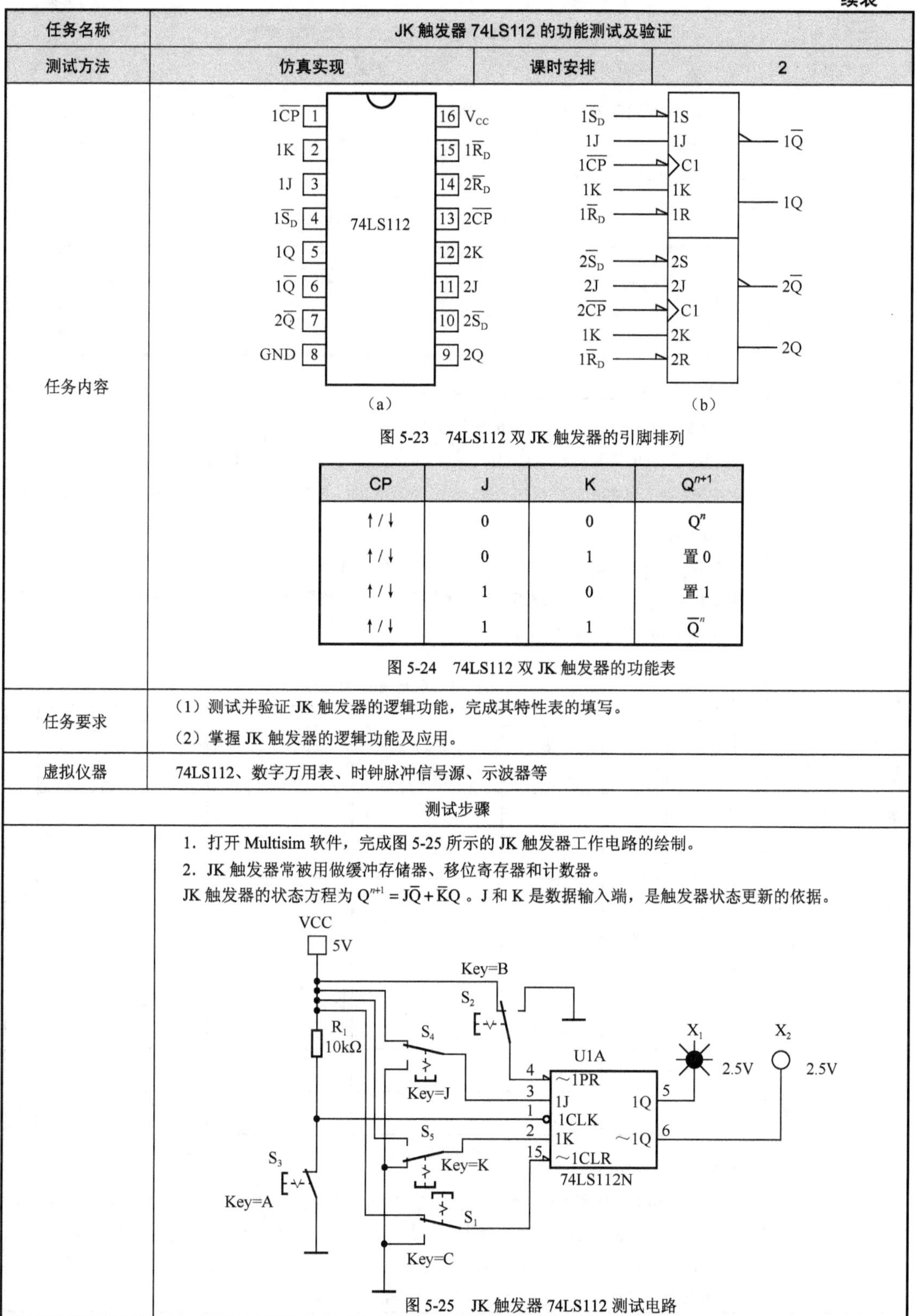

| 任务名称 | JK 触发器 74LS112 的功能测试及验证 | | |
|---|---|---|---|
| 测试方法 | 仿真实现 | 课时安排 | 2 |
| 任务内容 | 图 5-23　74LS112 双 JK 触发器的引脚排列（a）（b）；图 5-24　74LS112 双 JK 触发器的功能表 | | |
| 任务要求 | （1）测试并验证 JK 触发器的逻辑功能，完成其特性表的填写。<br>（2）掌握 JK 触发器的逻辑功能及应用。 | | |
| 虚拟仪器 | 74LS112、数字万用表、时钟脉冲信号源、示波器等 | | |



（a）　（b）

图 5-23　74LS112 双 JK 触发器的引脚排列

| CP | J | K | $Q^{n+1}$ |
|---|---|---|---|
| ↑/↓ | 0 | 0 | $Q^n$ |
| ↑/↓ | 0 | 1 | 置 0 |
| ↑/↓ | 1 | 0 | 置 1 |
| ↑/↓ | 1 | 1 | $\overline{Q}^n$ |

图 5-24　74LS112 双 JK 触发器的功能表

测试步骤

1．打开 Multisim 软件，完成图 5-25 所示的 JK 触发器工作电路的绘制。

2．JK 触发器常被用做缓冲存储器、移位寄存器和计数器。

JK 触发器的状态方程为 $Q^{n+1}=J\overline{Q}+\overline{K}Q$ 。J 和 K 是数据输入端，是触发器状态更新的依据。



图 5-25　JK 触发器 74LS112 测试电路

续表

| 任务名称 | JK 触发器 74LS112 的功能测试及验证 | | |
|---|---|---|---|
| 测试方法 | 仿真实现 | 课时安排 | 2 |

3．测试 JK 触发器 74LS112 的逻辑功能。

（1）$1\overline{R_D}$（～1CLR）接低电平，$1\overline{S_D}$（～1PR）接高电平，改变 J、K、CP（分别置高电平或低电平），观察输出端 Q 和 $\overline{Q}$ 的变化，并将观察结果记入表 5-5 中。

**表 5-5　74LS112 使能端的测试**

| $\overline{S_D}$ | $\overline{R_D}$ | J | K | CP | Q | $\overline{Q}$ |
|---|---|---|---|---|---|---|
| 0 | 1 | × | × | × | | |
| 1 | 0 | × | × | × | | |

结论：$1\overline{R_D}$ 为____________（清零/置数）端，____________（高电平/低电平）有效；$1\overline{S_D}$ 为（清零/置数）端，__________（高电平/低电平）有效。

为了使输出为 0 状态（$Q=0,\overline{Q}=1$），则 $1\overline{R_D}$ 应接_________（高/低）电平，$1\overline{S_D}$ 应接_________（高/低）电平。为了使输出为 1 状态（$Q=1,\overline{Q}=0$），则 $1\overline{R_D}$ 应接__________（高/低）电平，$1\overline{S_D}$ 应接（高/低）电平。

（2）$1\overline{R_D}$ 和 $1\overline{S_D}$ 接高电平，按照表 5-6 中要求，测试其逻辑功能。

改变 J、K、CP 端状态，观察 Q、$\overline{Q}$ 的状态变化，观察触发器状态更新是否发生在 CP 脉冲的下降沿（即 CP 由 1→0），记入表 5-6 中。

**表 5-6　JK 触发器的功能测试**

| J | K | CP | $Q^{n+1}$ | | 逻辑功能 |
|---|---|---|---|---|---|
| | | | $Q^n=0$ | $Q^n=1$ | |
| 0 | 0 | 0→1 | | | |
| | | 1→0 | | | |
| 0 | 1 | 0→1 | | | |
| | | 1→0 | | | |
| 1 | 0 | 0→1 | | | |
| | | 1→0 | | | |
| 1 | 1 | 0→1 | | | |
| | | 1→0 | | | |

结论：

当 J=0，K=0 时，JK 触发器具有__________功能（置 0/置 1/保持/翻转）；当 J=0，K=1 时，JK 触发器具有_________功能（置 0/置 1/保持/翻转）；当 J=1，K=0 时，JK 触发器具有_________功能（置 0/置 1/保持/翻转）；当 J=1，K=1 时，JK 触发器具有__________功能（置 0/置 1/保持/翻转）。

JK 触发器 74LS112 是___________（上升沿/下降沿）有效的触发器。

续表

| 任务名称 | JK 触发器 74LS112 的功能测试及验证 | | |
| --- | --- | --- | --- |
| 测试方法 | 仿真实现 | 课时安排 | 2 |
| 拓展思考 | 将 JK 触发器的 J 端经非门后加到 K 端，将 J 作为输入（相当于 D），这样就构成了 D 触发器，请按照表 5-7 测试其功能，写出相关表达式，并画出相关电路连接图。 | | |

表 5-7　JK 构成 D 触发器的功能测试

| D | CP | $Q^{n+1}$ | |
| --- | --- | --- | --- |
| | | $Q^n=0$ | $Q^n=1$ |
| 0 | 0→1 | | |
| | 1→0 | | |
| 1 | 0→1 | | |
| | 1→0 | | |

结论：74LS112JK 触发器构成的 D 触发器_____（上升沿/下降沿）有效。

画出电路图：

| 总结与体会 | | | |
| --- | --- | --- | --- |
| 完成日期 | | 完成人 | |

## 5.1.7　术语小结

读者应该理解技术文献中有关锁存器和触发器术语的不同解释。对本书中的术语总结如下。

（1）基本锁存器是两个或非门或与非门的反馈连接组成的电路，该电路可以存储一位信息。用 S 输入端可将该电路置位为 1，用 R 输入端可将该电路复位为 0。

（2）钟控锁存器是包括输入门和控制输入信号的基本锁存器。当控制信号为 0 时，该锁存器保持它已存在的状态；当控制信号为 1 时，其状态可以改变。在讨论中，将控制输入规定为时钟。本书考虑了两种类型的钟控锁存器：

① 钟控 RS 锁存器用输入 S 和 R 分别使锁存器置位为 1 或复位为 0。

② 钟控 D 锁存器用输入 D 强迫锁存器进入与输入 D 相同的逻辑值。

（3）触发器是基于钟控锁存器原理的存储元件，它的输出状态的改变只能发生在控制时钟信号的跳变沿。例如，边沿触发的触发器只有在时钟信号的有效跳变沿时刻，才能接受当前的输入值。

## 5.2 同步时序逻辑电路的分析

时序逻辑电路是指电路任何时刻的稳定输出不仅取决于当前的输入，还与前一时刻输出的状态有关。在大多数情况下，用时钟信号来控制时序电路的操作，这种电路称为同步时序电路。也可以不用时钟信号来控制电路，这种电路称为异步时序电路。同步时序电路比较容易设计，并且应用在大量的实际电路中。本节主要讨论同步时序电路的相关问题。

同步时序电路是由组合逻辑电路和一个或多个触发器实现的。常见的同步时序电路的构造如图 5-26 所示。该电路有一组基本输入信号 W，并产生一组输出信号 Z。触发器的输出值就是电路的状态 Q。在时钟信号的控制下，触发器输出状态的改变取决于反馈入这些触发器输入端的组合逻辑，这样电路就从一个状态转变到另一个状态。提供触发器输入信号的组合逻辑有两个输入源：原始输入 W 和触发器当前的输出 Q，因此触发器状态的改变取决于当前状态和原始输入值。

图 5-26 表明时序电路的输出是触发器的当前状态和原始输入共同作用的结果。尽管输出总是依赖于当前状态，但输出不必直接依赖于原始输入。因此，图中灰色的连线（最上面那根连线）既可能有，也可能没有。

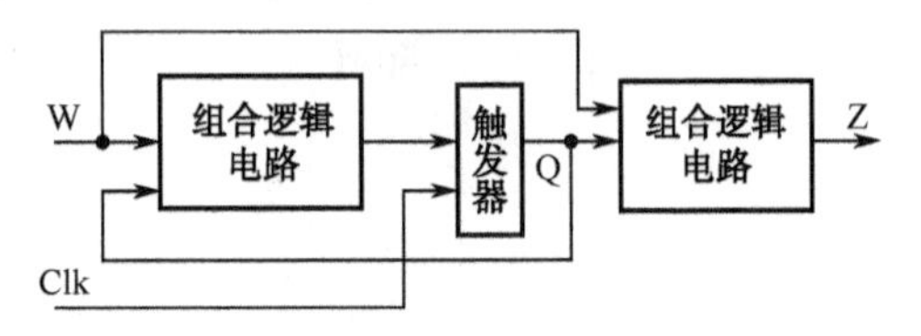


图 5-26 同步时序电路的一般形式

为了区分这两种可能情况，习惯上把输出只依赖于当前状态的时序电路称为摩尔（Moore）型电路，把同时依赖于当前状态和原始输入的时序电路称为米利（Mealy）型电路。

同步时序逻辑电路的分析，就是根据给定的时序逻辑电路的结构，找出该时序逻辑电路在输入信号及时钟信号的作用下，触发器状态的变化规律及电路的输出，从而了解该时序逻辑电路所完成的逻辑功能。

描述时序逻辑电路的功能，一般采用触发器的状态转移方程、电路的输出函数表达式，或者状态转移表、状态转移图，或者工作时序图等方法。

分析同步时序逻辑电路可按照下述步骤进行：

（1）根据给定的时序逻辑电路，写出存储电路（如触发器）的触动方程，也就是存储电路（如触发器）的输入信号的函数逻辑表达式；

（2）写出存储电路的状态转移方程，并根据输出电路写出输出函数表达式，如果存储电路由触发器构成，则可以根据触发器的状态方程和驱动方程，写出各触发器的状态转移方程；

（3）由状态转移方程和输出函数表达式，列出状态转移表或画出状态转移图；

（4）画出工作波形。

**【实例 5-1】** 分析图 5-27 所示的同步时序逻辑电路。

从该电路的逻辑图上可以清楚地看到该电路使用了两个上升沿触发的 D 触发器，并且每个触发器的时钟输入端都接在同一个

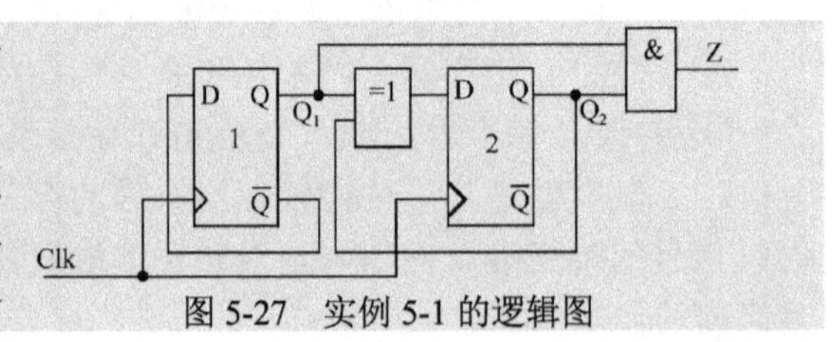


图 5-27 实例 5-1 的逻辑图

Clk 上，因此这是一个同步时序逻辑电路。此外，该电路没有原始输入信号，因此这是摩尔型电路。

**解：** 根据上述同步时序逻辑电路的分析步骤如下。

（1）各级触发器的驱动方程（激励函数）：

$$\begin{cases} D_1 = \overline{Q_1^n} \\ D_2 = Q_1^n \oplus Q_2^n \end{cases} \tag{5-1}$$

（2）D 触发器的特征方程为 $Q^{n+1} = D$，将式（5-1）中各级触发器的激励函数代入特征方程，可得到各级触发器的状态转移方程为

$$\begin{cases} Q_1^{n+1} = D_1 = \overline{Q_1^n} \\ Q_2^{n+1} = D_2 = Q_1^n \oplus Q_2^n \end{cases} \tag{5-2}$$

输出方程为

$$Z = Q_1^n Q_2^n \tag{5-3}$$

有了驱动方程、状态转移方程及输出函数表达式后，应该说，该时序逻辑电路的逻辑功能已经描述清楚了。但为了能一目了然地知道在一系列时钟作用下电路状态转移的全过程，还可以采用状态转移表或状态转移图来描述时序逻辑电路的工作情况。

（3）由状态转移方程、输出函数列出状态转移表及画出状态转移图。

在本例中，电路没有外加的输入信号，因此存储电路的次态和输出只取决于电路的初态。设存储电路的各级触发器的初态为 $Q_2^n Q_1^n = 00$，代入式（5-2）和式（5-3）可以计算出，在 Clk 的上升沿触发下，各级触发器的次态为 $Q_1^{n+1} = \overline{Q_1^n} = 1$，$Q_2^{n+1} = Q_1^n \oplus Q_2^n = 0$，输出 $Z = Q_1^n Q_2^n = 0$；将这一结果作为新的初态，即 $Q_2^n Q_1^n = 01$，代入式（5-2）和式（5-3）进行计算，得到次态 $Q_1^{n+1} = \overline{Q_1^n} = 0$，$Q_2^{n+1} = Q_1^n \oplus Q_2^n = 1$，输出 $Z = Q_1^n Q_2^n = 0$，如此继续进行，当 $Q_2^n Q_1^n = 11$ 时，代入式（5-2）和式（5-3）可求得 $Q_2^{n+1} Q_1^{n+1} = 00$，返回到最初设定的初始状态。此过程反复循环，就得到如表 5-8 所示的状态转移表。

**表 5-8　实例 5-1 的状态转移表**

| 序　号 | 初　态 | | 次　态 | | 输　出 |
|---|---|---|---|---|---|
| | $Q_2^n$ | $Q_1^n$ | $Q_2^{n+1}$ | $Q_1^{n+1}$ | Z |
| 0 | 0 | 0 | 0 | 1 | 0 |
| 1 | 0 | 1 | 1 | 0 | 0 |
| 2 | 1 | 0 | 1 | 1 | 1 |
| 3 | 1 | 1 | 0 | 0 | 0 |

由状态转移表可以画出状态转移图。状态转移图可以更直观地显示出时序电路的状态转移情况，如图 5-28 所示。

在状态转移图中，圆圈内表示各个状态，箭头指示状态的转移反向，箭头旁标注状态转移前的输入变量值及输出值，通常将输入变量值写在斜线上方，输出值写在斜线下方。本例中因无外加输入变量，所以斜线上方没有标注。

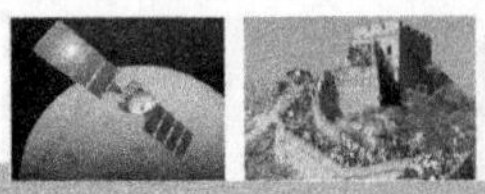

（4）画工作波形（时序图）。

图 5-29 所示为实例 5-1 中电路的工作波形，又称时序图。时序图用于在实验室测试中检查电路的逻辑功能，也用于数字电路的计算机模拟。

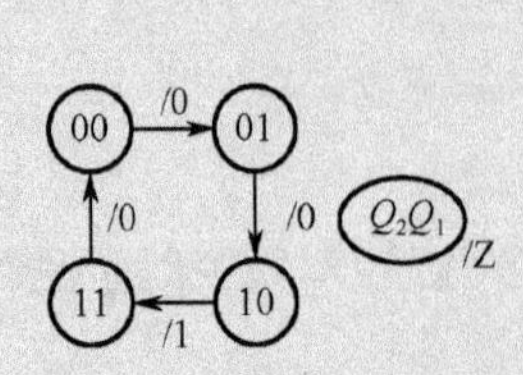


图 5-28　实例 5-1 的状态转移图

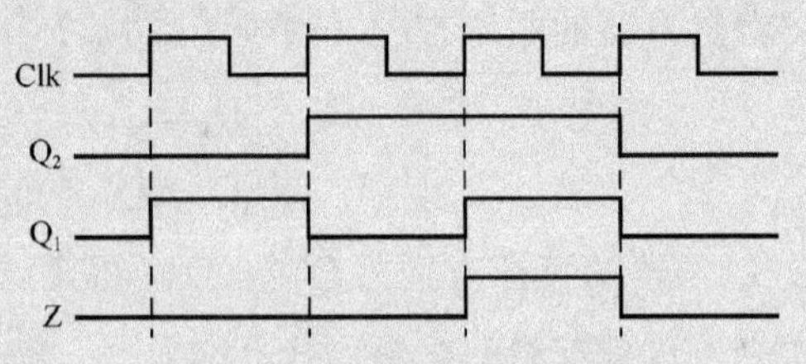


图 5-29　实例 5-1 的工作波形

**【实例 5-2】** 分析如图 5-30 所示的同步时序逻辑电路。

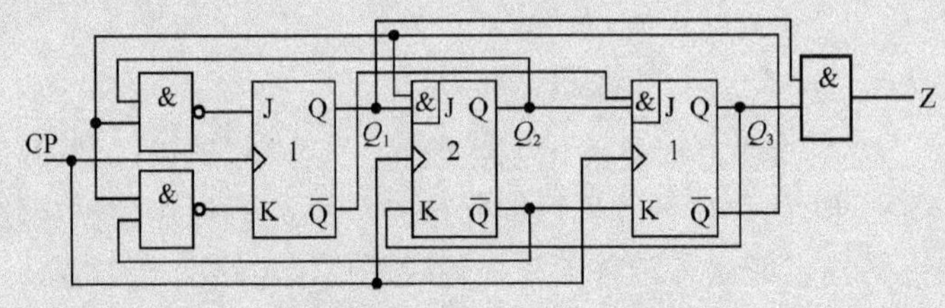


图 5-30　实例 5-2 的电路

**解：** 该同步时序逻辑电路是摩尔型电路。

（1）写出各触发器的驱动方程（激励函数）：

$$
\begin{cases}
J_1 = \overline{\overline{Q_3^n}Q_2^n}\ , \quad K_1 = \overline{\overline{Q_3^n}\,\overline{Q_2^n}} \\
J_2 = \overline{Q_3^n}Q_1^n\ , \quad K_2 = Q_3^n \\
J_3 = Q_2^n\overline{Q_1^n}\ , \quad K_3 = \overline{Q_2^n}
\end{cases}
$$

（2）将各级触发器的激励函数代入触发器的状态方程，可得到各级触发器的状态转移方程：

$$
\begin{cases}
Q_1^{n+1} = \overline{\overline{Q_3^n}Q_2^n}\,\overline{Q_1^n} + \overline{Q_3^n}\,\overline{Q_2^n}Q_1^n \\
Q_2^{n+1} = \overline{Q_3^n}\,\overline{Q_2^n}Q_1^n + \overline{Q_3^n}Q_2^n \\
Q_3^{n+1} = \overline{Q_3^n}Q_2^n\overline{Q_1^n} + Q_3^nQ_2^n
\end{cases}
$$

（3）列状态转移表（如表 5-9 所示）及画出状态转移图（如图 5-31 所示）。

**表 5-9　实例 5-2 的状态转移表**

| 序　号 | 初　态 | | | 次　态 | | | 输　出 |
|---|---|---|---|---|---|---|---|
| | $Q_3^n$ | $Q_2^n$ | $Q_1^n$ | $Q_3^{n+1}$ | $Q_2^{n+1}$ | $Q_1^{n+1}$ | Z |
| 0 | 0 | 0 | 0 | 0 | 0 | 1 | 0 |
| 1 | 0 | 0 | 1 | 0 | 1 | 1 | 0 |
| 2 | 0 | 1 | 1 | 0 | 1 | 0 | 0 |
| 3 | 0 | 1 | 0 | 1 | 1 | 0 | 0 |

续表

| 序　号 | 初　态 | | | 次　态 | | | 输　出 |
|---|---|---|---|---|---|---|---|
| | $Q_3^n$ | $Q_2^n$ | $Q_1^n$ | $Q_3^{n+1}$ | $Q_2^{n+1}$ | $Q_1^{n+1}$ | Z |
| 4 | 1 | 1 | 0 | 1 | 0 | 1 | 0 |
| 5 | 1 | 0 | 1 | 0 | 0 | 0 | 1 |
| 偏离状态 | 1 | 1 | 1 | 1 | 0 | 0 | 1 |
| | 1 | 0 | 0 | 0 | 0 | 1 | 0 |

根据实例 5-1 描述的状态转移表的计算方法，通过计算，本例中有 6 个状态反复循环，这 6 个状态为该时序电路的有效状态。然而，采用 3 级触发器时，$Q_3^nQ_2^nQ_1^n$ 一共有 8 种状态组合，现在除 6 种有效状态外，还有两个状态（111，100）为无效状态，或称为偏离状态。为了了解该电路的全部工作状态转移情况，还必须将无效状态代入状态转移方程中进行计算，这样就得到了如表 5-9 所示的完整的状态转移表。

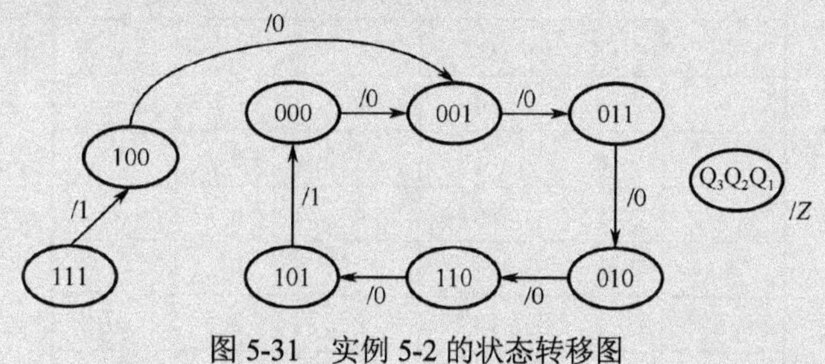


图 5-31　实例 5-2 的状态转移图

（4）画工作波形，如图 5-32 所示。

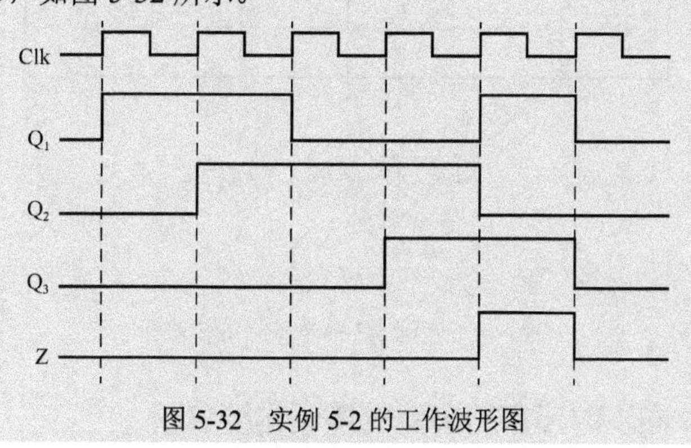


图 5-32　实例 5-2 的工作波形图

**【实例 5-3】** 分析如图 5-33 所示的同步时序逻辑电路。

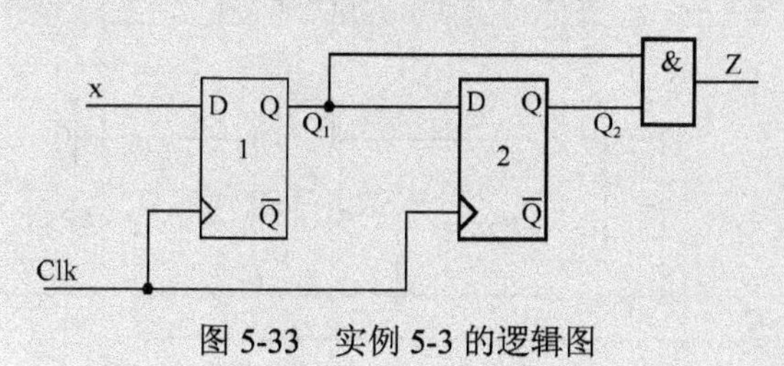


图 5-33　实例 5-3 的逻辑图

从该电路的逻辑图上清楚地看到该电路有一个即刻输入 X，输出状态同时依赖于当前状态和即刻输入，因此这是米利型电路。

（1）写出各触发器的驱动方程（激励函数）：

$$\begin{cases} D_1 = X \\ D_2 = Q_1^n \end{cases}$$

（2）将各级触发器的激励函数代入触发器的状态方程，可得到各级触发器的状态转移方程：

$$\begin{cases} Q_1^{n+1} = X \\ Q_2^{n+1} = Q_1^n \end{cases}$$

输出方程：$Z = Q_1^n Q_2^n$

（3）列出状态转移表（如表 5-10 所示）及画出状态转移图（如图 5-34 所示）。

**表 5-10 实例 5-3 的状态转移表**

| X | $Q_2^n$ | $Q_1^n$ | $Q_2^{n+1}$ | $Q_1^{n+1}$ | Z |
|---|---|---|---|---|---|
| 0 | 0 | 0 | 0 | 0 | 0 |
| 0 | 0 | 1 | 1 | 0 | 0 |
| 0 | 1 | 0 | 0 | 0 | 0 |
| 0 | 1 | 1 | 1 | 0 | 1 |
| 1 | 0 | 0 | 0 | 1 | 0 |
| 1 | 0 | 1 | 1 | 1 | 0 |
| 1 | 1 | 0 | 0 | 1 | 0 |
| 1 | 1 | 1 | 1 | 1 | 1 |

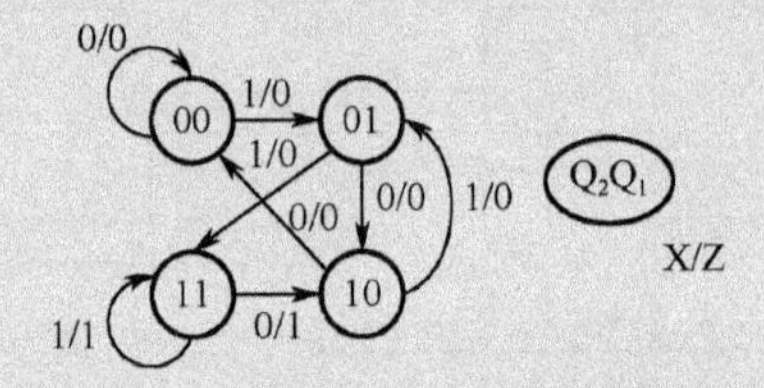


图 5-34 实例 5-3 的电路状态转移图

## 案例分析 18 同步时序逻辑电路的逻辑功能分析

| 任务名称 | 同步时序逻辑电路的逻辑功能分析 | | |
|---|---|---|---|
| 测试方法 | 仿真实现 | 课时安排 | 2 |
| 任务内容 | 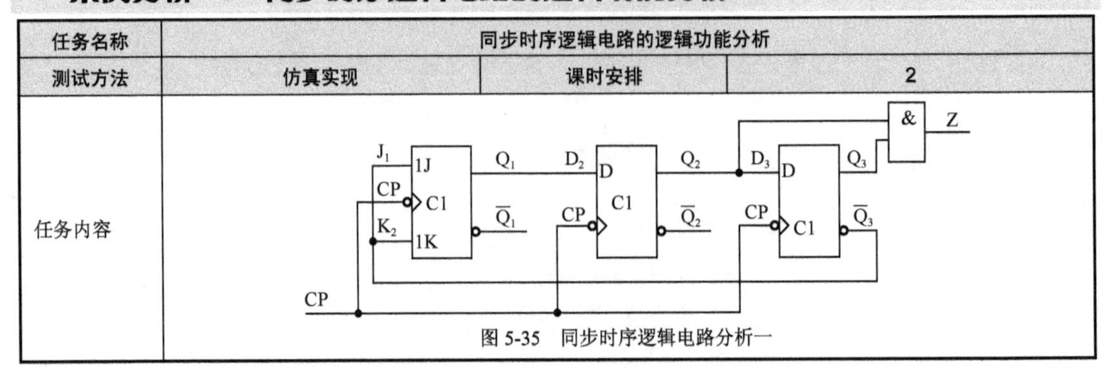 图 5-35 同步时序逻辑电路分析一 | | |

续表

<table>
<tr><td>任务名称</td><td colspan="3">同步时序逻辑电路的逻辑功能分析</td></tr>
<tr><td>测试方法</td><td>仿真实现</td><td>课时安排</td><td>2</td></tr>
<tr><td>任务要求</td><td colspan="3">（1）分析图 5-35 所示同步时序逻辑电路的功能。<br>（2）用 Multisim 或同类软件构建图 5-35 所示电路，并进行仿真测试，与（1）的结果进行对比验证。<br>（3）检查此电路的自启动功能。</td></tr>
<tr><td>虚拟仪器</td><td colspan="3">74LS112、74LS00、时钟脉冲信号源、示波器等</td></tr>
<tr><td colspan="4">测试步骤</td></tr>
<tr><td></td><td colspan="3">1．分析图 5-35 所示时序逻辑电路的功能，画出状态转移图。<br>2．打开 Multisim 软件，按照图 5-36 连接电路。<br>

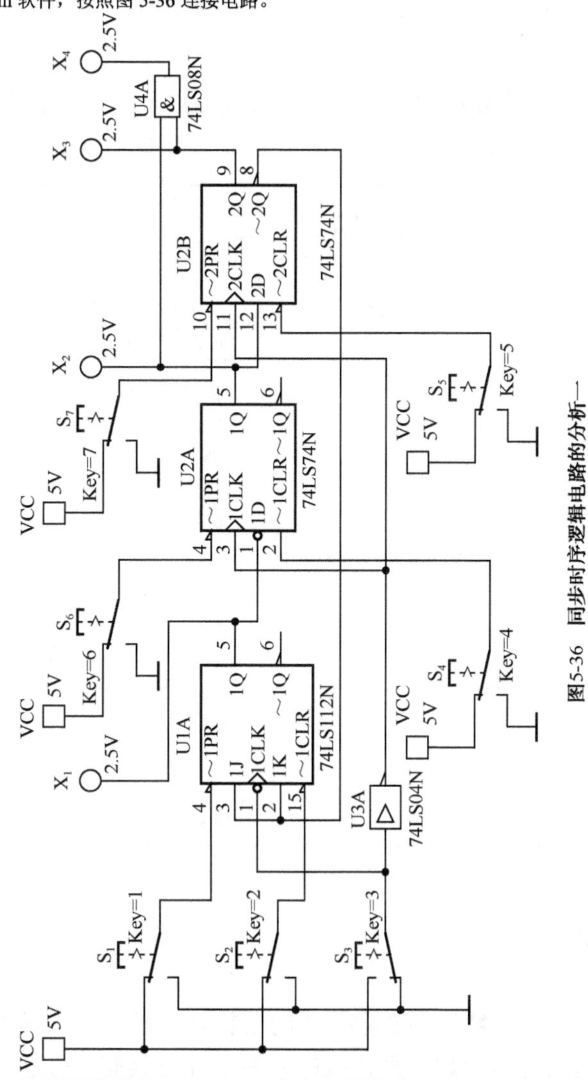

图5-36　同步时序逻辑电路的分析一<br>

注①：图中的 JK 触发器采用的是 74LS112，D 触发器采用的是 74LS74。由于 74LS112 为下降沿触发，而 74LS74 为上升沿触发，所以在 74LS112 的 CLK 的时钟之后接非门到 74LS74。<br>
注②：所有的置 0 端和置 1 端皆接于开关上，以便将触发器的输出置 0 或置 1。<br>
注③：时钟信号 CP 用开关模拟，这只能用于仿真中，而在实际电路中，由于存在开关抖动，所以不能用此方法产生时钟信号，必须加消抖动电路。</td></tr>
</table>

续表

| 任务名称 | 同步时序逻辑电路的逻辑功能分析 | | |
|---|---|---|---|
| 测试方法 | 仿真实现 | 课时安排 | 2 |
| | 3．正确接线后，将所有触发器的状态置于 0。按动 CP 信号开关键 S3，记录每来一个下降沿时，触发器的状态变化。<br>结论：<br>该电路的功能是____________________，和分析的结果__________（一致/不一致）。<br>4．将触发器的状态置于 111，时钟信号到来时，其下一个状态是__________。<br>结论：该电路________（具有/不具有）自启动功能。 | | |
| 拓展思考 | 请自行分析图 5-37 所示同步时序逻辑电路的功能，用 Multisim 软件构建该电路，并写出电路的驱动方程、状态方程和输出方程，画出电路的状态转移图，判断电路逻辑功能，并检查电路是否具有自启动功能。<br>图 5-37　同步时序逻辑电路分析二 | | |
| 总结与体会 | | | |
| 完成日期 | | 完成人 | |

## 5.3　计数器

计数器是计算机和数字系统中常用的逻辑功能部件。从前面介绍的各例可以看出，计数器的最基本的功能是计数，而计数的充要条件是具有一个状态循环。不同的计数器，只是状态循环的长度（模）和编码排列不同而已。

计数器的种类很多，按计数模数分，有二进制（$2^N$ 进制）、十进制、任意进制计数器；按功能分，有累加、累减和可逆计数器；按同步方式分，有同步、异步、串行计数器（行波计数器）；按编码方法（以所用编码加以区分），有 8421BCD 码、格雷码、余 3 码计数器等。

### 5.3.1　常用集成计数器

在 TTL 系列中用的最多的是 74LS160～74LS163，它们都是 4 位的可预置数同步计数器。74LS161 和 74LS163 是模 16 的，74LS160 和 74LS162 是模 10 的。这几个集成器件的引脚排布完全相同，逻辑功能基本相似，下面将分别介绍这几个计数器。

#### 1. 集成十六进制计数器

图 5-38（a）所示为 74LS161 的引脚分布，图 5-38（b）为 74LS161 的逻辑符号，图 5-38（c）为 74LS161 的惯用符号。

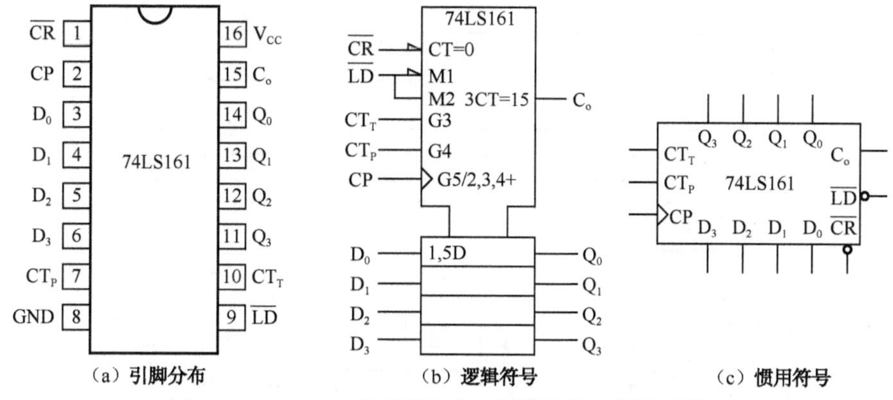


（a）引脚分布　（b）逻辑符号　（c）惯用符号

图 5-38　74LS161 的引脚分布、逻辑符号、惯用符号

表 5-11 所示为 74LS161 的功能表，其各个输入/输出端的作用如下。

（1）$\overline{CR}$ 为异步清零端：低电平有效，为异步方式清零，即当 $\overline{CR}$ 输入为低电平时，无论当时的时钟状态和其他输入状态如何，计数器的输出端全为 0，即 $Q_3Q_2Q_1Q_0 = 0000$。

（2）$\overline{LD}$ 为同步置数端：低电平有效，为同步置数。置数的作用是当满足一定的条件时，将输入端数据 $D_3D_2D_1D_0$ 置入到输出端 $Q_3Q_2Q_1Q_0$。同步置数即当 $\overline{LD}$ 输入为低电平时，输入端的数据并不立刻反映到输出端，而是等到 CP 上升沿到来时，才将输入端数据 $D_3D_2D_1D_0$ 置入到输出端 $Q_3Q_2Q_1Q_0$。因此，要想成功地将输入端 $D_3D_2D_1D_0$ 的数据置入到输出端 $Q_3Q_2Q_1Q_0$，必须满足两个条件：

① $\overline{LD}$ 端必须为低电平；

② 必须等到 CP 上升沿到来的时刻。

表 5-11　74LS161 的功能表

| 工作模式 | 输入 | | | | | | | | | 输出 | | | |
|---|---|---|---|---|---|---|---|---|---|---|---|---|---|
| | $\overline{CR}$ | $\overline{LD}$ | $\overline{CT_T}$ | $\overline{CT_P}$ | CP | $D_0$ | $D_1$ | $D_2$ | $D_3$ | $Q_0$ | $Q_1$ | $Q_2$ | $Q_3$ |
| 清零 | 0 | × | × | × | × | × | × | × | × | 0 | 0 | 0 | 0 |
| 置数 | 1 | 0 | × | × | ↑ | $d_0$ | $d_1$ | $d_2$ | $d_3$ | $d_0$ | $d_1$ | $d_2$ | $d_3$ |
| 保持 | 1 | 1 | 0 | × | ↑ | × | × | × | × | $q_0$ | $q_1$ | $q_2$ | $q_3$ |
| 保持 | 1 | 1 | × | 0 | ↑ | × | × | × | × | $q_0$ | $q_1$ | $q_2$ | $q_3$ |
| 递增计数 | 1 | 1 | 1 | 1 | ↑ | × | × | × | × | $Q^{n+1}= Q^n +1$ | | | |

$Q_3,Q_2,Q_1,Q_0$ 为计数器的输出端：其中 $Q_3$ 为最高位，$Q_0$ 为最低位。

$D_3,D_2,D_1,D_0$ 为计数器预置输入端：通过置数端的作用可将本端口数据置入到输出端。

$C_o$ 为进位输出端：此输出端平时为低电平，当计数器计满一个周期时，输出一个高电平，即每第 16 个时钟输出一个高电平脉冲。

CP 为时钟输入端：上升沿有效。

$CT_T$，$CT_P$ 为两个功能扩展使能端，合理设置这两个输入端的状态，可实现各种计数器功能的扩展。

从图 5-39 还可以看到，该计数器的进位输出端 $C_o$ 在计数器状态为 1111（即 15）时有效。

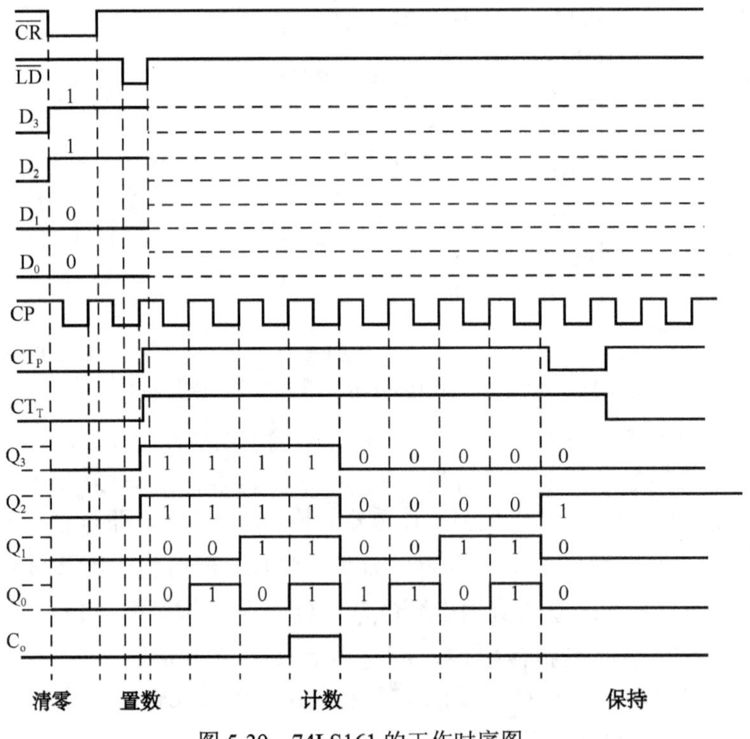


图 5-39　74LS161 的工作时序图

74LS163 的引脚分布与 74LS161 基本相同，逻辑符号与 74LS161 也基本相同，区别在于其清零端为同步清零，即当 $\overline{CR}$ 置为低电平时，并不是立刻清零，而是要等到 CP 上升沿到时，才使输出端清零。它的工作时序图如图 5-40 所示。

### 2. 集成十进制同步加法计数器 74LS160

74LS160 是 4 位 BCD 十进制加法计数器，预置工作时在 CP 时钟的上升沿段同步，异步清零。它的引脚分布和惯用逻辑符号如图 5-41（a)、(b）所示。图 5-41（c）为 74LS160 在计数方式下的各使能端的接法。

74LS162 和 74LS160 类似，也是 4 位 BCD 十进制加法计数器，预置和清零工作时在 Clk 时钟的上升沿段同步。它与 74LS160 的差别仅在于 74LS160 是异步清零，而 74LS162 是同步清零，本书不再赘述。

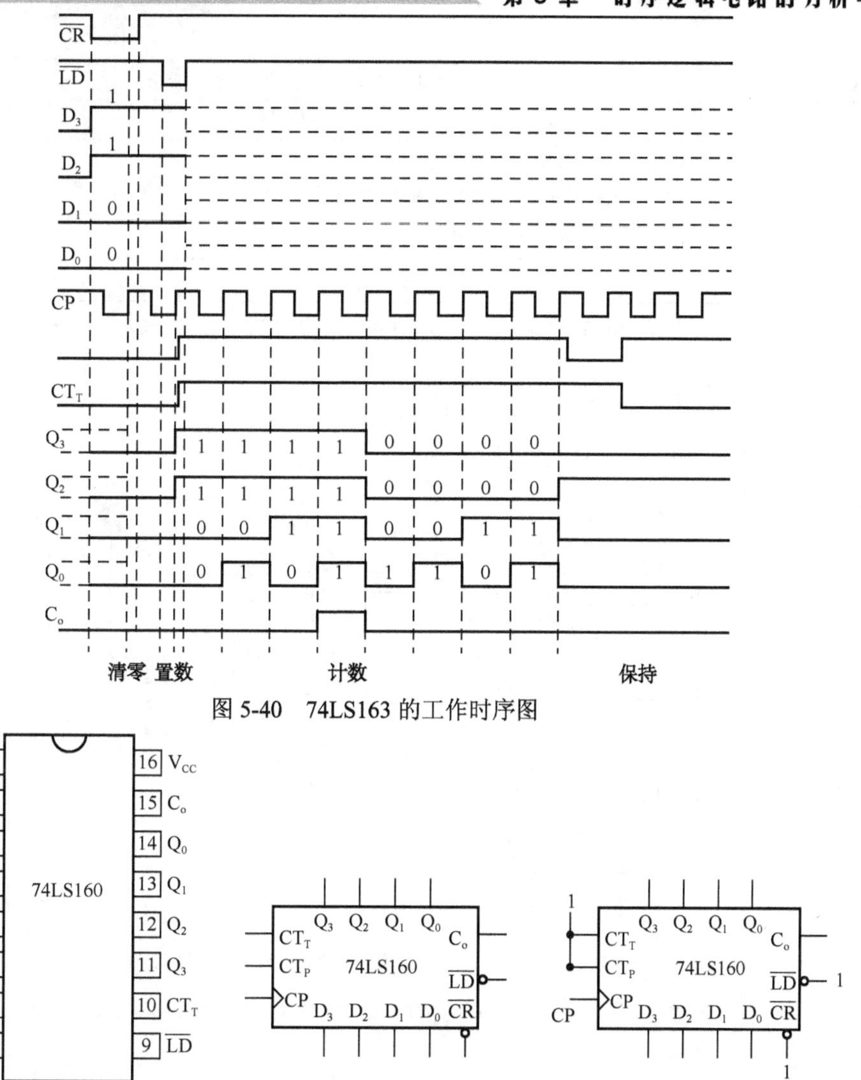


图 5-40　74LS163 的工作时序图

图 5-41　74LS160 的引脚分布及惯用逻辑符号、各使能端的接法

## 案例分析 19　计数器 74LS161 的逻辑功能测试分析

| 任务名称 | 计数器 74LS161 的逻辑功能测试分析 | | |
|---|---|---|---|
| 测试方法 | 仿真实现 | 课时安排 | 2 |
| 任务内容 | 输出端1 2 3 4；$U_{CC}$；CP输入端；输出端5；输入端2；输入端3 4 5 6；输入端1；74LS161<br>图 5-42　计数器 74LS161 的逻辑功能测试分析 | | |

续表

| 任务名称 | 计数器 74LS161 的逻辑功能测试分析 | | |
|---|---|---|---|
| 测试方法 | 仿真实现 | 课时安排 | 2 |
| 任务要求 | （1）测试计数器 74LS161 的逻辑功能。<br>（2）用 Multisim 或同类软件进行仿真测试验证。 | | |
| 虚拟仪器 | 74LS161、时钟脉冲信号源、示波器等 | | |

测试步骤

1．按图 5-43 接好测试电路（16 脚接+5V，8 脚接 GND），检查接线无误后，打开电源。

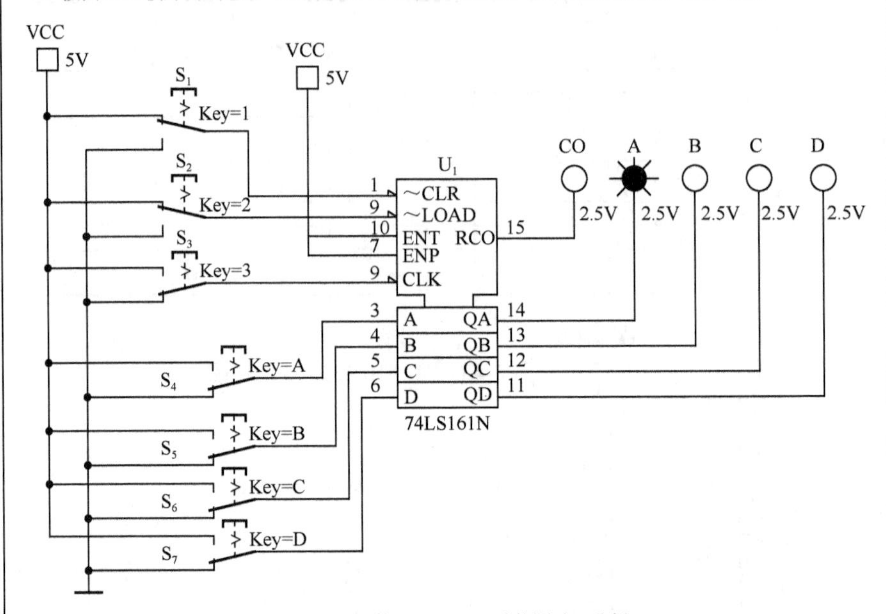


图 5-43　计数器 74LS161 功能测试及分析

2．将 $\overline{R_D}$ 置低电平，改变 $CT_T$，$CT_P$，LD 和 CP 的状态，观察 $Q_3$，$Q_2$，$Q_2$，$Q_0$ 的变化，将结果记入表 5-12 中。

**表 5-12　74LS161 功能测试表**

| CP | $\overline{CR}$ | $\overline{LD}$ | $CT_T$ | $CT_P$ | $Q_3^{n+1}$ | $Q_2^{n+1}$ | $Q_1^{n+1}$ | $Q_0^{n+1}$ |
|---|---|---|---|---|---|---|---|---|
| × | 0 | × | × | × | | | | |
| ↑ | 1 | 0 | × | × | | | | |
| ↓ | 1 | 0 | × | × | | | | |
| ↑↓ | 1 | 1 | 0 | 0 | | | | |
| ↑↓ | 1 | 1 | 0 | 1 | | | | |
| ↑↓ | 1 | 1 | 1 | 0 | | | | |
| ↑↓ | 1 | 1 | 1 | 1 | | | | |

结论：

当 $\overline{CR}$ 置低电平时，无论 $CT_T$，$CT_P$，$\overline{LD}$ 和 CP 的状态如何变化，输出 $Q_3Q_2Q_1Q_0$ 的状态始终为____________，因此称 $\overline{CR}$ 为异步清零端，且它是__________（填高电平/低电平）有效。

续表

| 任务名称 | 计数器 74LS161 的逻辑功能测试分析 | | |
|---|---|---|---|
| 测试方法 | 仿真实现 | 课时安排 | 2 |
| | 3．将 $\overline{CR}$ 置高电平，$\overline{LD}$ 置低电平时，改变置数输入 $D_3D_2D_1D_0$ 的输入状态，改变 CP 变化 1 个周期（由高电平变为低电平，再由低电平变为高电平），观察输出 $Q_3Q_2Q_1Q_0$ 的状态变化，记录于表 5-12 中（状态保持时填写 $Q^{n+1}=Q^n$；置数时填写 $Q^{n+1}=D$）。<br>结论：当 $\overline{CR}$ 置高电平，$\overline{LD}$ 置低电平时，改变置数输入 $D_3D_2D_1D_0$ 的输入状态，输出 $Q_3Q_2Q_1Q_0$ 的状态立刻________（变化/不变化）。当 CP 脉冲________（上升沿/下降沿）到来时，输入端 $D_3D_2D_1D_0$ 的输入状态才反映在输出端 $Q_3Q_2Q_1Q_0$。因此称 $\overline{LD}$ 端为同步置数端，因为它和时钟信号 CP 同步。<br>置数的条件是：① $\overline{LD}$ 应为______________（填高电平/低电平）；②必须等到 CP 脉冲________（填上升沿/下降沿）的到来。<br>4．将 $\overline{CR}$ 置高电平，$\overline{LD}$ 接高电平，分别将 $CT_T$、$CT_P$ 置 00，01，10，11，观察随着 CP 脉冲的变化，输出 $Q_3Q_2Q_1Q_0$ 的状态变化。<br>结论：<br>当 $\overline{CR}$ 置高电平，$\overline{LD}$ 接高电平时，随着 CP 脉冲的变化，当 $CT_T$、$CT_P$ 置 00 或 01 时，输出 $Q_3Q_2Q_1Q_0$ 的状态________（变化/不变化），但 $C_o=0$；当 $CT_T$、$CT_P$ 置 10 时，输出 $Q_3Q_2Q_1Q_0$ 的状态________（变化/不变化），$C_o$ 保持不变；<br>当 $CT_T$、$CT_P$ 置 11 时，输出 $Q_3Q_2Q_1Q_0$ 的状态________（变化/不变化），且呈现计数状态，每计满_____多少个时钟，输出状态重复循环，因此 74161 是_____（2/4）位二进制计数器，又称为模___（2/4/8/16）计数器。<br>5．根据测试结果，理解图中的 74LS161 的工作时序图。 | | |
| 拓展思考 | 请参考上述过程及方法，自行测试 74LS160、74LS163 的相关逻辑功能，分析其清零、置数、计数等不同功能。表格自拟，说明 74LS160、74LS163 与 74LS161 的区别与联系。 | | |
| 总结与体会 | | | |
| 完成日期 | | 完成人 | |

## 5.3.2 计数器的应用

计数器主要用来计数时钟脉冲的个数。例如，以秒信号作为时钟信号，并用两级十进制模 60 计数器和一级十进制模 12 计数器相级联，可以作为计时用的数字钟使用。

集成计数器的码制是确定的（绝大多数是二进制码，也有格雷码和其他码），模也是确定的（有模 16、模 10 和模 128 等），但是在实际情况下，常常需要模为其他任意数的电路，如模 60、模 12 计数器等。

从前面的讨论得知，计数器的最基本属性是有一个状态循环，对计数器的任何扩展应用都不应该脱离这个基本属性，如十二进制计数器，六十进制计数器等。要实现这样进制的计数器，就必须对常见的计数器进行模数变化（容量变化）。通常计数器模数的变化有以

下几种方式。

### 1. 清零法

图 5-44（a）是利用清零法使得计数器的模数变化为十进制，其状态转移图如图 5-45 所示。

在图 5-44（a）中，因为 74LS161 的清零端为异步清零，所以当输出 $Q_3Q_2Q_1Q_0$=1010 时，$\overline{Q_3Q_1}$ 输出一个低电平送入异步清零端，立刻将输出清零，即 $Q_3Q_2Q_1Q_0$=0000。计数器立刻从 1010 状态进入 0000 状态，因此 1010 是一个非常短暂的瞬间。实际上计数器立刻从 1001 状态进入 0000 状态，实现了十进制计数器的逻辑功能，实现了计数器模数的转换。

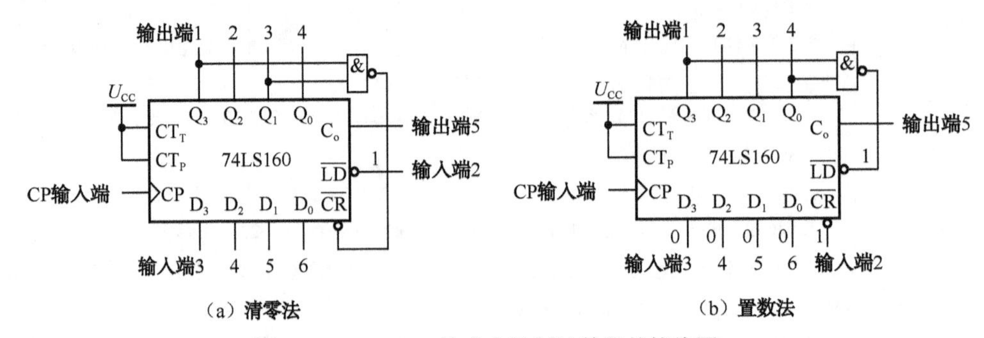

（a）清零法　　（b）置数法

图 5-44　74LS161 构成十进制计数器的接线图

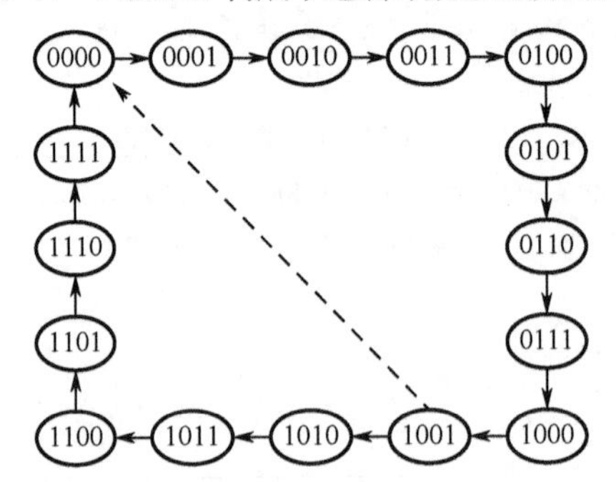

图 5-45　利用清零法转换计数器模/数的状态转移图

### 2. 置数法

图 5-44（b）是利用置数法使得计数器的模数变化为十进制。

利用清零的方法可以进行模数的变化，但计数器必须从 0000 开始计数，而有些情况希望计数器的输出不从零开始，如电梯的楼层显示、电视预置台号等，使用清零法无法实现，而可以采取置数法来实现。例如，要实现 1～8 的循环计数功能，我们只需在 1000 时将输出状态置为 0001 即可。图 5-44（b）是在输出状态为 1001 时，将数 0000 置入输出端。

中规模集成计数器的模 $N$ 通常不大于 16，当所要设计的计数器的模 $M$（非 $2^n$）超过 $N$ 时，应采用多片集成计数器实现。具体方法有以下几种。

（1）同步级联：先将 $K$ 片计数器的时钟共用，然后将相邻两片的 $C_0$ 和 $CT_T$ 连接起来，构成模为 $N^K$ 的计数器（$N^K>M>N^{K-1}$），然后再用反馈清零、反馈置数或其他方法构成模 $M$ 的计数器。

（2）如果可能，将 $M$ 分解成为两个（或多个）因数的乘积，且每个因数皆小于 $N$，然

后用上面构成任意模计数器的方法分别用两片（或多片）计数器构成模等于这些因数的计数器，再将这些计数器级联起来。

**【实例 5-4】** 用两片 74LS161 构成模 35 计数器。

**解：** 方法 1：先用两片 74LS161 用同步方法构成模 256 计数器，再用反馈置零法构成模 35 计数器。两个计数器的数据输入端皆加 0 信号，因为模 35 计数器的状态为 0～34，所以应在 34 状态出现反馈信号 FB，34 对应的二进制数为 00100010，因此将两片计数器的 $Q_1$ 端输出通过与非门加到两片计数器的并行置数端，如图 5-46（a）所示。

方法 2：将 35 分解为 5 和 7 两个因数，分别用计数器 1 和计数器 2 构成模 5 和模 7 计数器，再将计数器 1 和计数器 2 级联起来。由于更改后的这两个计数器的进位端在正常计数情况下是没有输出的，所以不能用前级进位输出 $C_0$ 连到后级 $CT_T$ 的方法来级联，而应用前级反馈与非门输出加到后级时钟输入端的方法实现，如图 5-46（b）所示。

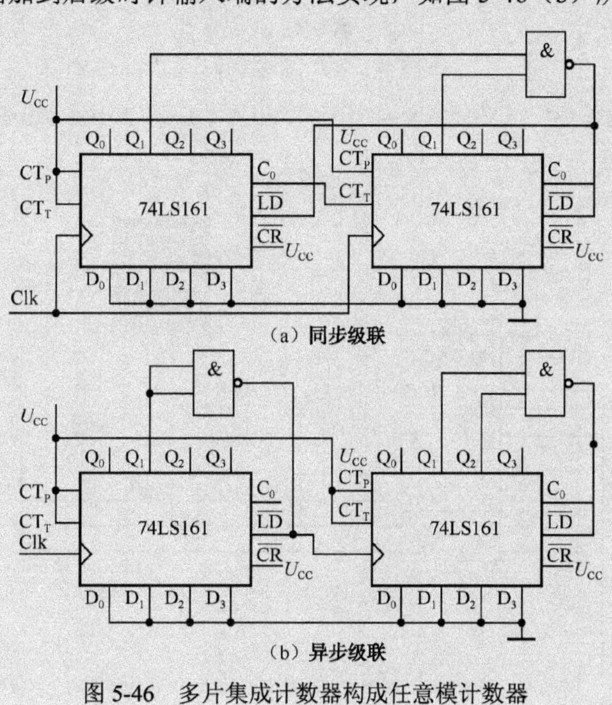


图 5-46　多片集成计数器构成任意模计数器

## 案例分析 20　使用计数器 74LS161 构成 0～9 模 10 计数器

| 任务名称 | 使用计数器 74LS161 构成 0～9 模 10 计数器 | | |
|---|---|---|---|
| 测试方法 | 仿真实现 | 课时安排 | 2 |
| 任务内容 | 集成计数器 74LS161 是十六进制计数器，利用其清零端 $\overline{CR}$ 可以实现模 16 以内的所有进制计数功能。类似地，利用其置数端 $\overline{LD}$ 也可以实现 16 以内的所有进制计数功能；但是两者在具体应用时有很多的不同。<br>用集成计数器 74LS161 完成 0～9 模 10 计数功能。 | | |
| 任务要求 | （1）用集成计数器 74LS161 构成 0～9 模 10 计数器，分别用反馈清零法和反馈置数法完成。<br>（2）用 Multisim 或同类软件仿真验证。测试电路参见图 5-47 所示的原理电路。 | | |
| 虚拟仪器 | 74LS161、74LS00、时钟脉冲信号源、数码显示管等 | | |

续表

<table>
<tr><td>任务名称</td><td colspan="3">使用计数器 74LS161 构成 0～9 模 10 计数器</td></tr>
<tr><td>测试方法</td><td>仿真实现</td><td>课时安排</td><td>2</td></tr>
<tr><td colspan="4">测试步骤</td></tr>
<tr><td></td><td colspan="3">1．思考如何使用 74LS161 的清零端 $\overline{CR}$ 实现 0～9 计数功能，分析原理电路图（如图 5-47 所示）。<br>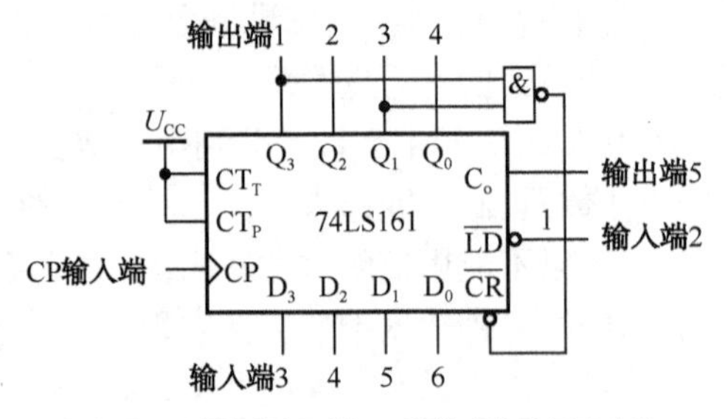<br><br>图 5-47　清零法实现模 10 计数功能的原理电路<br><br>2．根据图 5-47，用 Multisim 软件构建反馈清零法实现 0～9 计数功能的仿真电路如图 5-48 所示，检查接线无误后运行。<br>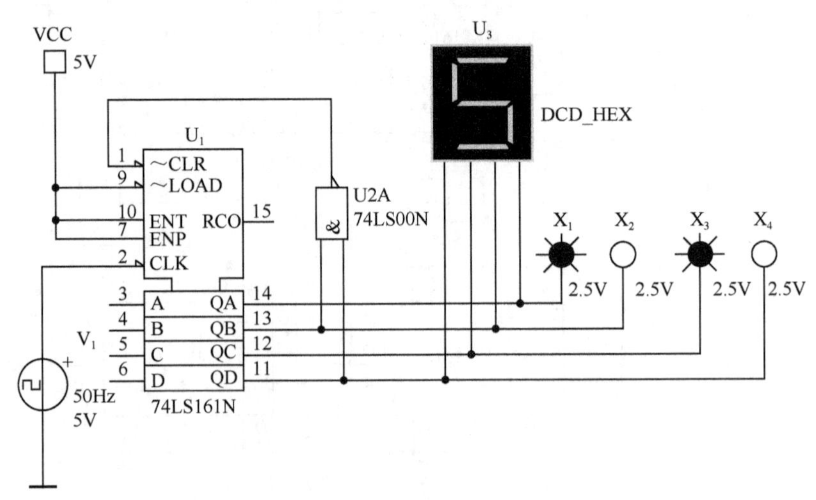<br><br>图 5-48　反馈清零法实现 0～9 模 10 计数功能的仿真电路<br><br>看数码显示器的计数是否正确：0～9 计满 10 个状态归零，重新计数，并循环往复。<br><br>3．思考如何使用 74LS161 的置数端 $\overline{LD}$ 实现 0～9 计数功能，分析原理电路图（如图 5-49 所示）。<br>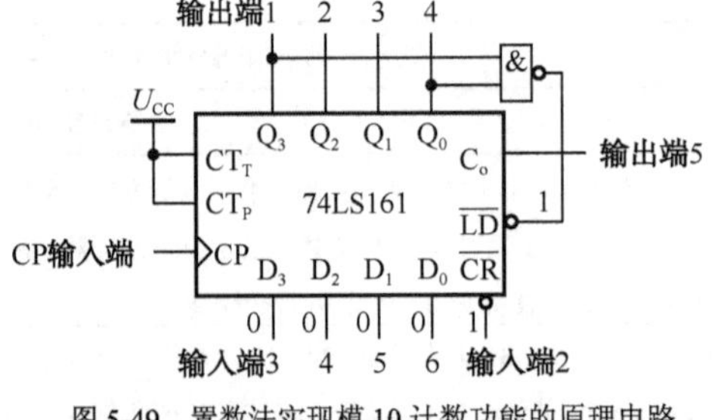<br><br>图 5-49　置数法实现模 10 计数功能的原理电路</td></tr>
</table>

续表

<table>
<tr><td>任务名称</td><td colspan="3">使用计数器 74LS161 构成 0～9 模 10 计数器</td></tr>
<tr><td>测试方法</td><td>仿真实现</td><td>课时安排</td><td>2</td></tr>
<tr><td></td><td colspan="3">4．根据图 5-50，用 Multisim 软件构建反馈置数法实现 0～9 计数功能的仿真电路，如图 5-50 所示，检查接线无误后运行。<br>看数码显示器的计数是否正确：0～9 计满 10 个状态归零，重新计数，并循环往复。<br>5．思考：请用置数法实现 3～9 模 7 计数功能，电路应该如何连接？<br>VCC 5V U1 U2A 74LS00N U3 DCD_HEX ~CLR ~LOAD ENT RCO ENP CLK A B C D QA QB QC QD 74LS161N V1 50Hz 5V X1 X2 X3 X4 2.5V 2.5V 2.5V 2.5V<br>图 5-50　反馈置数法实现 0～9 模 10 计数功能的仿真电路</td></tr>
<tr><td>拓展思考</td><td colspan="3">1．若在上述方案中将 74LS161 换成 74LS160，实现 0～9 模 10 计数功能的仿真电路该如何建立？试用 Multisim 软件画出电路图并运行验证。<br>2．若在上述方案中将 74LS161 换成 74LS163，实现 0～9 模 10 计数功能的仿真电路又该如何建立？试用 Multisim 软件画出电路图并运行验证。<br>3．欲使用 74LS161 实现模 24 的计数功能，则仿真电路又该如何建立？试用 Multisim 软件画出电路图并验证是否正确。</td></tr>
<tr><td>总结与体会</td><td colspan="3"></td></tr>
<tr><td>完成日期</td><td></td><td>完成人</td><td></td></tr>
</table>

## 5.4 寄存器

寄存器是用来存放数据、信息、指令等二进制代码的器件。一个触发器可以存储一位信息。由 *n* 个触发器组成的电路可以用来存储 *n* 位信息，将这 *n* 个触发器称为一个寄存器。

### 5.4.1 简单 4 位寄存器

只要把四个 D 触发器用 Clk 同步起来，D 触发器的输入端直接输入代码（数据），则在 CP 到来时便可接收数据。边沿式 D 触发器结构的寄存器通常将接收数据称为“打入”，如图 5-51 所示。CP 通常称为写入脉冲。

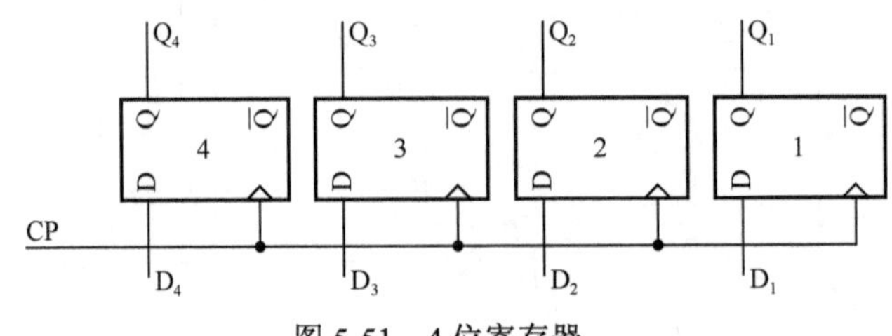


图 5-51 4 位寄存器

### 5.4.2 移位寄存器

数据或信息不仅要能寄存，而且要能移位，称这种寄存器为移位寄存器。它通常按功能分为左移、右移、双向移位、循环移位等。它按输入、输出方式又可分为串入串出、串入并出、并入串出和并入并出几种。

所谓串入串出，是指串行数据在 CP 控制下从移位寄存器的左边或右边逐次从第一级输入，原本所存数据顺次移位，逐次从最后一级输出。从左边输入的称为左移寄存器，从右边输入的称为左移寄存器。所谓串入并出，是指在 CP 控制下数据串行输入，从各触发器输出端同时输出。所谓并入串出，是指先将 *n* 位数据同时打入 *n* 位寄存器，在 CP 控制下再从最后一位逐次输出。所谓并入并出，是指先将 *n* 位数据同时打入 *n* 位寄存器，再从各寄存器输出端同时输出。如图 5-52 所示是这些移位寄存器的示意图。

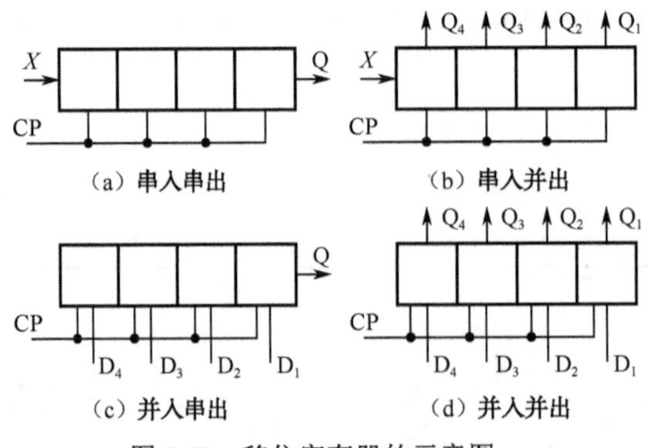


图 5-52 移位寄存器的示意图

### 5.4.3　移位寄存器的应用

中规模移位寄存器的产品和种类都很多，有左移、右移、双向移位的；有串入串出、串入并出、并入串出的；有不同输入/输出方式的；还有综合功能的。这里仅以一种多功能的 4 位可预置双向移位寄存器 74LS194（如图 5-53 所示）为例说明其应用。

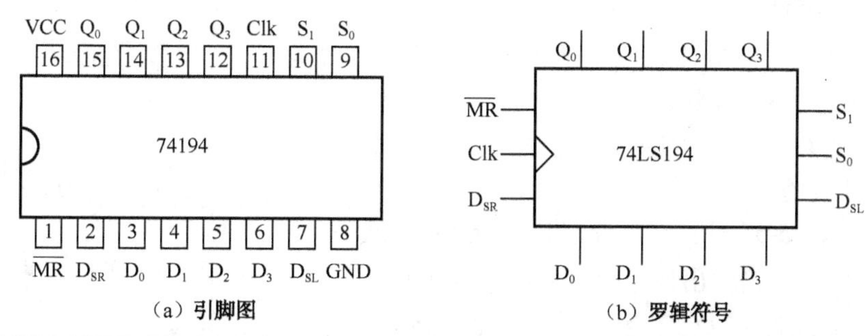


（a）引脚图　　（b）罗辑符号

| 工作模式 | 输入 | | | | | | | | | | 输出 | | | |
|---|---|---|---|---|---|---|---|---|---|---|---|---|---|---|
| | $\overline{MR}$ | $S_1$ | $S_0$ | Clk | $D_{SR}$ | $D_{SL}$ | $D_0$ | $D_1$ | $D_2$ | $D_3$ | $Q_0$ | $Q_1$ | $Q_2$ | $Q_3$ |
| 清零 | 0 | × | × | × | × | × | × | × | × | × | 0 | 0 | 0 | 0 |
| 保持 | 1 | 0 | 0 | ↑ | × | × | × | × | × | × | $q_0$ | $q_1$ | $q_2$ | $q_3$ |
| 左移 | 1<br>1 | 1<br>1 | 0<br>0 | ↑ | ×<br>× | 0<br>1 | × | × | × | × | $q_1$ | $q_2$ | $q_3$ | 0<br>1 |
| 右移 | 1<br>1 | 0<br>0 | 1<br>1 | ↑ | 0<br>1 | ×<br>× | × | × | × | × | 0<br>1 | $q_0$ | $q_1$ | $q_2$ |
| 置数 | 1 | 1 | 1 | ↑ | × | × | $d_0$ | $d_1$ | $d_2$ | $d_3$ | $d_0$ | $d_1$ | $d_2$ | $d_3$ |

（c）功能表

图 5-53　移位寄存器 74LS194

从图 5-53 可知该器件共有 10 个输入端和 4 个输出端，在这 10 个输入端中，$D_0$、$D_1$、$D_2$、$D_3$ 是并行数据输入端，Clk 是时钟输入端（上升沿触发），$\overline{MR}$ 是复位控制输入端（低电平有效），$S_1$、$S_0$ 是工作模式控制输入端，$D_{SR}$、$D_{SL}$ 分别是右移数据输入端和左移数据输入端，$Q_0$、$Q_1$、$Q_2$、$Q_3$ 是数据输出端。由于器件有控制输入端的存在，使得中规模集成电路具有较强的通用性和可扩展性，所以弄清这些控制端的使用方法是十分重要的。

对于时序电路的控制信号，除了要弄清其功能和有效电平外，还要了解该信号的作用是否与时钟同步及各控制信号之间的优先顺序，而后两者常常是正确使用电路的关键所在，必须通过阅读功能表、波形图、逻辑符号（必要时还可从逻辑图）予以了解。

从图 5-53（c）中的功能表可以看出寄存器的各个控制功能的优先情况如下。

（1）$\overline{MR}$ =0：异步清零。

（2）$\overline{MR}$ =1：

① $S_1S_0$=00，同步保持；

② $S_1S_0$=01，同步右移，$D_{SR}$ 为右移的入口；

③ $S_1S_0$=10，同步左移，$D_{SL}$ 为左移的入口；

④ $S_1S_0$=11，同步置数。

移位寄存器的基本属性是移位。当它处于移位模式时，每个触发器的状态除数据串入位（$D_{SR}$、$D_{SL}$）随输入信号变化外，其余各位只能按规则移动。移位寄存器的正常应用，必须紧抓这个基本属性。

### 1. 环形计数器

用 74LS194 可制成任意位左循环一个“1”或右循环一个“1”，左循环一个“0”或右循环一个“0”的环形计数器。

**【实例 5-5】** 用 74LS194 制成 4 位循环一个“0”的环形计数器。

**解：** 如图 5-54 所示，先进入置数模式（$\overline{MR}$=1，$S_1S_0$=11），输出信号为 $Q_0Q_1Q_2Q_3$=0111，将 $Q_3$ 的输出经非门反馈至 $S_1$ 端，使 $S_1$=0，$S_1S_0$=01 右移，并将 $Q_3$ 连至 $D_{SR}$，循环移动 3 次“1”，直至 $Q_3$=0 时，$S_1S_0$ 再次为 11，又打入 0111 并重新开始。

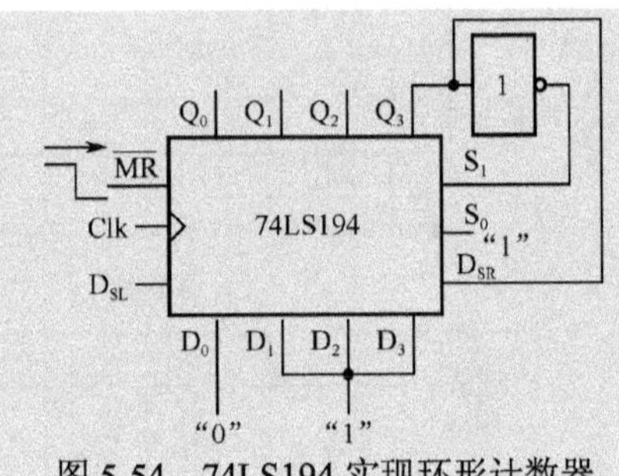


图 5-54 74LS194 实现环形计数器

### 2. 步进码计数器

移位寄存器是靠移位改变状态达到计数目的的。因此，一片 74LS194 最多可以有 8 个状态，可作为八进制计数器使用。

如图 5-55 所示是 74LS194 在 $S_1S_0$=01 右移时的线路连接及作为八计数器的波形。

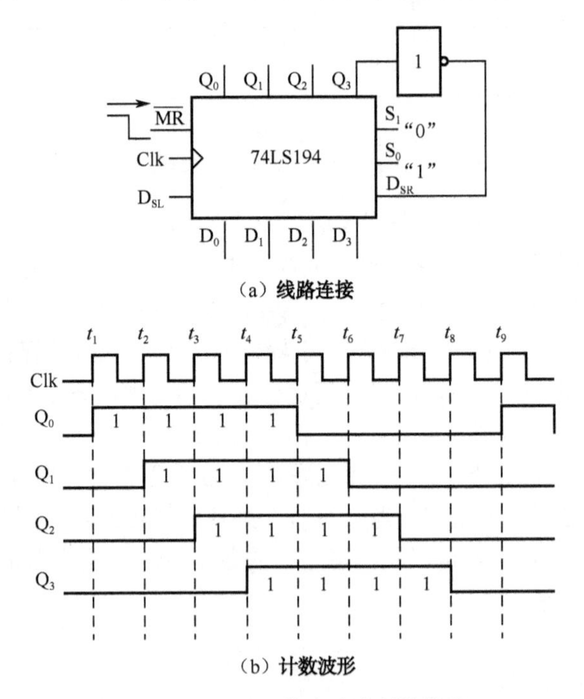


图 5-55 74LS194 作为八进制计数器

同理可知，六进制计数器应从 $Q_2$ 输出，反相，返回 $D_{SR}$；四进制计数应从 $Q_1$ 输出，反相，返回 $D_{SR}$。

### 3. 伪随机码发生器

伪随机码发生器就是最大长度时序发生器。一片 74LS194 的循环长度为 15，比环形计数器和步进码计数器的效率高。如图 5-56 所示是其电路和状态图。当初态为 0001 时，$S_1S_0$=10，左移。

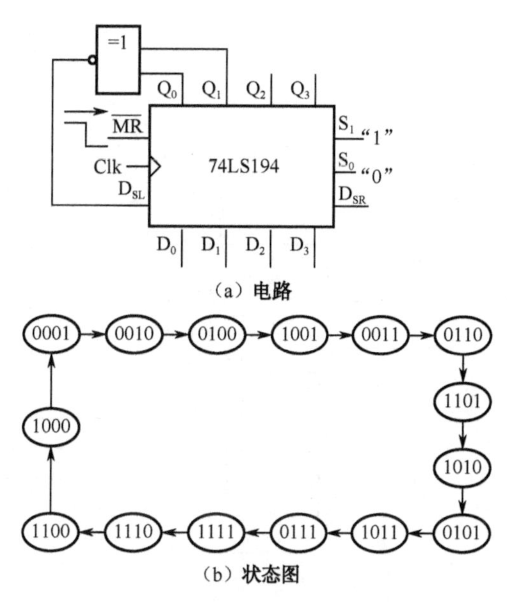

（a）电路

（b）状态图

图 5-56　伪随机码发生器的电路及状态图

## 案例分析 21　使用计数器 74LS194 实现扭环计数器

| 任务名称 | 使用计数器 74LS194 实现扭环计数器 | | |
|---|---|---|---|
| 测试方法 | 仿真实现 | 课时安排 | 2 |
| 任务内容 | 74LS194 是应用较广的移位寄存器，其功能比较全面，有：<br>（1）数据并入并出；<br>（2）数据左移；<br>（3）数据右移；<br>（4）数据保持。<br>使用 74LS194 实现扭环计数功能。 | | |
| 任务要求 | （1）用集成计数器 74LS194 构成扭环计数器。<br>（2）用 Multisim 或同类软件仿真验证。测试电路参见图 5-57。 | | |
| 虚拟仪器 | 74LS194、74LS00、时钟脉冲信号源、示波器等。 | | |
| 测试步骤 | | | |
| | 1．打开 Multisim 软件，构成如图 5-57 所示的扭环计数器电路。 | | |

续表

| 任务名称 | 使用计数器 74LS194 实现扭环计数器 | | |
|---|---|---|---|
| 测试方法 | 仿真实现 | 课时安排 | 2 |

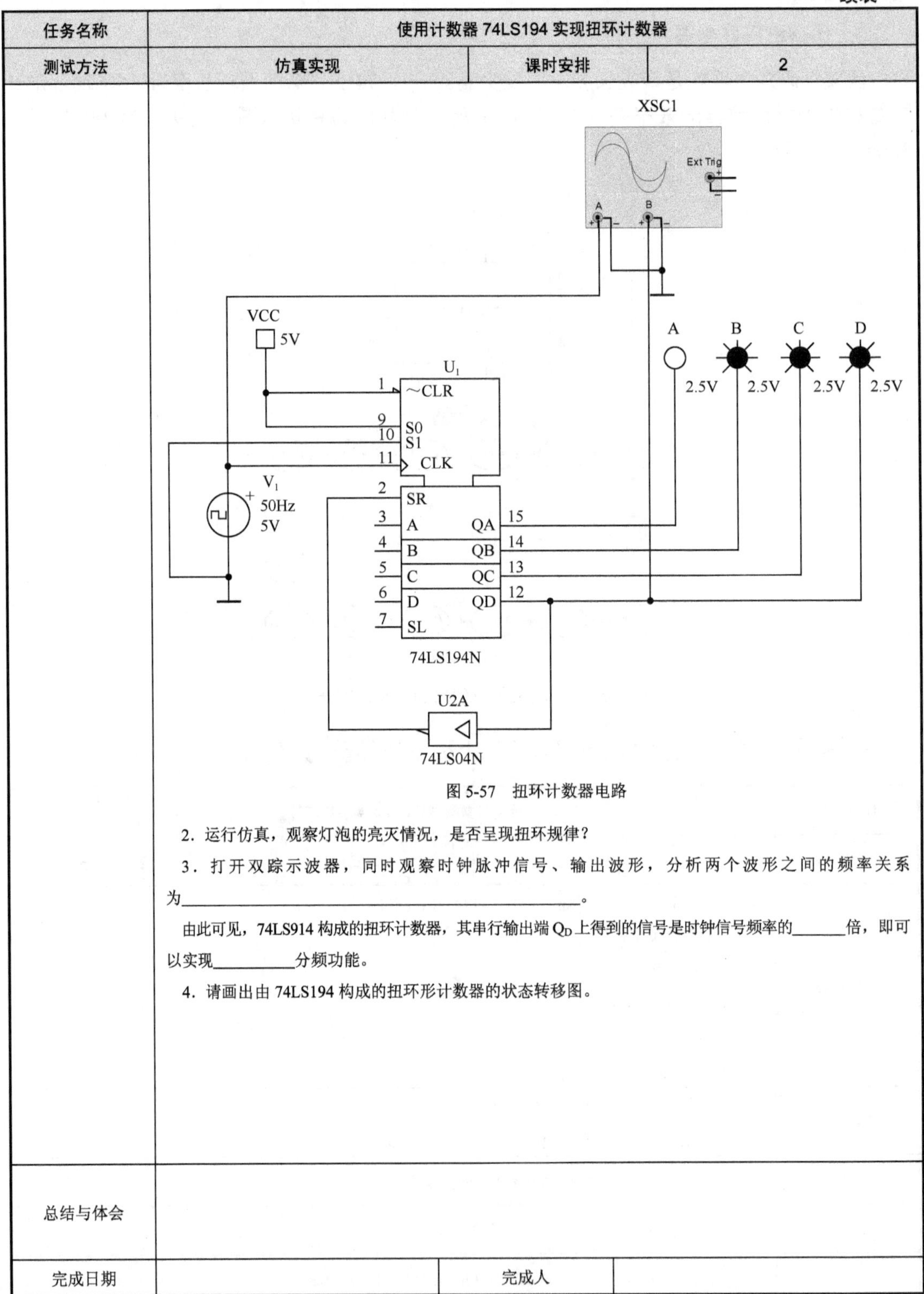


图 5-57　扭环计数器电路

2．运行仿真，观察灯泡的亮灭情况，是否呈现扭环规律？

3．打开双踪示波器，同时观察时钟脉冲信号、输出波形，分析两个波形之间的频率关系为__________________________________。

由此可见，74LS914 构成的扭环计数器，其串行输出端 $Q_D$ 上得到的信号是时钟信号频率的______倍，即可以实现________分频功能。

4．请画出由 74LS194 构成的扭环形计数器的状态转移图。

| 总结与体会 | | | |
|---|---|---|---|
| 完成日期 | | 完成人 | |

## 知识梳理与总结

● 触发器是构成计数器等时序电路的基本逻辑单元，具有记忆功能。

● 触发器功能的描述方法有特征方程、功能真值表、状态转移图、时序波形图等多种方式。

● 基本 RS 触发器有两种结构的电路：与非门构成及或非门构成的基本 RS 触发器。两者的特征方程相同，但约束条件不同。

● 常见的边沿触发器有边沿 D 触发器和边沿 JK 触发器。D 触发器的特征方程是 $Q^{n+1} = D$；JK 触发器的特征方程是 $Q^{n+1} = J\overline{Q^n} + \overline{K}Q^n$。

● D 触发器和 JK 触发器可以构成四进制、八进制、十六进制等异步计数器。

● D 触发器和 JK 触发器可以实现同步计数器等时序电路逻辑功能。

● JK 触发器将 J 端的信号通过非门接至 K 端，可实现 D 触发器的功能，从而可将 JK 触发器转换为 D 触发器。

● 时序逻辑电路的特点是：任意时刻的输出状态不仅取决于输入信号，而且与前一时刻的输出状态有关。时序逻辑电路的分析是指根据逻辑电路图，找出电路的逻辑功能，依次列出特征方程、特征表、状态转移图，判断电路是否能够实现自启动。

● 常用的集成计数器电路有：4 位二进制加法计数器 74LS161（异步清零、同步置数）；4 位二进制加法计数器 74LS163（同步清零、同步置数）；十进制加法计数器 74LS160（异步清零、同步置数）；十进制加法计数器 74LS162（同步清零、同步置数）；4 位二进制同步可逆计数器 74LS194；二 V 五-十进制异步计数器 74LS290、74LS390。

● 计数器模数变化的方法有：串接法、复位法（清零法）、置数法。

## 习题 5

1．时序逻辑电路的输出不仅与________有关，而且与________有关。

2．________是构成时序逻辑电路中存储电路的主要元件。

3．触发器有两个互补的输出端 Q、$\overline{Q}$，定义触发器的 0 状态为________，1 状态为________，可见触发器的状态指的是________端的状态。

4．触发器有 2 个稳态，存储 4 位二进制信息要________个触发器。

5．一个由与非门构成的基本 RS 触发器，其约束条件是________，其特征方程是________。

6．由与非门构成的基本 RS 锁存器正常工作时有三种状态，分别是 $\overline{RS}=01$ 时输出为_______，$\overline{RS}=10$ 时输出为_______，$\overline{RS}=11$ 时输出为_______。(0 状态/1 状态/保持状态)。

7．JK 触发器具有________种逻辑功能。

8．当 JK 触发器在时钟 CP 作用下，欲使 $Q^{n+1}=Q^n$，则必须使 J=__________，K=________。

9．数字电路按照是否有记忆功能通常可分为两类：________、________。时序逻辑电路________（具有/不具有）记忆功能。

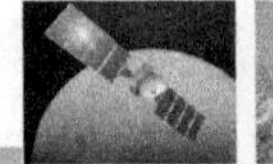

10．时钟不是连在一起，或者连在一起但触发器不是同时翻转的时序电路称为________。

11．按照计数的数码变化升降，计数器可分为________和________。

12．当 74LS161 异步清零端 $\overline{CR}$ 为低电平时，输出端为________（0/1），此时与时钟端 CP 状态________（上升沿有关/下降沿有关/无关），这种方式称为________（异步/同步）清零。

13．利用 74LS161 的同步置数端 $\overline{LD}$，若使输出状态与预置输入端相同，则需要________和________共同作用。

14．若计数器的输出最小数不从 0 开始，则此计数器可用________（复位法/置数法）实现。

15．寄存器、计数器都属于________逻辑电路，编码器、译码器属于________逻辑电路。

16．移位寄存器 74LS194 具有________、________、________和________四种工作模式。

17．根据图 5-58 所示图形分别画出上升沿和下降沿有效的 D 触发器的输出波形（设初始状态均为 0）。

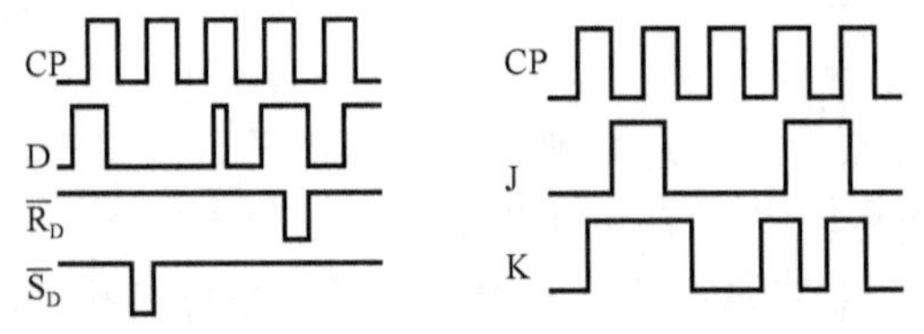


图 5-58　习题 17、18 的图

18．根据图 5-58 中的波形分别画出上升沿和下降沿有效的 JK 触发器的输出波形（设初始状态均为 0）。

19．设图 5-59 中各触发器的初始状态均为 0，根据 CP 的波形画出各触发器输出 Q 的波形（最少画 4 个时钟周期）。

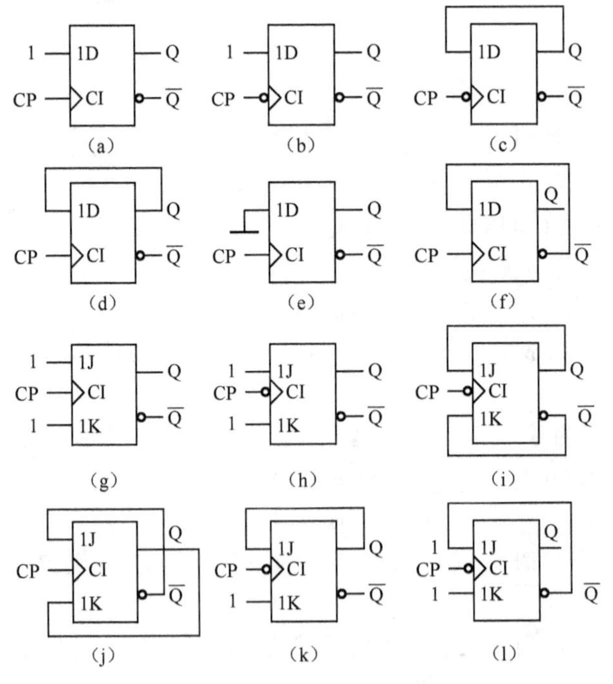


图 5-59　习题 19 的图

20．分析图 5-60（a）、（b）所示时序电路的逻辑功能。

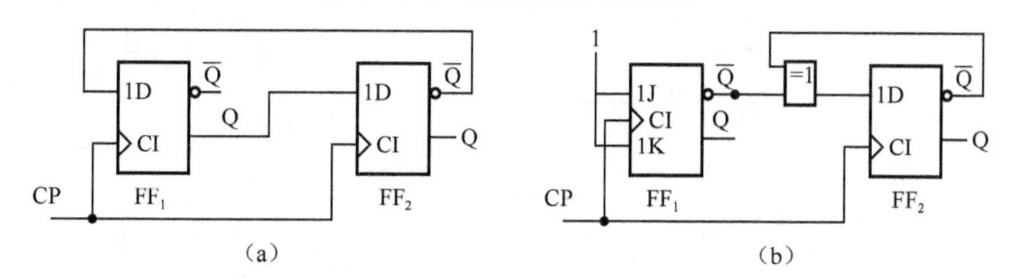

图 5-60　习题 20 的图

21．分析图 5-61 所示时序电路的逻辑功能，并检查电路是否具有自启动功能。

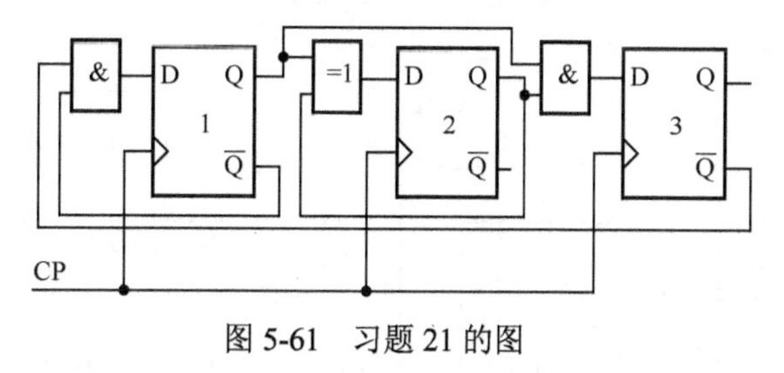

图 5-61　习题 21 的图

22．分析如图 5-62 所示时序电路的逻辑功能，并检查电路是否具有自启动功能。

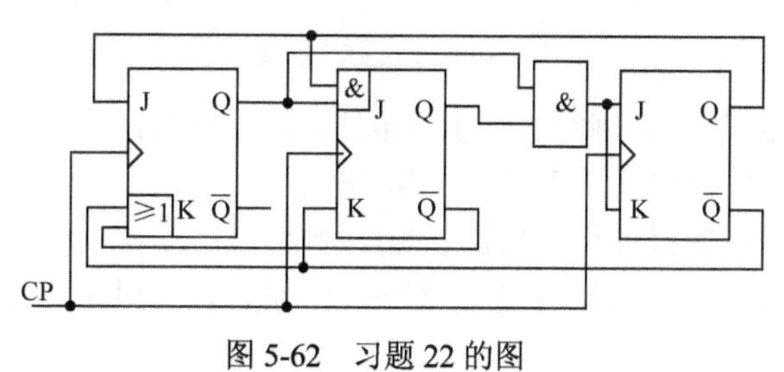

图 5-62　习题 22 的图

23．用 74LS160 构成的计数器电路如图 5-63 所示，试分析它为几进制。

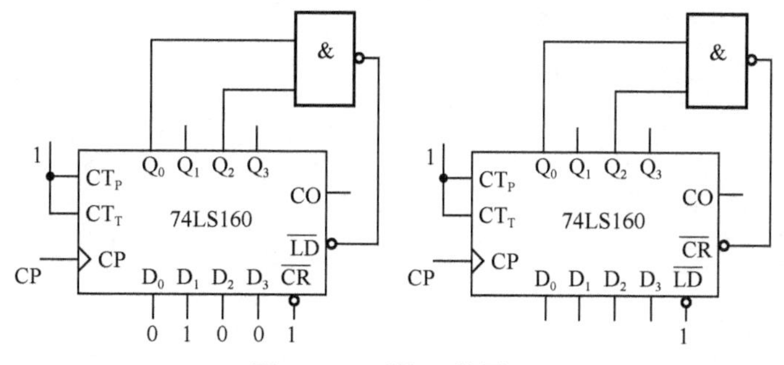

图 5-63　习题 23 的图

24．用 74LS160 构成的计数器电路如图 5-64 所示，试分析它为几进制。

25．用 74LS161 构成的计数器电路如图 5-65 所示，试分析它为几进制。

26．用 D 触发器设计一个同步五进制加法计数器（0～4）。

27．用 JK 触发器设计一个同步八进制加法计数器（0～7）。

28．用 D 触发器设计一个按自然二进制数顺序变化的同步五进制加法计数器。

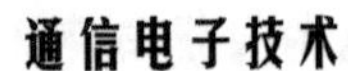

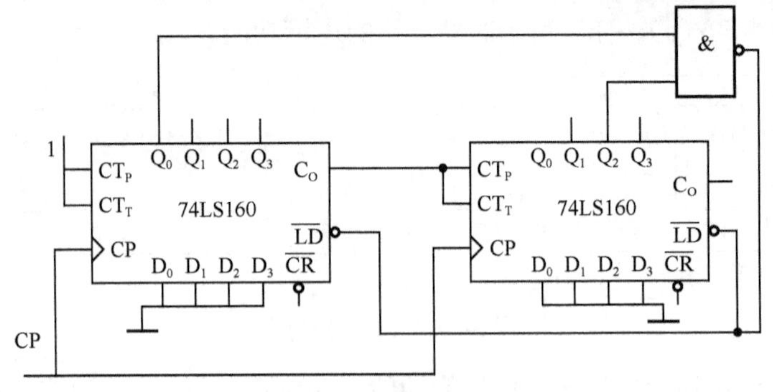


图 5-64　习题 24 的图

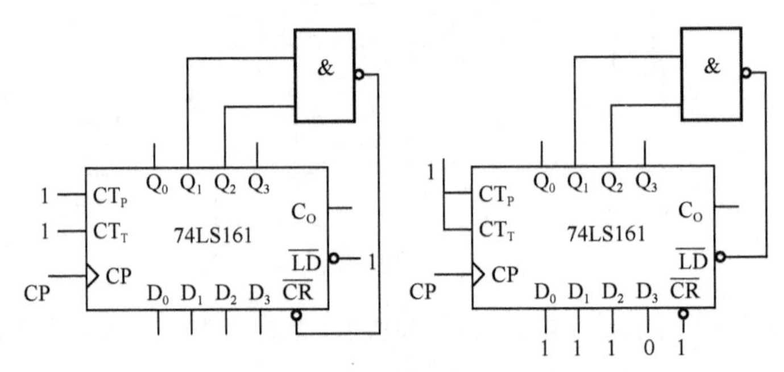


图 5-65　习题 25 的图

29．设计一个用 M 信号控制的五进制同步计数器，要求：

（1）当 M=0 时，在时钟作用下按加 1 顺序计数；

（2）当 M=1 时，在时钟作用下按加 2 顺序计数（即 0，2，4，…）。

30．试用 74LS160 设计一个十三进制（2～14 计数），可以附加必要的门电路。

# 第6章 A/D与D/A转换

**教学导航**

| | | |
|---|---|---|
| 教 | 知识重点 | 1. D/A转换原理 |
| | | 2. A/D转换原理 |
| | | 3. 采样定理 |
| | 知识难点 | D/A及A/D转换电路的分析 |
| | 推荐教学方式 | 将理论与技能训练相结合，掌握D/A、A/D转换技术 |
| | 建议学时 | 6学时 |
| 学 | 推荐学习方法 | 以小组讨论的学习方式，结合本章内容，通过仿真实践理解采样定理的含义及D/A、A/D转换原理 |
| | 必须掌握的理论知识 | 1. D/A及A/D转换原理 |
| | | 2. 采样定理 |
| | 必须掌握的技能 | 使用Multisim或同类软件完成A/D转换 |

随着数字技术，特别是计算机技术的飞速发展与普及，在现代控制、通信及检测领域中，为提高系统的性能指标，对信号的处理无不广泛采用了数字计算技术。绝大多数的物理量都是连续变化的模拟量，如温度、压力等，而这些模拟量经传感器转换后所产生的电信号仍然是模拟信号，如果用数字系统对这些信号进行处理，必须将电信号转换为数字信号，即模数转换，简称AD转换（Analog to Digital）。完成模数转换的电路称为模数转换器，简称ADC（Analog to Digital Converter）。当需要用数字系统控制外部的模拟信号时，必须将数字信号转换成模拟信号，完成相反的过程，即数模转换，简称D/A转换（Digital to Analog），完成数模转换的电路称为数模转换器，简称DAC（Digita to Analog Converter）。

数模转换电路是将二进制数码转换为模拟信息的译码。由于在部分模数转换方案中要使用数模转换电路作为反馈环节，故本章先介绍数模转换。

## 6.1　数模转换的性能与工作原理

### 6.1.1　数模转换器的性能指标

集成数模（D/A）转换器（DAC）的基本功能是将 $N$ 位的数字量 $D$ 转换成与 $N$ 位数字量 $D$ 相对应的模拟信号 $A$ 输出（模拟电流或模拟电压）。

#### 1. 转换精度

在D/A转换器中一般用分辨率和转换误差描绘转换精度。

1）分辨率

D/A转换器的分辨率是指输入数字量中对应于数字量的最低位（LSB）发生单位数码变化时引起的输出模拟电压的变化量 $\Delta U$ 与满度值输出电压 $U$ 之比。在 $n$ 位D/A转换器中，输出的模拟电压应能区分出输入代码的 $2^n$ 个不同的状态，给出 $2^n$ 个不同等级的输出模拟电压。因此，分辨率可表示为

$$分辨率=\frac{1}{2^n-1} \tag{6-1}$$

式中，$n$ 为D/A转换器中输入数字量的位数。

例如，8位D/A转换器的分辨率为

$$分辨率=\frac{1}{2^n-1}=\frac{1}{255}\approx 0.004 \tag{6-2}$$

此分辨率若用百分比表示为0.4%。

分辨率表示D/A转换器在理论上能够达到的精度。

可以看出，DAC的位数越多，分辨率的值越小，即在相同情况下输出的最小电压越小，分辨能力越强。在实际使用中，通常把 $2^n$ 或 $n$ 称为分辨率，如8位DAC的分辨率为 $2^8$ 或8位。

2）转换误差

D/A转换器的转换误差是指它在稳定工作时，实际模拟输出值和理论值之间的最大偏差，通常用输入电压满刻度（FSR）的百分数来表示。例如，DAC的线性误差为0.05% FSR，即指转换误差为满量程的0.05%。有时，转换误差用最小数字量的倍数来表示。例

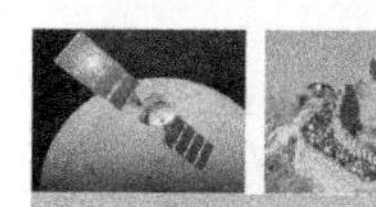

如，给出的转换误差为 LSB/2，这就表明输出模拟电压的绝对误差等于输入量为 0…0001 时所对应的输出模拟电压值的一半。

转换误差产生的原因有：基准电压 $U_{REF}$ 的波动，运算放大器中的零点漂移，电阻网络中电阻值的偏差及非线性失真等。

分辨率和转换误差共同决定了转换精度，它们是相关的。对于转换误差大的 DAC，其分辨率是没有意义的。要使 DAC 的精度高，不仅要选位数多的 DAC，还要选稳定度高的基准电压源和低温漂的运放与其配合。

**2. 转换速度**

通常以建立时间 $t_s$ 表征 D/A 转换器的转换速度。建立时间 $t_s$ 是指输入数字量从全“0”到全“1”（或反之，即输入变化为满度值）时起，到输出电压达到相对于最终值为±1/2LSB 范围内的数值为止所需的时间，又称为转换时间。DAC0832 的转换时间 $t_s$ 小于 500ns。

**3. 电源抑制比**

在高质量的转换器中，要求模拟开关电路和运算放大器的电源电压发生变化时，对输出电压的影响非常小。输出电压的变化与对应的电源电压的变化之比称为电源抑制比。

此外，还有功率功耗、温度系数，以及高/低输入电平的数值、输入电阻、输入电容等指标，在此不予一一介绍。

### 6.1.2　D/A 转换的工作原理

DAC 转换电路接受的是数字信息，而输出的是与输入数字量成正比的电压或电流。输入数字信息可以采用任何一种编码形式，代表正、负或正负都有的输入值。图 6-1 表示一个双极性输出型有三位数字输入的 DAC 的转换对应关系。

在图 6-1 中，输入数字信息的最高位（MSB）为符号位，1 表示负值，0 表示正值。输入的数字信息是用原码表示的。

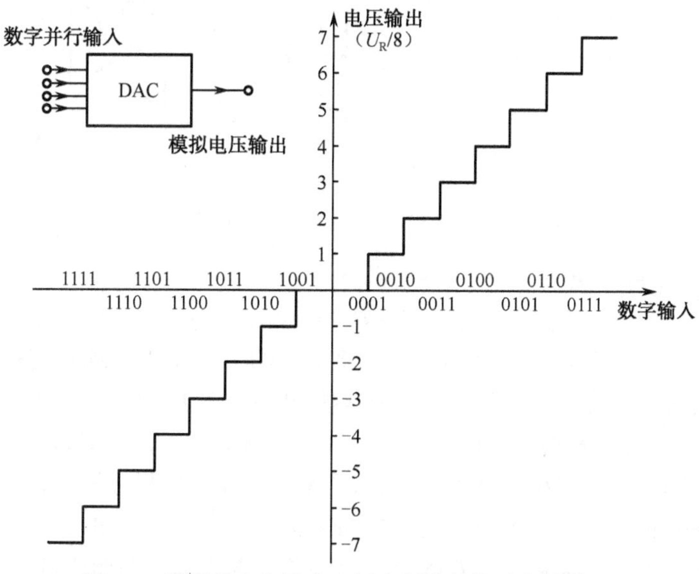


图 6-1　数字输入与输出电压之间的转换对应关系

DAC 的分辨率取决于数字输入的位数，通常不超过 16 位，分辨率一般为满刻度的 1/（$2^{16}-1$）。DAC 的精度则与转换器的所有元件的精度和稳定度、电路中的噪声和漏电等因素有关。例如，一个 16 位的 DAC 转换器，它的最大输出电压为 10V，则对应于最低位 LSB 的电压为 152μV（分辨率），即为总电压的 0.00152%。由此可见，为了达到 16 位 DAC 的分辨率，要求所有元件有极精密的配合，并且严格地屏蔽干扰，彻底地杜绝漏电。

如图 6-2 所示为 *n* 位 DAC 的组成框图。

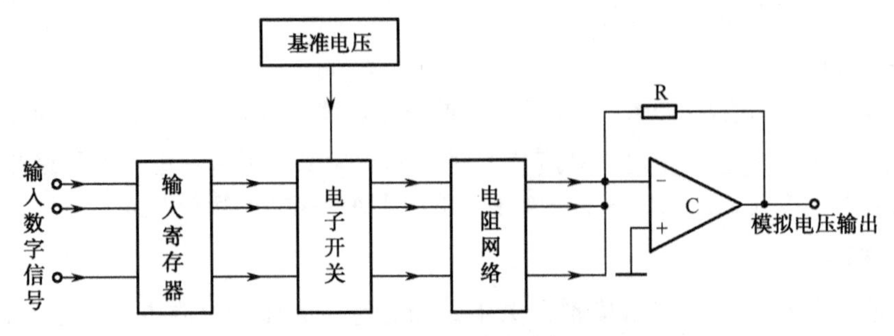


图 6-2　*n* 位 DAC 的组成框图

D/A 转换器的种类很多：根据工作方式的不同，可分为电压相加型和电流相加型；根据译码网络的不同，可分为权电阻网络型 D/A 转换器、倒 T 形电阻网络型 D/A 转换器等形式。在单片集成 D/A 转换芯片中，采用最多的是倒 T 形电阻网络型 D/A 转换器。下面以 4 位倒 T 形电阻网络型 D/A 转换器为例阐述 D/A 转换的原理，如图 6-3 所示。

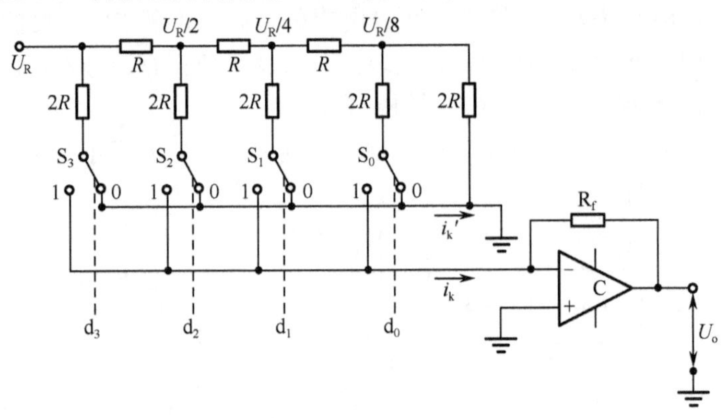


图 6-3　倒 T 形电阻网络型 D/A 转换器

该电路共由 3 个部分组成。

① 模拟开关 $S_3$、$S_2$、$S_1$、$S_0$。输入的数字信号 $d_3$、$d_2$、$d_1$、$d_0$ 控制模拟开关的位置，当输入数字信号为“0”时，开关打向右边，将图中的 2*R* 电阻与地相连接；当输入数字信号为“1”时，开关打向左边，将图中的 2*R* 电阻接入运算放大器的反相输入端。但是无论开关打向左边还是右边都是接地，这是因为运算放大器的反相输入端为“虚地”。

② *R*–2*R* 电阻倒 T 形网络。倒 T 形网络的基本单元是电阻分压结构，无论从哪个节点看进去都是 2*R* 的电阻值。电阻网络中的电阻种类只有两种，即 *R* 和 2*R*。

③ 将电阻网络中流进运算放大器的电流相加并转换成电压的形式输出。

因此，有

$$
\begin{aligned}
i_k &= \frac{U_R}{2R}d_3 + \frac{U_R/2}{2R}d_2 + \frac{U_R/4}{2R}d_1 + \frac{U_R/8}{2R}d_0 \\
&= \frac{U_R}{2^4 R}(d_3 \times 2^3 + d_2 \times 2^2 + d_1 \times 2^1 + d_0 \times 2^0)
\end{aligned} \tag{6-3}
$$

转换器的输出电压 $U_o$ 为

$$
\begin{aligned}
U_o &= -i_k \cdot R_f = -\frac{U_R R_f}{2^4 R}(d_3 \times 2^3 + d_2 \times 2^2 + d_1 \times 2^1 + d_0 \times 2^0) \\
&= -\frac{U_R R_f}{2^4 R} D_4
\end{aligned} \tag{6-4}
$$

式（6-4）表明：输入的数字量转换成了与其成正比的模拟量输出。

如果是 $n$ 位数字量输入，则式（6-4）可改写为如下形式：

$$
\begin{aligned}
U_o &= -i_k \cdot R_f = -\frac{U_R R_f}{2^n R}(d_{n-1} \times 2^{n-1} + d_{n-2} \times 2^{n-2} + d_{n-3} \times 2^{n-3} + \cdots + d_0 \times 2^0) \\
&= -\frac{U_R R_f}{2^n R} D_n
\end{aligned} \tag{6-5}
$$

式中，$n$ 为二进制位数；$D_n = \sum_{i=0}^{n-1} d_i \times 2^i$ 。

倒 T 形电阻网络是目前集成 D/A 芯片中使用最多的一种网络结构，它具有如下特点：

（1）电路中电阻的种类很少，便于集成和提高精度；

（2）无论模拟开关如何变换，各支路中的电流保持不变，因此不需要电流建立时间，提高了转换速度。

### 6.1.3　集成 D/A 转换器 DAC0832

目前根据分辨率、转换速度、兼容性及接口特性等性能的不同，集成 DAC 有多种不同类型和不同系列的产品。DAC0832 是 DAC0830 系列，是 CMOS 集成电路，是 8 位倒 T 形电阻网络转换器。DAC0832 具有 8 位数据输入，它与单片机、CPLD、FPGA 可直接连接，且接口电路简单，转换控制容易，使用方便，在单片机及数字系统中得到了广泛应用。值得注意的是，DAC0832 是电流输出型芯片，要外接运算放大器将输出模拟电流转换为模拟输出电压。

DAC0832 的特点是具有两个输入寄存器（所谓寄存器具有在时钟的作用下暂时存放数据和取出数据的功能）。输入的 8 位数据量首先存入输入寄存器，而输出的模拟量是由 DAC 寄存器中的数据决定的。当把数据从输入寄存器转入 DAC 寄存器后，输入寄存器就可以接收新的数据而不会影响模拟量的输出。DAC0832 共有 3 种工作方式。

#### 1. 集成 D/A 转换芯片 DAC0832 的工作方式

*1）双缓冲工作方式*

双缓冲工作方式如图 6-4（a）所示。这种工作方式是：通过控制信号将输入数据锁存于输入寄存器中，当需要 D/A 转换时，再将输入寄存器的数据转入 DAC 寄存器中，并进行 D/A 转换。对于多路 D/A 转换接口，当要求并行输出时，必须采用双缓冲工作方式。

采用双缓冲工作方式的优点是：可以消除在输入数据更新时，输出模拟量的不稳定现象；可以在模拟量输出的同时，将下一次要转换的数据输入到输入寄存器中，从而提高了转换速度；用这种工作方式可同时更新多个 D/A 输出，从而给多个 D/A 器件系统、多处理系统中的 D/A 协调一致的工作带来了方便。

2）单缓冲工作方式

单缓冲工作方式如图 6-4（b）所示。这种工作方式是：在 DAC 的两个寄存器中有一个是常通状态，或者使两个寄存器同时选通及锁存。

3）直通工作方式

直通工作方式如图 6-4（c）所示。这种工作方式是：使两个寄存器一直处于选通状态，寄存器的输出随输入数据的变化而变化，输出模拟量也随输入数据同时变化。

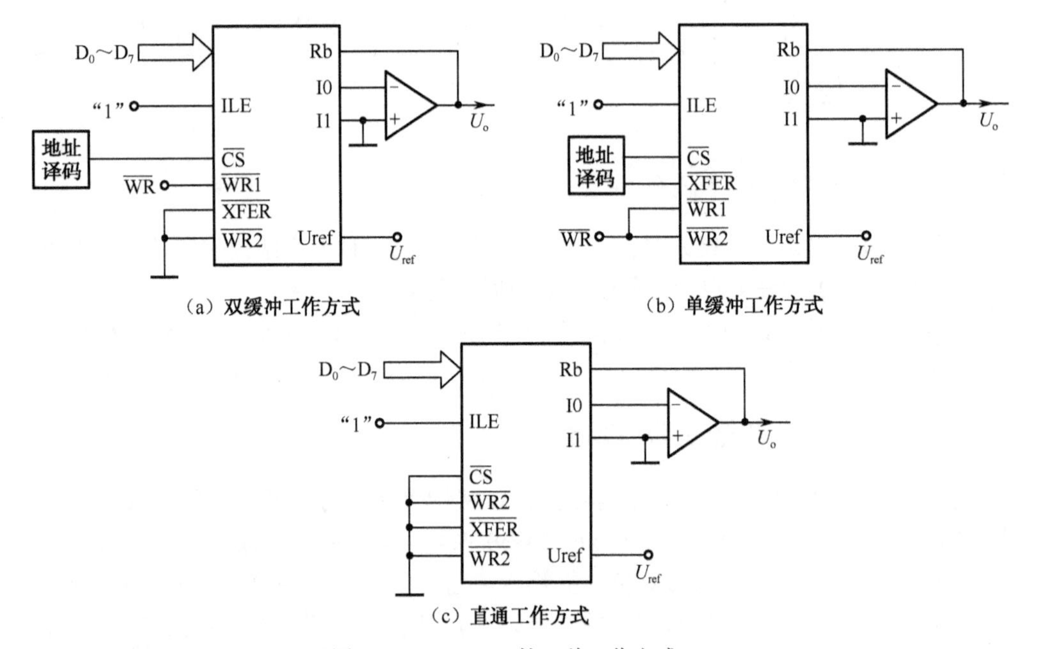


图 6-4　DAC0832 的三种工作方式

## 2. 集成 D/A 转换芯片 DAC0832 的应用

由于 DAC0832 的输出是电流型，所以必须用运放将模拟电流转换为模拟电压。其输出有单极性输出和双极性输出两种形式。

1）单极性输出应用电路

图 6-5（a）是 DAC0832 用于一路时单极性输出的原理图。由于 $\overline{WR2}$、$\overline{XFER}$ 同时接地，芯片内的两个寄存器直接接通，所以数据 $D_7$～$D_0$ 可直接输入到 DAC 寄存器中。ILE 恒为高电平，输入由 $\overline{CS}$ 和 $\overline{WR1}$ 控制，且两个信号间要满足确定的时序关系，在 $\overline{CS}$ 置低之后，再将 $\overline{WR1}$ 置低，将输入数据写入 DAC。其时序如图 6-5（b）所示。

DAC0832 为单极性输出时，输出模拟量和输入数字量之间的关系是 $U_o=\pm U_{REF}\left(\frac{D_n}{256}\right)$，

其中 $D_n=\sum_{i=0}^{n-1}2^n$。当基准电压为+5V（或-5V）时，输出电压 $U_o$ 的范围是 0～-5V（0～5V）；当基准电压为+15V（或-15V）时，输出电压 $U_o$ 的范围是 0～-15V（0～15V）。

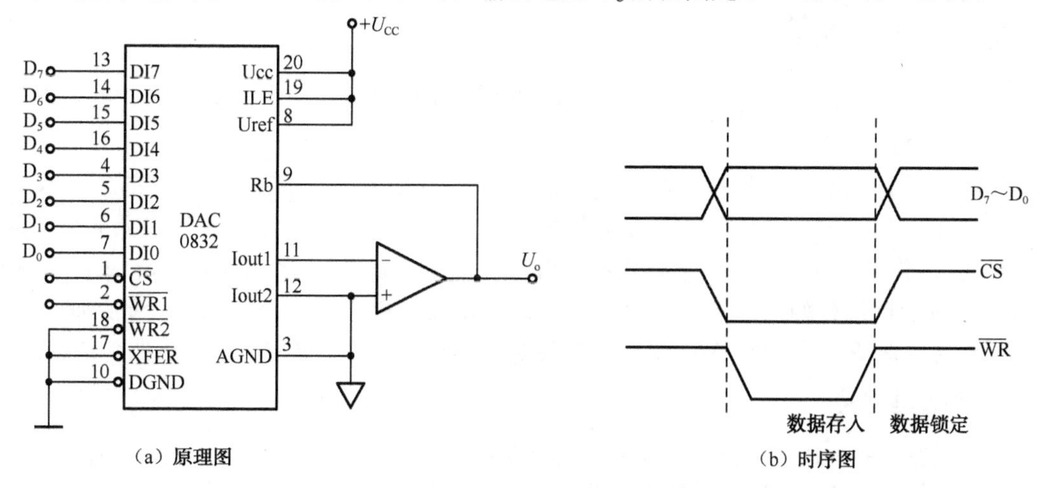


（a）原理图　　　　（b）时序图

图 6-5　DAC0832 的单极性输出应用电路

2）双极性输出应用电路

前述 DAC 转换器转换的是不带符号的数字，若要求将带有符号的数字转换为相应的模拟量，则应有正、负极性输出。在二进制算术运算中，通常将带符号的数字用 2 的补码表示，因此希望 DAC 将输入的正、负补码分别转换成具有正、负极性的模拟电压。图 6-6 是 DAC0832 的双极性输出应用电路。

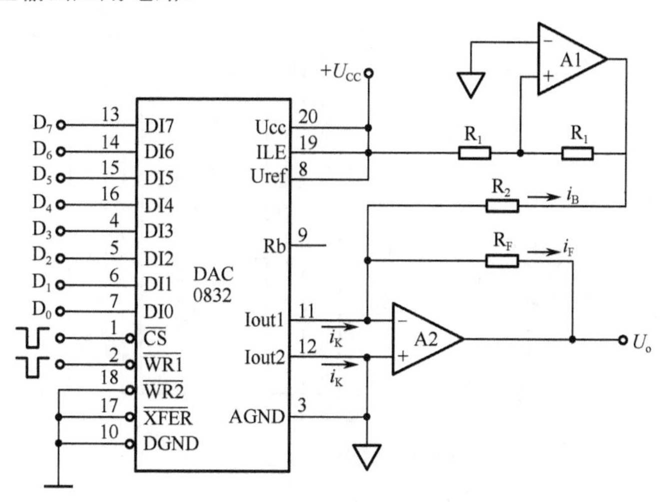


图 6-6　DAC0832 的双极性输出应用电路

输出模拟电压的大小计算如下：

$$U_o=-\frac{U_{REF}R_F}{2^8 R}\cdot D_8 \tag{6-6}$$

式中，$D_8$ 为补码，当最高位为 0 时表示正数，直接代入计算即可；当最高位为 1 时表示负数，后面各位按位取反，最低位加 1，这样变换后才为数值大小，代入式（6-6）才能得到转换结果。

# 6.2 模数转换的工作原理与性能参数

## 6.2.1 工作原理

A/D 转换是将时间和数值上连续变化的模拟量转换成时间上离散且数值大小变化也是离散的数字量。

A/D 转换就是在一系列瞬间对输入的模拟量进行采样，然后把这些采样的值变成数字量输出。在一系列瞬间进行取样的过程称为“采样”；将采样的信号转换成数字量的过程称为“量化”；将量化结果用编码形式表示的过程，称为“编码”，这些代码就是 A/D 转换的输出量。由于量化和编码都需要一定的时间，所以在采样之后，必须保持一定的时间，这个过程称为“保持”。因此，A/D 转换都需要经过采样、保持、量化、编码这四个过程。

### 1. 采样与保持

采样是在一系列选定的瞬间抽取模拟信号 $u_i(t)$ 的值作为样品的过程，它会将时间上连续变化的模拟信号转换成时间上离散的采样信号 $u_o(t)$。图 6-7 是采样的工作过程。图 6-7（a）表示模拟采样开关，图 6-7（b）表示模拟信号 $u_i(t)$ 在采样信号 $u_s(t)$ 的作用下得到采样信号 $U_o(t)$的过程。

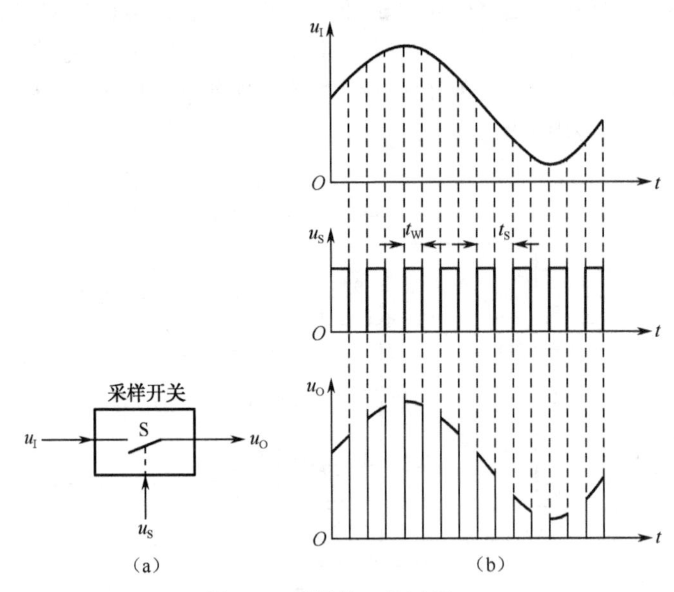


图 6-7　采样的工作过程

在图 6-7 中，如果采样频率太低，其输出信号就不能严格保留输入信号的信息；但如果采样频率太高，虽然其转换的输出与输入波形能做到较好的一致，但是输出的脉冲数也会较多，这又是不希望的。那么采样频率应该如何确定呢？为了保证采样信号 $u_o(t)$ 能准确无误地表示模拟信号 $u_i(t)$，对于一个频率有限的模拟信号，可以由采样定理确定采样频率：

$$f_s \geqslant 2f_{imax} \tag{6-7}$$

式中，$f_s$ 为采样频率；$f_{imax}$ 为输入模拟信号频率的上限值，实际使用时一般取原始信号频率

的 2.5～3.0 倍。

表 6-1 给出了常用的几种情况下的基带信号（即原始信号）频率和采样频率。

**表 6-1　常用基带信号及其采样频率**

| 应 用 场 合 | 基 带 信 号 | 基带信号频率（kHz） | 取样频率（kHz） |
|---|---|---|---|
| 语音通信 | 语音信号 | 0.3～3.4 | 8.0 |
| 调频广播 | 语音及音乐 | 0.02～10.0 | 22.0 |
| CD 音乐 | 音乐和语音 | 0.02～20.0 | 44.1 |
| 高保真音响 | 音乐信号 | 0.02～20.0 | 48.0 |

对采样信号进行数字化处理需要一定的时间，而采样信号的宽度很小，量化装置来不及处理，因此，为了进行数字化处理，每个采样信号要保持一个周期，直到下一次采样为止。

通常采样和保持利用采样保持器一次完成。采样保持器的原理电路如图 6-8（a）所示。

在图 6-8 中，运算放大器构成的射极跟随器，利用其阻抗变换特性构成隔离级。NMOS 管 VT 为采样开关，C 为存储电容。

在采样持续时间 $t_0$ 期间，NMOS 管 VT 处于导通状态，输入模拟电压通过 VT 向电容 C 充电。当电路充电时间常数 $\tau=R_{ON}C$ 远小于 $t_0$（采样脉冲高电平时间）时，电容 C 上的电压跟随输入电压 $u_I$ 的变化，因此放大器的输出电压 $u_o$ 也随输入电压 $u_I$ 变化而变化。$t_0$ 称为采样时间。当采样脉冲结束后，VT 截止，如果场效应管和电容的漏电流级运算放大器的输入电流均可忽略，则电容上的电压保持在 VT 截止前 $u_I$ 的电压值，直到下一个采样脉冲来到，这段时间 $t_H$ 称为保持时间。下一个采样周期来到，电容 C 上的值又跳回到输入电压 $u_I$ 的值。$t_0$ 和 $t_H$ 构成一个采样周期 $t_s$。采样保持器的输出电压如图 6-8（b）所示。

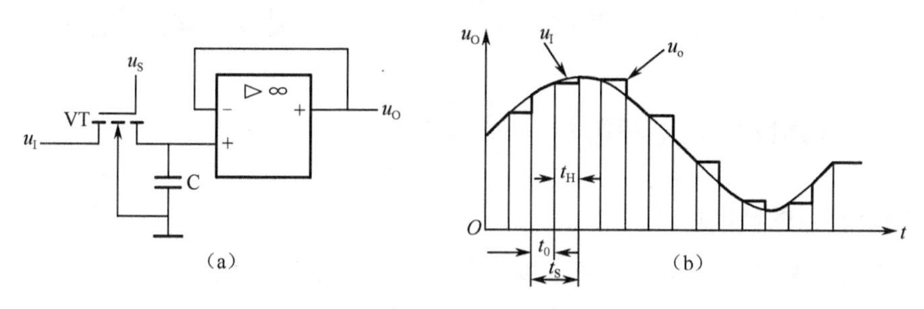


图 6-8　采样保持器的工作过程

## 2. 量化和编码

采样和保持后的信号仍然是时间上离散的模拟信号，它的采样信号的取值是任意的，而数字信号的取值是有限的或离散的，如用 3 位二进制数来表示，则只有 8 种状态，也就是说，只有 000～111 共 8 个离散的取值。因此，要实现幅度的离散化，就要用具体的数字量来近似地表示对应的模拟值。任意一个数字量的大小都是用某个最小数量单位的整数倍来表示的，这个最小的数量单位称为量化单位，用Δ表示。采样信号和量化单位相比较，进而转换为量化单位的整数倍，这个过程称为量化。量化一般有以下两种方法。

（1）舍尾取整法。取最小量化单位 $\Delta=\dfrac{U_m}{2^n}$，$U_m$ 为模拟信号电压的最大值，$n$ 为数字代

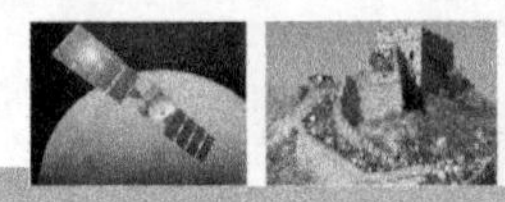

码的位数。当输入信号的幅值为 0～Δ 时，量化的结果取 0；如果输入信号的幅值在Δ～2Δ之间，则量化结果取Δ；以此类推，这种量化方法是只舍不入，其量化误差$\delta<\Delta$。

（2）四舍五入法。以量化级的中间值作为基准的量化方法，取 $\Delta=\dfrac{2U_{\mathrm{m}}}{2^{n+1}-1}$。当输入信号的幅值为 0～Δ/2 时，量化结果的取值为 0；当输入信号的幅值在Δ/2～3 Δ/2 之间时，量化取值为Δ；以此类推，这种量化的结果是有舍有入，其量化误差$\delta<\Delta/2$。

为减少量化误差，选择四舍五入法为好。

例如，将 0～1V 模拟信号转换为 3 位二进制代码，划分量化电平的两种方法如图 6-9 所示。

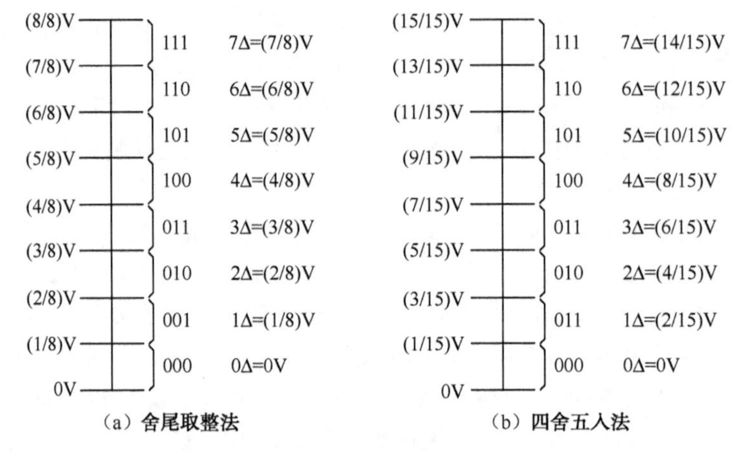


图 6-9　划分量化电平的两种方法

用数字代码表示量化结果的过程就是编码。这些代码就是 A/D 转换的输出结果，在编码的过程中不会产生误差。

## 6.2.2　A/D 转换器的主要参数

### 1. A/D 转换器的转换精度

在 A/D 转换电路中，也是用分辨率和转换误差来表示转换精度的。

#### 1）分辨率

A/D 转换器的分辨率是指输出数字量的最低位变化一个单位时输入模拟量的变化量（也可用 LSB 来表示），即

$$\text{分辨率}=\frac{\text{模拟输入量满度值}}{2^n-1} \tag{6-8}$$

式中，$n$ 为转换器的位数。

例如，8 位 A/D 转换器的输入模拟电压的变化范围是 0～5V，则其分辨率为 19.6mV。分辨率也常用 A/D 转换器输出的二进制或十进制的位数来表示。

#### 2）转换误差

转换误差表示 A/D 转换器输出的数字量和理想输出数字量之间的差别，并用最低有

效位的倍数来表示。转换误差由系统中的量化误差和其他误差之和来确定。量化误差通常为±1/2LSB，其他误差包括基准电压不稳或设定不精确、比较器工作不够理想所带来的误差。

A/D 转换器的位数应满足所要求的转换误差。例如，A/D 转换器的模拟输入电压的范围是 0～5V，要求其转换误差为 0.05%，则其允许最大误差为 2.5mV。在此条件下，如果系统不考虑其他误差，则选用 12 位的 A/D 转换芯片就能满足要求；如果考虑到系统还有其他误差，则应相应地增加 A/D 转换的位数，这样才能使转换误差不超出所要求的范围。

#### 2. A/D 转换器的转换速度

转换速度也用转换时间来表示，它定义为从输入模拟电压加到 A/D 转换电路输入端到获得稳定的二进制码输出所需的时间。A/D 转换电路的转换速度的高、低与其转换方案有关，各种方案的制作成本不同，一般来说，转换速度与制作成本是一对矛盾。

此外，还有功率消耗、稳定系数、输入模拟电压范围及输出数字信号的逻辑电平等技术指标。

### 6.2.3 A/D 转换器的常用类型

根据 A/D 转换器的原理可以将 A/D 转换器分为两大类：直接转换型 A/D 转换器和间接型 A/D 转换器。

在直接转换型 A/D 转换器中，输入的模拟电压被直接转换成数字代码，不存在任何中间变量；而在间接型 A/D 转换器中，首先把输入的模拟电压转换成某种中间变量（时间、频率、脉冲宽度等），然后再将这些中间变量转换为数字代码输出。

A/D 转换器的类型很多，但目前应用较广泛的主要有三种类型：逐次逼近式 A/D 转换器、双积分式 A/D 转换器和 V/F 式 A/D 转换器。下面简单介绍逐次逼近式 A/D 转换器的基本原理。

图 6-10 是逐次逼近式 A/D 转换器的原理图。从图中可以看出逐次逼近式 A/D 转换器由比较器、控制逻辑、逐次比较寄存器、电压输出 D/A 转换电路等几个部分组成。

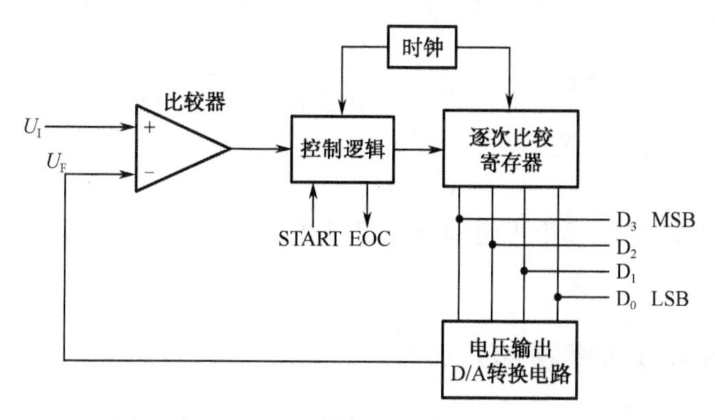


图 6-10 逐次逼近式 A/D 转换器的原理图

其主要原理是：将一个待转换的模拟输入信号 $U_I$ 与一个推测信号 $U_F$ 相比较，根据推测

信号大于还是小于输入信号来确定增大还是减少该推测信号，以便向输入模拟信号逼近。推测信号由 D/A 转换电路的输出获得，当推测信号与输入模拟信号相等时，向 D/A 转换电路输入的数值就是对应模拟输入信号的数字量。

逐次逼近式 A/D 转换器的工作原理与天平称物体的质量相似，下面举例说明它的工作过程（如图 6-11 所示）。

开始时，首先对逐次比较寄存器清零，这时加在 D/A 转换电路上的输入数字量为 0，D/A 转换电路的输出为 0。

当第一个时钟上升沿到来时，逐次比较寄存器将输入数码的最高位 $D_3$ 置为 1，则输入到 D/A 转换电路输入端的数码为 1000，D/A 转换电路输出一个对应于 1000 的模拟电压值。这个电压 $U_F$ 加在比较器的反相输入端，它与加在比较器同相输入端的输入模拟电压 $U_I$ 比较。由图 6-11 可以看出：D/A 转换电路输出的电压小于输入电压，这时比较器的输出为高电平。

当第二个时钟信号上升沿到来时，控制器控制逐次比较寄存器完成两项工作：一是检测比较器的输出是否为高电平，如果为高电平，则 $D_3$ 的状态保持高电平，否则回到 0；二是将次高位的 $D_2$ 置为 1，这时送入 D/A 转换电路的数字量为 1100，此时 D/A 转换电路的输出 $U_F$ 与输入模拟信号 $U_I$ 比较。从图 6-11 看出：D/A 转换电路输出的电压大于输入电压，这时比较器的输出为低电平。

当第三个时钟上升沿到来时，控制器仍然控制逐次比较寄存器完成两项工作。从图 6-11 可以看出，这时比较器的输出为低电平，则 $D_2$ 状态回到 0，将 $D_1$ 置为 1，这时输入到 D/A 转换电路的数字量为 1010，其转换后的模拟电压 $U_F$ 仍然高于 $U_I$，则比较器的输出为 0。

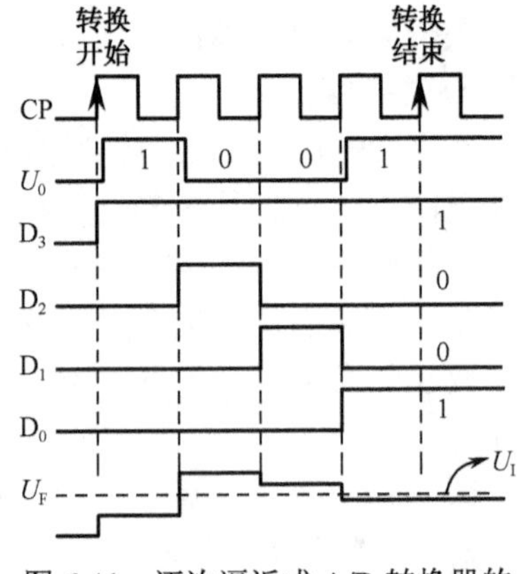


图 6-11　逐次逼近式 A/D 转换器的工作波形图

当第四个时钟上升沿到来时，其工作过程同上。

当第五个时钟上升沿到来时，仅判断比较器的输出是高电平还是低电平，图 6-11 中为高电平，则 $D_0$ 保持为 1。在这里，由于 A/D 转换电路的输出仅连接有 4 根地址线，故这是最后一步，$D_4D_3D_2D_1$ 的输出就是 A/D 转换电路转换的结果。

通过上述分析可看出：逐次逼近式 A/D 转换器的速度较慢，转换时间 $t$ 与 A/D 转换的位数 $N$ 和时钟周期具有如下关系：

$$t=(N+1)T \tag{6-9}$$

逐次逼近式 A/D 转换器由于结构简单而得到了广泛应用，一般用于中速的 A/D 转换场合。

### 6.2.4 集成 A/D 转换器 ADC0809

ADC0809 8 位逐次逼近 A/D 转换器是一种单 CMOS 器件，它内部包含 8 位的数模转换器，8 通道多路转换器和与微处理器兼容的控制逻辑。8 通道多路转换器直接连接 8 个单端模拟信号中的任意一个。图 6-12 是 ADC0809 的引脚图及内部框图。

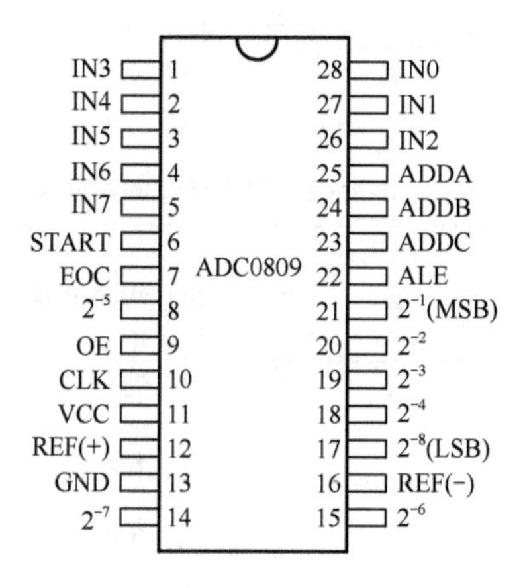


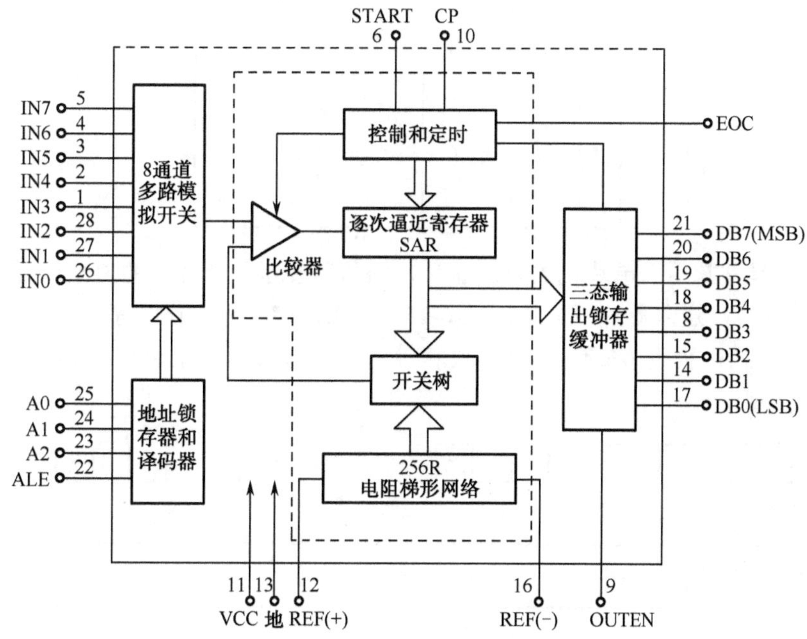


图 6-12　ADC0809 的引脚图及内部框图

ADC0809 各引脚的功能介绍如下。

IN0～IN7：8 路输入通道的模拟量输入端口。

$2^{-1}$～$2^{-8}$：8 位数字量输出端口。

START，ALE：START 为启动控制输入端口，ALE 为地址锁存控制信号端口。这两个信号连接在一起，当给它们一个正脉冲时，便立刻启动模数转换。

EOC，OE：EOC 为转换结束信号脉冲输出端口，OE 为输出允许控制端口。这两个信号也可以连接在一起，表示转换结束。OE 端的电平由低变高，打开三态输出锁存器，将转换结果的数字量输出到数据总线上。

REF(+),REF(−)，VCC，GND：REF(+)，REF(−)为参考电源输入端，VCC 为主电源输入端，GND 为接地端。一般 REF(+)与 VCC 连接在一起，REF(−)和 GND 连接在一起。

CLK：时钟输入端。

ADDA，ADDB，ADDC：8 路模拟开关三位地址选通输入端，以选择对应的输入通道，其对应关系如表 6-2 所示。

表 6-2　地址码与输入通道的对应关系

| 地址码 | | | 对应的输入通道 |
|---|---|---|---|
| C | B | A | |
| 0 | 0 | 0 | IN0 |
| 0 | 0 | 1 | IN1 |
| 0 | 1 | 0 | IN2 |
| 0 | 1 | 1 | IN3 |
| 1 | 0 | 0 | IN4 |
| 1 | 0 | 1 | IN5 |
| 1 | 1 | 0 | IN6 |
| 1 | 1 | 1 | IN7 |

ADC0809 是常常用于单片机的外围芯片，它将需要送入单片机的 0～5V 的模拟电压转换成 8 位数字信号，送入单片机处理。图 6-13 是 ADC0809 的工作时序图。它和单片机的接口通常有三种方式：查询方式、中断方式和等待延时方式。这里不再赘述，具体应用可查阅相关资料。

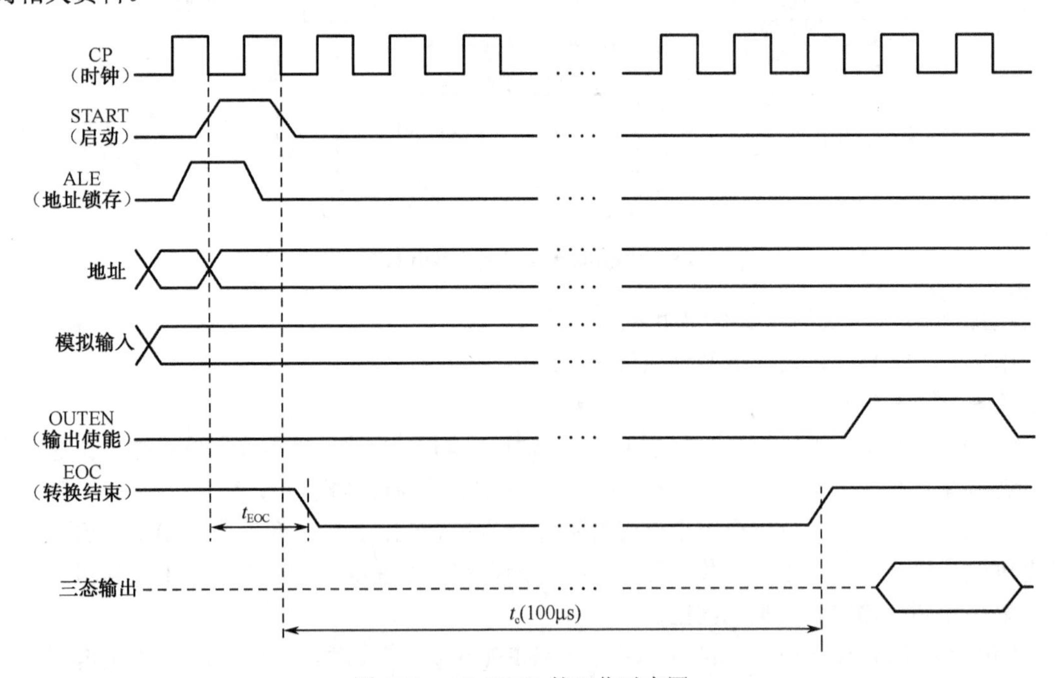


图 6-13　ADC0809 的工作时序图

## 知识梳理与总结

● D/A 转换是将数字信号转换为模拟信号，完成 D/A 转换的电路称为数模转换器。常用的数模转换器有 DAC0832 等。

● A/D 转换是将模拟信号转换为数字信号，完成 A/D 转换的电路称为模数转换器。常用的模数转换器有 ADC0804、ADC0809 等。

● 数模转换器和模数转换器的性能用如下指标描述：转换精度（分辨率和转换误差）；转换速度；电源抑制比等。

● 倒 T 形电阻网络 DAC 转换器的输出电压为 $U_o = -\frac{U_R R_f}{2^n R} D_n$。式中，$n$ 为二进制位数；$D_n = \sum_{i=0}^{n-1} d_i \times 2^i$ 。

● DAC0832 有三种工作模式：直通式；单缓冲式；双缓冲式。它有单极性和双极性两种输出工作方式。

● 对于一个频率有限的模拟信号，可以由采样定理确定采样频率：$f_s \geqslant 2f_{imax}$。式中，$f_s$ 为采样频率；$f_{imax}$ 为输入模拟信号频率的上限值。

● A/D 转换是经过采样、保持、量化、编码这四个过程完成的。

● A/D 转换器的类型很多，应用较广泛的主要有三种类型：逐次逼近式 A/D 转换器、双积分式 A/D 转换器和 V/F 式 A/D 转换器。ADC0809 8 位逐次逼近 A/D 转换器常用于单片机、CPLD 外围电路，将模拟信号转换为数字信号送入单片机和 CPLD 处理。

## 习题 6

### 一、选择题

1. 一个无符号 8 位数字量输入的 D/A 转换器，其分辨率为（　　）位。

A. 1　　　B. 3　　　C. 4　　　D. 8

2. 一个无符号 10 位数字输入的 D/A 转换器，其输出电平的级数为（　　）。

A. 4　　　B. 10　　　C. 1024　　　D. 210

3. 4 位倒 T 形电阻网络 D/A 转换器的电阻网络的电阻取值有（　　）种。

A. 1　　　B. 2　　　C. 4　　　D. 8

4. 为使采样输出信号不失真地代表输入模拟信号，采样频率 $f_s$ 和输入模拟信号的最高频率 $f_{imax}$ 的关系是（　　）。

A. $f_s \geqslant f_{imax}$　　　B. $f_s \leqslant f_{imax}$　　　C. $f_s \geqslant 2f_{imax}$　　　D. $f_s \leqslant 2f_{imax}$

5. 将一个时间上连续变化的模拟量转换为时间上断续（离散）的模拟量的过程称为（　　）。

A. 采样　　　B. 量化　　　C. 保持　　　D. 编码

6. 用二进制码表示指定离散电平的过程称为（　　）。

A．采样　　B．量化　　C．保持　　D．编码

7．将幅值上、时间上离散的阶梯电平统一归并到最邻近的指定电平的过程称为（　　）。

A．采样　　B．量化　　C．保持　　D．编码

**二、分析题**

1．一个 6 位的 D/A 转换器，输出的最大模拟电压为 10V，当输入的二进制数码是 100100 时，输出的模拟电压是多少？

2．若一个理想的 4 位 A/D 转换电路的最大输入模拟电压为 12V，当采样电压为 8.5V 时，编出的二进制码是多少？

# 第7章 高频放大电路性能分析

## 教学导航

<table>
<tr><td rowspan="6">教</td><td rowspan="2">知识重点</td><td>1. 高频小信号放大器的原理及作用</td></tr>
<tr><td>2. 高频功率放大器的工作原理及性能指标</td></tr>
<tr><td rowspan="2">知识难点</td><td>1. 高频小信号放大器的结构及工作原理</td></tr>
<tr><td>2. 高频功率放大器的工作原理</td></tr>
<tr><td>推荐教学方式</td><td>采用案例教学法，利用实例帮助学生理解高频电路的工作特点，了解电路的作用及性能指标</td></tr>
<tr><td>建议学时</td><td>10学时</td></tr>
<tr><td rowspan="4">学</td><td>推荐学习方法</td><td>以小组讨论的学习方式，结合实例及教材内容理解高频电路的工作特点，了解电路的作用及性能指标</td></tr>
<tr><td rowspan="2">必须掌握的理论知识</td><td>1. 高频小信号调谐放大器的工作原理</td></tr>
<tr><td>2. 高频功率放大器（丙类谐振功放）的工作原理</td></tr>
<tr><td>必须掌握的技能</td><td>掌握高频放大电路的一般分析方法</td></tr>
</table>

## 7.1 小信号调谐放大器的分析

小信号放大器也称为小信号调谐放大器，用于在通信电路中对微弱的高频信号（中心频率为数百千赫兹至上千兆赫兹，频谱宽度在 20kHz～20MHz 范围内）进行放大。高频小信号放大器若按器件分，可分为晶体管放大器、场效应管放大器、集成电路放大器；若按负载分，可分为谐振放大器、非谐振放大器（本章主要讨论谐振放大器类型）；若按其工作频宽的宽窄不同，可分为宽带型和窄带型两大类。所谓频带的宽窄指的是相对频带，即通频带与其中心频率的比值。宽带放大器的相对频带较宽（往往在 0.1 以上），窄带放大器的相对频带较窄（往往小到 0.01）。

除此以外，小信号放大器的另一个重要功能就是选频。选频功能依靠选频网络（或称滤波器）来实现，根据电路构成可分为分散选频和集中选频两大类：前者为分立元件电路，选频网络分散在各级放大器之中；后者由固体滤波器件组成。在分散选频小信号调谐放大器中，根据选频网络的不同又分为单调谐放大器、双调谐放大器及参差调谐放大器 3 类。

小信号调谐放大器（也常被称为小信号谐振放大器）的作用：

（1）在接收设备中，从天线上感应的信号是非常微弱的，一般为微伏级，要想将传输的信号恢复出来，需要将信号放大，这就需要用高频小信号调谐放大器来完成；

（2）在发送设备中，为了有效地使信号通过信道传送到接收端，需要根据传送距离等因素来确定发射设备的发射功率，这就要用高频调谐功率放大器将信号放大到所需的发射功率。

### 7.1.1 调谐放大器的性能指标

小信号调谐放大器的作用是放大各种无线电设备中的高频小信号（微弱），通常是窄带放大器，以各种选频电路作为负载（并联、耦合谐振回路等），因此还具有选频或滤波作用。这里所说的“小信号”，主要是强调输入信号电平较低，放大器工作在其线性范围。

高频小信号放大器按频带宽度可以分为窄带放大器和宽带放大器；按有源器件可以分为以分立元件为主的高频放大器和以集成电路为主的集中选频放大器。

对高频小信号放大器的主要要求是：

（1）增益要高，即放大量要大；

（2）选择性要好；

（3）工作要稳定可靠，主要要求其性能应尽可能不受外界因素的影响，不产生任何自激；

（4）噪声要小。

另外，由于小信号调谐放大器放大的信号幅度很小，在电路中用于放大的器件工作在线性范围，所以它们属于线性放大器，通常采用线性模型的等效电路分析法分析。

小信号调谐放大器的性能指标有以下几个。

#### 1. 增益（放大倍数）

放大器输出电压$U_o$（或功率$P_o$）与输入电压 $U_i$（或功率 $P_i$）之比，称为放大器的增益

或放大倍数，用 $A_u$（或 $A_p$）表示（有时以 dB 数计算）。

电压增益：

$$A_u = \frac{u_o}{u_i} \tag{7-1}$$

功率增益：

$$A_p = \frac{p_o}{p_i} \tag{7-2}$$

用分贝表示为

$$A_u = 20\lg\frac{u_o}{u_i} \ \text{(dB)} \tag{7-3}$$

$$A_p = 10\lg\frac{p_o}{p_i} \tag{7-4}$$

**2. 通频带**

放大器的电压增益下降到最大值的 0.7（即 $\frac{1}{\sqrt{2}}$）倍时，所对应的频率范围称为放大器的通频带，用 $BW=2\Delta f_{0.7}$ 表示，如图 7-1 所示，$2\Delta f_{0.7}$ 也称为 3 分贝带宽。

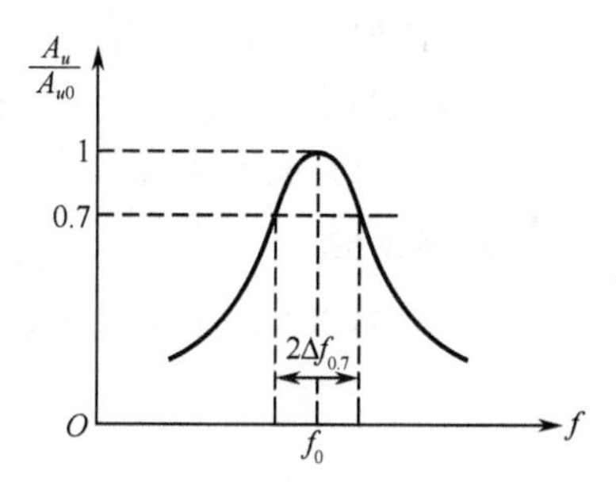


图 7-1　高频小信号放大器的通频带

由于放大器所放大的一般都是已调信号，已调信号都包含一定的频谱宽度，所以放大器必须有一定的通频带，以便让必要的信号中的频谱分量通过放大器。

与谐振回路相同，放大器的通频带决定于回路的形式和回路的等效品质因数 $Q_L$。此外，放大器的总通频带随着级数的增加而变窄，并且通频带越宽，放大器的增益越小。

**3. 选择性**

从各种不同频率信号的总和（有用的和有害的）中选出有用信号，抑制干扰信号的能力称为放大器的选择性，选择性常采用矩形系数和抑制比来表示。

1）矩形系数

在理想情况下，谐振曲线应为一个矩形（如图 7-2 所示），即在通带内放大量均匀，在通带外不需要的信号得到完全衰减。但实际上不可能，为了表示实际曲线接近理想曲线的程度，引入“矩形系数”，它表示对邻道干扰的抑制能力。

矩形系数

$$K_{r0.1} = \frac{2\Delta f_{0.1}}{2\Delta f_{0.7}} \tag{7-5}$$

$$K_{r0.01} = \frac{2\Delta f_{0.01}}{2\Delta f_{0.7}} \tag{7-6}$$

式中，$2\Delta f_{0.1}$、$2\Delta f_{0.01}$ 分别为放大倍数下降至 0.1 和 0.01 处的带宽。$K_r$ 越接近于 1 越好。

2）抑制比

抑制比表示对某个干扰信号 $f_n$ 的抑制能力（如图 7.3 所示），用 $d_n$ 表示。

$$d_n = \frac{A_{u0}}{A_n} \tag{7-7}$$

式中，$A_n$为干扰信号的放大倍数，$A_{u0}$为谐振点$f_0$的放大倍数。

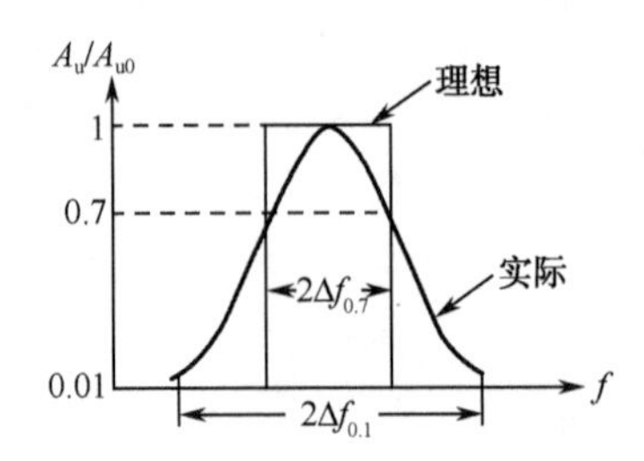


图 7-2　理想的与实际的频率特性曲线

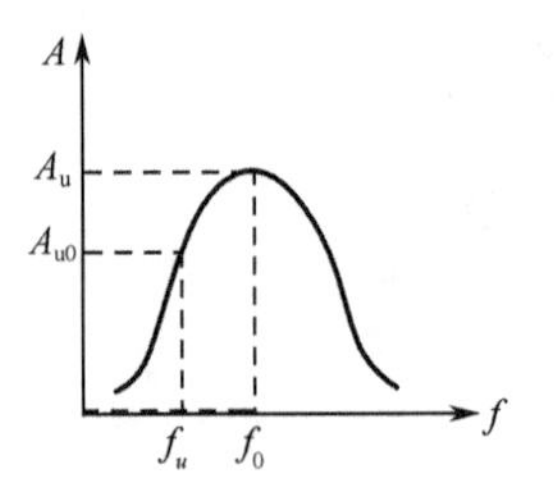


图 7-3　对$f_n$的抑制能力

### 4. 工作稳定性

工作稳定性是指当电源电压变化或器件参数变化时，以上 3 个参数的稳定程度。一般的不稳定现象是增益变化、中心频率偏移、通频带变窄等，不稳定状态的极端情况是放大器自激，致使放大器完全不能工作。

为使放大器稳定工作，必须采取稳定措施，即限制每级增益，选择内反馈小的晶体管，应用中和或失配方法等。

### 5. 噪声系数

放大器的噪声性能可用噪声系数表示：

$$N_F = \frac{P_{Si}/P_{Ni}(\text{输入信噪比})}{P_{So}/P_{No}(\text{输出信噪比})} \tag{7-8}$$

$N_F$越接近 1 越好。在多级放大器中，前两级的噪声对整个放大器的噪声起决定作用，因此要求它的噪声系数应尽量小。

以上这些要求，相互之间即有联系又有矛盾。例如，增益和稳定性是一对矛盾，通频带和选择性是一对矛盾。因此，应根据需要决定主次，进行分析和讨论。

## 7.1.2　单回路调谐放大器

图 7-4（a）所示是一个典型的高频小信号谐振放大器的实际线路。由图可知，直流偏置电路与低频放大器的电路完全相同，只是电容 $C_b$、$C_e$ 对高频旁路，它们的电容值比低频时小得多。

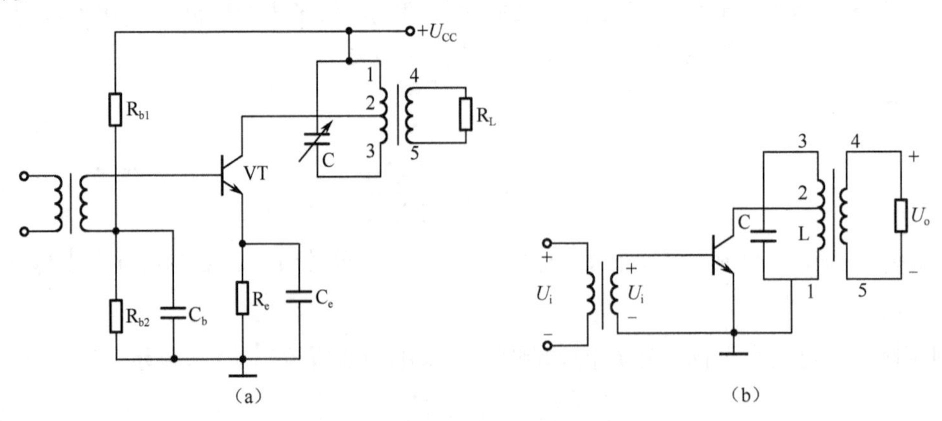


图 7-4　高频小信号谐振放大器

图 7-4（b）是其交流等效电路，图中采用抽头谐振回路作为放大器负载，以减小它们的接入对回路 $Q$ 值和谐振频率的影响（其影响是 $Q$ 值下降，增益减小，谐振频率变化），从而提高了电路的稳定性，且对信号频率谐振，即 $\omega=\omega_0$ 时，完成阻抗匹配和选频滤波功能。由于输入的是高频小信号，所以放大器工作在 A（甲）类状态。

回路的选择性 $S$：任意频率时的放大倍数与谐振时的放大倍数之比。

当 $S=0.707$ 时，$\mathrm{BW}_{0.7}=\dfrac{f_0}{Q_e}$ 定义为放大器的选择性。

矩形系数 $K$：放大器电压增益下降至谐振时增益的 0.1 倍（或 0.01 倍）时，相应的通频带与放大器通频带之比，即 $K_{0.1}=\dfrac{\mathrm{BW}_{0.1}}{\mathrm{BW}_{0.7}}$（$K_{0.01}=\dfrac{\mathrm{BW}_{0.01}}{\mathrm{BW}_{0.7}}$）。

令 $S=0.1$，则有

$$\mathrm{BW}_{0.1}=\sqrt{10^2-1}\,\frac{f_0}{Q_e}$$

$$K_{0.1}=\frac{\mathrm{BW}_{0.1}}{\mathrm{BW}_{0.7}}=\sqrt{10^2-1}\approx 9.95$$

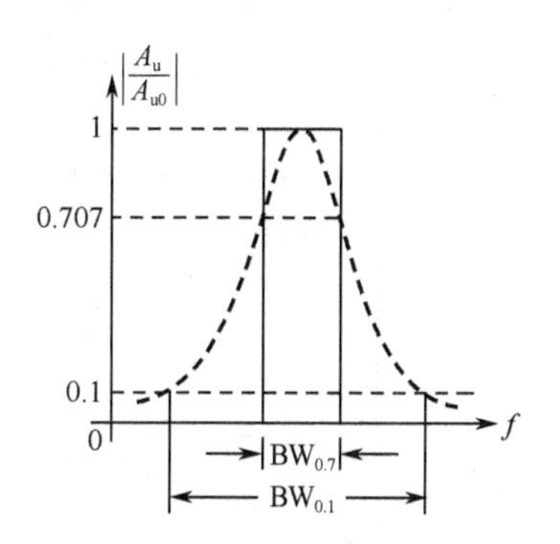


图 7-5 理想和实际的选频特性曲线

图 7-5 为理想和实际的选频特性曲线。矩形系数 $K$ 越接近于 1，选频特性越好；而单调谐放大器的矩形系数比 1 大得多，因此选择性比较差。

### 7.1.3 双调谐放大器

双调谐耦合回路有电容耦合和互感耦合两种类型，本书只讨论后者。互感耦合双调谐回路如图 7-6 所示。

互感耦合双调谐回路的次级电压谐振曲线如图 7-7 所示，强耦合时曲线出现双峰，中心下陷；弱耦合时曲线为单峰，但峰值较小。比较理想的是临界耦合状态时的情况，谐振曲线为单峰，且峰值也大。

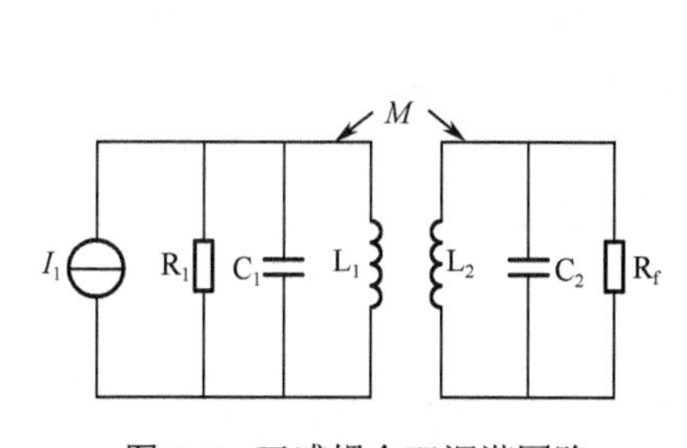


图 7-6 互感耦合双调谐回路

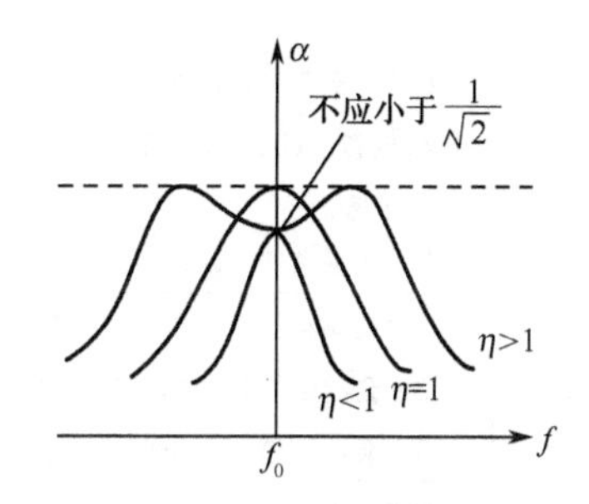


图 7-7 次级电压谐振曲线

可以推导出：临界耦合状态的双调谐放大器的通频带和矩形系数为

$$\mathrm{BW}_{0.7}=\sqrt{2}\,\frac{f_0}{Q_e}；\quad K_{0.1}=\mathrm{BW}_{0.1}/\mathrm{BW}_{0.7}\approx 3.16$$

因此，在 $f_0$ 与 $Q_e$ 相同的情况下，临界耦合状态的双调谐放大器的通频带为单调谐放大

器通频带的$\sqrt{2}$倍，而矩形系数小于单调谐放大器的矩形系数，即其谐振曲线更接近于理想的矩形曲线，选择性更好。

总之，与单调谐放大器相比较，处于临界耦合状态的双调谐放大器具有频带宽、选择性好等优点，但调谐较麻烦。

## 案例分析 22　小信号调谐放大器的性能测试

| 任务名称 | 小信号调谐放大器的性能测试 | | |
|---|---|---|---|
| 测试方法 | 仿真实现 | 课时安排 | 2 |
| 任务原理 | 高频小信号调谐放大器是高频电子线路中的基本单元电路，广泛应用于广播、雷达、通信等接收设备中。调谐放大器可分为单调谐、双调谐和参差调谐放大器，电压增益、谐振频率、通频带、选择性等是调谐放大器的主要质量指标，单调谐放大器是分析其他两种放大器的基础。<br>本案例主要完成对高频单调谐放大器的测试及性能分析，典型单调谐回路小信号放大电路如图 7-8 所示。<br>图 7-8　单调谐放大器电路<br>图 7-8 中的 $R_{b1}$、$R_{b2}$、$R_e$ 用于保证晶体管工作于放大区，从而使放大器工作于甲类状态。$C_e$ 是 $R_e$ 的旁路电容，$C_1$、$C_2$ 是输出耦合电容，L、C 是谐振电路，R 是集电极（交流）电阻，它决定了回路的 $Q$ 值、带宽。<br>为了减轻负载对回路的影响，输出部分采用了部分接入方式。 | | |
| 任务要求 | （1）观察小信号调谐放大电路的工作特点。<br>（2）会测试幅频和相频特性曲线。<br>（3）会调试谐振电压增益 $A_{uo}$ 和通频带 $BW_{0.7}$。 | | |
| 虚拟仪器 | 信号发生器、示波器、交流毫伏表等 | | |
| 测试步骤 | | | |
| | 1．性能指标<br>习惯上通频带用 $2\Delta f_{0.7}$（最大增益下降到 0.7 处所对应的 2 个频率差值）表示。通频带用以衡量从实际信号中选择各有用频率分量的能力，而对不需要的频率分量（也称为干扰）能够得到最大限度的抑制能力用选择性来衡量（选择性用矩形系数 $K_{0.1}$ 表示）。分别置 2 个标尺在最大增益的 0.707 处。 | | |

续表

| 任务名称 | 小信号调谐放大器的性能测试 | | |
|---|---|---|---|
| 测试方法 | 仿真实现 | 课时安排 | 2 |
| | 矩形系数是衡量选择性的一个基本指标，根据公式 $K_{0.1}=\dfrac{\Delta f_{0.1}}{\Delta f_{0.7}}$，矩形系数越接近 1，说明选择性越好，抑制邻近波道干扰信号的能力越强。<br>小信号谐振放大器的核心器件仍是晶体管，但负载通常为选频网络。在本案例中，晶体管采用 2N2369，模拟输入信号由信号发生器产生，其幅度 Vpp 为 30mV，信号频率为 10.7MHz。<br>2．参数设置<br>（1）静态工作点<br>由于放大器工作在小信号放大状态，所以放大器的工作电流 $I_{CQ}$ 一般在 0.8～2mA 之间选取为宜，本电路中取 $I_C=1.5\text{mA}$。设 $R_e=1\text{k}\Omega$。<br>因为 $U_{EQ}=I_{EQ}R_e$，且 $I_{CQ}\approx I_{EQ}$，所以 $U_{EQ}=1.5\text{mA}\times1\text{k}\Omega=1.5\text{V}$。<br>因为 $U_{BQ}=U_{EQ}+U_{BEQ}$（硅管的发射结电压 $U_{BEQ}$ 为 0.7V），所以 $U_{BQ}=1.5\text{V}+0.7\text{V}=2.2\text{V}$。<br>因为 $U_{CEQ}=U_{CC}-U_{EQ}$，所以 $U_{CEQ}=12\text{V}-2.2\text{V}=9.8\text{V}$。<br>因为 $R_{b2}=U_{BQ}/(5-10)I_{BQ}$，而 $I_{BQ}=\dfrac{I_{CQ}}{\beta}=1.5\text{mA}/50=0.03\text{mA}$，取 $12I_{BQ}$，则 $R_{b2}=\dfrac{U_{BQ}}{12I_{BQ}}=\dfrac{2.2\text{V}}{0.36}=6.1\text{k}\Omega$。<br>取标称电阻 6.2kΩ。<br>因为 $R_{b1}=[(U_{CC}-U_{BQ})/U_{BQ}]R_{b2}$，则 $R_{b1}=[(12\text{V}-2.2\text{V})/2.2\text{V}]\times6.2\text{k}\Omega=27.6\text{k}\Omega$，考虑调整静态电流 $I_{CQ}$ 的方便，$R_{b1}$ 用 22kΩ电位器与 15kΩ电阻串联。<br>（2）谐振回路参数的计算<br>① 回路中的总电容 $C_\Sigma$<br>因为 $f_0=\dfrac{1}{2\pi\sqrt{LC_\Sigma}}$，则 $C_\Sigma=\dfrac{1}{(2\pi f_0)^2L}=55.3\text{pF}$。<br>② 回路电容 $C$<br>因为 $C=C_\Sigma-(p_1^2\times C_{oe})$，则有 $C=55.3\text{pF}-(1^2\times7\text{pF})=48.3\text{pF}$。<br>取 $C$ 为标称值 30pF，与 5～20pF 微调电容并联。<br>③ 求电感线圈 $N_2$ 与 $N_1$ 的匝数<br>根据理论推导，当线圈的尺寸及所选用的磁芯确定后，其相应的参数可以认为是一个确定值，可以把它看成一个常数。此时，线圈的电感量仅和线圈匝数的平方成正比，即<br>$$L=KN^2$$<br>式中，$K$ 为系数，它与线圈的尺寸及磁性材料有关；$N$ 为线圈的匝数。<br>一般 $K$ 值的大小是由试验确定的。当要绕制的线圈电感量为某一值 $L_m$ 时，可先在骨架上（也可以直接在磁芯上）缠绕 10 匝，然后用电感测量仪测出其电感量 $L_o$，再用下面的公式求出系数 $K$ 的值：<br>$$K=L_o/N_o^2$$<br>式中，$N_o$ 为实验所绕匝数，由此根据 $L_m$ 和 $K$ 值便可求出线圈应绕的圈数，即 $N=\sqrt{\dfrac{L_m}{K}}$。<br>在本案例中，L 采用带螺纹磁芯、金属屏蔽罩的 10S 型高频电感绕制。在原线圈骨架上用 0.08mm 漆包线缠绕 10 匝后得到的电感为 2μH。由此可确定<br>$$K=L_o/N_o^2=2\times10^{-6}/10^2\text{H/匝}=2\times10^{-8}\text{H/匝}$$<br>要得到 4μH 的电感，所需匝数为 $N=\sqrt{\dfrac{L_m}{K}}=\sqrt{\dfrac{4\times10^{-6}}{2\times10^{-8}}}\text{匝}=14\text{匝}$。<br>最后，按照接入系数要求的比例来绕变压器的初级抽头与次级线圈的匝数。因有 $N=p_1\times N_2$，而 $N_2=14$ 匝，则 $N=0.3\times14\text{匝}=4.5\text{匝}$。 | | |

续表

| 任务名称 | 小信号调谐放大器的性能测试 | | |
|---|---|---|---|
| 测试方法 | 仿真实现 | 课时安排 | 2 |

④ 确定耦合电容与高频滤波电容

耦合电容 $C_1$、$C_2$ 的值可在 1000pF～0.01μF 之间选择，一般采用瓷片电容。旁路电容 $C_e$、$C_3$、$C_4$ 的取值一般为 0.01～1μF，滤波电感的取值一般为 220～330μH。

3．仿真电路

小信号单调谐回路放大器仿真电路如图 7-9 所示。

$R_3$ 10kΩ
0
9
XSC1
Ext Trig
A
B
0
$C_6$ 10nF
$L_2$ 4.5μH
7
$L_3$ 0μH
8
$C_5$ 47pF
$R_5$ 10kΩ
$C_4$ 100nF
0
$R_4$ 650Ω
3
2N2369
$Q_1$
$R_1$ 37kΩ
1
$R_2$ 7kΩ
$C_2$ 100nF
5
$L_1$ 330μH
0
2
$C_1$ 100nF
$C_3$ 1.5nF
$V_2$ ～30mVpk 10.7MHz 0°
4
0
$V_1$ 12V

图7-9 小信号单调谐回路放大器仿真电路

注：观测信号时也可以用万用表读取具体的电压幅度。

4．直流、交流分析

检查电路，接线无误后，运行仿真。

（1）观察示波器波形，并进行记录：

续表

| 任务名称 | 小信号调谐放大器的性能测试 | | |
|---|---|---|---|
| 测试方法 | 仿真实现 | 课时安排 | 2 |

（2）启动直流静态分析，记录电路中各点的电压值

参考图 7-10，请将你得到的静态电压值记录在表 7-1 中，尤其需要注意晶体管的三个极的电压值。

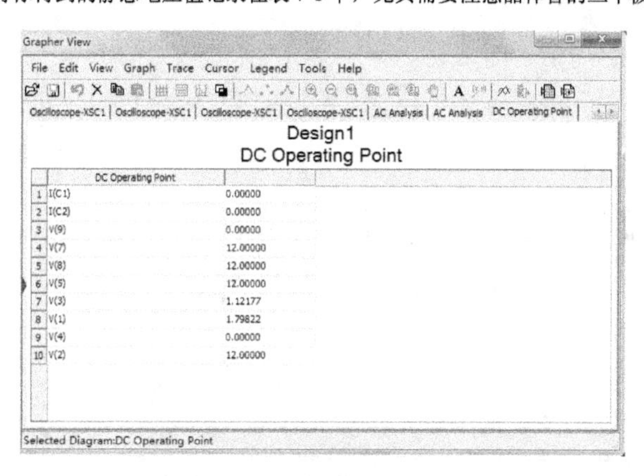


图 7-10　电路静态直流分析

（3）启动交流动态分析，记录电路中各点的频率特性

参考图 7-11，请自行画出 V（1）、V（2）、V（8）、V（9）的幅频特性曲线。

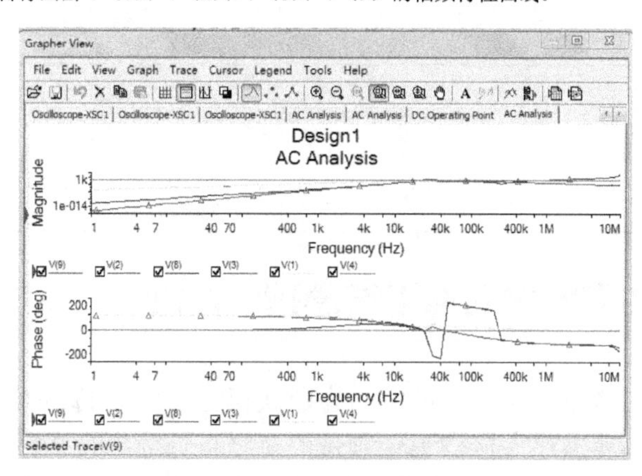


图 7-11　电路幅频特性分析

5．仿真数据记录（填表 7-1）

**表 7-1　静态分析电压值**

| 电压 V（1） | ________V |
|---|---|
| 电压 V（2） | ________V |
| 电压 V（3） | ________V |
| 电压 V（4） | ________V |
| 电压 V（8） | ________V |
| 电压 V（9） | ________V |

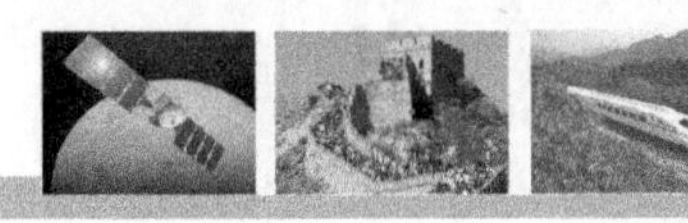

续表

<table>
<tr><td>任务名称</td><td colspan="3">小信号调谐放大器的性能测试</td></tr>
<tr><td>测试方法</td><td>仿真实现</td><td>课时安排</td><td>2</td></tr>
<tr><td></td><td colspan="3">根据直流分析的数据，读出三极管的 $U_B$=________V，$U_E$=________V，$U_C$=________V，判断三极管工作在__________区（截止、放大、饱和）？<br>画出输入信号 V（4）的幅频特性曲线：<br><br>画出输出信号 V（9）的幅频特性曲线：</td></tr>
<tr><td>拓展思考</td><td colspan="3">若在上述方案中修改电感的参数，整个小信号谐振放大器的 $A_{uo}$ 和通频带 $BW_{0.7}$ 等性能指标都会发生什么变化？请试一试。</td></tr>
<tr><td>总结与体会</td><td colspan="3"></td></tr>
<tr><td>完成日期</td><td></td><td>完成人</td><td></td></tr>
</table>

## 7.2 高频功率放大器的工作原理与组成

在无线电广播和通信发射机中，为了获得大功率的高频信号，必须采用射（高）频功率放大器。高频功率放大器按工作频带的宽窄可分为窄带高频功率放大器和宽带高频功率放大器。窄带高频功率放大器通常以 LC 并联谐振回路为负载，因此又称为谐振功率放大器。宽带高频功率放大器以传输线变压器为负载，因此又称为非谐振功率放大器。

高频功率放大器与低频功率放大器的共同点都是要求输出功率大和效率高，但两者的工作频率和相对频宽相差很大，因此存在本质的区别。

低频功率放大器的工作频率低（20～20000Hz），相对频带很宽，因此其负载不能采用调谐负载，只能采用电阻、变压器等非调谐负载。高频功率放大器的工作频率很高，可从几百千赫兹到几百兆赫兹，甚至几万兆赫兹，但相对频带一般比较窄。例如，调幅广播电台的频宽为 9kHz，若中心频率取 900kHz，则相对频宽仅为 1%。因此，高频功率放大器一般都采用选频网络作为负载。

高频功率放大器的输入信号一般比较大，且由于要求效率高，所以不能工作在甲类状态，只能工作在丙类状态。负载用选频网络主要用于选出基频，滤除谐波。

高频功率放大器的主要特点：要求高频工作，信号电平高和效率高，因此它通常工作在高频状态和大信号非线性状态。

## 7.2.1　高频功率放大器的工作原理

高频功率放大器的负载为谐振网络。高频功率放大器主要用于发射机的末级和中间级，它将振荡器产生的信号加以放大，获得足够的高频功率后再送到天线上辐射出去。

高频功率放大器是通信、广播、电子测量、医疗电子设备等系统中必不可少的一种电路，尤其是在发射机中，它更占有重要地位。例如，对于调幅发射机而言，高频功率放大器在其中的位置大致如图 7-12 所示。

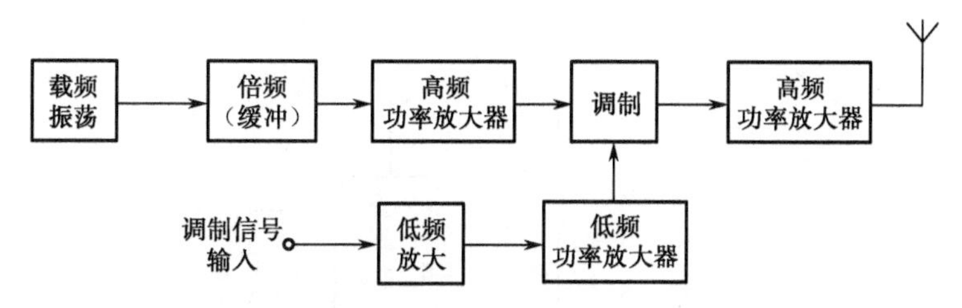


图 7-12　高频功率放大器在发射机中的位置

根据通频带宽度的大小不同，高频功率放大器可以分为两大类：一类是窄带的，称为高频谐振功率放大器；另一类是宽带的，称为宽带高频功率放大器。

近年来，宽频带发射机的发展较快。在宽频带发射机电路中，广泛采用一种新型的宽带高频功率放大器，它不采用选频网络作为负载回路，而是以频率响应很宽的传输线作为负载，这样，放大器可在很宽的范围内变换工作频率，而不必进行调谐选择。

### 1. 高频调谐功率放大器的技术指标

高频调谐功率放大器的技术指标包含以下几个。

（1）输出功率 $P_1$：指电子器件输送给负载回路的交流基频信号功率。

（2）功率增益 $K_p$：指集电极输出功率与基极激励功率之比。

（3）效率：$\eta=\dfrac{P_1}{P_0}$（$P_0$ 为集电极电源供给的直流输入功率）。

高频功率放大器有多种工作方式，根据晶体管集电极电流导通时间的长短不同，一般分为甲（A）类、乙（B）类、甲乙（AB）类、丙类（C）和丁（D）类等，表 7-2 列举了这几种状态的功率放大器的特点。

表 7-2　功率放大器的工作状态的特点

| 工作状态 | 导通角 | 理想效率 | 负载 | 应用 |
|---|---|---|---|---|
| 甲类 | $\theta$=180° | $\eta$=50% | 电阻 | 低频 |
| 乙类 | $\theta$=90° | $\eta$=78.5% | 电阻 | 低频，高频 |
| 甲乙类 | 90°<$\theta$<180° | 50%<$\eta$<78.5% | 电阻 | 低频 |
| 丙类 | $\theta$<90° | $\eta$>78.5% | 选频回路 | 高频 |
| 丁类 | 开关状态 | 90%～100% | 选频回路 | 高频 |

为了进一步提高效率，近年来又出现了戊（E）类和 S 类等开关型高频功率放大器，以及利用特殊技术来提高效率的 F 类、G 类和 H 类高频功率放大器。

**2. 丙类谐振功率放大器的工作原理**

图 7-13 是一个谐振功率放大器的基本电路，除电源和偏置电路外，它由晶体管、谐振回路和输入回路三部分组成。

图中的 $E_B$ 是基极偏置电压，调整 $E_B$，可改变放大器工作的类型；$E_C$ 是集电极电源电压。集电极外接 LC 并联振荡回路的功用是作为放大器负载。为了使高频功率放大器高效输出大功率，常使其在 C 类（丙类）状态下工作，因此基极偏置电压 $E_B$ 应使晶体管工作在截止区，一般为负值。

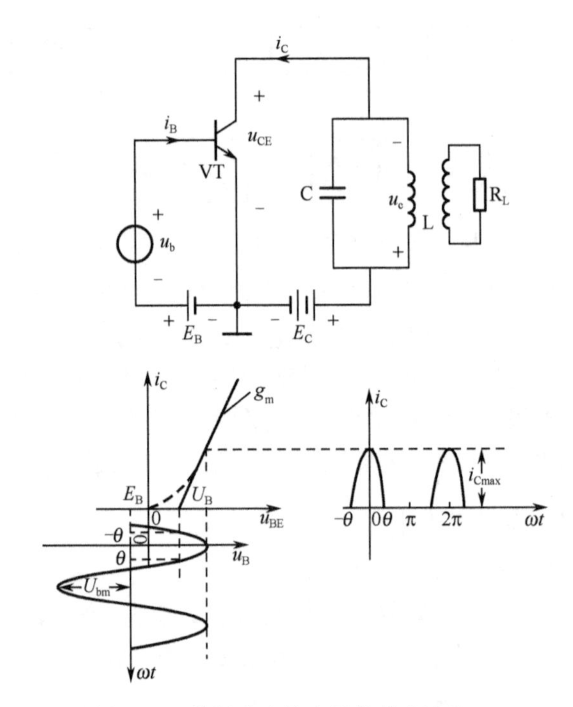


图 7-13　谐振功率放大器的基本电路

设 $u_i = U_{bm}\cos\omega t$，则发射结电压为 $u_{be} = E_B + U_{bm}\cos\omega t$；$i_b$ 和 $i_c$ 都是余弦脉冲；定义 $\theta$ 为导通角，三极管只在（$-\theta$，$\theta$）内导通，当 $\theta < 90°$ 时，功率放大器工作于丙类状态。

$U_{be} - E_B = U_{bm}\cos\theta$，则可得 $\cos\theta = \dfrac{U_{be} - E_B}{U_{bm}}$，即由 $U_{be}$、$E_B$ 和 $U_D$ 决定，且 $U_{be}$ 越小或 $E_B$ 越负，$\theta$ 越小。如果振荡回路的 $\omega_0 = n\omega$，则在回路两端可得到频率为 $n\omega$ 的电压 $u_0 = U_m\cos n\omega t$，相当于实现了对输入信号的 $n$ 倍频。

如果将集电极电流脉冲序列分解为直流分量、基波分量、二次谐波分量和各次谐波分量之和，则这种周期性电流脉冲可以用傅里叶级数展开，即

$$\begin{aligned} i_c &= i_{c0} + i_{c1} + i_{c2} + \cdots \\ &= I_{c0} + I_{c1}\cos\omega + I_{c2}\cos 2\omega + \cdots \end{aligned} \tag{7-9}$$

式中，$I_{c0} = I_{cmax}\alpha_0(\theta)$；$I_{c1} = I_{cmax}\alpha_1(\theta)$；$I_{c2} = I_{cmax}\alpha_2(\theta)$；…；$I_{cn} = I_{cmax}\alpha_n(\theta)$。

$\alpha_0(\theta)$，$\alpha_1(\theta)$，$\alpha_2(\theta)$，…，$\alpha_n(\theta)$ 为集电极电流的余弦脉冲谐波分解系数，它们都是导通角$\theta$的函数。余弦脉冲谐波分解系数随导通角$\theta$变化的曲线如图 7-14 所示。

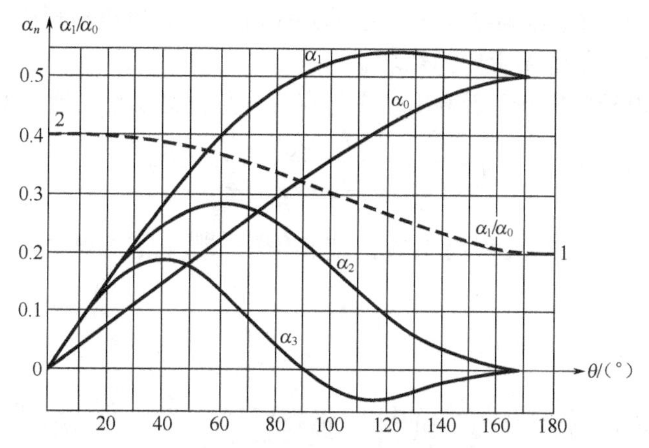


图 7-14　余弦脉冲谐波分解系数随导通角$\theta$变化的曲线

作为负载的集电极谐振回路谐振于基波频率，对基波电流呈现数值足够大的线性电阻谐振阻抗，而对直流和其他谐波都严重失谐，呈现很小的阻抗。因此，在回路两端只有基波电压的幅度最大，而直流及其他的高次谐波电压都很小，可以忽略不计。

谐振功率放大器工作在丙类状态，即只有在输入信号的正半周期的部分时间内，放大管才导通，而在其他时间放大管均截止。在工作期间，激励电压每变化一周，集电极电路中就出现一个由其控制的周期性电流脉冲，如图 7-15 所示。集电极电流 $i_c$ 的波形是一连串的余弦脉冲波形，其脉冲宽度小于周期 $T$，这些脉冲串含有直流、基波及高次谐波分量。

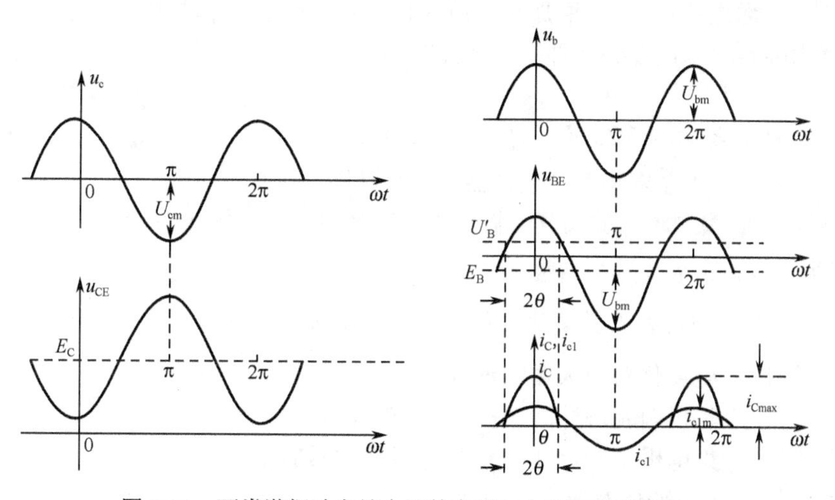


图 7-15　丙类谐振功率放大器的电压、电流波形示意图

### 3. 输出功率和效率

（1）放大器的输出功率 $P_0$ 等于集电极电流基波分量在有载谐振电阻 R 上的功率，即

$$P_0 = \frac{1}{2} I_{\mathrm{cm1}} U_{\mathrm{cm}} = \frac{1}{2} I_{\mathrm{cm1}}^2 R = \frac{1}{2} \frac{U_{\mathrm{cm}}^2}{R}$$

（2）集电极直流电源供给功率 $P_V$ 等于集电极电流直流分量 $I_{C0}$ 与 $U_{CC}$ 的乘积，即 $P_V=U_{CC}I_{C0}$。

（3）直流输入功率 $P_V$ 与集电极输出高频功率 $P_0$ 之差为集电极耗散功率 $P_C$，即 $P_C=P_V-P_0$，它是耗散在晶体管集电结上的损耗功率。

（4）放大器集电极效率$\eta$ 等于输出功率与直流电源供给功率之比，即

$$\eta=\frac{P_0}{P_V}=\frac{1}{2}\cdot\frac{I_{cm1}U_{cm}}{I_{C0}U_{CC}}=\frac{1}{2}g_1(\theta)\xi$$

式中，$g_1(\theta)$ 为集电极的电流利用系数，即 $g_1(\theta)=\frac{I_{cm1}}{I_{C0}}$；$\xi$ 为集电极电压利用系数，即 $\xi=\frac{U_{cm}}{I_{C0}}$。

**【实例 7-1】** 当谐振功率放大器的输入激励信号为余弦波时，为什么集电极电流为余弦脉冲波形？但放大器为什么又能输出不失真的余弦波电压？

**解：** 因为谐振功率放大器工作在丙类状态（导通时间小于半个周期），所以集电极电流为周期性余弦脉冲波形；但其负载为调谐回路，谐振在基波频率，可选出 $i_c$ 的基波，因此在负载两端得到的电压是仍与信号同频的完整正弦波。

**【实例 7-2】** 某高频功率放大器工作在临界状态，已知其工作频率 $f=520\text{MHz}$，电源电压 $E_C=25\text{V}$，集电极电压利用系数$\xi=0.8$，输入激励信号电压的幅度 $U_{bm}=6\text{V}$，回路谐振阻抗 $R_e=50\Omega$，放大器的效率 $\eta_c=75\%$。

求：（1）$U_{cm}$、$I_{cm1}$、输出功率 $P_0$、集电极直流功率 $P_D$ 及集电极功耗 $P_C$；

（2）当激励电压 $U_{bm}$ 增加时，放大器过渡到何种工作状态？当负载阻抗 $R_e$ 增加时，放大器由临界状态过渡到何种工作状态？

**解：**（1）$U_{cm}=E_C\xi=20\text{V}$，$I_{cm1}=U_{cm}/R_e=0.4\text{A}$，$P_0=U_{cm}I_{cm1}/2=4\text{W}$，

$P_D=P_0/\eta_c=5.33\text{W}$，$P_C=P_D-P_0=1.33\text{W}$

（2）当激励电压 $U_{bm}$ 增加时，放大器过渡到过压工作状态；

当负载阻抗 $R_e$ 增加时，放大器由临界状态过渡到过压工作状态。

**4．丙类谐振功率放大器的特性**

由于 $U_{bm}$、$E_C$、$U_{BB}$ 和 $R$ 的变化对放大器的工作状态有影响，故特性包含以下几种。

- 负载特性：$R_c$ 变化对放大器的影响
- 调制特性
  - 基极调制特性：$U_{BB}$ 变化对放大器的影响
  - 集电极调制特性：$E_C$ 变化对放大器的影响
- 放大特性：$U_{bm}$ 变化对放大器的影响

（1）改变 $R_e$，但 $U_{bm}$、$E_C$、$U_{BB}$ 不变。当负载电阻 $R_e$ 由小至大变化时，放大器的工作状态由欠压经临界转入过压。在临界状态时输出功率最大，这一情况已在图 7-16 中清楚表明。再看一下 $i_C$ 波形的变化，如图 7-16 所示。

（2）集电极调制特性是指当保持 $E_B$、$U_{bm}$、$R_e$ 不变而改变 $E_C$ 时，功率放大器电流 $I_{c0}$、$I_{c1m}$，电压 $U_{cm}$ 及功率、效率随之变化的曲线。

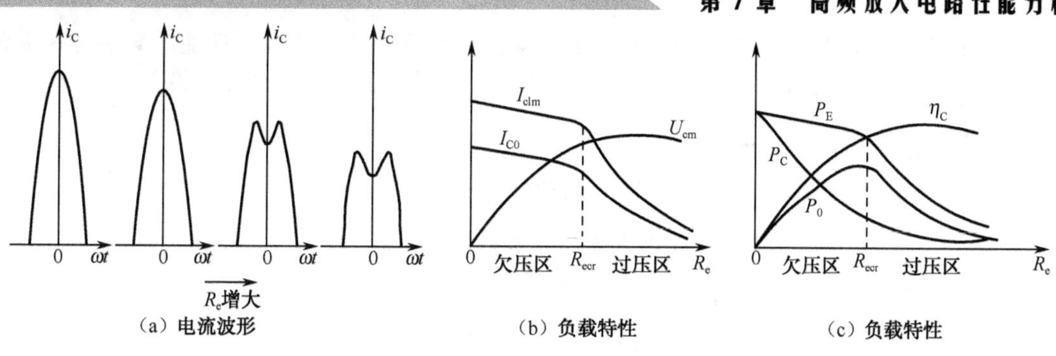


图 7-16　电流波形随 $R_e$ 的变化及其负载特性

改变 $E_C$，但 $R_c$、$U_{bm}$、$U_{BB}$ 不变。当集电极供电电压 $U_{CC}$ 由小至大变化时，放大器的工作状态由过压经临界转入欠压。在欠压区内，输出电压的振幅基本上不随 $E_C$ 的变化而变化，因此输出功率基本不变；而在过压区，输出电压的振幅将随 $E_C$ 的减小而下降，因此输出功率也随之下降，如图 7-17 所示。

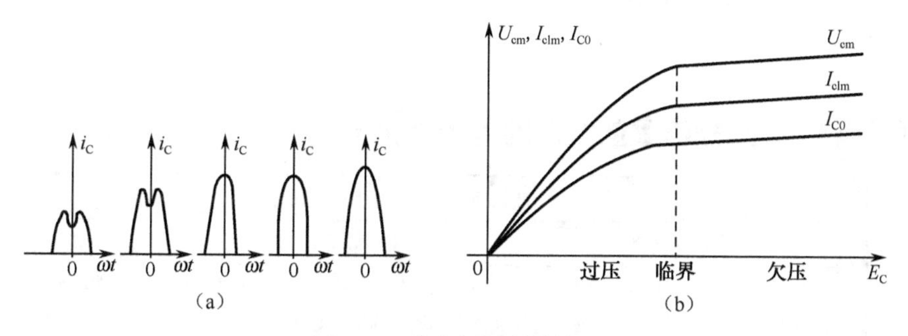


图 7-17　集电极调制特性

在过压区中，输出电压随 $E_C$ 改变而变化的特性为集电极调幅的实现提供了依据。

（3）基极调制特性是指当 $E_C$、$U_{bm}$、$R_e$ 保持不变而改变 $E_B$ 时，功放电流 $I_{c0}$、$I_{c1m}$，电压 $U_{cm}$ 及功率、效率的变化曲线。当 $E_B$ 增大时，会造成$\theta$、$i_{cmax}$ 增大，从而造成 $I_{c0}$、$I_{c1m}$、$U_{cm}$ 增大。由于 $E_C$ 不变，则 $u_{CE\min} = E_C - U_{cm}$ 会减小，这样势必导致工作状态由欠压变到临界再进入过压。进入过压状态后，集电极电流脉冲的高度虽仍有增加，但凹陷也不断加深，$i_C$ 的波形如图 7-18（a）所示。

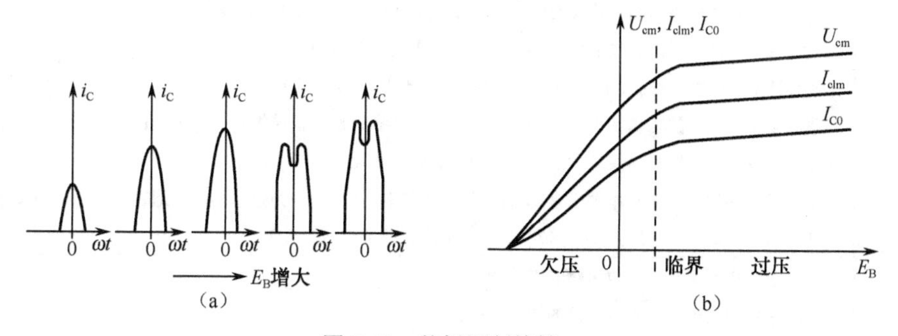


图 7-18　基极调制特性

（4）放大特性是指当保持 $E_C$、$E_B$、$R_e$ 不变，而改变 $U_{bm}$ 时，功率放大器电流 $I_{C0}$、

$I_{c1m}$，电压 $U_{cm}$ 及功率、效率的变化曲线。$U_{bm}$ 变化对谐振功率放大器性能的影响与基极调制特性相似。$i_C$ 的波形及 $I_{C0}$、$I_{c1m}$、$U_{cm}$、$P_o$、$P_E$、$\eta_C$ 随 $U_{bm}$ 的变化曲线如图 7-19 所示。

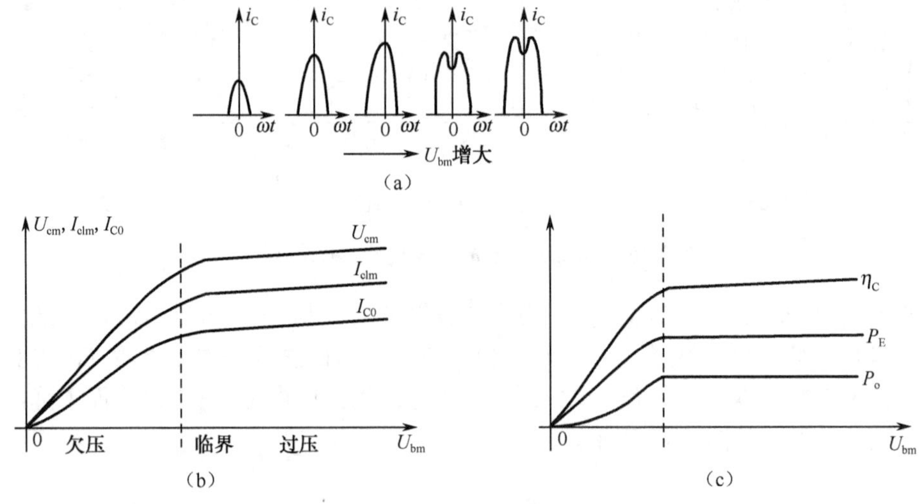


图 7-19　放大特性

## 案例分析 23　高频功率放大器的性能测试与分析

<table>
<tr><td>任务名称</td><td colspan="3">高频功率放大器的性能测试与分析</td></tr>
<tr><td>测试方法</td><td>仿真实现</td><td>课时安排</td><td>2</td></tr>
<tr><td>任务原理</td><td colspan="3">在通信电路中，为了弥补信号在无线传输过程中的衰耗，要求发射机具有较大的功率输出，通信距离越远，要求输出功率越大。为了获得足够大的高频输出功率，必须采用高频功率放大器。高频功率放大器是无线电发射设备的重要组成部分。<br>高频功率放大器和低频功率放大器的共同特点都是输出功率大和效率高，但两者的工作频率和相对频带宽度却相差很大，决定了它们之间有着本质的区别。低频功率放大器的工作频率低，但相对频带宽度却很宽。高频功率放大器的工作频率高（由几百千赫兹一直到几百、几千甚至几万兆赫兹），但相对频带很窄。中心频率越高，相对频宽越小。因此，高频功率放大器一般都采用选频网络作为负载回路。<br>高频功率放大器的特点：<br>（1）放大管是高频大功率晶体管，能承受高电压和大电流；<br>（2）输出端负载回路为调谐回路，既能完成调谐选频功能，又能实现放大器输出端负载的匹配；<br>（3）基极偏置电路为晶体管发射结提供负偏压，使电路工作在丙类状态；<br>（4）输入余弦波时，经过放大，集电极输出电压是余弦脉冲波形。<br>晶体管在将供电电源的直流能量转变为交流能量的过程中起开关控制作用，谐振回路 LC 是晶体管的负载。<br>谐振功率放大器的工作状态有三种，即欠压、临界和过压。当谐振功率放大器的静态工作点、输入信号、负载发生变化时，谐振功率放大器的工作状态将发生变化。<br>对高频功率放大器的基本要求是尽可能输出大功率、高效率，为兼顾两者，通常选择丙类且要求工作在临界工作状态，其电流导通角 $\theta_C$ 在 60～90° 范围内。现设 $\theta_C$=70°。</td></tr>
<tr><td>任务要求</td><td colspan="3">（1）观察丙类高频功率放大器的工作特性；<br>（2）掌握丙类谐振功率放大器的重要性能指标；<br>（3）实现与设计要求一致的丙类功率放大器，验证其放大性能。</td></tr>
<tr><td>虚拟仪器</td><td colspan="3">信号发生器、示波器、交流毫伏表等</td></tr>
</table>

续表

| 任务名称 | 高频功率放大器的性能测试与分析 | | |
| --- | --- | --- | --- |
| 测试方法 | 仿真实现 | 课时安排 | 2 |
| 测试步骤 | | | |

1．测试要求

设计一个高频功率放大器，要求的技术指标为：输出功率 $P_o \geqslant 125\text{mW}$，工作中心频率 $f_0 = 6\text{MHz}$，$\eta > 65\%$。

已知：电源供电为 12V，负载电阻 $R_L = 51\Omega$，晶体管用 2N2219，其主要参数为 $P_{cm} = 1\text{W}$，$I_{cm} = 750\text{mA}$，$U_{CES} = 1.5\text{V}$，$f_T = 70\text{MHz}$，$h_{fe} \geqslant 10$，功率增益 $A_p \geqslant 13\text{dB}$（20 倍）。

2．仿真电路

（1）前级放大电路

为了提高增益，本次电路的前置放大部分采用了两级甲类放大，其级联的单元电路如图 7-20 所示，选频回路参数选择一致。

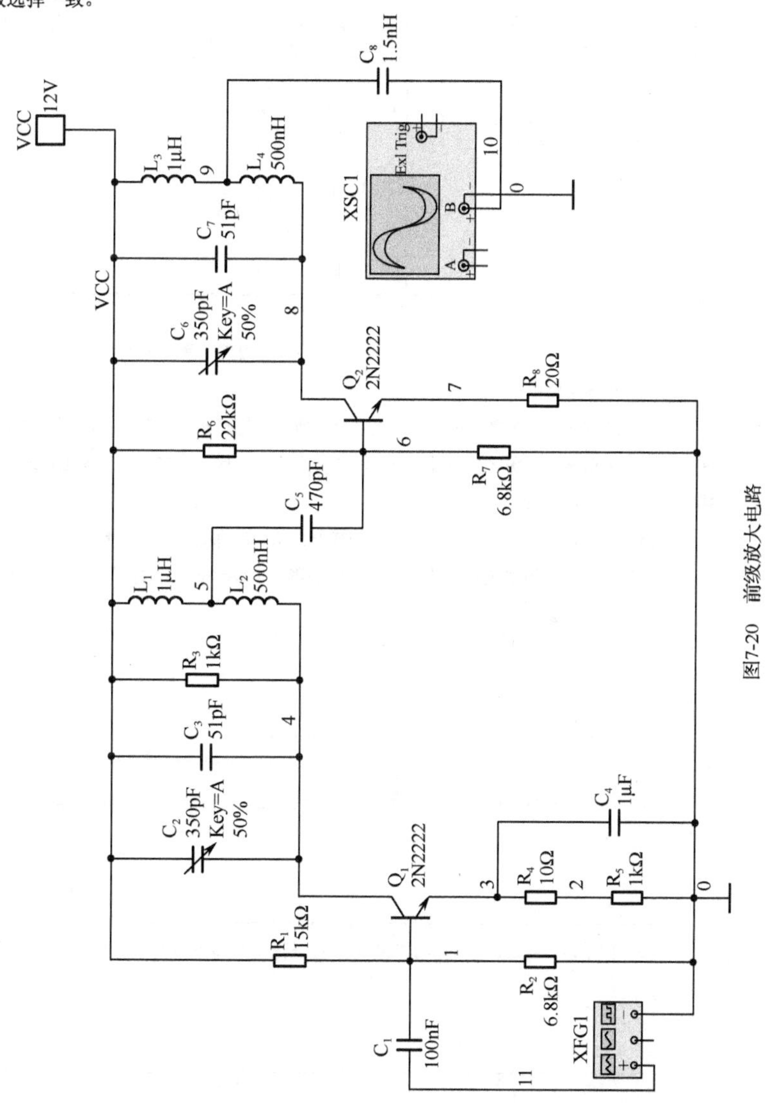


图7-20　前级放大电路

续表

| 任务名称 | 高频功率放大器的性能测试与分析 | | |
|---|---|---|---|
| 测试方法 | 仿真实现 | 课时安排 | 2 |
| | 采用级联的方式是为了牺牲通频带来换取高的电压增益。<br>（2）丙类高功率放大器<br>结合丙类功率放大器的理论知识设计的单元电路如图 7-21 所示。<br>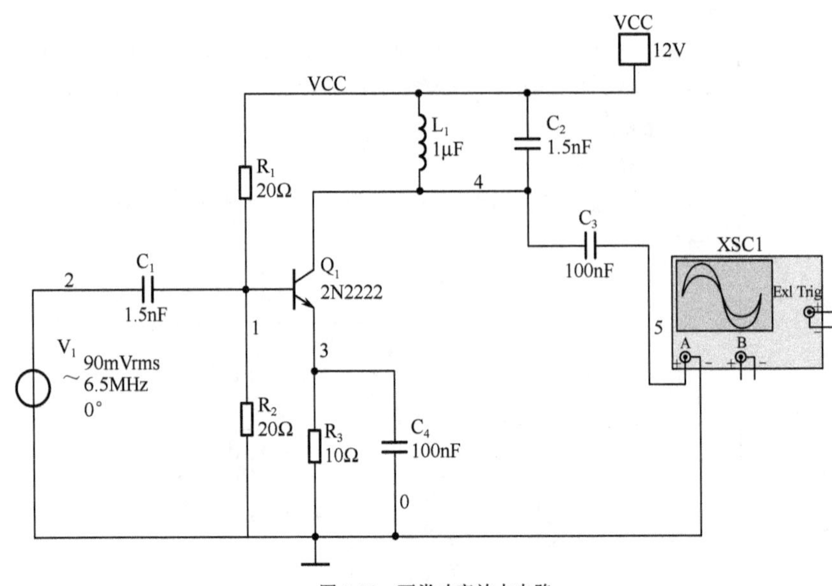<br><br>图 7-21　丙类功率放大电路<br>（3）总体电路图<br>由于高频功率放大器有甲类、丙类之分，所以将电路按图 7-22 所示电路进行连接。<br>进行仿真调试，观察波形时，用示波器各探头逐一接一、二、三级输出，逐级调试。<br>3．仿真数据记录<br>输入信号是一个频率为 6.9MHz，峰-峰值为 150mV 的正弦波信号。<br>（1）经过第一级甲类功率放大器后输出波形，其峰-峰值增大到________mV，将输入信号电压放大了。记录一级放大波形：<br>____________________________________________________<br>（2）经过两级放大后电压增益提高了，峰-峰值变为________V。记录二级放大波形：<br>____________________________________________________<br>（3）信号最终经过丙类功率放大器放大，提高了其功率与效率。丙类功率放大器的仿真输出波形为：<br>____________________________________________________ | | |

续表

| 任务名称 | 高频功率放大器的性能测试与分析 | | |
|---|---|---|---|
| 测试方法 | 仿真实现 | 课时安排 | 2 |
| | 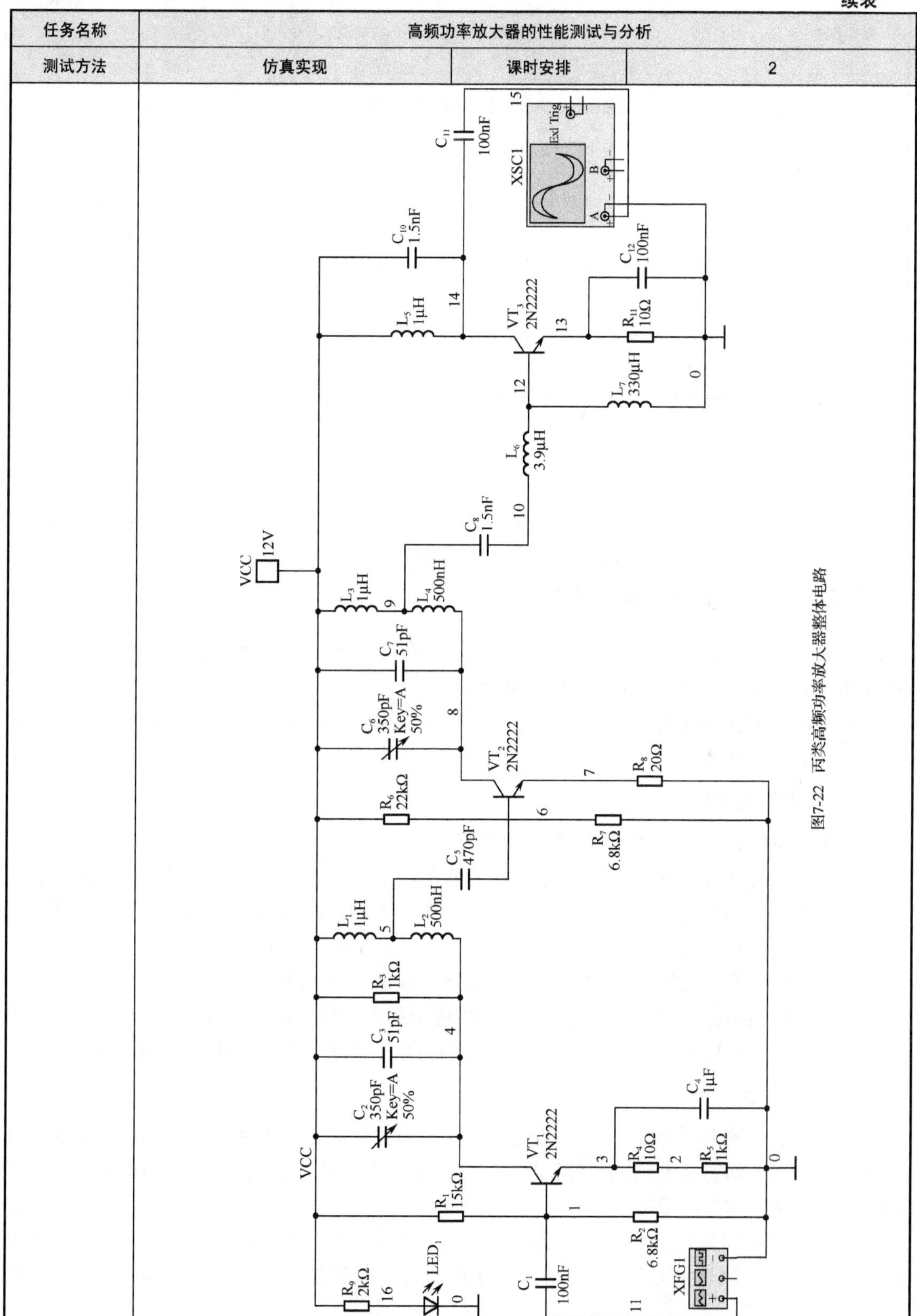 | | |



图7-22　丙类高频功率放大器整体电路

续表

| 任务名称 | 高频功率放大器的性能测试与分析 | | |
|---|---|---|---|
| 测试方法 | 仿真实现 | 课时安排 | 2 |
| | 1. 在调试过程中若稍微修改输入信号参数就会影响输出波形质量，请讨论分析其原因。<br>2. 分析此丙类功率放大电路的效率、增益情况是否符合要求？ | | |
| 总结与体会 | | | |
| 完成日期 | | 完成人 | |

### 7.2.2 功率放大电路的组成

谐振功率放大器的主要任务是以高效率输出所需的功率。放大器的负载既可以是下级放大器的输入回路，也可以是天线馈送网络。

高频功率放大器和其他放大器一样，其输入端和输出端的管外电路均由直流馈电线路和匹配网络两部分组成。

#### 1. 直流馈电线路

直流馈电线路包括集电极和基极馈电线路。

它们应保证集电极和基极回路能使放大器正常工作，以及在回路中集电极电流的直流和基波分量有各自正常的通路。并且要求高频信号不要流过直流源，以减少不必要的高频功率的损耗。为此，需要设置一些旁路电容 $C_b$ 和阻止高频电流的扼流圈 $L_b$。

直流馈电线路包括集电极 $U_{CC}$ 的馈电线路和基极 $U_{BB}$ 的馈电线路两部分。直流馈电线路的基本要求是要保证 $U_{CC}$ 或 $U_{BB}$ 畅通无阻地全部加到放大管的集电极或基极上，尽可能地避免管外电路消耗电源功率。同时，直流馈电线路还要尽可能不消耗高频信号功率。

#### 2. 匹配网络

（1）定义：高频功率放大器中都要采用一定形式的回路，以使它的输出功率能有效地传输到负载（下级输入回路或天线回路）。这种保证外负载与谐振功率放大器最佳工作要求相匹配的网络常称为匹配网络。

（2）分类：如果谐振功率放大器的负载是下级放大器的输入阻抗，应采用“输入匹配网络”或“级间耦合网络”；如果谐振功率放大器的负载是天线或其他终端负载，应采用“输出匹配网络”。

（3）作用：输出匹配网络介于功率管和外接负载之间，它的主要要求有以下几个。

① 匹配网络应有选频作用，充分滤除不需要的直流和谐波分量，以保证外接负载上仅输出高频基波功率；

② 匹配网络还应具有阻抗变换作用，即把实际负载 $Z_L$ 的阻抗转变为纯阻性，且其数值应等于谐振功率放大器所要求的负载电阻值，以保证放大器工作在所设计的状态；若要求大功率、高效率输出，则应工作在临界状态，因此需将外接负载变换为临界负载电阻。

③ 匹配网络应能将功率管给出的信号功率高效率地传送到外接负载 $R_L$ 上，即要求匹配网络的效率（称为回路效率 $\eta_k$）高。

## *7.3　功率合成与功率分配技术

随着通信技术的日益发展，功率合成与功率分配技术被应用到功率放大器中。在发射设备的各功率级，特别是中间级甚至末前级，都采用了宽频带高频功率放大器，它不用调谐回路，这在中小功率级的功率放大中是很适用的，在大功率设备中，用宽带功率放大作为推动级同样也能节省调谐时间。

### 1. 功率合成

功率合成是指利用多个功率放大电路同时对输入信号进行放大，然后利用由传输线变压器组成的功率合成网络使各放大器的输出功率相加，获得一个总的输出功率，且各放大器间相互隔离，各不相关，若一路放大管损坏，另一路放大管的工作状态不会受到影响，其输出功率不变。目前，利用功率合成技术已可获得几百至上千瓦的高频功率输出，这是单一晶体管放大器难以实现的。

### 2. 功率分配

功率分配是指将输入的高频信号功率利用由传输线变压器组成的功率分配网络，均匀地、互不影响地分配至几个独立的负载，使各负载获得的信号功率相同，相位相同或相反。这一分配网络同样也使各分路相互隔离，各不相关，若一路有故障，其他分路均照常工作，获得的功率也不会发生变化。

采用功率合成和功率分配的混合网络，不仅能够无损耗地合成各个功率放大电路的输出功率，同时还有良好的隔离作用，即其中任何一个放大电路的输出工作状态发生变化或遭受损坏时，不会使其他放大电路的工作状态发生变化而影响各自的输出功率。此外，它还具有宽频带特性。

常用的功率合成器是以传输线变压器为基础构成的，它具有频带宽、结构简单、插入损耗小等优点。

图 7-23 是功率合成与功率分配在功率放大器中实际应用的组成框图。图中所用的均为二路合一的功率合成器和一分为二的功率二分配器。图中的每一个三角形代表一级功率放大电路。这一系统能将 1W 的高频信号放大成 64W 的输出（设置各放大器的功率增益均为 4 倍）。功率合成与功率分配的关键部件是由传输线变压器组成的合成网络和分配网络，它们均以传输线变压器为基础，其差别仅在于端口的连接方式不同。就实质而言，这两种网络是相同的，只是信号源与负载的位置不同而已。通常将这两种网络通称为混合网络。

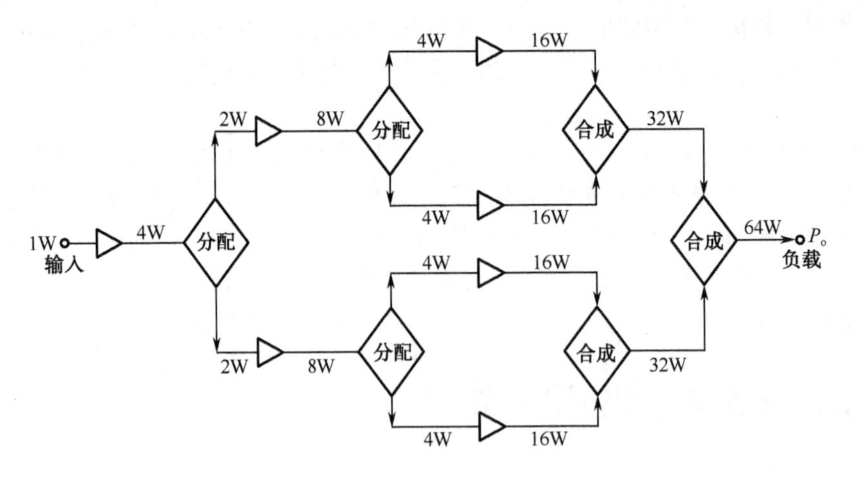


图 7-23　功率合成与分配器在功率放大网络中的构成简图

1）功率合成电路

利用传输线变压器也可以制成宽频带功率合成电路。将两个同频信号加到网络的某两个输入端，即可在指定端获得倍增的输出功率。通常采用 4∶1 传输线变压器构成混合网络，以实现功率合成和功率分配的功能。采用混合网络实现功率合成的原理电路如图 7-24 所示。其中 $T_{r1}$ 为混合网络，$T_{r2}$ 为 1∶1 平衡—不平衡变换器。

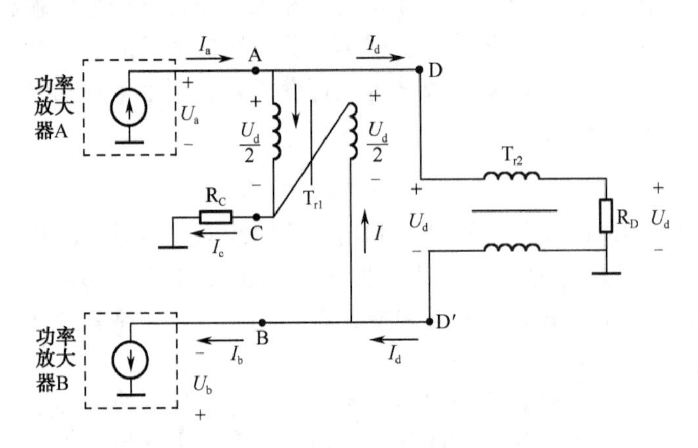


图 7-24　功率合成的原理电路

功率合成电路可分为同相功率合成与反相功率合成两种结构，有时称前者为零相合成，称后者为π相合成。

2）功率分配电路

最常用的功率分配网络是功率二分配器，它有两个负载，当信号源向网络输入功率 $P$ 时，每一个负载可以获得 $P/2$ 功率。

功率二分配器的原理电路如图 7-25 所示，功率放大器接在 C 端（或 D 端）。图中的 1∶1 传输线变压器的作用是不平衡—平衡转换，将信号源的功率分配在两个负载 $R_A$、$R_B$ 上。这时，A 端和 B 端能够得到等值同相（或等值反相）的功率。

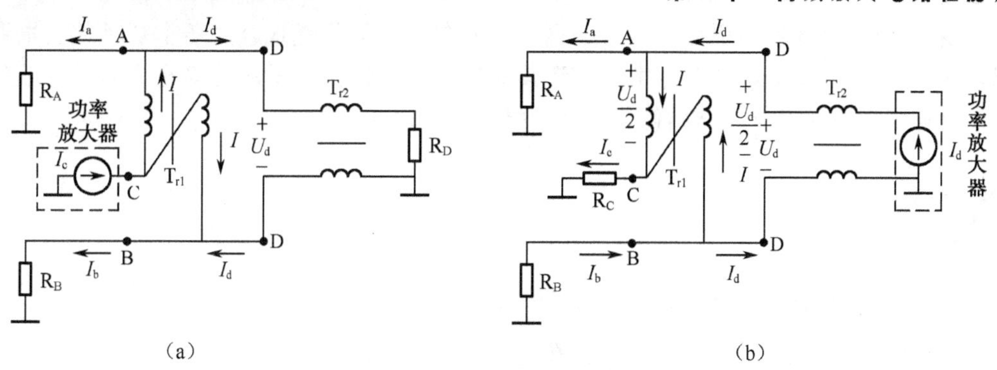


图 7-25　功率二分配器的原理电路

3）魔 T 混合网络

利用混合网络构成的功率合成电路与功率分配电路，其各端口间存在如图 7-26 所示的确定关系。该图形称为魔 T 混合网络。图中的 A、B、C、D 表示四个端口，连接弧线表示功率流向，弧线旁的角度表示弧线连接的两端口的相角差。它形象地表示了以 4∶1 阻抗变换器为基础的混合网络所具有的功率分配和功率合成的功能。例如，若用它作为同相功率合成电路，若两功率自 A、B 端输入，则 C 端必然是合成端，而 D 端必然是平衡端；若用它作为功率分配电路，如 A 端输入功率，则 C、D 端是同相输出端，B 端是隔离端；若信号功率由 B 端输入，则 C、D 端是反相输出端，A 端是隔离端。

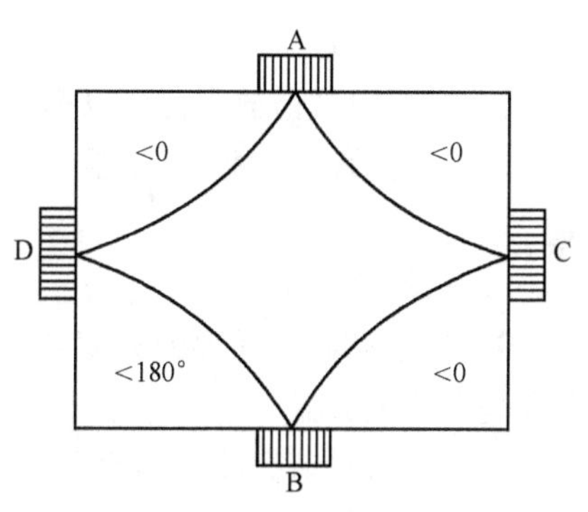


图 7-26　魔 T 混合网络

## 知识梳理与总结

● 高频放大电路分为小信号调谐放大器和高频功率放大器。小信号调谐放大器的放大对象是高频交流信号的电压幅度；而高频功率放大器的放大对象是信号的功率。

● 小信号调谐放大器的性能指标有放大增益、通频带、（选择性）矩形系数等。

● 功率放大器可分为低频功率放大器与高频功率放大器。高频功率放大器通常工作于丙类状态，因此也被称为丙类谐振功率放大器。其导通角小于 90°，电路功率转换效率高于 78.5%，负载常为选频回路。

● 高频调谐功率放大器的技术指标包含以下几个：输出功率 $P_o$；功率增益 $A_p$；效率 $\eta=\dfrac{P_o}{P_V}$。

● $U_{bm}$、$E_C$、$U_{BB}$ 和 $R$ 的变化对放大器的工作状态均有影响，其特性包含负载特性（$R_c$ 变化对放大器的影响）、基极调制特性（$U_{BB}$ 变化对放大器的影响）、集电极调制特性（$E_C$ 变化对放大器的影响）及放大特性（$U_{bm}$ 变化对放大器的影响）。

● 采用功率合成和功率分配的混合网络，不仅能够无损耗地合成各个功率放大电路的输出功率，同时还有良好的隔离作用，还具有宽频带特性。常用的功率合成器以传输线变压器为基础，具有频带宽、结构简单、插入损耗小等优点。

## 习题 7

1．小信号谐振放大器的主要技术指标包含________、________和________等。

2．高频小信号调谐放大器主要工作在________状态。

3．在高频放大器中，多用调谐回路作为负载，其作用有哪些？

4．放大器的噪声系数 $N_F$ 是指________。

5．放大器的通频带是指其电压增益下降到谐振时的________所对应的频率范围，通常用 $2\Delta f_{0.7}$ 来表示。

6．多级单调谐放大器可以提高放大器的增益并改善矩形系数，但通频带________。

7．在小信号谐振放大器中，三极管的集电极负载通常采用________，它的作用是________。

8．信噪比等于________与________之比。

9．为了抑制不需要的频率分量，要求输出端的带通滤波器的矩形系数________。矩形系数是表征放大器________好坏的一个物理量。

10．小信号谐振放大器的主要特点是以________作为放大器的交流负载，具有________和________功能。

11．小信号调谐放大器按调谐回路的个数分为________和________。

12．高频小信号放大器的主要性能指标有________、________、________和稳定性。为了提高稳定性，常用的措施有________和________。

13．放大电路直流通路和交流通路画法的要点是：画直流通路时，把________视为开路；画交流通路时，把________视为短路。

14．已知并联谐振回路的 $L=1\mu\text{H}$，$C=20\text{pF}$，$Q=100$，求该并联回路的谐振频率 $f_0$、谐振电阻 $R_p$ 及通频带 $B_{0.7}$。

15．影响小信号谐振放大器稳定性的因素有哪些？怎样克服其影响？

16．试写出共发射极单调谐放大器谐振电压增益、通频带及选择性（矩形系数）公式。

17．中心频率都是 6.5MHz 的单调谐放大器和临界耦合的双调谐放大器，若 $Q_e$ 均为 30，试问两个放大器的通频带各为多少？

18．为什么丙类放大器一定要用谐振回路作为集电极的负载？为什么谐振回路一定要调谐在信号频率上？

19．已知谐振功率放大器的 $U_{CC}=24\text{ V}$，$I_{C0}=250\text{mA}$，$P_o=5\text{W}$，$U_{cm}=0.9U_{CC}$，试求该放大器的 $P_D$、$P_C$、$\eta_C$ 及 $I_{c1m}$、$g_1(\theta)$。

20．要想提高谐振功率放大器的功率和效率，应从哪些方面入手？

21．某谐振功率放大器工作于临界状态，当集电极回路出现失谐时，$I_{C0}$ 及 $I_{C1}$ 将如何变化？对晶体管会产生什么影响？为什么？

22．一个谐振功率放大器的输出功率 $P_0 = 5\text{W}$，$U_{CC} = 24\text{ V}$。试求：①当集电极效率 $\eta = 60\%$ 时，其集电极功耗 $P_C$ 和集电极电流直流分量 $I_{C0}$；②若保持 $P_0$ 不变，将 $\eta$ 提高到 80%，问此时 $P_C$ 为多少？

23．高频功率放大器的欠压、临界、过压状态是怎样区分的？各有什么特点？影响因素有哪些？

24．谐振功率放大器与丙类倍频器的电路结构、工作状态及工作效率有何异同点？

# 第8章　正弦波振荡器的分析与设计

## 教学导航

<table>
<tr><td rowspan="6">教</td><td rowspan="2">知识重点</td><td>1. 振荡器的原理、作用及工作条件</td></tr>
<tr><td>2. 正弦波振荡器的类型（三点式振荡器）及比较</td></tr>
<tr><td rowspan="2">知识难点</td><td>1. 互感耦合式振荡器的工作原理</td></tr>
<tr><td>2. 三点式正弦波振荡器的特点</td></tr>
<tr><td>推荐教学方式</td><td>采用案例教学法，利用实例帮助学生理解振荡器电路的工作特点，了解振荡器的作用及性能指标</td></tr>
<tr><td>建议学时</td><td>8学时</td></tr>
<tr><td rowspan="4">学</td><td>推荐学习方法</td><td>以小组讨论的学习方式，结合实例及教材内容理解振荡电路的工作特点，掌握其作用及性能指标</td></tr>
<tr><td rowspan="2">必须掌握的理论知识</td><td>1. 正弦波振荡器的工作条件</td></tr>
<tr><td>2. 三点式振荡器的交流等效通路及振荡频率</td></tr>
<tr><td>必须掌握的技能</td><td>掌握正弦波振荡电路的分析方法</td></tr>
</table>

常见到这种情况，当有人把他所使用的话筒靠近扬声器时，会产生一种刺耳的啃叫声，该现象叫做自激振荡现象，如图 8-1 所示。

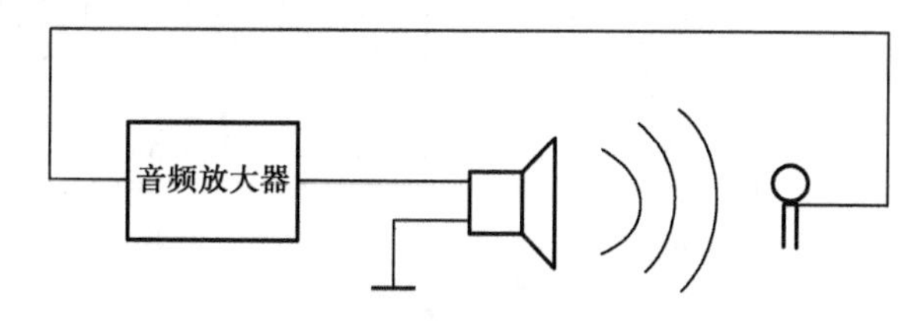


图 8-1　扩音系统中的电声振荡

产生这种现象的原因是：当话筒靠近扬声器时，来自扬声器的声波激励话筒，话筒感应电压并输入放大器，然后扬声器又把放大了的声音再送回话筒，形成正反馈，如此反复循环，就形成了声电和电声的自激振荡啃叫声。

振荡器就是无须外加激励，就能自行产生一定振幅、一定频率、一定波形的装置。

在无线电通信和电子技术领域中，振荡器的应用非常广泛。在无线电通信系统的发射机中，振荡器用来产生载波以便对传输的信号进行调制；在超外差接收设备中，振荡器做本振以便进行变频。此外，振荡器还广泛用于很多电子仪器及信号源中。

## 8.1　振荡器的工作原理

从振荡器的工作机理上看，振荡器可分为反馈型振荡器和负阻振荡器两大类。本章将主要讨论反馈型振荡器。

正弦波振荡器：能自动将直流电能转换成（具有一定频率和振幅的）正弦交流电能的电路。它与放大器的区别在于这种转换不需要外部信号的控制，振荡器输出的信号频率、波形、幅度完全由电路自身的参数决定。

振荡器在工作时无须外接输入信号，它是如何在没有输入信号的情况下产生输出信号的呢？其原理可用 LC 谐振回路的自由振荡现象解释。由电容 C、电感 L 和电阻 R 组成的谐振回路如图 8-2 所示。

先将开关打向 1，使电容充满电，再将开关打向 2，电容就会经电感 L 和电阻 R 放电，则电容中存储的电能和电感中存储的磁能就会交替转换而形成振荡。

振荡频率主要由电容 C 和电感 L 决定。由于电阻 R 的存在，振荡的幅度会逐渐减小，称为阻尼振荡。如果我们能及时地为电路补充能量，如将开关及时地打向 1，则可以维持无阻尼振荡。

振荡器的工作原理与 LC 谐振回路的自由振荡类似，它至少应由以下三部分组成。

（1）具有放大能力的有源器件。它的作用是不断地向振荡系统补充能量，以维持等幅振荡并输出给负载。

（2）由储能元件组成的选频网络。选频网络决定着振荡器的振荡频率。

（3）控制能量补充的正反馈网络。该网络控制能量适时、适度地补充给振荡系统。

振荡器的组成框图如图 8-3 所示。

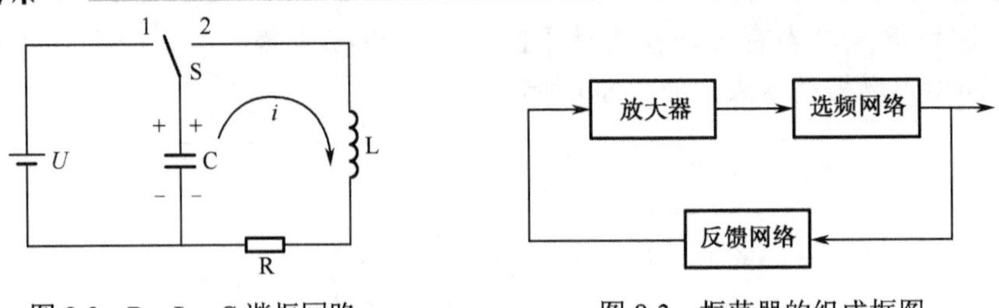


图 8-2　R、L、C 谐振回路　　　　图 8-3　振荡器的组成框图

振荡器大致有以下分类：

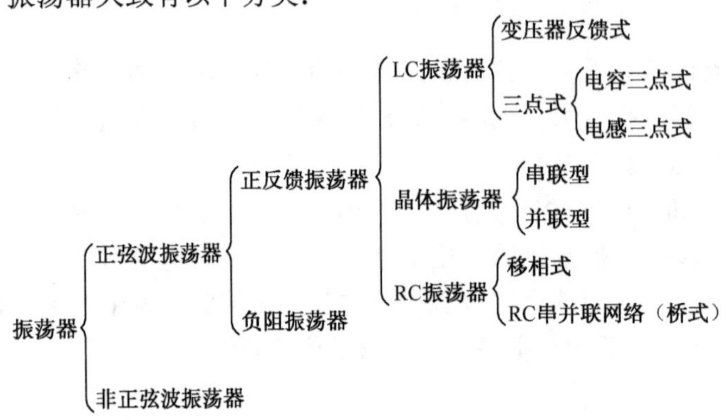


### 8.1.1　起振条件

起振条件又称自激条件。它表示一个振荡电路在接通电源时，输出信号从无到有建立起来应该满足的条件。

振荡器刚接通电源后，原始输入电压是从哪里来的？第一，来源于放大管基极的 $U_b$，$U_b$ 在开机后由零升至定值，此阶跃信号中含有多种频率分量；第二，电路各部分存在许多形式的扰动，如管子的内部噪声、输入回路电阻的热噪声等，这些噪声与干扰所含有的频率成分十分丰富，这些微小的扰动电压或电流经过振荡器放大管的放大，加至负载回路或反馈网络，经过选频电路的选择，再反馈至放大管的输入端，此信号经过放大、选频、反馈，再放大、再选频、再反馈……在信号较小的起振阶段，每次返回至输入端信号的幅度总是要比前一次大。这样，经过若干个周期，振荡信号就越来越强，当此幅度强到一定值时，振荡管便由放大状态进入非线性区域（截止或饱和），使振荡器的幅度稳定在一定值，达到平衡状态。设计时，只是某一频率的信号满足振荡条件，因此产生的是正弦信号或余弦信号，而其他频率的信号则被衰减至零。

根据反馈理论，可以画出振荡器的组成方框图，参见图 8-3。

主网络一般是一个放大器，它是振荡系统中的非线性部件。反馈网络可以是变压器耦合电路、互感耦合电路、电容分压电路、电感分压电路、阻容分压电路或石英晶体谐振器。选频网络既可以设在主网络中，也可以设在反馈网络中。

设 $\dot{A}_U$ 是主网络的传输函数，即放大器的开环增益；$\dot{F}_U$ 是反馈网络的传输函数，即反馈系数，反馈网络通常是无源的线性网络；$\dot{U}_S$、$\dot{U}_O$ 是主网络的输入、输出信号；$\dot{U}_O$、$\dot{U}_f$ 是反馈网络的输入、输出信号。

根据上述分析，可以直接写出振荡器的起振条件，即

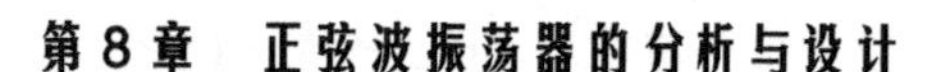


$$\dot{U}_f > \dot{U}_S$$

若用 $\dot{A}_U$、$\dot{F}_U$ 表示起振条件（设选频网络对振荡频率的传递函数为 1），即

$$\dot{U}_f = \dot{F}_U \dot{U}_O = \dot{F}_U \dot{A}_U \dot{U}_S$$

得

$$\dot{A}_U \dot{F}_U > 1 \tag{8-1}$$

式（8-1）是复数形式，可分别写出它的幅度和相角公式，即

$$\begin{cases} A_U F_U > 1 \text{——幅度条件} \\ \varphi_A + \varphi_F = 2n\pi \quad (n = 0,1,2,3,\cdots)\text{——相位条件（正反馈条件）} \end{cases} \tag{8-2}$$

由式（8-2）可见，一个反馈环路，当环路增益大于 1，且环路中信号的相位移为 $2n\pi$（0°，360° 等）时，这个反馈网络就会产生自激振荡器，相位移为 $2n\pi$，即为正反馈条件。

很显然，若 $\dot{U}_f < \dot{U}_S$，则 $\dot{A}_U \dot{F}_U < 1$，网络不会产生自激。

网络在起振阶段，由于信号幅度较小，振荡管工作在线性区域，所以可以用等效电路的方法对振荡电路进行分析、求取。例如，晶体管是非线性器件，起振时放大器工作于甲类放大状态 $(AF > 1)$，以后逐步过渡到甲乙类甚至丙类放大状态，输出电压就不再增加，则 $AF = 1$。这就是晶体管的自限幅作用，如图 8-4 所示。也就是说，振荡器起振后，振幅不会无休止地增长，当振幅大到一定数值后，或靠振荡器自身的限幅作用，或靠外接电路使振幅稳定在某一数值上。由起振条件到平衡条件的过渡是自动完成的。

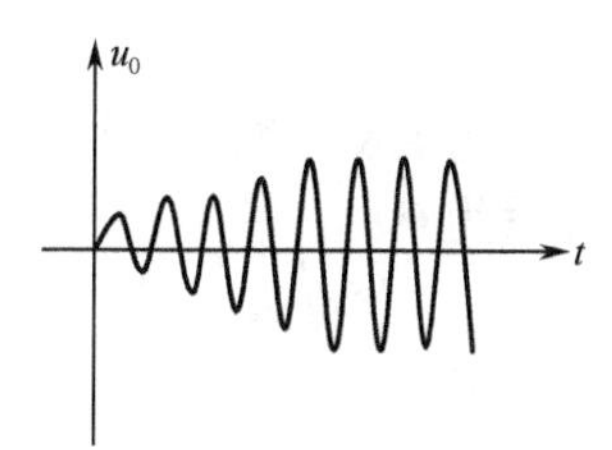

图 8-4　晶体管的自限幅起振过程

## 8.1.2　平衡条件

振荡器实现振荡必须满足一定条件，通常称为“起振条件”和“平衡条件”。

当振荡器满足起振条件时有 $\dot{U}_f > \dot{U}_S$，振荡信号的强度就会越来越大，振荡管便由线性状态很快地过渡到甲乙类乃至丙类的非线性状态，这时放大器的增益会下降，最终达到平衡条件，即

$$\dot{U}_f = \dot{U}_S \quad \text{或} \quad \dot{A}_U \dot{F}_U = 1 \tag{8-3}$$

也可以写成

$$\begin{cases} A_U F_U = 1 \text{——幅度条件} \\ \varphi_A + \varphi_F = 2n\pi \quad (n = 0,1,2,3,\cdots)\text{——相位条件} \end{cases} \tag{8-4}$$

在平衡条件下，反馈到放大管的输入信号 $\dot{U}_f$ 正好等于放大管所需的输入电压 $\dot{U}_S$，从而保持了反馈环路各点电压的平衡，使振荡器得以维持。

在平衡状态下，电源供给的能量正好抵消整个环路损耗的能量，输出幅度将不再变化，因此振幅平衡条件决定了振荡器输出振幅的大小。

环路只有在某一特定的频率上才能满足相位平衡条件，也就是说，相位平衡条件决定了振荡器输出信号的频率大小。

## 8.1.3　稳定条件

对于振荡器来说，仅满足起振条件和平衡条件还不够，由于振荡器的工作环境是在变

化的，如果平衡条件受到破坏，振荡器是否还能输出特定频率和幅度的信号就成为振荡器能否使用的重要问题，这就是振荡器的稳定性问题。

为了维持振荡器的稳定工作，只满足平衡条件是不够的，因为平衡条件只能说明振荡可能平衡在某一状态，而不能说明振荡的平衡状态是否稳定。因此，平衡条件是建立振荡的必要条件，但还不是充分条件。已经建立的振荡能否维持，还必须看平衡状态是否稳定。

所谓振荡器的稳定平衡，就是在某种因素的作用下，使振荡器的平衡条件遭到破坏后，它能在原平衡点附近重建新的平衡状态，一旦外因消除后，它能自动恢复到原来的平衡状态。稳定条件分为振幅稳定条件和相位稳定条件。

### 1. 振幅稳定条件

要使振幅稳定，振荡器在其平衡点必须具有阻止振幅变化的能力。振幅稳定条件为

$$\left.\frac{\delta T}{\delta U_{\mathrm{i}}}\right|_{U_{\mathrm{i}}=U_{\mathrm{iA}}}<0 \tag{8-5}$$

由于反馈网络为线性网络，即反馈系数的大小 $F$ 不随输入信号改变，故振幅稳定条件又可写为

$$\left.\frac{\partial T}{\partial U_{\mathrm{i}}}\right|_{U_{\mathrm{iA}}}<0 \tag{8-6}$$

### 2. 相位稳定条件

由上面的分析可知，振幅稳定与否是看：振荡系统中由于扰动暂时破坏了振幅平衡条件 $A_U F_U=1$，当扰动离去后，振荡器能否自动稳定在原有的平衡点。

设在 $\omega=\omega_1$ 时处于平衡状态，一个正弦信号的相位 $\varphi$ 和其频率 $\omega$ 之间的关系为

$$\omega=\frac{\mathrm{d}\varphi}{\mathrm{d}t} \tag{8-7}$$

$$\varphi_{\mathrm{L}}(\omega_1)+\varphi_{\mathrm{f}}+\varphi_{\mathrm{F'}}=0$$

设在 $\omega=\omega_1$ 时处于平衡状态，因外界因素使 $\dot{U}_{\mathrm{i}}'(s)$ 的相位超前于原来的 $\dot{U}_{\mathrm{i}}(s)$，所以振荡周期要缩短，振荡频率要提高。由此可见，相位平衡的稳定条件是振荡器的相频特性具有负的斜率，即

$$\frac{\partial\varphi}{\partial\omega}<0 \tag{8-8}$$

并联谐振回路的相位与稳定点如图 8-5 所示。

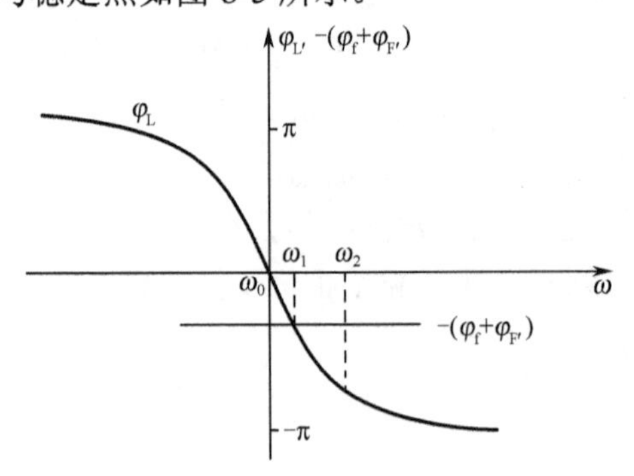


图 8-5 并联谐振回路的相位与稳定点

# 8.2　LC 正弦波振荡器的分析

LC 振荡器就是采用 LC 谐振回路做选频网络的一类振荡器。在振荡频率的稳定度不是很高的情况下，此类振荡器应用得非常广泛。按照反馈耦合元件的不同，它可分为互感耦合、电感反馈、电容反馈式振荡器。

## 8.2.1　互感耦合振荡器

互感耦合振荡器又称变压器反馈式振荡器，由谐振放大器和反馈网络两大部分组成。在这类振荡器中，LC 并联回路中的电感元件 L 是变压器的一个绕组，变压器的另一个绕组则作为振荡器的反馈网络。

### 1. 原理电路

由于反馈信号是通过电感 $L_1$ 与 $L_2$ 之间的互感得到的，故称该类振荡器为互感耦合振荡器。

在图 8-6（a）中，谐振放大器由晶体管、偏置电路、选频网络 LC 组成。$C_b$ 为隔直耦合电容，$C_e$ 为发射极旁路电容；通过 $L_1$、$L_2$ 互感耦合，将 $L_1$ 上的反馈电压加到放大器输入端；通过 $L_2$、$L_1$ 互感耦合，在负载 $R_L$ 上得到正弦波输出电压。

在不考虑晶体管的高频效应的情况下，LC 并联电路在谐振时是纯阻性的，$\varphi_A = 180°$。因此，为了满足相位平衡条件，必须要求 $\varphi_F = 180°$。这样，与晶体管集电极相连的变压器绕组端①和与基极相连的绕组端③必须互为异名端。在这一条件下，$\varphi_{AF} = \varphi_A + \varphi_F = 2n\pi$，满足产生自激振荡的相位平衡条件。

在图 8-6（b）中，电阻 $R_{b1}$、$R_{b2}$ 为基极偏置电阻，其作用是保证电路起振时工作于甲类放大状态，便于起振；电容 $C_b$ 为旁路电容，$C_e$ 为耦合电容。此电路为共射极接法。

图 8-6（a）所示电路的组态为共基接法，调谐回路主要由电容 C、电感 $L_1$ 构成，耦合于集电极上。用瞬时极性法可以判断出同名端实现的是正反馈。

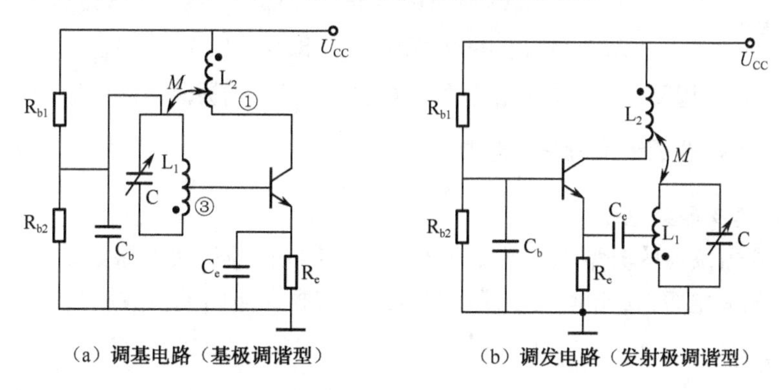


（a）调基电路（基极调谐型）　（b）调发电路（发射极调谐型）

图 8-6　互感耦合振荡器（共射极接法）

### 2. 振荡频率

若负载很轻，LC 回路的 $Q$ 值较高，则振荡频率近似等于回路的并联谐振频率，即

$$f_0 = \frac{1}{2\pi\sqrt{LC}} \tag{8-9}$$

对于以 $f_0$ 为中心的通频带以外的其他频率分量，它们会因回路失谐而被抑制掉。变压器反馈式振荡器的工作频率不宜过低、过高，一般应用于中、短波段（几十千赫兹到几十兆赫兹）。

### 3. 电路特点

（1）变压器反馈式振荡器利用变压器作为正反馈耦合元件，它的优点是便于实现阻抗匹配，因此振荡电路效率高、起振容易。但要注意变压器绕组的主、次级之间的极性同名端不可接错，否则会变成负反馈，电路就不起振。

（2）这种电路的另一个优点是调频方便，调频范围较宽。

## 8.2.2 LC 三点式振荡器

在 LC 振荡电路中，三点式振荡电路应用得最为广泛，其工作频率约为几兆赫兹到近千兆赫兹，频率稳定度也比变压器耦合振荡电路高一些，约为$10^{-3}$～$10^{-4}$量级（采取一些稳频措施后，还可以再提高一点）。这种振荡器的另一个优点是电路比较简单，易于制作。

### 1. 三点式振荡电路的组成原则

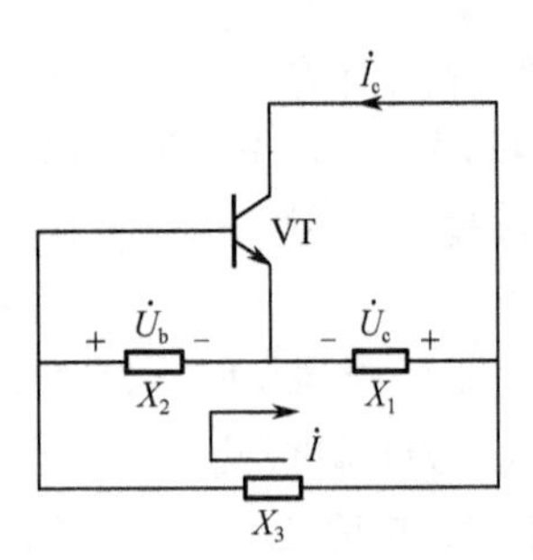


图 8-7　三点式振荡电路的一般形式

三点式振荡电路的一般形式如图 8-7 所示。图中，三极管 VT 的 3 个电极分别与振荡回路的中的电容 C 或电感 L 的 3 个点相连接，三点式的名称由此得来。$X_1$、$X_2$、$X_3$ 是振荡回路中的 3 个电抗元件。下面分析电路元件需符合什么条件，振荡器才能自激而输出信号。

谐振回路谐振时，回路应呈纯电阻性，因而有 $X_1+X_2+X_3=0$。一般情况下，回路的 $Q$ 值很高，因此回路电流远大于晶体管的基极电流 $I_b$、集电极电流 $I_c$ 及发射极电流 $I_e$。根据回路电流定律有 $\dot{U}_b = \mathrm{j}X_2I$，$\dot{U}_c = -\mathrm{j}X_1I$，$\dot{U}_b$ 与 $-\dot{U}_c$ 同相，因此 $X_1$、$X_2$ 应为同性质的电抗元件，即 $X_{be}$ 与 $X_{ce}$ 必须为同类电抗，$X_3$ 与 $X_1$、$X_2$ 的电抗性质相反，即 $X_{cb}$ 与 $X_{ce}$、$X_{be}$ 为异类电抗。

简言之，“射同基反”或“源同栅反”，这是构成三点式振荡电路的原则。

### 2. 电容三点式振荡器（考毕兹电路）

#### 1）典型电路及等效电路

电容三点式振荡器的典型电路如图 8-8 所示，它的交流等效电路如图 8-9 所示。由图可知，c−e、e−b 间为电容，c−b 间为电感，符合三点式振荡电路的组成原则。

#### 2）振荡频率

当不考虑分布参数的影响，且 $Q$ 值较高时，振荡频率近似等于回路的谐振频率，其计算表达式为

$$f_0 = \frac{1}{2\pi\sqrt{LC}} \tag{8-10}$$

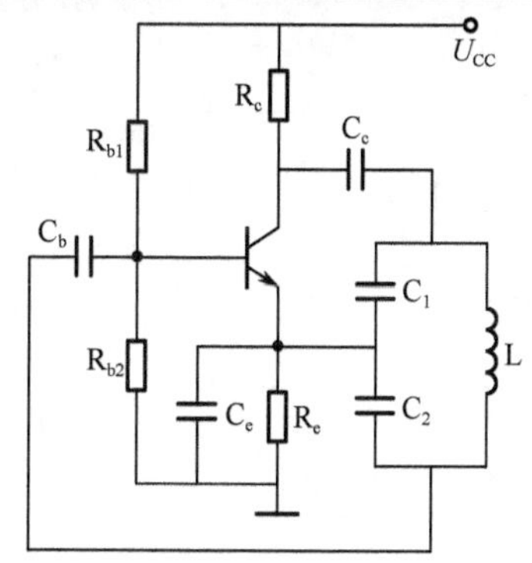


图 8-8　电容三点式振荡电路的典型电路

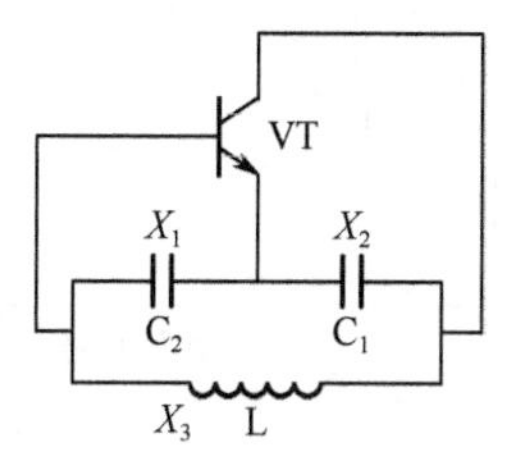


图 8-9　电容三点式振荡电路的交流等效电路

式中，$C$ 为 L 两端的等效电容，当不考虑分布电容时，$C$ 为 $C_1$、$C_2$ 的串联等效电容，即

$$C = \frac{(C_1 \cdot C_2)}{(C_1 + C_2)} \tag{8-11}$$

对于 $f_0$ 以外的其他频率成分，它们会因回路失谐而被抑制掉。

3）电容三点式振荡器的特点

（1）输出波形好。由于反馈信号取自电容两端，而电容对高次谐波的阻抗小，相应地，反馈量也小，所以输出量中的谐波分量也较小，波形较好。

（2）加大回路电容可提高振荡频率的稳定度。由于晶体管不稳定的输入、输出电容 $C_i$ 和 $C_o$ 与谐振回路的电容 $C_1$、$C_2$ 相并联，所以增大 $C_1$、$C_2$ 的值，可减小 $C_i$ 和 $C_o$ 对振荡频率稳定度的影响。

（3）振荡频率较高。电容三点式振荡器利用器件的输入、输出电容作为回路电容（甚至无须外接回路电容），可获得很高的振荡频率，一般可达几百兆赫兹甚至上千兆赫兹。

（4）调整频率不方便。调整频率时，改变电感显然很不方便：一是频率高时，电感量小，一般采用空心线圈，只能靠伸缩匝间距来改变电感量，准确性太差；二是虽然可以采用有抽头的电感，但也不能使振荡频率连续可调。调整频率时，基本上不影响振荡器的反馈系数。

### 3. 电感三点式振荡器（哈特莱振荡器）

1）原理电路

电感三点式振荡器的典型电路及其交流等效电路如图 8-10 所示。由图 8-10（b）可见，c−b 与 e−b 间的元件是同名的，均为电感，c−b 间为电容，满足三点式振荡电路的组成原则，即满足正反馈条件，只要反馈量足够大，电路必定能产生稳定的振荡。

电感三点振荡器应用较少，尤其是在集成电路中更为少见，因此对它的分析从略，这里只给出一些结论作为参考。

2）振荡频率

当不考虑分布参数的影响，且 $Q$ 值较高时，振荡频率近似等于回路的谐振频率，即

$$f_0 = \frac{1}{2\pi\sqrt{LC}} \tag{8-12}$$

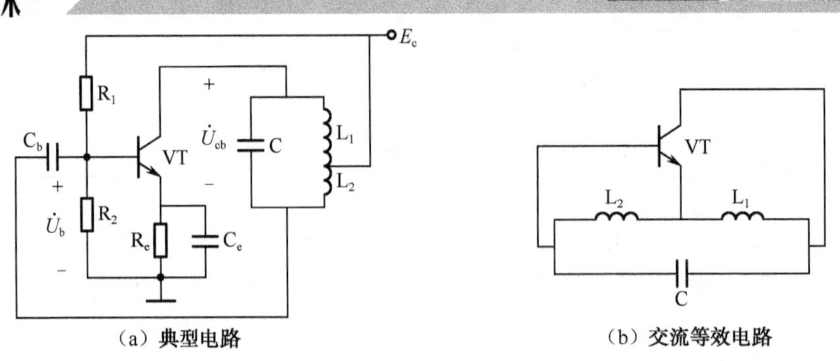


（a）典型电路　　　　（b）交流等效电路

图 8-10　电感三点式振荡电路

式中，$L = L_1 + L_2 + 2M$（$M$ 为 $L_1$ 和 $L_2$ 间的互感，不考虑互感时 $M$=0）。对于 $f_0$ 以外的其他频率成分，它们会因回路失谐而被抑制掉。

3）电感三点式振荡器的特点

（1）振荡波形较差。由于反馈电压取自电感，而电感对高次谐波的阻抗大，反馈信号较强，使输出量中的谐波分量较大，所以波形与标准正弦波相比失真较大。

（2）振荡频率较低。由电路结构可见，当考虑电路的分布参数时，晶体管的输入、输出电容并联在 $L_1$、$L_2$ 两端，频率越高，回路 L、C 的容量要求越小，分布参数的影响也就越严重，使振荡频率的稳定度大大降低而失去意义。因此，一般最高振荡频率只能达到几十兆赫兹。

（3）由于起振的相位条件和幅度条件很容易满足，所以容易起振。

（4）调整方便。若将振荡回路中的电容选为可变电容，便可使振荡频率在较大的范围内连续可调。另外，若在线圈 L 中装上可调磁芯，当磁芯旋进时，电感量 $L$ 增大，振荡频率下降；当磁芯旋出时，电感量 $L$ 减小，振荡频率升高，但电感量的变化很小，只能实现振荡频率的微调。

#### 4. 改进型三点式振荡器

有两种改进型振荡电路：串联改进型和并联改进型电容三点式振荡电路。

1）串联改进型电容三点式振荡电路（克拉泼电路）

在考毕兹电路中，为了提高振荡器的频率稳定度，可以增大回路电容 $C_1$、$C_2$ 的电容值，使不稳定的管子输出、输入电容及电路的分布电容 $C_{oe}$、$C_{ie}$、$C_o$ 等对振荡回路的影响减弱，但回路电容的加大受到振荡频率高、低的限制。

解决的方法是在 c-b 间的电感支路中串入一个电容 $C_3$，这样就成了串联型电容三点式振荡电路，其典型电路与交流等效电路如图 8-11 所示。$C_3$ 的接入使回路的总电容减小，当 $C_3 \ll C_1$ 或 $C_2$ 时，振荡频率可由 $C_3$、$L$ 确定，电容 $C_1$、$C_2$ 就只起反馈分压的作用了。

应当指出，在克拉泼电路中，由于 $C_3$ 较小，所以振荡管的输出与振荡回路（应为 L 两端）间的耦合（电容部分接入关系）要比考毕兹电路弱得多，使回路获得的能量减少，这样虽然有利于振荡频率的稳定，但却不利于起振，因此 $C_3$ 的值也不可取得太小。

克拉泼电路的频率稳定度高，频率调节容易；但它的波段覆盖系数小，在波段内输出信号的振幅不够均匀，与考毕兹电路相比，起振稍难。

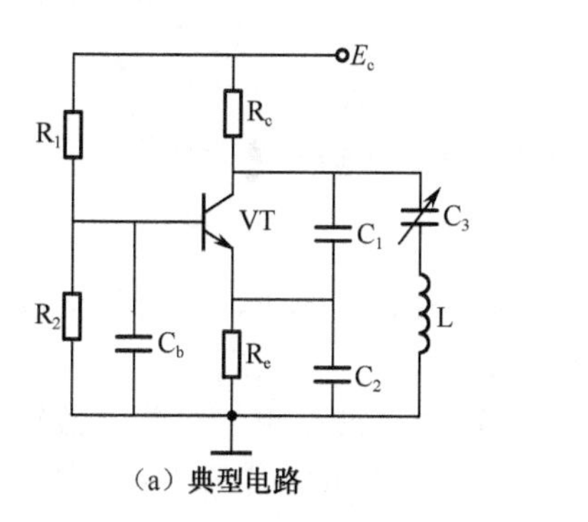

（a）典型电路

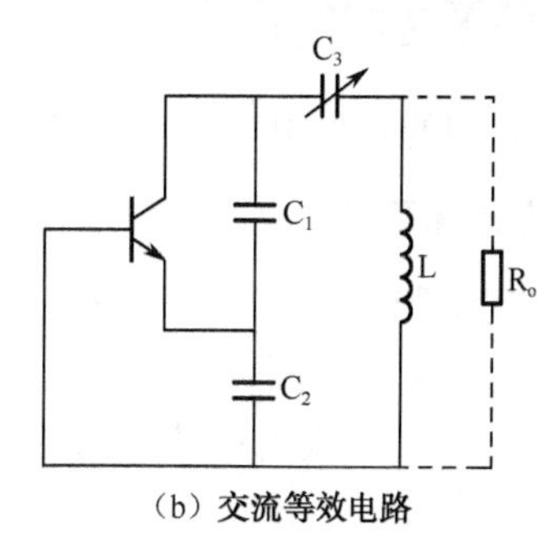

（b）交流等效电路

图 8-11 克拉泼电路

2）并联改进型电容三点式振荡电路（西勒电路）

振荡管既可以是晶体三极管，也可以是场效应管，这样可以进一步改善电容三点式振荡电路的性能，解决克拉泼电路所存在的问题。可在电感 L 两端并联一个电容，这就是西勒电路。其典型电路与交流等效电路如图 8-12 所示。

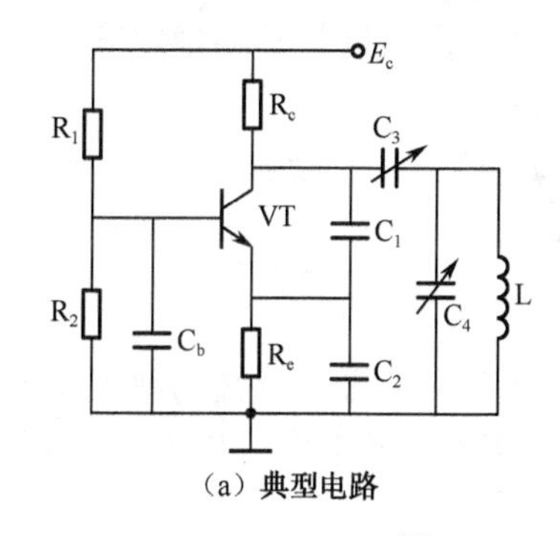

（a）典型电路

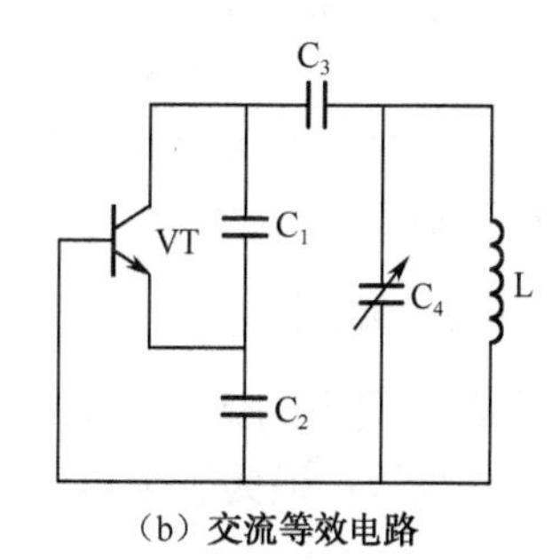

（b）交流等效电路

图 8-12 西勒电路

由等效电路可见，它相当于电容三点式振荡电路，又称为皮尔斯电路。与 LC 三点式振荡电路相比，皮尔斯电路的等效电路可看成考毕兹振荡器。

与克拉泼电路相比，西勒电路除了在电感两端并接一个电容 $C_4$ 外，并无其他区别。$C_4$ 常采用可调电容器以调节振荡频率。西勒电路的详细分析与前述的几种振荡电路完全相同，这里不再赘述。

西勒电路在分立元件系统或集成高频电路系统中均获得了广泛的应用，如在通信设备的振荡电路中，绝大多数均采用这种电路。此电路为共集电极输出，反馈系数大于 l，放大倍数小于 1。

西勒电路的频率稳定度高，调节振荡频率比较容易，在改变振荡频率的过程中，振荡信号的幅度比较平稳，其原因是 $C_4$ 的改变对振荡管与回路的接入关系影响不大；西勒电路的频率覆盖系数可达 1.6～1.8，比克拉泼电路要高。

在实际工作中，$C_3$ 的选择要合理，当 $C_3$ 的电容值过小时，振荡管与回路间的耦合过弱，振幅平衡条件不易满足，电路难于起振；当 $C_3$ 的电容值过大时，频率稳定度会下降。因此，应该在保证起振条件得到满足的前提下，尽可能地减小 $C_3$。$C_4$ 如果用变容二极管取代，本电路很容易做成电压控制振荡器（VCO）或自动频率控制（AFC）振荡器。

### 8.2.3 几种振荡器的比较

下面对前面介绍的几种电容三点式和电感三点式振荡器做一下比较。

**1. 电感三点式振荡器**

优点：电路便于起振；用改变电容的方法调整振荡频率时，不会改变反馈系数，因此也基本不会影响输出电压的幅度，调整振荡频率方便。

缺点：由于反馈信号取自电感，而电感对于高次谐波呈现高阻抗，故输出波形的高次谐波成分较多，输出波形不够好；由于 $L_1$、$L_2$ 上的分布电容及晶体管的结电容都与它们并联，当工作频率很高时，分布参数的影响会很严重，甚至可能使 $F$ 衰减到不满足起振条件，所以振荡频率不宜过高。

**2. 电容三点式振荡器**

优点：输出波形好。这是由于反馈电压取自电容支路，而电容对高次谐波的阻抗很小，因而输出波形中因非线性产生的高次谐波的成分较小。当振荡频率较高时，可以直接利用晶体管的输入电容及输出电容作为回路元件，但振荡频率的稳定度不会太高。该类振荡器的振荡频率高于电感三点式振荡电路的振荡频率。

缺点：当改变电容来调节振荡频率时，反馈系数 $F$ 也会随之改变，严重时，会影响输出电压的稳定和起振条件。

**3. 克拉泼电路（clapp）**

频率的稳定度有了很大的改善，并免除了调节频率影响反馈的缺点。振荡器的接地点可以是三极管的任意电极，但为了使电感有一端接地，通常采用共基极或共集电极接法。

**4. 西勒电路（seiler）**

与串联改进型电容三点式振荡器相比，频率的稳定度较高，输出电压稳定，调节振荡频率方便，振荡频率高，频率覆盖宽，因此其应用较为广泛。这类振荡器常用于电视机的本振电路。

各种正弦波振荡器的性能比较如表 8-1 所示。

**表 8-1 各种正弦波振荡器的性能比较**

| 振荡器名称 | 频率稳定度 | 振荡波形 | 适用频率 | 频率调节范围 | 其他 |
|---|---|---|---|---|---|
| 电桥式 | $10^{-2}$～$10^{-3}$ | 差 | 200 千赫兹以下 | 频率调节范围较宽 | 在低频信号发生器中被广泛采用 |
| 变压器反馈式 | $10^{-2}$～$10^{-4}$ | 一般 | 几千赫兹～几十兆赫兹 | 可在较宽范围内调节频率 | 易起振，结构简单 |
| 电感三点式 | $10^{-2}$～$10^{-4}$ | 差 | 几千赫兹～几十兆赫兹 | 可在较宽范围内调节频率 | 易起振，输出振幅大 |
| 电容三点式 | $10^{-3}$～$10^{-4}$ | 好 | 几兆赫兹～几百兆赫兹 | 只能在小范围内调节频率（适用于固定频率） | 常采用改进电路 |
| 石英晶体 | $10^{-5}$～$10^{-11}$ | 好 | 几百千赫兹～一百兆赫兹 | 只能在极小范围内微调频率（适用于固定频率） | 用于精密仪器设备 |

除此以外，还有其他类型的振荡电路，如差分对管振荡器、石英晶体振荡器（皮尔斯电路、密勒电路等）、泛音晶体振荡电路、压控振荡器（Voltage Controlled Oscillator）等。

## 案例分析 24　正弦波振荡器的设计

<table>
<tr><td>任务名称</td><td colspan="3">正弦波振荡器的设计</td></tr>
<tr><td>测试方法</td><td>仿真实现</td><td>课时安排</td><td>2</td></tr>
<tr><td>任务原理</td><td colspan="3">正弦波振荡器可分为两大类：一类是利用正反馈原理构成的反馈振荡器，它是目前应用最广的一类振荡器；另一类是负阻振荡器，它将负阻器件直接连接到谐振回路中，利用负阻器件的负电阻效应去抵消回路中的损耗，从而产生出等幅的自由振荡。<br>本案例采用反馈振荡器产生正弦波，原理框图如图 8-13 所示。<br>$U_s(s)$ $U_i(s)$ 放大器 $U_o(s)$ $U'_s(s)$ 反馈网络<br>图 8-13　反馈振荡器的原理框图</td></tr>
<tr><td>任务要求</td><td colspan="3">（1）观察正弦波振荡器的电路结构，熟悉其工作原理。<br>（2）设计要求振荡器的工作频率在 6.5MHz 附近。<br>（3）实现要求频率的稳定度为 1%～5%。</td></tr>
<tr><td>虚拟仪器</td><td colspan="3">信号发生器、示波器、交流毫伏表等</td></tr>
<tr><td colspan="4">测试步骤</td></tr>
<tr><td></td><td colspan="3">1．设计原理<br>1）平衡条件与起振条件<br>（1）振荡的过程<br>当接通电源时，回路内的各种电扰动信号经选频网络选频后，将其中某一频率的信号反馈到输入端，再经放大→反馈→放大→反馈的循环，该信号的幅度不断增大，振荡由小到大建立起来。随着信号振幅的增大，放大器将进入非线性状态，增益下降，当反馈电压正好等于输入电压时，振荡幅度不再增大，进入平衡状态。<br>（2）起振条件——为了振荡起来必需满足的条件<br>由振荡的建立过程可知，为了使振荡器能够起振，起振之初反馈电压 $U_f$ 与输入电压 $U_i$ 在相位上应同相（即为正反馈）；在幅值上应要求 $U_f > U_i$，即<br>起振条件：$AF > 1$ & $\varphi_T = \varphi_K + \varphi_F = 2n\pi$<br>（3）平衡条件——为维持等幅振荡所需满足的条件<br>振幅平衡条件：$AF = 1$<br>相位平衡条件：$\varphi_T = \varphi_K + \varphi_F = 2n\pi$，其中 $n$=0,1,2,3,…</td></tr>
</table>

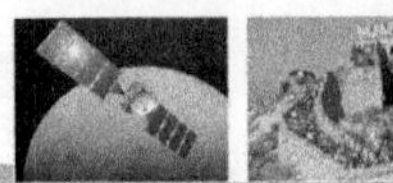

续表

<table>
<tr><td>任务名称</td><td colspan="3">正弦波振荡器的设计</td></tr>
<tr><td>测试方法</td><td>仿真实现</td><td>课时安排</td><td>2</td></tr>
<tr><td></td><td colspan="3">2）稳定条件<br>振荡器工作时要想处于稳定平衡状态，既要求振幅稳定，又要求相位稳定，应满足以下条件。<br>振幅稳定条件：AF 与 $U_{\rm i}$ 的变化方向相反。<br>相位稳定条件：相位与频率的变化方向相反。<br>2. 选定电路<br>1）并联型改进电容三端式振荡器（西勒电路）<br>图 8-14 是西勒电路的组成原理图。<br>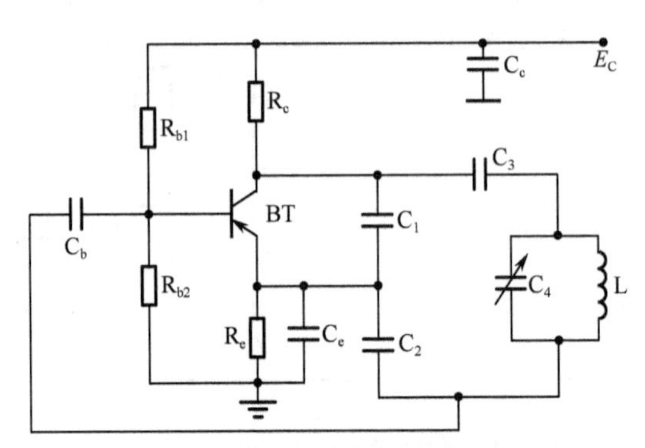<br><br>图 8-14　西勒电路的组成原理图<br><br>该电路的特点是在克拉泼振荡器的基础上，将一个电容 $C_4$ 并联于电感 L 两端。其功用是保持了晶体管与振荡回路的弱耦合，振荡频率的稳定度高，调整范围大。电路的振荡频率为 $f_0=\dfrac{1}{2\pi\sqrt{L(C_3+C_4)}}$ 。<br>优点：①振荡幅度比较稳定；②振荡频率可以比较高，如可达千兆赫兹；频率覆盖率比较大，可达 1.6～1.8，因此在一些短波、超短波通信机，电视接收机中用得比较多。<br>频率的稳定度是振荡器的一项十分重要的技术指标，它表示在一定的时间范围内或在一定的温度、湿度、电压、电源等变化范围内，振荡频率的相对变化程度。振荡频率的相对变化量越小，表明振荡器的频率稳定度越高。<br>改善振荡频率的稳定度，从根本上来说就是力求减小振荡频率受温度、负载、电源等外界因素影响的程度。振荡回路是决定振荡频率的主要部件。因此，改善振荡频率稳定度的最重要措施是提高振荡回路在外界因素变化时保持频率不变的能力，这就是所谓的提高振荡回路的标准性。<br>提高振荡回路的标准性除了采用稳定性好和高 $Q$ 回路电容和电感外，还可以采用与正温度系数电感做相反变化的具有负温度系数的电容，以实现温度补偿作用。<br>石英晶体具有十分稳定的物理和化学特性，在谐振频率附近，石英晶体的等效参量 $L_{\rm q}$ 很大，$C_{\rm q}$ 很小，$R_{\rm q}$ 也不大，因此石英晶体的 $Q$ 值可达到百万数量级，这样晶体振荡器的频率稳定度比 LC 振荡器高很多。<br>一般小功率振荡器的静态工作点应选在远离饱和区而靠近截止区的地方。根据上述原则，一般小功率振荡器的集电极电流 $I_{\rm CQ}$ 在 0.8～4mA 之间选取。因此，在本案例电路中，选 $I_{\rm CQ}=2{\rm mA}$ ， $U_{\rm CEQ}=6{\rm V}$ ，$\beta=100$ ，则有 $R_{\rm e}+R_{\rm c}=\dfrac{U_{\rm CC}-U_{\rm CEQ}}{I_{\rm CO}}=\dfrac{12{\rm V}-6{\rm V}}{2{\rm mA}}=3{\rm k}\Omega$ 。</td></tr>
</table>

续表

| 任务名称 | 正弦波振荡器的设计 | | |
|---|---|---|---|
| 测试方法 | 仿真实现 | 课时安排 | 2 |

为提高电路的稳定性，$R_e$ 的值应适当增大，取 $R_e = 1\text{k}\Omega$，则 $R_c = 2\text{k}\Omega$。

因 $U_{EQ} = I_{CQ} \cdot R_e$　则有 $U_{EQ} = 2\text{mA} \times 1\text{k}\Omega = 2\text{V}$；

因 $I_{BQ} = I_{CQ} / \beta$　则有 $I_{BQ} = 2\text{mA}/100 = 0.02\text{mA}$。

一般取流过 $R_{b2}$ 的电流为 5～$10I_{BQ}$，若取 $10I_{BQ}$，因 $R_{b2} = \dfrac{U_{BQ}}{I_{BQ}}$，$U_{BQ} = U_{EQ} + 0.7$，则有 $R_{b2} = \dfrac{2.7\text{V}}{0.2\text{mA}} = 13.5\text{k}\Omega$，取标称电阻 12kΩ。

$$R_{b1} = \frac{U_{CC} - U_{BQ}}{U_{BQ}} R_{b2} = \frac{12\text{V} - 2.7\text{V}}{2.7\text{V}} \times 12\text{k}\Omega = 41.3\text{k}\Omega$$

为了便于调整振荡管的静态集电极电流，$R_{b1}$ 由 27kΩ电阻与 27kΩ电位器串联构成。

2）确定主振回路的元器件

回路中的各种电抗元件都可归结为总电容 C 和总电感 L 两部分。确定这些元件参量的方法，是根据经验先选定一种，然后按振荡器工作频率再计算出另一种电抗元件的值。从原理来讲，先选定哪种元件都一样，但从提高回路标准性的观点出发，以保证回路电容 $C_p$ 远大于总的不稳定电容 $C_d$ 原则，先选定 $C_p$ 为宜。若从频率稳定性角度出发，回路电容应取大一些，这有利于减小并联在回路上的晶体管的极间电容等变化的影响。但 $C$ 不能过大，$C$ 过大，$L$ 就小，$Q$ 值就会降低，使振荡幅度减小。为了解决频稳与幅度的矛盾，通常采用部分接入。反馈系数 $F = \dfrac{C_1}{C_2}$，不能过大或过小，适宜选为 1/8～1/2。

振荡器的工作频率为 $f_0 = \dfrac{1}{2\pi\sqrt{LC}}$，当 LC 振荡时，$f_0 = 6\text{MHz}$，$L = 12\mu\text{H}$。本电路中回路的谐振频率 $f_0$ 主要由 $C_3$、$C_4$ 决定，即 $f_0 = \dfrac{1}{2\pi\sqrt{LC}} = \dfrac{1}{2\pi\sqrt{L(C_3 + C_4)}}$，因此 $C_3 + C_4 = \dfrac{1}{4\pi^2 f^2 L} \approx 176\text{pF}$。

取 $C_3 = 120\text{pF}$、$C_4 = 51\text{pF}$（用 33pF 与 5~20pF 的可调电容并联），因要遵循 $C_1$，$C_2 \gg C_3$，$C_4$ 及 $C_1 / C_2 = \dfrac{1}{8} \sim \dfrac{1}{2}$ 的条件，故取 $C_1 = 200\text{pF}$，则 $C_2 = 510\text{pF}$。

对于晶体振荡，只需给晶体并联一个可调电容进行微调即可。为了尽可能地减小负载对振荡电路的影响，振荡信号应尽可能从电路的低阻抗端输出。例如，发射极接地的振荡电路，输出宜取自基极；如果为基级接地，则应从发射极输出。

3）选择晶体管

因为要求振荡器的频率为 30MHz，且通常为了稳频，选 $f_T >$（3～10）$f$，2N222A 型的 NPN 管，其 $f_T$ 为 250MHz，所以这里选择 2N222 型三极管。

4）直流偏置

取直流电源电压为 12V，集电极电流为 1～4mA。

5）振荡器辅助电路

由于电路采用电压偏置，所以需要偏置电容，还需要旁路电容和隔直电容，防止高频信号被旁路；为使晶体管集电极构成直流通路，还需要在集电极加上一个扼流圈。

3．仿真实现

用 Multisim 软件模拟正弦波振荡器，电路图如图 8-15 所示。

续表

| 任务名称 | 正弦波振荡器的设计 | | |
|---|---|---|---|
| 测试方法 | 仿真实现 | 课时安排 | 2 |

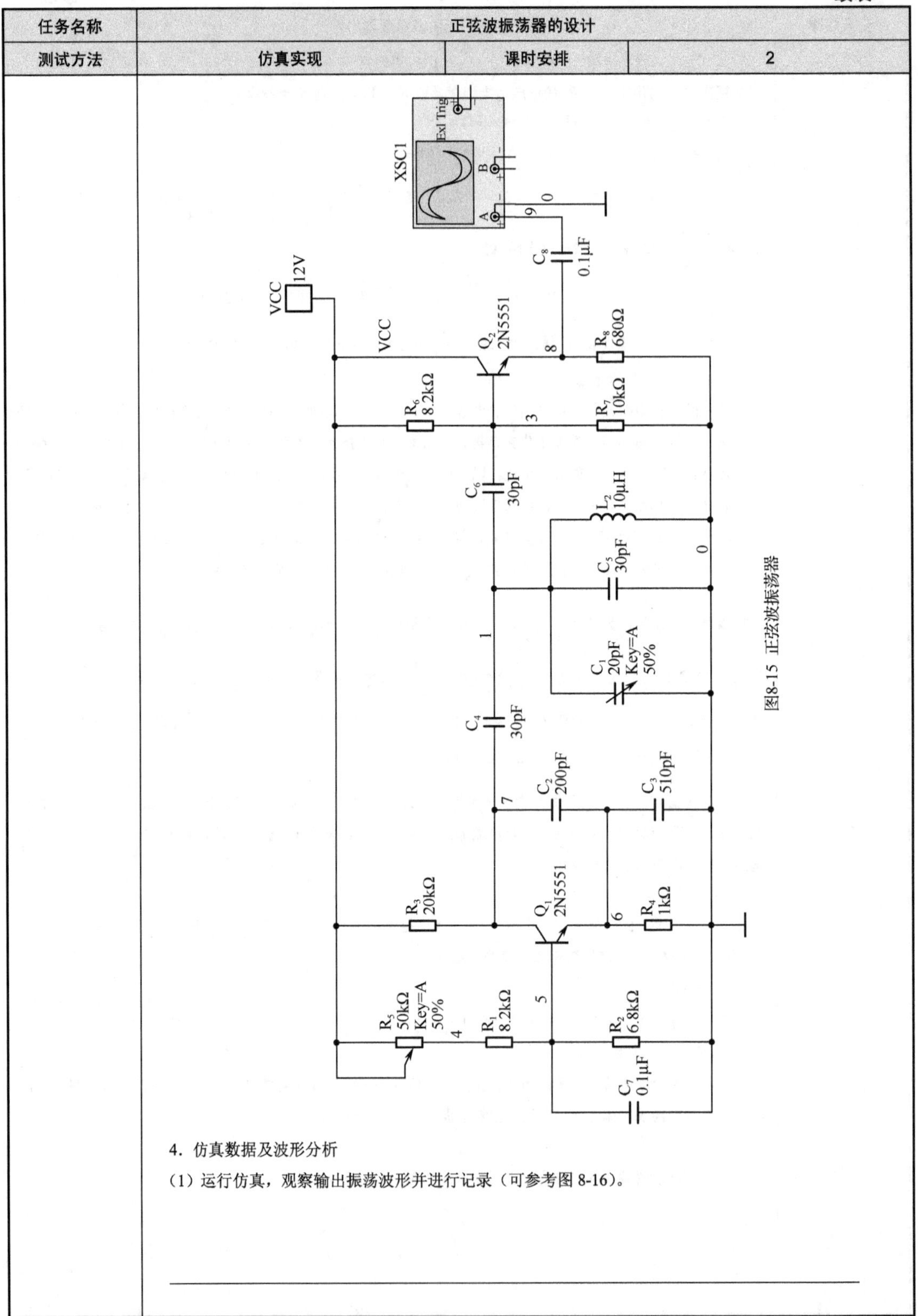


图8-15 正弦波振荡器

4. 仿真数据及波形分析

(1) 运行仿真，观察输出振荡波形并进行记录（可参考图 8-16）。

续表

| 任务名称 | 正弦波振荡器的设计 | | |
|---|---|---|---|
| 测试方法 | 仿真实现 | 课时安排 | 2 |

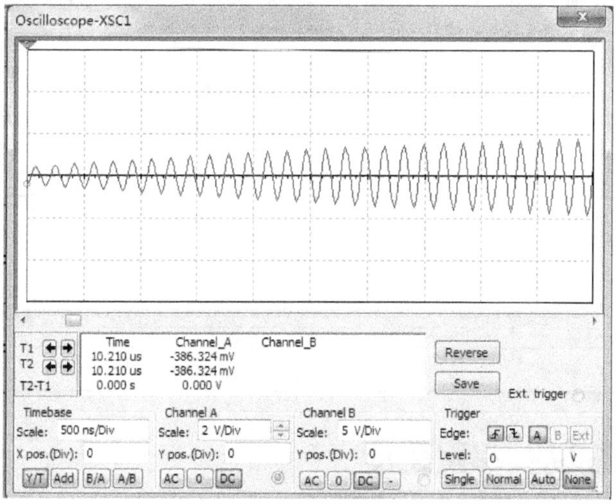

图 8-16　振荡器输出波形参考

（2）若振荡不稳定，电路输出状态如何？若直流偏置电流不符合要求，导致不振或振动不稳定，需要如何修改或调整？

（3）在输出端口接入频率计，分析频率稳定度是否符合要求？参考图 8-17 所示的频率结果，请自行分析你构建的振荡器的输出频率。

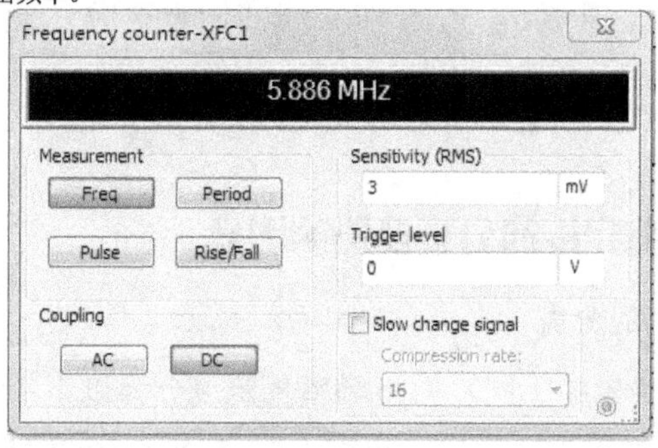


图 8-17　输出频率

你构建的振荡器的输出频率为____________MHz。

如图 8-17 所示，若产生的信号振荡频率不符合要求，与 6.5MHz 相比偏移较大，如何调整使输出频率达到要求？

续表

| 任务名称 | 正弦波振荡器的设计 | | |
| --- | --- | --- | --- |
| 测试方法 | 仿真实现 | 课时安排 | 2 |
| 拓展思考 | 请参考克拉泼电路的原理图，自行设计完成其 Multisim 仿真电路，并记录其输出波形和振动频率；若输出频率不符合要求，如何调整相关参数？ | | |
| 总结与体会 | | | |
| 完成日期 | | 完成人 | |

## 8.3 振荡器的频率稳定度

振荡器的频率稳定度是指由于外界条件的变化，引起振荡器的实际工作频率偏离标称频率的程度，它是振荡器的一个很重要的指标。

频率稳定是指当外界条件发生变化时，振荡器的实际工作频率与标称频率间的偏差尽可能小。设实际工作频率为$f_1$，标称频率为$f_0$，则

绝对频率偏差：$\Delta f = f_1 - f_0$

相对频率偏差：$\dfrac{\Delta f}{f_0} = \dfrac{f_1 - f_0}{f_0}$

频率稳定度：通常定义为在一定时间间隔内振荡频率的相对变化量，即$\delta = \left.\dfrac{|f - f_0|}{f_0}\right|_{(\text{时间间隔})}$。这个数值越小，频率稳定度越高。

### 8.3.1 频率稳定度的分类及影响因素

#### 1. 频率稳定度的分类

按照时间间隔长短的不同，常将频率稳定度分为以下几种。

长期稳定度：一般指一天以上以至几个月的时间间隔内的频率相对变化，通常由元器件老化引起。

短期稳定度：一般指一天以内，以小时、分钟或秒计时的时间间隔内频率的相对变化，主要由温度和电源电压变化引起。

瞬时稳定度：一般指秒或毫秒时间间隔内的频率相对变化，一般具有随机性质，主要由内部噪声引起。

一般所说的频率稳定度是指短期稳定度。对频率稳定度的要求视用途而异，一般的短波、超短波发射机的频率稳定度为 $10^{-4}$～$10^{-5}$ 数量级；电视发射机为 $10^{-7}$ 数量级；卫星通

信发射机为 $10^{-9}$～$10^{-11}$ 数量级；普通信号发生器为 $10^{-4}$～$10^{-5}$ 数量级；高精度信号发生器为 $10^{-7}$～$10^{-9}$ 数量级；用于国家时间标准的频率源，要求在 $10^{-12}$ 数量级。

#### 2. 引起振荡频率变化的主要原因

引起振荡频率变化的主要原因有电源电压的变化、电路参数的变化、元器件的老化、温度及气候的变化、机械振动及外界磁场的干扰和电路内部的噪声等。当这些因素变化时，将引起晶体管的输入、输出电阻和结电容的变化，从而引起振荡频率的变化。同样，这些因素的变化也会引起回路元件参数的变化，进而导致振荡频率不稳定。

### 8.3.2 改善频率稳定度的措施

#### 1. 尽量隔离外界的影响

可以采用高稳压性能的稳压电源，并配有良好的去耦滤波电路及静态工作点非常稳定的偏置电路。为了减小温度对电路的影响，可以选用温度系数小的回路元件，甚至还可以将振荡回路或整个振荡器置于恒温槽内。此外，还可以加磁屏蔽以减小外界磁场的影响。

#### 2. 提高回路抵御外界影响的能力

回路的 $Q$ 值越高，回路抗外界影响的能力越强。

对应同样的$\Delta\varphi$，高 $Q$ 值回路产生的频率偏移要低于低 $Q$ 值回路产生的频率偏移。提高回路 $Q$ 值的方法主要是采用参数稳定的回路元件。此外，还应减弱其他部分电路与回路的耦合程度，以减小外界不稳定因素对回路的影响。

#### 3. 合理选择有源器件及电路结构，提高振荡回路的标准性

选用参数高度稳定的 L、C 元件，如用石英晶体替代谐振回路的 L，或者采用温度补偿来减小温度变化给元件带来的影响。

## 8.4 晶体振荡器

在 LC 振荡电路中，频率稳定度大约是$10^{-2}$～$5\times10^{-5}$的数量级，并且 $Q$ 值还不是很高，一般在几十到 100 的范围内，很少有 200 以上的数量级。这样的性能指标难以满足某些通信设备的要求。

石英晶体振荡器是用石英晶体谐振器来控制振荡频率的一种振荡器，其频率稳定度随所采用的石英晶体谐振器、电路形式及稳频措施的不同而不同，一般在$10^{-4}$～$10^{-11}$范围之间。

### 8.4.1 石英晶体谐振器的特性

#### 1. 物理和化学性能稳定

石英晶体的物理和化学性能都十分稳定，因此，它的等效谐振回路有很高的标准性。石英晶体的振动模式存在多谐性。也就是说，除了基频振动外，还会产生奇次谐波的泛音振动，泛音振动的频率接近于基频的整数倍，但不是严格的整数倍。

对于一个石英谐振器，既可以利用其基频振动，也可以利用其泛音振动。前者称为基频晶体，后者称为泛音晶体。泛音晶体大部分应用 3 次和 5 次的泛音振动，很少采用 7 次以上的泛音振动。这是因为当泛音次数较高时，振荡器因高次泛音的振幅小而不易起振，抑制低次泛音振动也较困难。

### 2. 具有极高的 Q 值

石英晶体具有正、反压电效应，而且在谐振频率附近，晶体的等效参数 $L_q$ 很大，$C_q$ 很小，$r_q$ 也不高。因此，石英谐振器的 $Q$ 值很大，可达百万数量级，这一特点是石英晶体振荡器频率稳定度高的一个重要原因。

### 3. 存在两个谐振频率

石英晶体存在串联谐振频率 $f_S$ 和并联谐振频率 $f_P$，而且这两个频率非常接近，其间的感性区域十分狭窄，电抗特性曲线异常陡峭。由于 $Q$ 值极高，相位特性十分陡直，所以石英晶体对频率变化具有极灵敏的补偿能力。$f_S$ 与 $f_P$ 之间的关系如下。

串联谐振频率：$$f_S = \frac{1}{2\pi\sqrt{L_q C_q}}$$

并联谐振频率：$$f_P = f_S\left(1 + \frac{P}{2}\right) \approx f_S\sqrt{1+P} = f_S\sqrt{1 + \frac{C_q}{C_0}}$$

在实际的晶体振荡电路中，石英晶体的应用有两种情况：一种是作为振荡回路的电感元件，此时振荡器的振荡频率在 $f_S$ 与 $f_P$ 之间；另一种是作为短路元件，此时振荡频率等于或接近于 $f_S$。

石英晶体的缺点是缺少可调性。

石英晶体在电路中可以起两种作用：一种是等效为电感元件，这类振荡器称为并联谐振型石英晶体振荡器；另一种是作为短路元件，并将它串接在反馈支路内，用以控制反馈系数，它工作在石英晶体的串联谐振频率上，称为串联谐振型石英晶体振荡器。常用的是并联型石英晶体振荡器。

## 8.4.2 并联型晶体振荡器

这类石英晶体振荡器的工作原理及振荡电路和一般的反馈式 LC 振荡器相同，只要将三点式振荡回路中的电感元件用石英晶体取代即可，其他分析和 LC 三点式振荡器没有什么不同。

在实际应用中，常用的晶体振荡电路是将石英晶体接在振荡管的 c–b 间（或场效应管的 d–g 间）或 b–e 间（或场效应管的 g–s 间）。前者相当于电容三点式振荡电路，又称为皮尔斯电路；后者相当于电感三点式振荡电路，又称为密勒电路。振荡管既可以是晶体三极管，也可以是场效应管。

典型的并联型晶体振荡电路如图 8-18 所示，该电路的实质就是一个电容三点式振荡器，石英晶体接在晶体管的 c–b 之间，作为电感使用。

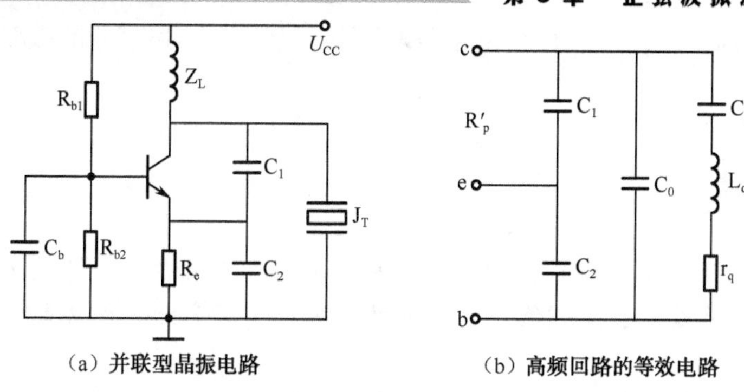


（a）并联型晶振电路　　　　（b）高频回路的等效电路

图 8-18　并联型晶体振荡电路

## 8.4.3　串联型晶体振荡器

石英晶体作为短路元件应用的振荡电路就是串联型晶体振荡电路，常用的电路如图 8-19 所示。该电路中既可采用基频晶体，也可采用泛音晶体。在这两种振荡器中，石英晶体的作用或类似于一个短路的耦合电容，或类同于一个旁路电容。总之，石英晶体基本工作在串联谐振频率上，其等效阻抗是很低的。

此电路应将振荡回路的振荡频率调谐到石英晶体的串联谐振频率上，这时，石英晶体的阻抗最小，电路的正反馈最强，满足电路振荡条件；而对于其他频率的信号，晶体的阻抗较大，正反馈减弱，电路难以起振。

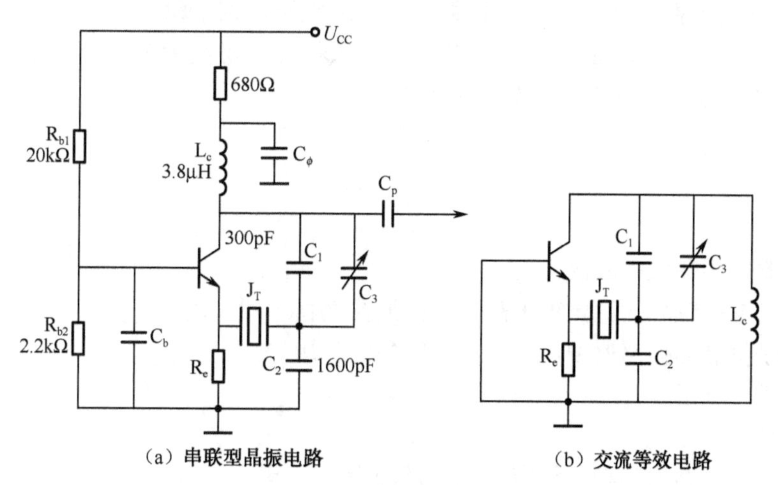


（a）串联型晶振电路　　　　（b）交流等效电路

图 8-19　串联型晶体振荡电路

这种电路的振荡频率及频率稳定度是由石英谐振器的串联谐振频率所决定的，而不取决于振荡回路。

## 8.4.4　泛音晶体振荡器

石英晶体不仅只有基频串联谐振频率，还存在其他与基频成整倍数的串联谐振频率，称为泛音。泛音晶体振荡器用于振荡频率较高的场合。由于制造工艺的限制，基频太高时晶片的厚度太薄，很容易破损，所以工作频率高于 20MHz 的振荡器一般选用泛音晶体振荡

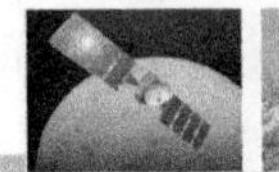

器（简称泛音谐振器）。此外，有时在同等条件下，泛音晶体振荡器的频率稳定度比基频振荡器更好。

## 知识梳理与总结

● 振荡器由以下三部分组成：（1）具有放大能力的有源器件，即放大网络；（2）由储能元件组成的选频网络，选频网络决定着振荡器的振荡频率；（3）控制能量补充的正反馈网络。

● 常用的正弦波振荡器包括 LC 振荡器、RC 振荡器及石英晶体振荡器。振荡器工作必须满足 3 个条件，即起振条件、平衡条件、稳定条件。

● 三点式振荡器分为两类：电容三点式振荡器、电感三点式振荡器。注意构成三点式振荡器的条件为“射同基反”。

● 改进型振荡器有克拉泼电路、西勒电路等，需要注意其中电感、电容的作用；比较各类正弦波振荡器的特点。

● 石英晶体振荡器利用的是石英晶体的物理特性。石英晶体具有极高的 $Q$ 值，且有两个谐振频率点（串联谐振频率、并联谐振频率）。

● 石英晶体在电路中可以等效为电感元件，这类振荡器称为并联谐振型石英晶体振荡器；另一种是作为短路元件使用，并将它串接在反馈支路内，用以控制反馈系数，它工作在石英晶体的串联谐振频率上，称为串联谐振型石英晶体振荡器。

● 除基频以外，石英晶体还可以工作于与基频成整倍数的串联谐振频率上，称为泛音。泛音晶体振荡器用于振荡频率较高的场合。

## 习题 8

1．振荡器的振荡频率取决于________。

2．为提高振荡频率的稳定度，高频正弦波振荡器一般选用________。

3．在串联型晶体振荡器中，晶体在电路中的作用等效于________。

4．振荡器是根据________反馈原理来实现的，________反馈振荡电路的波形相对较好。

5．石英晶体振荡器的频率稳定度很高是因为________。

6．在正弦波振荡器中，正反馈网络的作用是________。

7．克拉拨振荡器属于________振荡器。

8．改进型电容三点式振荡器的主要优点是________。

9．如图 8-20 所示是一个正弦波振荡器的原理图，它属于________振荡器 。

10．石英晶体振荡器的频率稳定度很高，通常可分为________和________两种。

11．电容三点式振荡器的发射极至集电极之间的阻抗 $Z_{ce}$ 的性质应为________，发射极至基极之间的阻抗 $Z_{be}$ 的性质应为________，基极至集电极之间的阻抗 $Z_{cb}$ 的性质应为________。

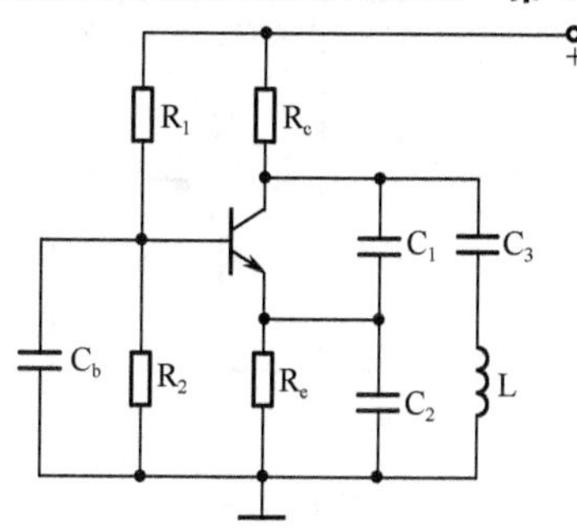


图 8-20　习题 9 的图

12．LC 三点式振荡器电路组成的相位平衡判别标准是与发射极相连接的两个电抗元件必须为________，而与基极相连接的两个电抗元件必须为________。

13．什么是振荡器的起振条件、平衡条件和稳定条件？振荡器输出信号的振幅和频率分别由什么条件决定？

14．试判断图 8-21 所示交流通路中，哪些可能产生振荡，哪些不能产生振荡？若能产生振荡，则说明属于哪种振荡电路。

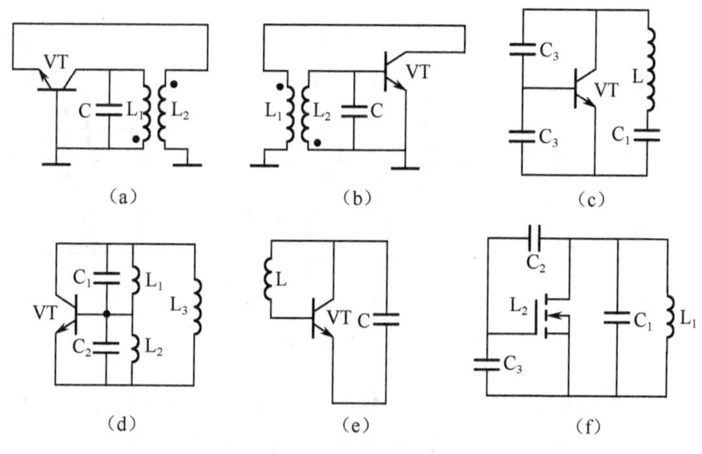


图 8-21　习题 14 的图

15．三点振荡器的组成原则是什么？

16．试画出电感三点式振荡器和电容三点式振荡器的交流等效电路，分析它们是怎样满足自激振荡的相位条件的？写出振荡频率的计算公式。

17．影响振荡器频率稳定性的因素主要有哪些？

18．在并联晶体振荡器中，为什么晶体必须工作在感性区？

19．泛音晶体振荡器的电路构成有哪些特点？

20．试用相位条件的判断准则，判明图 8-22 所示的 LC 振荡器交流等效电路中的哪个可以振荡？哪个不可以振荡？或在什么条件下才能振荡？

21．试画出图 8-23 所示各振荡器的交流通路，并判断哪些电路可能产生振荡，哪些电路不能产生振荡？图中，$C_B$、$C_C$、$C_E$、$C_D$ 为交流旁路电容或隔直流电容，$L_C$ 为高频扼流圈，偏置电阻 $R_{B1}$、$R_{B2}$、$R_G$ 忽略不计。

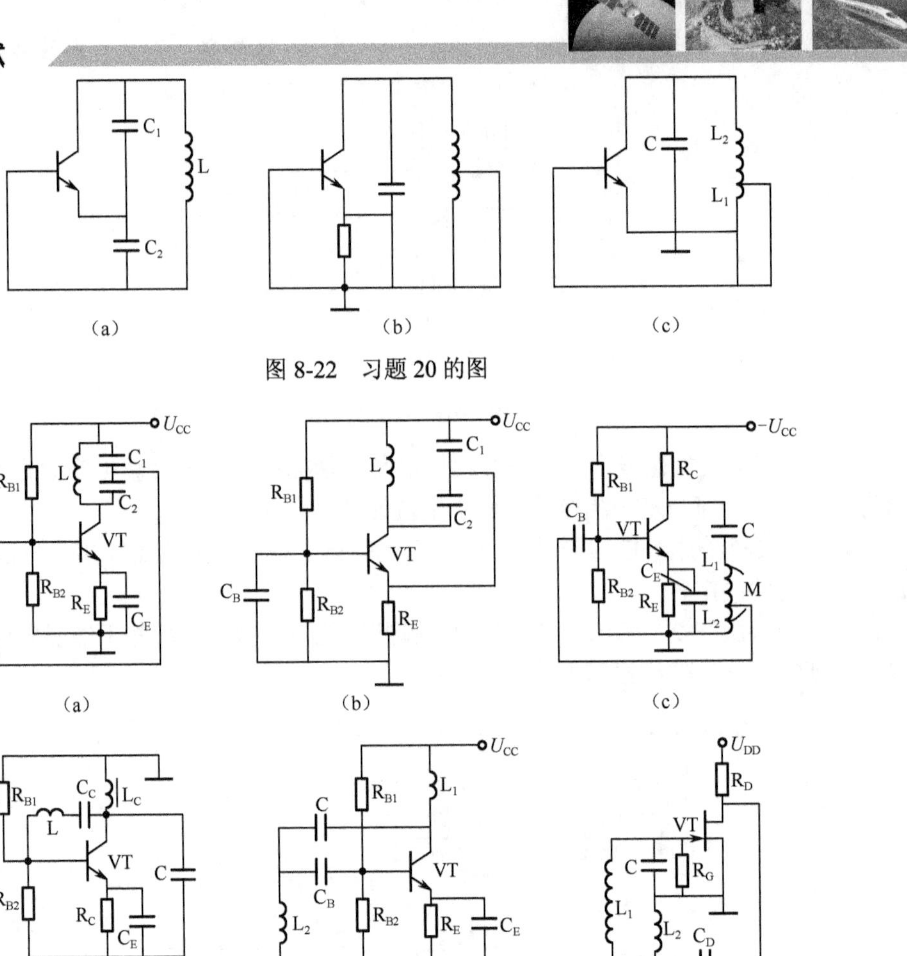


图 8-22　习题 20 的图

图 8-23　习题 21 的图

22．如图 8-24 所示的电路为三回路振荡器的交流通路，图中的 $f_{01}$、$f_{02}$、$f_{03}$ 分别为三回路的谐振频率，试写出它们之间能满足相位平衡条件的两种关系式，并画出振荡器电路（发射极交流接地）。

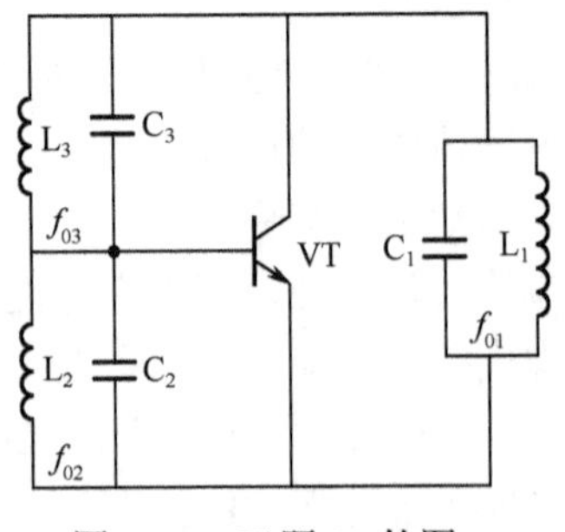


图 8-24　习题 22 的图

# 第9章 调制与解调的实现

## 教学导航

| | | |
|---|---|---|
| 教 | 知识重点 | 1. 调制与解调原理 |
| | | 2. 幅度调制原理、信号波形及频率特点 |
| | | 3. 调幅信号的解调方式、包络检波电路及性能指标 |
| | | 4. 频率调制及相位调制信号的表达式及其特点 |
| | | 5. 鉴频器原理及特性 |
| | 知识难点 | 1. 幅度调制原理及信号特性、检波器特性 |
| | | 2. 频率调制原理及信号特性、鉴频器特性 |
| | 推荐教学方式 | 采用案例教学法，利用实例帮助学生理解调幅/检波、调频/鉴频电路的工作特点，了解调制信号的时域、频域特性 |
| | 建议学时 | 12学时 |
| 学 | 推荐学习方法 | 以小组讨论的学习方式，结合实例及教材内容理解调幅及其解调、调频及其解调电路的工作特点，掌握信号的特点 |
| | 必须掌握的理论知识 | 1. 调幅及其解调电路的原理、调幅信号分析 |
| | | 2. 调频及其解调电路的原理、调频信号分析 |
| | 必须掌握的技能 | 掌握分析调幅电路及信号、调频电路及信号的方法 |

调制是通信系统中十分重要的环节。

所谓调制，就是在发射端将要传送的信号（基带信号）“加载”到高频振荡信号上的过程。根据信号类型可将调制分为模拟调制与数字调制。

模拟调制根据载波是连续的正弦信号还是离散的矩形脉冲序列，分为正弦波调制和脉冲调制。

在正弦波调制中，用基带信号去控制高频振荡信号的振幅为“调幅”；用基带信号去控制高频振荡信号的频率为“调频”；用基带信号控制高频振荡信号的相位为“调相”。

调制的逆过程则是“解调”。

## 9.1 振幅调制与解调技术

振幅调制简称调幅，属于线性调制，包括标准幅度调制（AM）、抑制载波双边带调幅（DSB）、单边带（SSBD）等不同的方式。本节主要讨论标准幅度调制（AM）。

调幅的解调过程可称为检波。

### 9.1.1 标准振幅调制（AM）

调幅将涉及三个电压：

（1）要传送的信号，该信号相对于载波属于低频信号，称为基带信号；

（2）高频振荡电压，称为载波；

（3）调制以后的电压，称为已调波或调幅波。

#### 1. 数学分析

设载波信号 $u_c(t)$ 为高频等幅波，其电压表达式为

$$u_c(t)=U_{cm}\cos\omega_c t=U_{cm}\cos(2\pi f_c t) \tag{9-1}$$

式中，$\omega_c=2\pi f_c$；$\omega_c$ 为载波角频率；$f_c$ 为载波频率。

调幅时，载波的频率和相位不变，而振幅将随调制信号 $u_\Omega(t)$ 线性变化。

由于调制信号为零时调幅波的振幅应等于载波振幅 $U_{cm}$，则调幅波的振幅 $U_{cm}(t)$ 可写成

$$U_{cm}(t)=U_{cm}+k_a u_\Omega(t) \tag{9-2}$$

式中，$k_a$ 是一个与调幅电路有关的比例常数。

因此，调幅波的数学表达式为

$$u_{AM}(t)=U_{cm}(t)\cos\omega_c t=(U_{cm}+k_a u_\Omega(t))\cos\omega_c t \tag{9-3}$$

1）单频调制

若调制信号为单频正弦波，则

$$u_\Omega(t)=U_{\Omega m}\cos\Omega t=U_{\Omega m}\cos(2\pi F t) \tag{9-4}$$

式中，$\Omega=2\pi F$；$\Omega$ 为调制信号角频率；$F$ 为调制信号频率，通常 $F\ll f_C$。

把式（9-4）代入式（9-3）得

$$u_{AM}(t)=(U_{cm}+k_a U_{\Omega m}\cos\Omega t)\cos\omega_c t=U_{cm}\left(1+\frac{k_a U_{\Omega m}}{U_{cm}}\cos\Omega t\right)\cos\omega_c t$$

$$=U_{\mathrm{cm}}\left(1+\frac{\Delta U_{\mathrm{cm}}}{U_{\mathrm{cm}}}\cos\Omega t\right)\cos\omega_{\mathrm{c}}t=U_{\mathrm{cm}}(1+m_{\mathrm{a}}\cos\Omega t)\cos\omega_{\mathrm{c}}t \tag{9-5}$$

式中，$\Delta U_{\mathrm{cm}}=k_{\mathrm{a}}U_{\Omega\mathrm{m}}$ 为受调后载波电压振幅的最大变化量；$m_{\mathrm{a}}=k_{\mathrm{a}}U_{\Omega\mathrm{m}}/U_{\mathrm{cm}}=\Delta U_{\mathrm{cm}}/U_{\mathrm{cm}}$，称为调幅系数或调幅度，它反映了载波振幅受调制信号控制的成度，$m_{\mathrm{a}}$ 与 $U_{\Omega\mathrm{m}}$ 成正比；$U_{\mathrm{cm}}(t)=U_{\mathrm{cm}}(1+m_{\mathrm{a}}\cos\Omega t)$ 是高频振荡信号的振幅，它反映了调制信号的变化规律，称为调幅波的包络。

由此可得调幅波的最大振幅为 $U_{\mathrm{cm\,max}}=U_{\mathrm{cm}}(1+m_{\mathrm{a}})$，调幅波的最小振幅为 $U_{\mathrm{cm\,min}}=U_{\mathrm{cm}}(1-m_{\mathrm{a}})$，则有

$$m_{\mathrm{a}}=\frac{U_{\mathrm{cm\,max}}-U_{\mathrm{cm\,min}}}{U_{\mathrm{cm\,max}}+U_{\mathrm{cm\,min}}}=\frac{U_{\mathrm{cm\,max}}-U_{\mathrm{cm}}}{U_{\mathrm{cm}}}=\frac{U_{\mathrm{cm}}-U_{\mathrm{cm\,min}}}{U_{\mathrm{cm}}} \tag{9-6}$$

**注意：调幅系数的取值范围是 $0\leqslant m_{\mathrm{a}}\leqslant 1$。**

2）多频调制

如果调制信号为多频信号，即 $u_{\Omega}(t)=U_{\Omega\mathrm{m}1}\cos\Omega_1 t+U_{\Omega\mathrm{m}2}\cos\Omega_2 t+\cdots+U_{\Omega\mathrm{m}n}\cos\Omega_n t$，$F_1<F_2<\cdots<F_n\ll f_{\mathrm{c}}$，此时调制信号为非正弦的周期信号，则有

$$u_{\mathrm{AM}}(t)=U_{\mathrm{cm}}(1+m_{\mathrm{a}1}\cos\Omega_1 t+m_{\mathrm{a}2}\cos\Omega_2 t+\cdots+m_{\mathrm{a}n}\cos\Omega_n t)\cos\omega_{\mathrm{c}}t$$

$$=U_{\mathrm{cm}}\left(1+\sum_{j=1}^{n}m_{\mathrm{a}j}\cos\Omega_j t\right)\cos\omega_{\mathrm{c}}t \tag{9-7}$$

式中，$m_{\mathrm{a}1}=k_{\mathrm{a}}U_{\Omega\mathrm{m}1}/U_{\mathrm{cm}},m_{\mathrm{a}2}=k_{\mathrm{a}}U_{\Omega\mathrm{m}2}/U_{\mathrm{cm}},\cdots,m_{\mathrm{a}n}=k_{\mathrm{a}}U_{\Omega\mathrm{m}n}/U_{\mathrm{cm}}$。

### 2. 波形

普通调幅也称标准调幅（AM），其信号包含载频和上、下两个边频（边带）分量。

1）单频调制的波形

可画出 $u_{\Omega}(t)$、$u_{\mathrm{c}}(t)$ 和 $m_{\mathrm{a}}<1$ 时 $u_{\mathrm{AM}}(t)$ 的波形，如图 9-1 所示。

由图 9-1 可见，调幅波的包络与调制信号的形状完全相同，反映了调制信号的变化规律。

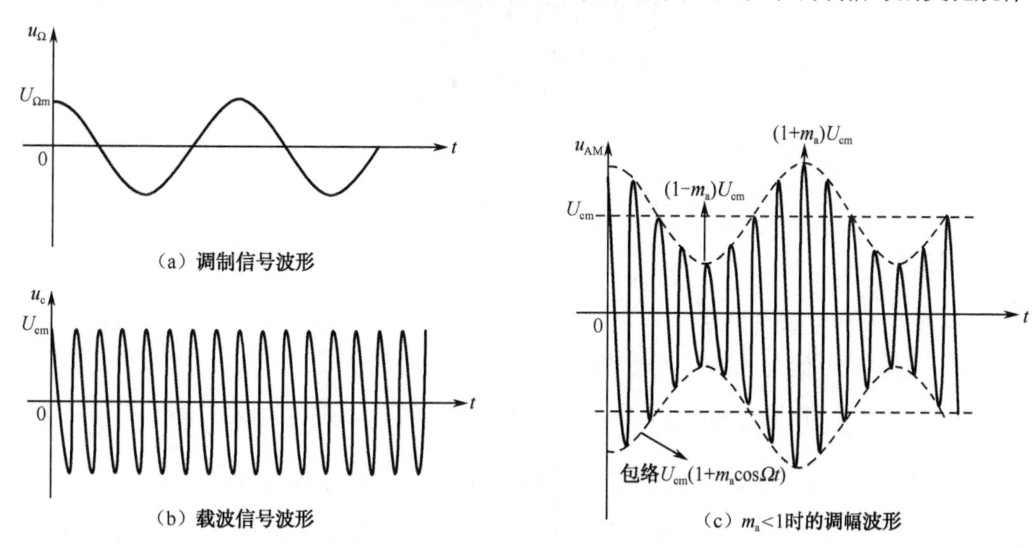


图 9-1　单频振幅调制的信号波形

当$m_a>1$时，其包络已不能反映调制信号的变化规律。当$m_a>1$时，在$t_1-t_2$时间间隔内，$1+m_a\cos\Omega t<0$，即$U_{cm}(t)<0$。由于振幅值恒大于零，所以$u_{AM}(t)$可改写为$u_{AM}(t)=\left|1+m_a\cos\Omega t\right|\cos(\omega_c t+180°)$，如图 9-2（a）所示。

而在实际调幅器中，对于基极调幅来说，在$t_1-t_2$时间内由于管子发射结加反偏电压而截止，使$u_{AM}(t)=0$，即出现包络部分中断，如图 9-2（b）所示。此时调幅波将产生失真，称为过调幅失真。而$m_a>1$时的调幅称为过调幅。

因此，为了避免出现过调幅失真，应使调幅系数$m_a\leqslant 1$。

此时调幅波有 180° 的相移，相位突变发生在$1+m_a\cos\Omega t=0$的时刻，称为“零点突变”。

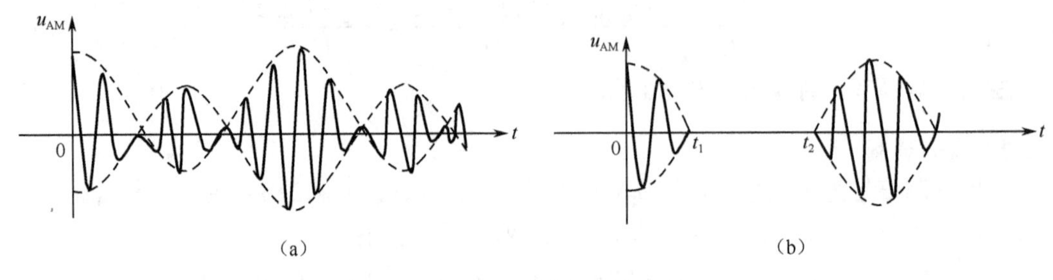


图 9-2　当$m_a$>1 时的 AM 波形图

2）多频调制的波形

多频振幅调制的信号波形如图 9-3 所示。

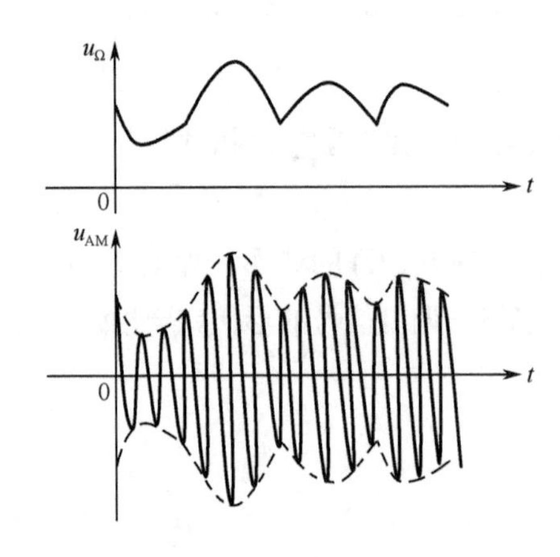


图 9-3　多频振幅调制的信号波形

## 3. 频谱

1）单频调制的频谱与带宽

利用积化和差可把式（9-5）分解为

$$u_{AM}(t)=U_{cm}\cos\omega_c t+\frac{1}{2}m_a U_{cm}\cos(\omega_c-\Omega t)+\frac{1}{2}m_a U_{cm}\cos(\omega_c+\Omega)t \tag{9-8}$$

该式表明，单频正弦信号调制的调幅波是由三个频率分量构成的：第一项为载波分量；第二项的频率为$f_c-F$，称为下边频分量，其振幅为$\frac{1}{2}m_a U_{cm}$；第三项的频率为

$f_c+F$，称为上边频分量，其振幅也为$\frac{1}{2}m_aU_{cm}$。

由此可画出相应的调幅波的频谱，如图 9-4 所示。由图可见，上、下边频分量对称地排列在载波分量的两侧，则调幅波的带宽 $f_{bw}$ 为

$$f_{bw}=(f_c+F)-(f_c-F)=2F$$

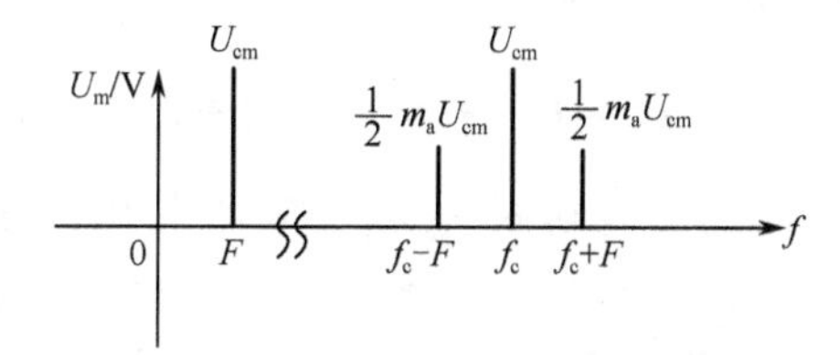


图 9-4　调幅波的频谱图

2）多频调制的频谱与带宽

如果调制信号为含有限带宽的多频信号，其调幅波表达式为式（9-7），则用积化和差得

$$u_{Am}(t)=U_{cm}\cos\omega_c t+\sum_{j=1}^{n}\frac{1}{2}m_{aj}U_{cm}\cos(\omega_c+\Omega_j)t+\sum_{j=1}^{n}\frac{1}{2}m_{aj}U_{cm}\cos(\omega_c-\Omega_j)t \tag{9-9}$$

该式表明，多频信号调制的调幅波的频谱是由载波分量和 $n$ 对对称于载波分量的边频分量组成的，这些边频分量组成两个频带，其中频率范围为$(f_c+F_1)\sim(f_c+F_n)$的称为上边带，频率范围为$(f_c-F_n)\sim(f_c-F_1)$的称为下边带，如图 9-5 所示（图中为简单起见，未标出各分量的振幅）。

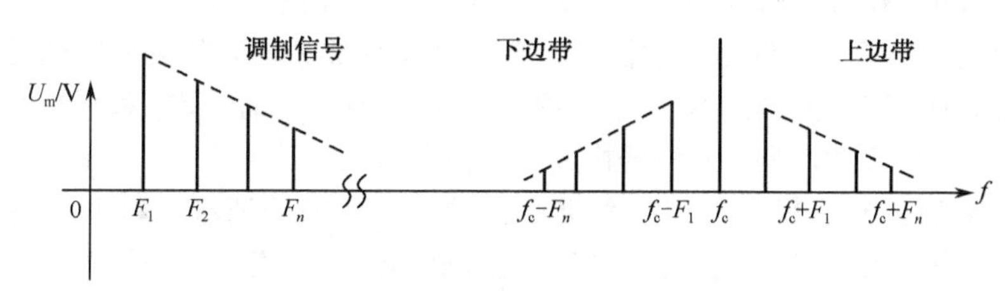


图 9-5　多频信号调制时的调幅波的频谱图

由图可见，上、下边带也对称地排列在载波分量的两侧，由于最低调制频率$F_{min}=F_1$，最高调制频率$F_{max}=F_n$，故调幅波带宽为

$$f_{bw}=(f_c+F_n)-(f_c-F_n)=2F_n=2F_{max} \tag{9-10}$$

因此，调幅电路的作用是在时域实现$u_\Omega(t)$和$u_c(t)$相乘，反映在波形上就是将$u_\Omega(t)$不失真地搬移到高频振荡的振幅上，而在频域则是将$u_\Omega(t)$的频谱不失真地搬移到$f_c$的两边。

### 4. 功率关系

设调制信号为单频正弦波，负载电阻为 $R_L$，则载波功率为

$$P_c=\frac{1}{2}\frac{U_{cm}^2}{R_L} \tag{9-11}$$

上、下边频的功率均为

$$P_{sb上} = P_{sb下} = \frac{1}{2}(\frac{1}{2}m_a U_{cm})^2 / R_L \quad (9\text{-}12)$$

边频功率为

$$P_{sb} = (\frac{1}{2}m_a U_{cm})^2 / R_L = \frac{1}{2}m_a{}^2 P_c \quad (9\text{-}13)$$

调幅波在调制信号周期内的平均功率为

$$P_{av} = P_c + \frac{1}{2}m_a{}^2 P_c = P_c + P_{sb} \quad (9\text{-}14)$$

由以上各式可知，调幅波的平均功率 $P_{av}$ 和边频功率 $P_{sb}$ 随 $m_a$ 的增大而增加。由于载波不包含调制信号的信息，它只存在于边频功率中，所以从传输信息的角度来看，调幅波平均功率 $P_{av}$ 中有用的是边频功率 $P_{sb}$，载波功率 $P_c$ 是没有用的，它在平均功率中占的比例较大。当 $m_a = 1$ 时，有用的 $P_{sb}$ 在 $P_{av}$ 中所占的比例最大，约为 33%。而实际上调幅波的 $m_a$ 远小于 1，因此，有用的边频功率占整个调幅波平均功率的比例很小，发射机的效率很低。

调幅波的最大瞬时功率为

$$P_{max} = (1 + m_a)^2 P_c \quad (9\text{-}15)$$

如果调制信号为多频信号，则调幅波平均功率等于载波和各个功率之和。

## 9.1.2 调幅电路的实现

调幅电路按照输出功率的高低，又可以分为低电平调幅电路和高电平调幅电路。

低电平调幅的调制过程是在低电平级进行的，它所需的调制功率小，输出的功率也小，当需要输出大功率时，该电路后面必须接线性功率放大器来达到所需的发射功率。属于这类调幅的方法有模拟相乘调幅、平衡调幅、环形调幅、斩波调幅和平方律调幅等。但是质量较好、采用较多的，是用乘法器构成的调幅电路。

高电平调幅的调制过程是在高电平级进行的，它所需的调制功率大，输出的功率也大，可满足发射机输出功率的要求，常置于发射机的最后一级，是调幅发射机常采用的调幅电路。其核心元件一般由三极管、场效应管等组成。

### 1. 模拟乘法器调幅电路

模拟乘法器调幅电路如图 9-6 所示。普通调幅电路模型可由一个乘法器和一个加法器组成，如图 9-7 所示。$K_M$ 为乘法器的相乘增益，$A$ 为加法器的加权系数。

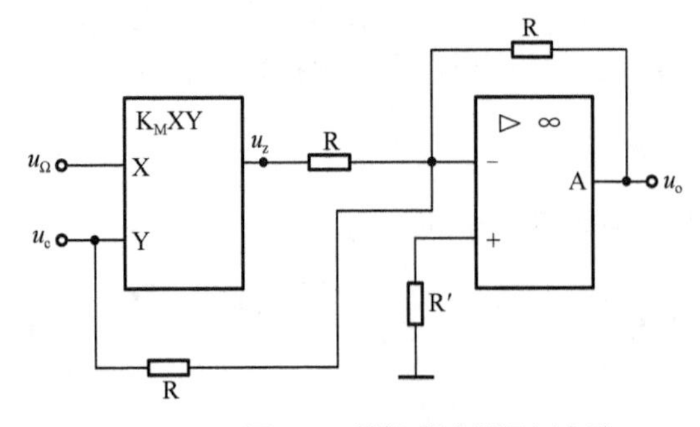


图 9-6　模拟乘法器调幅电路

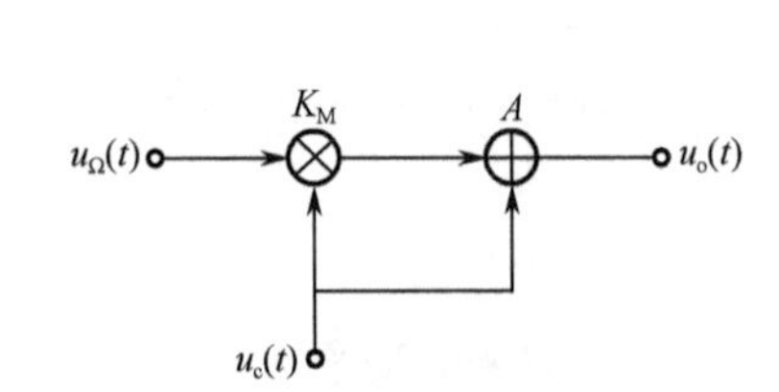


图 9-7　普通调幅电路模型

分析如下：设调制信号$u_{\Omega}(t)=U_{\Omega m}\cos\Omega t$为单频信号，载波信号为$u_{c}(t)=U_{cm}\cos\omega_{c}t$，模拟乘法器的输出$u_{z}(t)=K_{M}u_{\Omega}(t)u_{c}(t)$，则电路的输出电压为

$$u_{o}(t)=-[u_{c}(t)+u_{z}(t)]=-U_{cm}(1+K_{M}U_{\Omega m}\cos\Omega t)\cos\omega_{c}t$$
$$=-U_{\Omega m}(1+m_{a}\cos\Omega t)\cos\omega_{c}t \tag{9-16}$$

令$m_{a}=K_{M}U_{\Omega m}$，为保证不失真，要求$|K_{M}U_{\Omega m}|<1$。从上述表达式可知，该电路的输出信号为普通调幅波。

### 2. 二极管平方律调制器

利用二极管（非线性器件）的相乘作用，可以实现调幅电路。

如图 9-8 所示，$U$为偏置电压，使二极管的静态工作点位于特性曲线的非线性较严重的区域；L、C 组成中心频率为$f_{c}$、通带宽度为 $2F$ 的带通滤波器。若忽略输出电压的反作用，则二极管两端的电压为

$$u(t)=U+u_{\Omega}(t)+u_{c}(t)=U_{Q}+U_{\Omega m}\cos\Omega t+U_{cm}\cos\omega_{c}t \tag{9-17}$$

流过二极管的电流为

$$i=f(u)=\alpha_{0}+\alpha_{1}(U_{\Omega m}\cos\Omega t+U_{cm}\cos\omega_{c}t)+\alpha_{2}(U_{\Omega m}\cos\Omega t+U_{cm}\cos\omega_{c}t)^{2}+\cdots+\alpha_{n}(U_{\Omega m}\cos\Omega t+U_{cm}\cos\omega_{c}t)^{n}+\cdots \tag{9-18}$$

该式中含有无限多个频率分量，其一般表达式为$f_{k}=|\pm pf_{c}\pm qF|$（$p$，$q$=0，1，2，…）。

该组合频率中含有$f_{c}$、$f_{c}\pm F$的频率成分被带通滤波器选出，而其他组合频率成分被滤掉。设 L、C 回路的谐振电阻为$R_{0}$，且幂级数展开式只取前三项，则输出为

$$u_{o}(t)=\alpha_{1}U_{cm}R_{0}(1+m_{a}\cos\Omega t)\cos\omega_{c}t \tag{9-19}$$

式中，$m_{a}=2\alpha_{2}U_{\Omega m}/\alpha_{1}$，则$u_{o}(t)$为普通调幅波。由于 $i$ 中有用相乘项的存在才能得到调幅波，而有用相乘项是由幂级数展开式中二次方项产生的，所以该电路称为平方律调制器。

由于该电路中的二极管工作在甲类非线性状态，所以其效率不高。

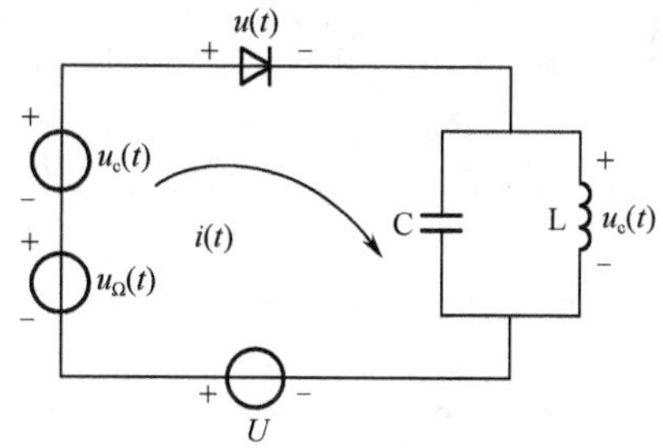


图 9-8　二极管平方律调制器

### 3. 二极管平衡调制器及双平衡调制器

1）二极管平衡调制器

原理电路如图 9-9 所示。图中，$u_{c}(t)$是载波信号，$u_{\Omega}(t)$是调制信号，其幅值满足条件：$U_{cm}>>U_{\Omega m}$（大 10 倍以上），$u_{c}(t)$起控制开关作用。

上、下两电路的回路电流为

$$i_1=\left(\frac{u_c}{R_L+R_D}+\frac{u_\Omega}{R_L+R_D}\right)s(t),\quad i_2=\left(\frac{u_c}{R_L+R_D}-\frac{u_\Omega}{R_L+R_D}\right)s(t) \tag{9-20}$$

$$\begin{aligned} i=i_1-i_2&=\frac{2u_\Omega}{R_L+R_D}s(t)=2\frac{U_{\Omega m}\cos\Omega t}{R_L+R_D}[\frac{1}{2}+\frac{2}{\pi}\cos\omega_c t-\frac{2}{3\pi}\cos 3\omega_c t+\cdots \\ &=\frac{U_{\Omega m}}{R_L+R_D}[\cos\Omega t+\frac{2}{\pi}\cos(\omega_c\pm\Omega)t-\frac{2}{3\pi}\cos(3\omega_c\pm\Omega)t+\cdots] \end{aligned} \tag{9-21}$$

式中含有$u_c(t)$和$u_\Omega(t)$的乘积项，即含有$\omega_c\pm\Omega$和$3\omega_c\pm\Omega$等频率分量，抵消了$\omega_c$、$2\omega_c$、$3\omega_c$等各次谐波分量及某组合频率分量。这就是二极管平衡调制器的特点。

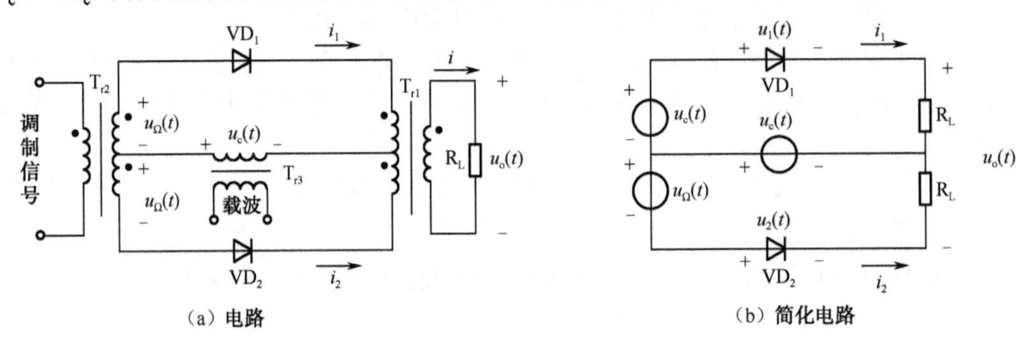


图 9-9　二极管平衡调制器

2）双平衡调制器

双平衡调制器又称为环形调幅电路，它可以进一步抵消不必要的组合频率分量，其原理如图 9-10 所示。图中的 $VD_1$、$VD_2$组成了一个平衡调幅器，$VD_3$、$VD_4$组成了另一个平衡调幅器。

环形调幅电路进一步抵消了 $\Omega$ 分量，且各分量的振幅加倍。

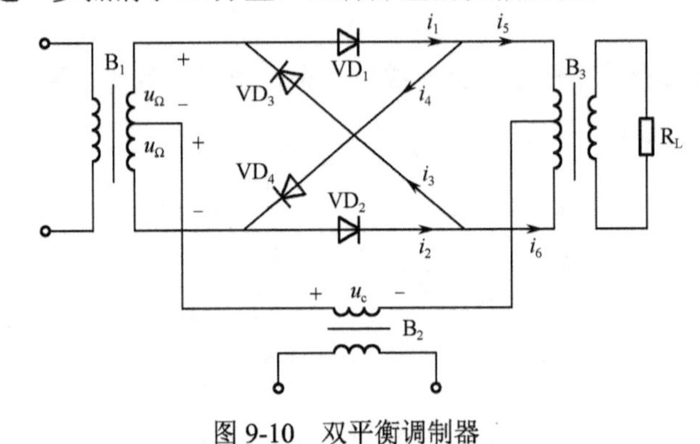


图 9-10　双平衡调制器

### 4. 基极调幅和集电极调幅电路

基极调幅和集电极调幅电路均属于高电平调幅电路，一般置于大功率发射机的末级。

高电平调幅电路主要用来产生普通调幅波，其突出的优点是整机效率高，适用于大型通信或广播设备的普通调幅发射机。为了获得大的输出功率和高效率，高电平调幅电路几乎都是用调制信号去控制谐振功率放大电路的输出功率来实现调幅的。

根据调制信号所加的电极不同，有基极调幅、集电极调幅及集电极—基极（或发射极）组

合调幅。它们的基本工作原理都是利用某一电极的直流电压去控制集电极高频电流的振幅。

1）基极调幅电路

基极调幅电路是利用三极管的非线性特性，用调制信号来改变丙类谐振功放的基极偏压，从而实现调幅的。其电路如图 9-11 所示。

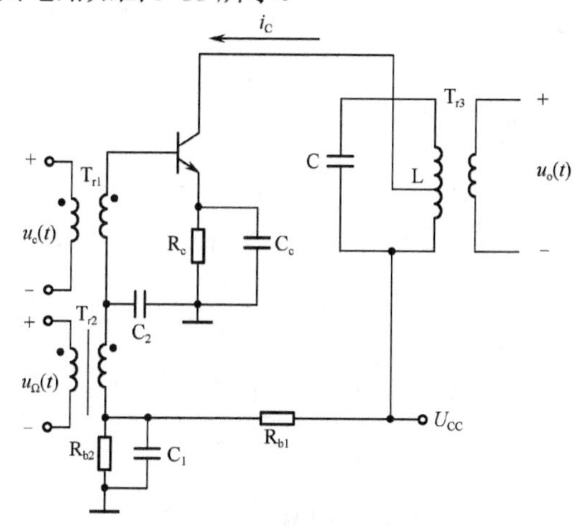


图 9-11　基极调幅电路

图中，载波 $u_c(t)$ 通过高频变压器 $T_{r1}$ 加到基极，调制信号 $u_\Omega(t)$ 通过低频变压器 $T_{r2}$ 加到基极回路，$C_2$ 为高频旁路电容，$C_1$ 和 $C_e$ 对高、低频均旁路，L、C 谐振在载频 $f_c$ 上。

则发射极所加的电压为

$$u_{BE} = U_{BB} + u_\Omega(t) + u_c(t) = U_{BB}(t) + u_c(t) \tag{9-22}$$

式中，$U_{BB} = \dfrac{R_{b2}}{R_{b1} + R_{b2}} U_{CC} - I_E R_e$，应是一个负偏压，保证功放工作在丙类状态。

由式（9-22）可得

$$U_{BB}(t) = U_{BB} + u_\Omega(t)$$

根据基极调制特性可知，在欠压状态下，集电极电流 $i_c$ 的基波分量振幅 $I_{cm1}$ 随基极偏压 $U_{BB}(t)$ 线性变化，经过 L、C 的选频作用，输出电压 $u_o(t)$ 的振幅就随调制信号的规律变化，即 $u_o(t)$ 为普通调幅波。

基极调幅电路可看成是以载波为激励信号、基极偏压受调制信号控制的丙类谐振功率放大器。由于工作在欠压区，所以该电路的效率低，但调制信号所需的功率小。

2）集电极调幅电路

集电极调幅电路也是利用三极管的非线性特性，用调制信号来改变丙类谐振功放的集电极电源电压，从而实现调幅的。其电路如图 9-12 所示。

图中，载波 $u_c(t)$ 通过高频变压器 $T_{r1}$ 加到基极，调制信号 $u_\Omega(t)$ 通过低频变压器 $T_{r2}$ 加到集电极回路，$C_1$ 、$C_2$ 为均为高频旁路电容，L、C 也谐振在载频 $f_c$ 上。该电路工作时，基极电流的直流分量 $I_{B0}$ 流过 $R_b$，使管子工作在丙类状态。

则集电极所加的电压为

$$U_{CC}(t) = U_{CC} + u_\Omega(t) \tag{9-23}$$

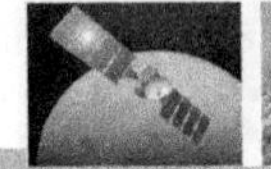

在过压状态下，集电极电流 $i_c$ 的基波分量振幅 $I_{cm1}$ 随基极偏压 $U_{CC}(t)$ 线性变化，经过 L、C 的选频作用，输出电压 $u_o(t)$ 的振幅就随调制信号的规律变化，即 $u_o(t)$ 为普通调幅波。

集电极调幅电路可看成是以载波为激励信号、集电极电源电压受调制信号控制的丙类谐振功率放大器。由于工作在过压区，所以该电路的效率高，但调制信号所需的功率大。

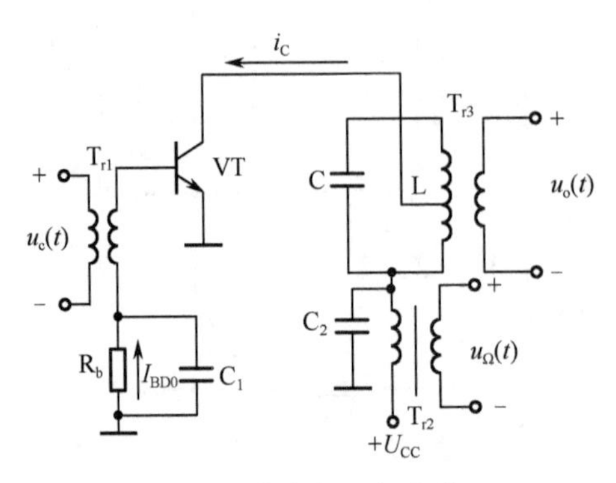


图 9-12　集电极调幅电路

## 案例分析 25　AM 标准调幅电路的设计与分析

| 任务名称 | AM 标准调幅电路的设计与分析 | | |
|---|---|---|---|
| 测试方法 | 仿真实现 | 课时安排 | 2 |
| 任务原理 | 信号调制可以将信号的频谱搬移到任意位置，从而有利于信号的传送，并且使频谱资源得到充分利用。调制作用的实质就是使相同频率范围的信号分别依托于不同频率的载波上，这样接收机就可以分离出所需的频率信号，不致相互干扰。而要还原出被调制的信号就需要解调电路。<br>振幅调制方式采用传递的低频信号去控制作为传送载体的高频振荡波（称为载波）的幅度，使已调波的幅度随调制信号的大小线性变化，而保持载波的角频率不变。在振幅调制中，根据所输出已调波信号频谱分量的不同，分为普通调幅（AM）、抑制载波的双边带调幅（DSB）、抑制载波的单边带调幅（SSB）等。<br>AM 的载波振幅随调制信号大小线性变化。DSB 是指在普通调幅的基础上抑制掉不携带有用信息的载波，保留携带有用信息的两个边带。SSB 是在双边带调幅的基础上，去掉一个边带，只传输一个边带的调制方式。它们的主要区别是产生的方法和频谱的结构不同。<br>AM 调制的优点在于系统结构简单，价格低廉，因此至今仍广泛应用于无线电广播中。DSB 信号与 AM 信号相比，因为不存在载波分量，所以其调制效率是 100%。<br>AM 标准调幅电路的原理框图如图 9-13 所示。<br>载波信号　AM波　调制信号　模拟乘法器　A<br>图 9-13　AM 标准调幅电路的原理框图 | | | |

续表

| 任务名称 | AM 标准调幅电路的设计与分析 | | |
|---|---|---|---|
| 测试方法 | 仿真实现 | 课时安排 | 2 |
| 任务要求 | （1）明确调幅电路的组成。<br>（2）观察 AM 的输出波形，掌握调幅的实现原理。<br>（3）改变调幅指数的大小，分析参数变化对输出波形的影响。 | | |
| 虚拟仪器 | 信号发生器、示波器、交流毫伏表等 | | |

测试步骤

1．设计原理

AM 信号是载波信号振幅在 $U_{\mathrm{m0}}$ 上、下按输入调制信号规律变化的一种调幅信号，其表达式为

$$u_{\mathrm{o}}(t)=[U_{\mathrm{m0}}+k_{\mathrm{a}}u_{\Omega}(t)]\cos\omega_{\mathrm{c}}t \tag{9-24}$$

模型电路如图 9-14 所示。在数学上，调幅电路的组成模型可由一个相加器和一个相乘器组成。图中，$A_{\mathrm{M}}$ 为相乘器的乘积常数，$A$ 为相加器的加权系数，且 $A=k$ ，$A_{\mathrm{M}}AU_{\mathrm{cm}}=k_{\mathrm{a}}$ 。

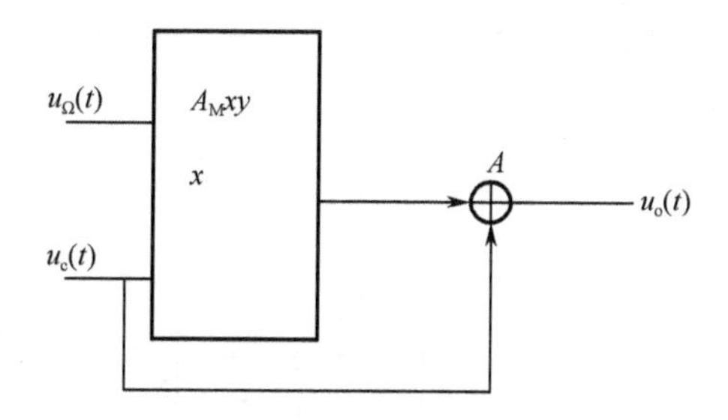


图 9-14　普通调幅（AM）电路的组成模型

设调制信号为 $u_{\Omega}(t)=E_{\mathrm{C}}+U_{\Omega\mathrm{m}}\cos\Omega t$ ，载波电压为 $u_{\mathrm{C}}(t)=U_{\Omega\mathrm{m}}\cos\omega_{\mathrm{c}}t$ ，两者相乘得到的普通振幅调制信号为

$$\begin{aligned}u_{\mathrm{s}}(t)&=K(E_{\mathrm{c}}+U_{\Omega\mathrm{m}}\cos\Omega t)U_{\mathrm{cm}}\cos\omega_{\mathrm{c}}t\\&=KU_{\mathrm{cm}}(E_{\mathrm{c}}-U_{\Omega\mathrm{m}}\cos\Omega t)\cos\omega_{\mathrm{c}}t\\&=KU_{\mathrm{cm}}E_{\mathrm{c}}(1+M_{\mathrm{a}}\cos\Omega t)\cos\omega_{\mathrm{c}}t\\&=U_{\mathrm{s}}(1+M_{\mathrm{a}}\cos\Omega t)\cos\omega_{\mathrm{c}}t\end{aligned} \tag{9-25}$$

式中，$M_{\mathrm{a}}=\dfrac{U_{\Omega\mathrm{m}}}{E_{\mathrm{c}}}$ 称为调幅指数，$0<M_{\mathrm{a}}\leqslant 1$ 。而当 $M_{\mathrm{a}}>1$ 时，在 $\Omega t=\pi$ 附近 $U_{\mathrm{c}}(t)$ 变为负值，它的包络已不能反映调制信号 $u_{\mathrm{c}}(t)$ 的变化，进而造成失真，通常将这种失真称为过调幅失真，此种现象是要尽量避免的。

2．仿真实现

用 Multisim 软件模拟基本调幅（AM）电路，如图 9-15 所示。

在 Multisim 仿真电路窗口中创建如图 9-15 所示的由乘法器（$K$=1）组成的基本调幅（AM）电路，在该电路中，直流电压源 $E_{\mathrm{c}}$（图中的 $V_3$）和低频调制信号 $U_{\Omega}(t)$（图中的 $V_1$）分别加到乘法器 $A_1$ 的 X 输入端口，高频载波信号电压 $U_{\mathrm{c}}(t)$（图中的 $V_2$）加到乘法器的 Y 输入端口。

续表

| 任务名称 | AM 标准调幅电路的设计与分析 | | |
| --- | --- | --- | --- |
| 测试方法 | 仿真实现 | 课时安排 | 2 |

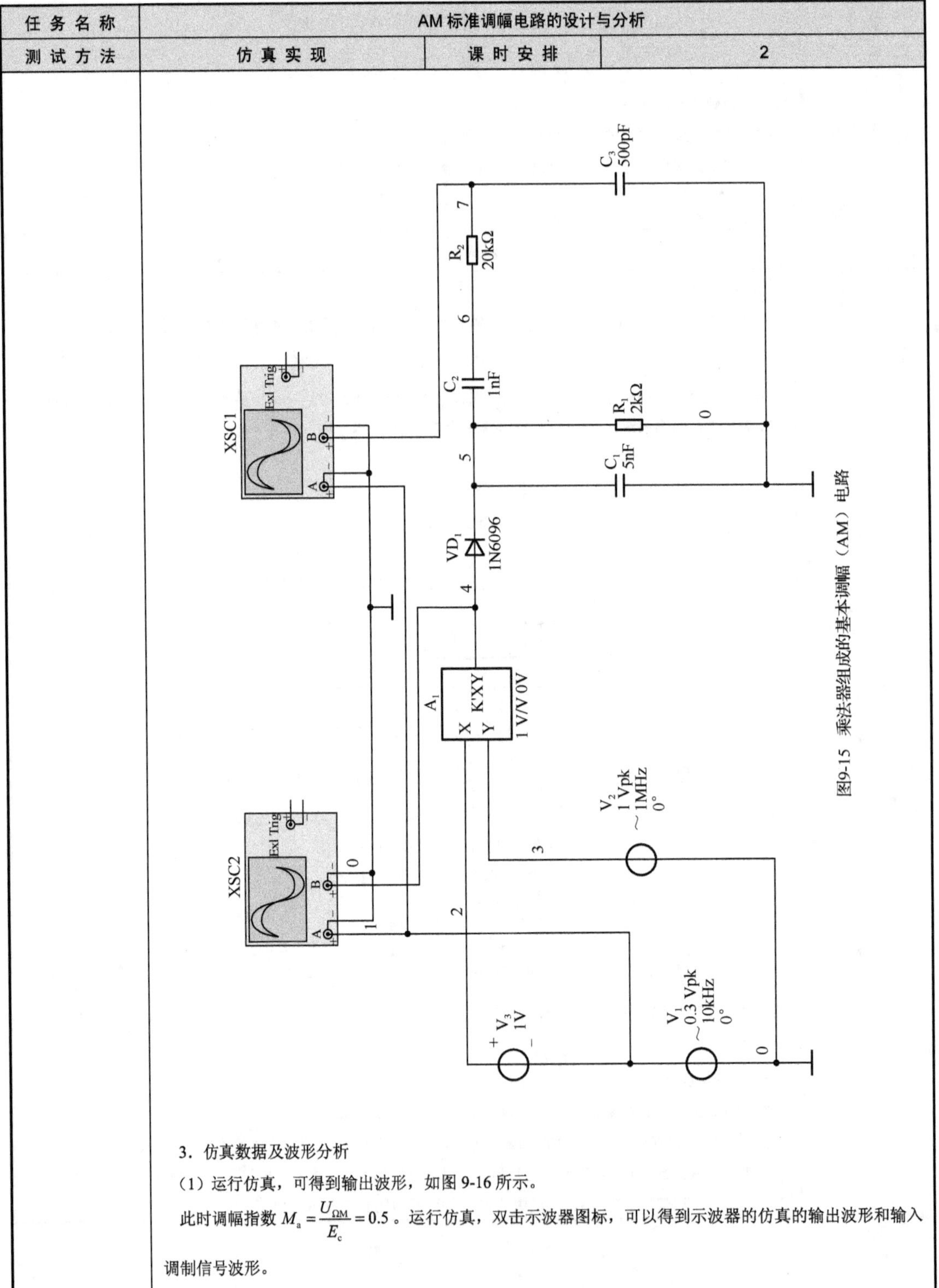


图9-15　乘法器组成的基本调幅（AM）电路

3．仿真数据及波形分析

（1）运行仿真，可得到输出波形，如图 9-16 所示。

此时调幅指数 $M_a=\dfrac{U_{\Omega M}}{E_c}=0.5$。运行仿真，双击示波器图标，可以得到示波器的仿真的输出波形和输入调制信号波形。

续表

| 任务名称 | AM 标准调幅电路的设计与分析 | | |
|---|---|---|---|
| 测试方法 | 仿真实现 | 课时安排 | 2 |

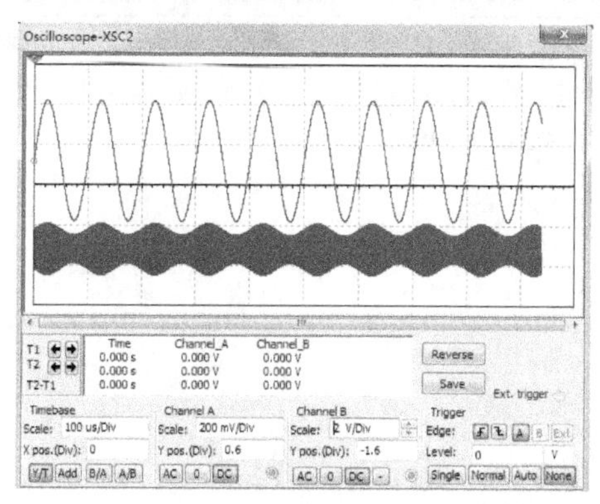


图 9-16　AM 调幅电路的参考波形

从图 9-16 中的输出波形可以看出，高频载波信号的振幅随着调制信号的振幅规律变化，即已调信号的振幅在 $u_{\Omega m}$ 上、下按输入调制信号规律变化。调幅电路组成模型中的相乘器对 $u_{\Omega}(t)$ 和 $u_{c}(t)$ 实现相乘运算的结果，反映在波形上是将 $u_{\Omega}(t)$ 不失真地转移到载波信号振幅上。

（2）若将图 9-15 中调制信号电压的幅值改为 2V，则调幅指数 $M_{a}=\dfrac{U_{\Omega M}}{E_{c}}=1$，这时电路输出的曲线的包络恰好为调幅曲线，请记录其仿真结果（如图 9-17 所示）。

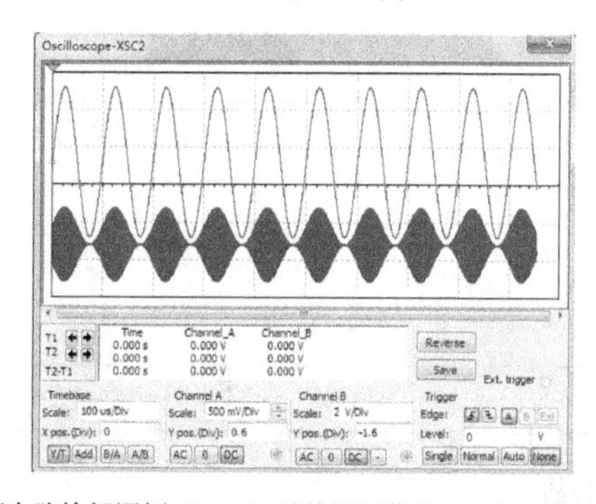


图 9-17　调幅电路恰好调幅（$M$=1）时的调制信号（上）及其输出波形（下）

（3）将图 9-15 中调制信号电压的幅值改为 12V，则调幅指数 $M_{a}=\dfrac{U_{\Omega M}}{E_{c}}=3$，$M_{a}>1$，这时电路输出的曲线为过量调幅曲线，请记录仿真结果：

____________________________________________

从图 9-17 中可以看出已调波的包络形状与调制信号不一样，产生了严重的包络失真，这种情况称为失真，在实际应用中应尽量避免。

因此，在振幅调制仿真过程中可以得出如下结论：为了保证已调波的包络真实地反映出调制信号的变化规律，避免产生过调失真，要求调制系数 $M_{a}$ 必满足____________，这与从理论上推导得出的结果是一致的。

续表

<table>
<tr><td>任务名称</td><td colspan="3">AM 标准调幅电路的设计与分析</td></tr>
<tr><td>测试方法</td><td>仿真实现</td><td>课时安排</td><td>2</td></tr>
<tr><td>拓展思考</td><td colspan="3">请参考标准 AM 调幅电路的原理图，自行设计完成抑制载波双边带调制的 Multisim 仿真电路，仿真运行并记录其输出波形和幅频特性；分析它与 AM 调制的联系、区别之处。<br>1. Multisim 仿真电路：<br>2. 运行仿真，记录 DSB 输出波形：<br>3. 进行 AC 交流分析，观察输出信号的频率特性：</td></tr>
<tr><td>总结与体会</td><td colspan="3"></td></tr>
<tr><td>完成日期</td><td></td><td>完成人</td><td></td></tr>
</table>

## 9.1.3 解调电路

### 1. 检波器的作用和组成

1）作用

从高频调幅中检出原调制信号的过程称为检波。完成这个功能的电路称为检波器。

下面分别从频谱角度来理解检波的实质。检波前和检波后信号的频谱如图 9-18 所示。

从图 9-18 可以看出，检波是调幅的逆过程，其频谱变换也与调幅相反，即把调幅波的频谱由高频不失真地搬到低频，其频谱向左搬移了 $f_c$。由此可见，检波器也是频谱搬移电路。

2）检波器的分类和组成

由于检波器是频谱搬移电路，所以在检波器的组成中，非线性器件是核心元件，它同时采用低通滤波器滤除无用频率分量，取出原调制信号的频率分量。检波器分为同步检波器（相干检波器）和非同步检波器（非相干检波器）。

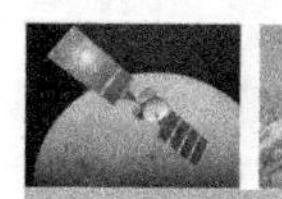

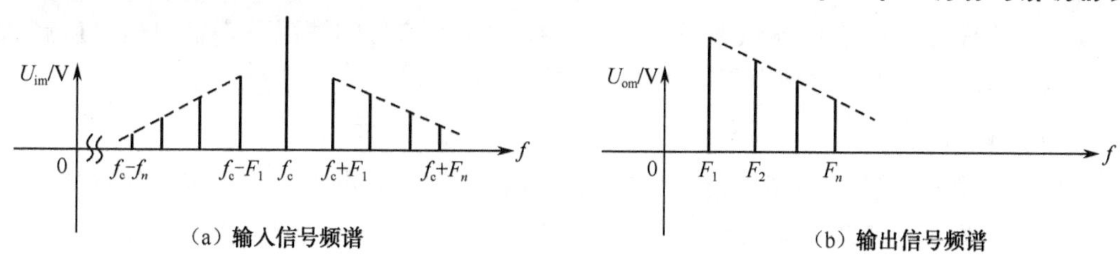


图 9-18　检波前、后的频谱图

（1）同步检波器的组成

同步检波器的组成框图如图 9-19 所示。

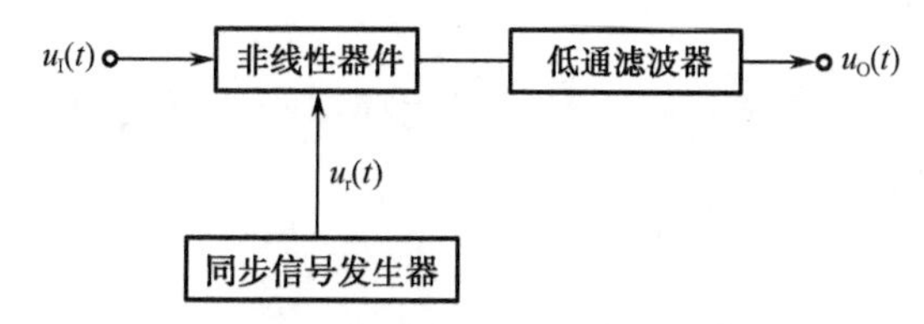


图 9-19　同步检波器的组成框图

同步检波器在工作时，必须给非线性器件输入一个与载波同频同相的本地参考电压，即同步电压 $u_r(t)=U_{rm}\cos\omega_c t$。因此，检波器由乘法器（或其他非线性器件）、低通滤波器和同步信号发生器组成，这种检波器就称为同步检波器，它适用于各种调幅波的检波（AM、DSB、SSB）。

（2）非同步检波器的组成

非同步检波器的组成框图如图 9-20 所示。

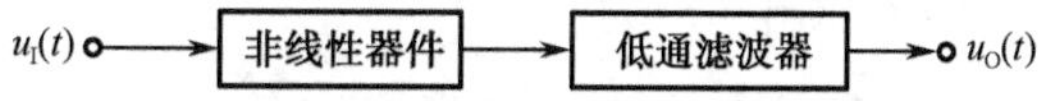

$u_I(t)$ → 非线性器件 → 低通滤波器 → $u_O(t)$

图 9-20　非同步检波器的组成框图

非同步检波器检波时不需要同步信号，它由非线性器件和低通滤波器构成，只适用于普通调幅波（AM）的检波。这种检波器的输出信号（原调制信号）与调幅波的包络变化规律一致，因此称为包络检波器。

### 2. 检波器的主要性能指标

1）电压传输系数 $K_d$

电压传输系数用来说明检波器对高频信号的解调能力，又称为检波效率，用 $K_d$ 表示。

若检波器的输入为高频等幅波，其振幅为 $U_{im}$，而输出直流电压为 $U_{\Omega m}$，则检波器的电压传输系数为

$$K_d=\frac{U_O}{U_{im}} \tag{9-26}$$

若检波器的输入为高频调幅波，其包络振幅为 $m_aU_{im}$，而输出低频电压振幅为 $U_{\Omega m}$，则检波器的电压传输系数为

$$K_d=\frac{U_{\Omega m}}{m_aU_{im}} \tag{9-27}$$

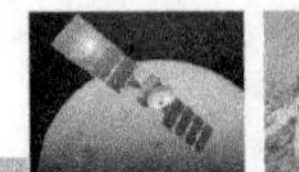

显然，检波器的电压传输系数越大，在同样的输入信号的情况下，输出信号就越大，即检波效率高。一般二极管检波器的 $K_d$ 总小于 1，$K_d$ 越接近于 1 越好。

2）输入电阻 $R_i$

检波器的输入电阻 $R_i$ 是指从检波器输入端看进去的等效电阻，用来说明检波器对前级电路的影响程度。定义 $R_i$ 为输入高频等幅波的电压振幅 $U_{im}$ 与输入高频脉冲电流中基波振幅 $I_{im}$ 之比，即

$$R_i = \frac{U_{im}}{I_{im}} \tag{9-28}$$

### 3. 同步检波电路

同步检波电路有两种实现方法：一种是采用模拟乘法器实现；另一种是采用二极管包络检波器构成叠加型同步检波器。

1）用模拟乘法器实现

用模拟乘法器实现的同步检波如图 9-21 所示。

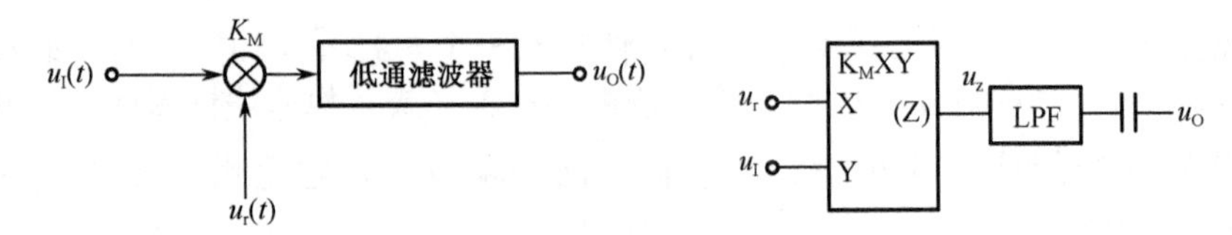


图 9-21　用模拟乘法器实现的同步检波

（1）当输入 $u_I(t)$ 为普通调幅波时，即 $u_I(t)=U_{im}(1+m_a\cos\Omega t)\cos\omega_c t$，同步电压信号为 $u_r(t)=U_{rm}\cos\omega_c t$，则乘法器的输出电压为

$$\begin{aligned}u_z(t)&=K_M u_I(t)\,u_r(t)=K_M U_{rm}U_{im}(1+m_a\cos\Omega t)\cos^2\omega_c t\\&=\frac{1}{2}K_M U_{rm}U_{im}+\frac{1}{2}K_M U_{rm}U_{im}m_a\cos\Omega t+\frac{1}{2}K_M U_{rm}U_{im}\cos 2\omega_c t+\\&\quad\frac{1}{4}K_M U_{rm}U_{im}m_a\cos(2\omega_c+\Omega)t+\frac{1}{4}K_M U_{rm}U_{im}m_a\cos(2\omega_c t-\Omega)t\end{aligned} \tag{9-29}$$

可以看出，$u_z(t)$ 中含有 0、$F$、$2f_C$、$2f_C \pm F$ 共 5 个频率分量，经过低通滤波器 LPF 后滤去 $2f_C$、$2f_C \pm F$ 高频分量，再经隔直电容后，就得到：

$$u_0(t)=\frac{1}{2}K_M U_{rm}U_{im}m_a\cos\Omega t=U_{\Omega m}\cos\Omega t \tag{9-30}$$

令 $U_{\Omega m}=\frac{1}{2}K_M U_{rm}U_{im}m_a$，则 $u_O(t)$ 为原调制信号。

由式（9-27）得该检波器的电压传输系数为

$$K_d=\frac{U_{\Omega m}}{m_a U_{im}}=\frac{1}{2}K_M U_{rm} \tag{9-31}$$

（2）当输入 $u_I(t)$ 为双边带调幅波时，即 $u_I(t)=m_a U_{im}\cos\Omega t\cos\omega_c t$，则

$$\begin{aligned}u_z(t)&=K_M u_I(t)\,u_r(t)\\&=K_M U_{rm}U_{im}m_a\cos\Omega t\cos^2\omega_c t\end{aligned}$$

$$=\frac{1}{2}K_{\rm M}U_{\rm rm}U_{\rm im}m_{\rm a}\cos\Omega t+\frac{1}{4}K_{\rm M}U_{\rm rm}U_{\rm im}m_{\rm a}\cos(2\omega_{\rm c}+\Omega)t+\frac{1}{4}K_{\rm M}U_{\rm rm}U_{\rm im}m_{\rm a}\cos(2\omega_{\rm c}-\Omega)t \quad (9\text{-}32)$$

可以看出，$u_{\rm z}(t)$中含有$F$、$2f_{\rm C}\pm F$共 3 个频率分量，经过 LPF 后滤去$2f_{\rm C}\pm F$两个高频分量，就得到$u_{\rm O}(t)=\frac{1}{2}K_{\rm M}U_{\rm rm}U_{\rm im}m_{\rm a}\cos\Omega t=U_{\Omega \rm m}\cos\Omega t$，这与普通调幅波的输出及电压传输系数完全相同。

（3）当输入$u_{\rm I}(t)$为单边带调幅波时，即$u_{\rm I}(t)=\frac{1}{2}m_{\rm a}U_{\rm im}\cos(\omega_{\rm c}+\Omega)t$（上边带），则有

$$u_{\rm z}(t)=K_{\rm M}u_{\rm I}(t)\,u_{\rm r}(t)=\frac{1}{2}K_{\rm M}U_{\rm rm}U_{\rm im}m_{\rm a}\cos(\omega_{\rm c}+\Omega)t\cos\omega_{\rm c}t$$
$$=\frac{1}{4}K_{\rm M}U_{\rm rm}U_{\rm im}m_{\rm a}\cos\Omega t+\frac{1}{8}K_{\rm M}U_{\rm rm}U_{\rm im}m_{\rm a}\cos(2\omega_{\rm c}+\Omega)t \quad (9\text{-}33)$$

可以看出，$u_{\rm z}(t)$中含有$F$、$2f_{\rm C}+F$共 2 个频率分量，经过 LPF 后滤去$2f_{\rm C}+F$高频分量，就得到

$$u_{\rm O}(t)=\frac{1}{4}K_{\rm M}U_{\rm rm}U_{\rm im}m_{\rm a}\cos\Omega t=U_{\Omega \rm m}\cos\Omega t \quad (9\text{-}34)$$

令　$U_{\Omega \rm m}=\frac{1}{4}K_{\rm M}U_{\rm rm}U_{\rm im}m_{\rm a}$，则$u_{\rm O}(t)$为原调制信号。

由式（9-27）得该检波器的电压传输系数为

$$K_{\rm d}=\frac{U_{\Omega \rm m}}{m_{\rm a}U_{\rm im}}=\frac{1}{4}K_{\rm M}U_{\rm rm} \quad (9\text{-}35)$$

2）叠加型同步检波器

叠加型同步检波器（如图 9-22 所示）的工作原理是将双边带调制信号$u_{\rm I}(t)$与同步信号$u_{\rm r}(t)$叠加，得到一个普通调幅波，然后再经过包络检波器，解调出调制信号。

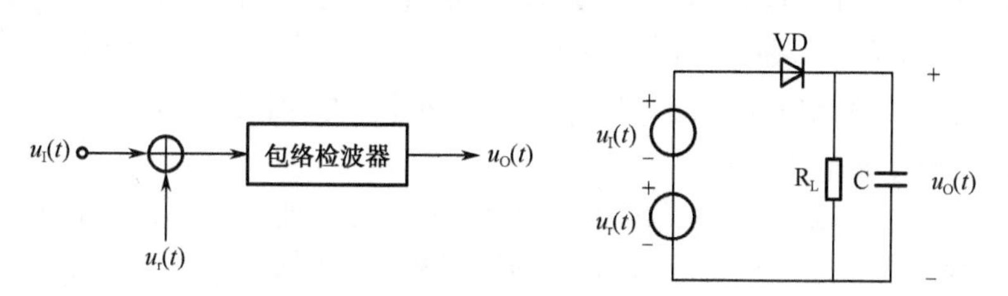


图 9-22　叠加型同步检波器

同步检波器可用于各种调幅波的检波，且同步电压振幅$U_{\rm rm}$越大，检波器的电压传输系数也越大。

3）同步信号的产生方法

（1）若输入信号器为普通调幅波，可将调幅波限幅并且去除包络线的变化，得到的是角频率为$\omega_{\rm c}$的方波，用窄带滤波器取出$\omega_{\rm c}$成分的同步信号。

（2）若输入信号器为双边带调幅波，将双边带调制信号$u_{\rm I}(t)$取平方$u_{\rm I}^2(t)$，从中取出角频为$2\omega_{\rm c}$的分量，经二分频将它变为角频率为$\omega_{\rm c}$的同步信号。

（3）若输入信号器为发射导频的单边带调幅波，可采用高选择性的窄带滤波器，从输

入信号中取出该导频信号，导频信号经放大后就可作为同步信号。如果发射机不发射导频信号，则接收机就要采用高稳定度晶体振荡器产生指定频率的同步信号。

### 4. 大信号包络检波器

大信号包络检波器只适于普通调幅波的检波。目前应用最广的是二极管包络检波器（集成电路中多采用三极管射极包络检波器）。其电路如图 9-23 所示。

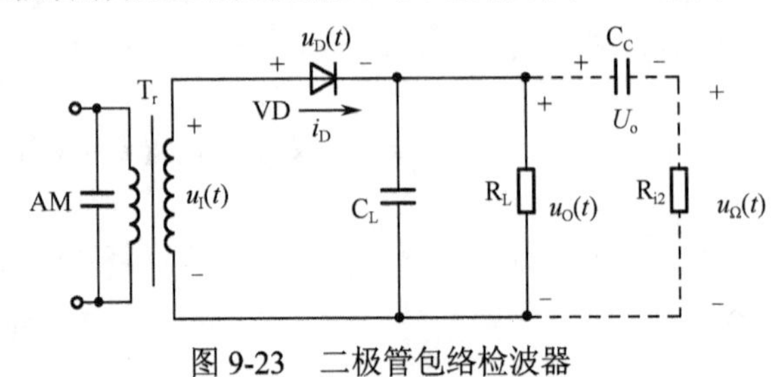


图 9-23　二极管包络检波器

该电路由二极管 VD 和 $R_L$、$C_L$ 组成的低通滤波器串接而成，$R_L$ 为检波负载电阻，$C_L$ 为检波负载电容。变压器 $T_r$ 将前级的普通调幅波送到检波器的输入端，虚线所示的 $C_C$ 为隔直电容，$R_{i2}$ 为后级输入电阻。该电路输入的是大信号，即输入高频电压 $u_I(t)$ 的振幅在 500mV 以上，这时二极管就工作在受 $u_D(t)$ 控制的开关状态。

1）工作原理的分析

由图 9-23 可以看出，二极管两端的电压 $u_D(t)=u_I(t)-u_O(t)$，由于 $u_I(t)$ 是大信号，所以 $u_O(t)$ 也很大，其反作用不能忽略。当 $u_D(t)>0$ 时，二极管导通；当 $u_D(t)<0$ 时，二极管截止。由于 $R_L$ 和 $C_L$ 并联，所以检波器的输出电压 $u_O(t)$ 就是电容 $C_L$ 两端的电压。

（1）当输入 $u_I(t)$ 为高频等幅波时

分析如下：设 $u_I(t)=U_{im}\cos\omega_c t$，且在 $t=0$ 时 $C_L$ 上没有电荷，即 $u_O(t)=0$。这时 $u_D(t)=u_I(t)-u_O(t)>0$，二极管导通，有电流 $i_D$，$C_L$ 被充电，充电时间常数为 $\tau_{充}=r_d C_L$，由于 $r_d$ 很小，所以电容充电非常快，其 $u_O(t)$ 上升很快，如图 9-24（a）中的红线（图中的拆线）所示，该曲线非常陡峭。

当曲线上升到“1”点时，两曲线相交于这一点，就表明 $u_O(t)=u_I(t)$，则 $u_D(t)=0$，二极管处在临界状态。当过“1”点后，$u_I(t)$ 有下降趋势，则 $u_D(t)=u_I(t)-u_O(t)<0$，二极管截止，$C_L$ 放电，放电时间常数为 $\tau_{放}=R_L C_L$，其值比较大，因此电容放电非常慢，其 $u_O(t)$ 下降很慢，如图 9-24（a）中的红线的第二段所示，该曲线比较平缓。

当曲线下降到“2”点时，两曲线相交于这一点，就表明 $u_O(t)=u_I(t)$，则 $u_D(t)=0$，二极管处在临界状态。当过“2”点后，$u_I(t)$ 有上升趋势，则 $u_D(t)=u_I(t)-u_O(t)>0$，二极管又导通，有电流 $i_D$，$C_L$ 被充电。如此反复，由于充电快，放电慢，所以在很短时间内就达到充、放电的动态平衡。此后，$u_O(t)$ 便在平均值 $u_{O(AV)}=U_O$ 上、下按频率 $f_C$ 做锯齿状的小波动（即低通滤波器非理想导致在 $C_L$ 两端产生的残余高频电压）。如果 $R_L C_L \gg T_C$（$T_C$ 为高频等幅波 $u_I(t)$ 的周期），则 $C_L$ 放掉的电荷量很少，因此 $u_O(t)$ 的锯齿波动很小，一般可以忽略，这样 $u_O(t)$ 的波形就近似是 $u_I(t)$ 的包络，如图 9-24（b）所示。此时，$u_O(t)\approx U_O \approx U_{im}$，即检波效率约为 1。

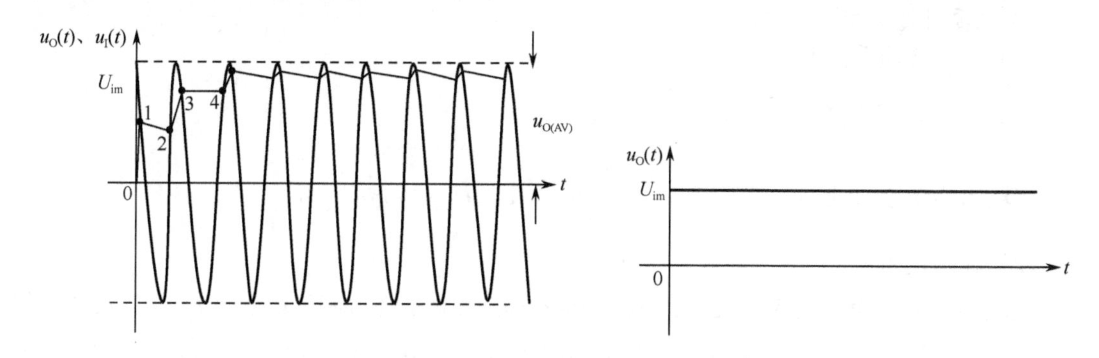


图 9-24　输入 $u_I(t)$ 为高频等幅波时的输入/输出波形

（2）当输入 $u_I(t)$ 为单频普通调幅波时

设 $u_I(t)=U_{im}(1+m_a\cos\Omega t)\cos\omega_c t$，此时检波器的工作过程与高频等幅波输入时很相似，只是随着 $u_I(t)$ 幅度的增大或减小，$u_O(t)$ 也做相应的变化。因此，$u_O(t)$ 将是与调幅包络相似的有小锯齿波动的电压，如图 9-25（a）中的红线（折线）所示。忽略锯齿小波动后，其波形如图 9-25（b）所示。

这样有 $u_O(t)\approx U_{im}(1+m_a\cos\Omega t)=U_{im}+m_aU_{im}\cos\Omega t$，即 $u_O(t)$ 分解为一个直流分量 $U_o=U_{im}$ 和一个按调幅波包络变化的低频分量 $u_\Omega(t)=m_aU_{im}\cos\Omega t$。经过隔直电容 $C_C$ 的作用，在 $R_{i2}$ 上就得到低频原调制信号 $u_\Omega(t)$。由于这种检波器的输出电压 $u_O(t)$ 与输入高频调幅波 $u_I(t)$ 的包络基本相同，故又称为峰值包络检波。

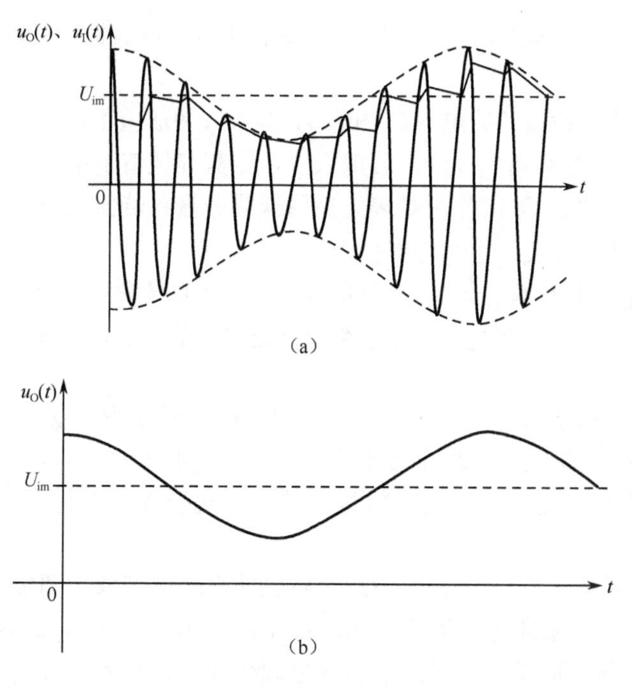


图 9-25　输入 $u_I(t)$ 为单频普通调幅波时的输入/输出波形

2）主要性能分析

（1）电压传输系数 $K_d$

当输入为高频等幅波时，$K_d = \dfrac{U_O}{U_{im}} \approx 1$；

当输入为单频普通调幅波时，$K_d = \dfrac{U_{\Omega m}}{m_a U_{im}} \approx 1$（$U_{\Omega m} \approx m_a U_{im}$）。

（2）输入电阻 $R_i$

检波器的输入为高频等幅波 $u_1(t) = U_{im}\cos\omega_c t$，则检波器的输入功率为 $P_i = U_{im}^2/2R_i$，输出功率为 $P_0 = U_{om}^2/R_L$（直流功率），输入功率一部分转换为输出功率，一部分消耗在二极管的正向电阻上，此消耗功率很小，可忽略，则有 $P_i \approx P_o$，而由于 $u_o(t) \approx U_{im}$，可得 $U_{im}^2/2R_i \approx U_{im}^2/R_L$，故得 $R_i \approx \dfrac{1}{2}R_L$。

3）检波器的失真

检波器的失真包括非线性失真、截止失真、频率失真、惰性失真和负峰切割失真。

（1）非线性失真

产生原因：是由于二极管伏安特性的非线性引起的。

克服措施：适当增大 $R_L$，可使这种非线性失真很小。

（2）截止失真

产生原因：是由于二极管存在导通电压 $U_{on}$，当输入调幅波的振幅小于 $U_{on}$ 时，二极管截止引起的。

克服措施：使 $U_{im}(1-m_a) > U_{on}$，则可避免截止失真，或二极管尽量采用锗管。

（3）频率失真

产生原因：是由于检波负载电容 $C_L$ 和隔直电容 $C_C$ 的取值不合理引起的。

其中 $C_L$ 的作用是旁路高频分量，若值太大，则其容抗值很小，将使有用的低频分量受到损失，引起频率失真。$C_C$ 的作用是隔直流通低频分量，若值太小，则其容抗值很大，将使有用的低频分量受到损失，引起频率失真。

克服措施：$C_L \ll 1/R_L\Omega_{max}$ 和 $C_C \gg 1/R_{i2}\Omega_{min}$，则可避免频率失真。

惰性失真和负峰切割失真是大信号包络检波器特有的失真，下面重点来讨论。

（4）惰性失真

产生原因：检波负载 $R_L$、$C_L$ 的值越大，$C_L$ 在二极管截止期间的放电速度就越慢，则电压传输系数和高频滤波能力就越高。但 $R_L$、$C_L$ 取值过大，将会导致二极管截止期间电容 $C_L$ 对 $R_L$ 放电速度太慢，这样检波器的输出电压就不能跟随包络线变化了，于是便产生了惰性失真。

由图 9-26 可以看出，在 $t_1$ 时刻，$C_L$ 上电压的下降速度低于调幅波包络的下降速度，使下一个高频正半周的最高电压仍低于此时 $C_L$ 的两端电压 $u_O(t)$，二极管截止，则 $u_O(t)$ 不再按调幅波包络变化，而是按 $C_L$ 对 $R_L$ 的放电规律变化，直到 $t_2$ 时刻，$u_I(t)$ 的振幅才开始大于 $u_O(t)$，检波器才恢复正常工作。这样，在 $t_1 \sim t_2$ 期间产生了惰性失真，又称为对角切削失真。

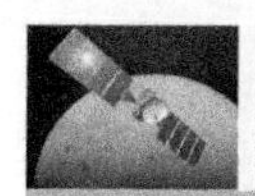

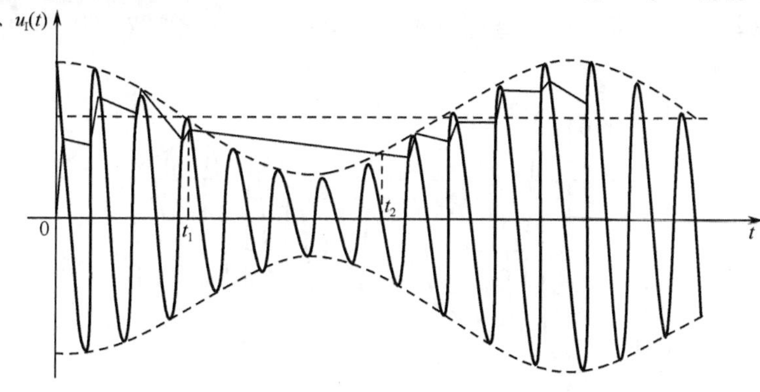


图 9-26　包络检波惰性失真

克服措施：为了避免产生惰性失真，二极管必须在每个高频周期内导通一次，这就要求电容 $C_L$ 的放电速度大于或等于调幅波包络下降的速度，即

$$R_L C_L \leqslant \frac{\sqrt{1-m_a^2}}{m_a \Omega_{max}} \tag{9-36}$$

式（9-36）表明，$m_a$ 和 $\Omega$ 越大，包络下降速度就越快，则避免产生惰性失真所要求的 $R_L$、$C_L$ 值也就必须越小。进行多频调制时，$m_a$ 和 $\Omega$ 应取最大值。

（5）负峰切割失真

检波器的输出端经隔直电容 $C_C$ 接到下一级的输入电阻 $R_{i2}$，要求 $C_C$ 的容量大，才能传送低频信号，则 $C_C$ 两端存在直流电压 $U_o \approx U_{im}$，基本不变，其极性为左正右负，可以把它看成一个直流电源。这个直流电源给 $R_L$ 分的电压为

$$U_{RL} \approx U_{im} \frac{R_L}{R_L + R_{i2}} \tag{9-37}$$

此电压的极性为上正下负，相当于给二极管加了一个额外的反向偏压。当 $R_L \gg R_{i2}$ 时，$U_{RL}$ 就很大，这就可能使输入调幅波包络在负半周最小值附近的某些时刻小于 $U_{RL}$，则二极管在这段时间就会截止，电容 $C_L$ 只放电不充电，但由于 $C_L$ 的值很大，其两端电压放电很慢，所以输出电压 $u_O(t) = U_{RL}$，不随包络变化，从而产生了失真，如图 9-27 所示。

由于在 $t_1 \sim t_2$ 期间产生的失真出现在输出低频信号的负半周，其底部被切割，故称为负峰切割失真。

为了避免产生负峰切割失真，必须使输入调幅波包络的最小值 $U_{im}(1-m_a) > U_{RL}$，即 $m_a < \dfrac{R_{i2}}{R_L + R_{i2}}$。

令检波器的直流负载为 $R_L$，低频交流负载为 $R_\Omega$，$R_\Omega = R_L // R_{i2}$，则有 $m_a < \dfrac{R_\Omega}{R_L}$。

总结如下。

产生原因：是由检波器的交、直流负载电阻不等和调幅系数较大引起的。

克服措施：使 $R_{i2}$ 越大，$R_\Omega \approx R_L$。

把 $R_L$ 分为 $R_{L1}$ 和 $R_{L2}$，则检波器的直流负载电阻 $R_L = R_{L1} + R_{L2}$，交流负载电阻 $R_\Omega = R_{L1} + R_{L2} // R_{i2}$，当 $R_L$ 一定时，$R_{L1}$ 越大，检波器的交、直流负载电阻的差别就越小，

越不易出现负峰切割失真。为了避免低频电压值过小，一般取 $R_{L1}/R_{L2}=0.1\sim0.2$ 。$C_L$ 是用来进一步滤除高频分量的。

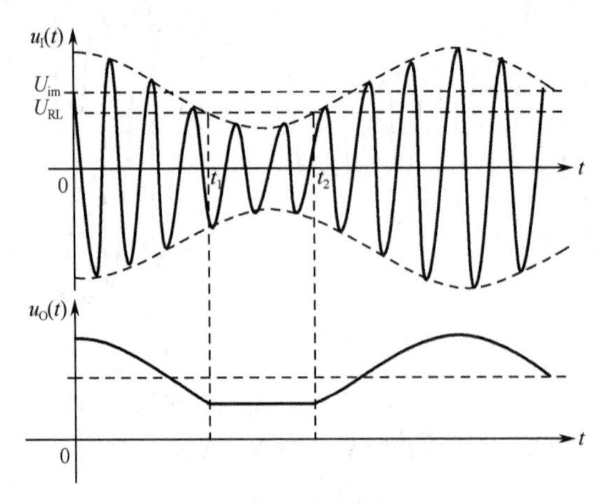


图 9-27　负峰切割失真

## 案例分析 26　AM 解调电路的设计与分析

| 任务名称 | AM 解调电路的设计与分析 | | |
| --- | --- | --- | --- |
| 测试方法 | 仿真实现 | 课时安排 | 2 |
| 任务原理 | AM 解调电路——二极管包络检波如图 9-28 所示。<br>图 9-28　AM 解调电路——二极管包络检波 | | |
| 任务要求 | （1）熟悉二极管包络检波电路。<br>（2）观察检波输出波形，掌握二极管检波的原理。<br>（3）改变载波频率、调制信号频率和电容的大小，分析参数变化对输出波形的影响。 | | |
| 虚拟仪器 | 信号发生器、示波器、交流毫伏表等 | | |
| 测试步骤 | | | |
| | 1．设计原理<br>设检波电路输入的高频调幅波为 $u_i=U_i(1+m_a\cos\Omega t)\cos\omega_1 t$ ，由于电容 C 的高频阻抗很小，所以电压大部分加在二极管 $VD_1$。当 $u_i$ 为正时，二极管 $VD_1$ 导通，立即对电容 $C_1$ 充电。由于二极管的正向电阻很小，所以 $C_1$ 上的电压值很快被充电到接近输入信号的峰值。电容上的电压建立起来后，对二极管来说就形成了反向偏压，这时二极管导通与否将由电容端的电压（即输出电压）与输入信号电压共同决定，它只有在高频信号的峰值附近的一部分时间内才能导通。<br>2．仿真电路<br>仿真电路如图 9-29 所示。<br>输入的调制信号的调制度设置为 0.5，载波的频率设置为 10kHz，调制信号的频率设置为 800Hz。 | | |

续表

| 任务名称 | AM 解调电路的设计与分析 | | |
|---|---|---|---|
| 测试方法 | 仿真实现 | 课时安排 | 2 |

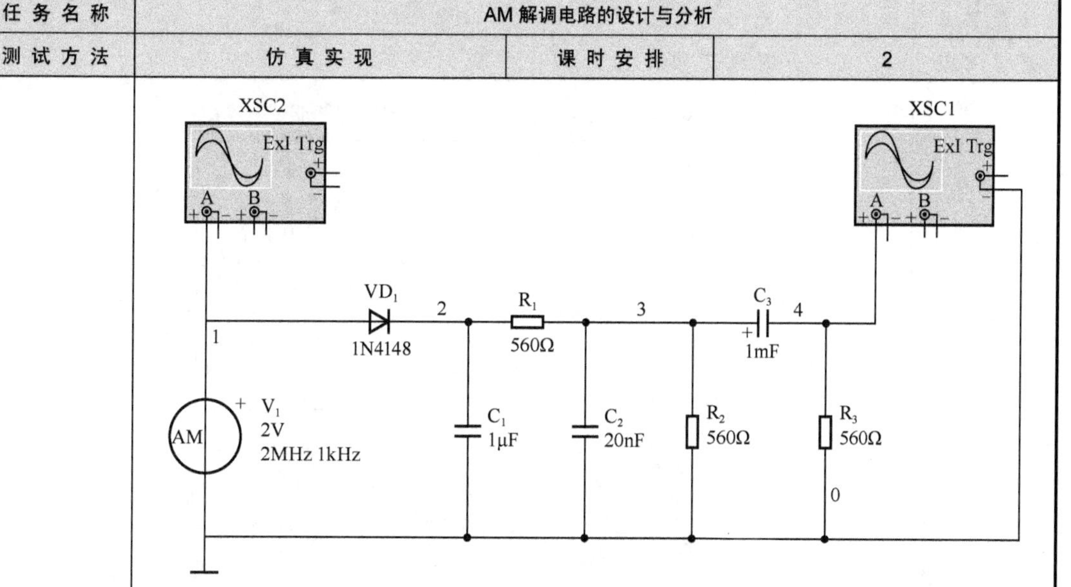


图 9-29 AM 解调电路

3．仿真实现及数据分析

（1）打开仿真开关，用示波器观察电路的输入、输出信号波形，如图 9-30 所示。图中的 a 波形是输入的调幅信号，b 波形是包络检波后的输出波形。

结论：在二极管导通期间，电容 $C_1$ 被充电，其电位基本上随着输入信号的增加而增加；在二极管截止期间，电容 $C_1$ 对电阻 $R_1$ 放电，由于放电时间常数较大，所以电容上的电位逐渐下降，直到下一次正输入信号峰值到来前的瞬间，二极管再次导通，电容 $C_1$ 再次充电。如此周而复始，就在 $R_1$ 上形成了图 9-30 中的 b 波形。

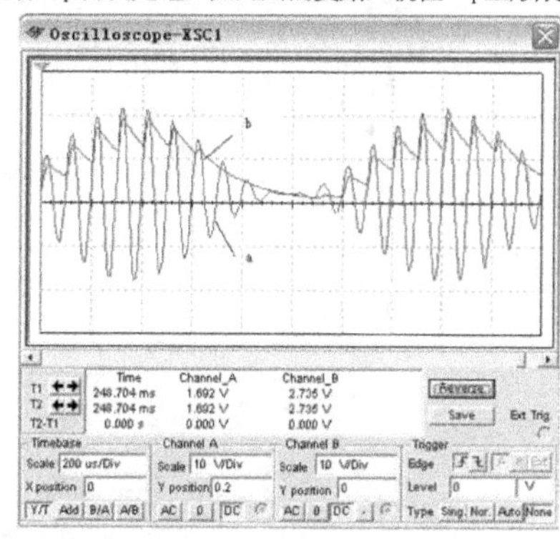


图 9-30 检波电路的输入、输出信号波形

电容 $C_1$ 上的锯齿电压波形和高频调幅波的包络线相似，而调幅波的包络线反映的是调制信号的变化，利用它可将低频调制信号解调出来。

（2）改变电容 $C_1$ 的大小，观察电路的输出波形

当电容 $C_1 = 0.01\mu F$ 时，电路的输入、输出波形如图 9-31 所示。由图可见，电容 $C_1$ 减小时，放电过程____________，因此在二极管截止期间，电容 $C_1$ 上的电压几乎全部放完，每次都是从 0 开始充电的。显然，电容 $C_1$ 上的电位不能跟随调制信号峰值包络的变化而变化。

续表

| 任务名称 | AM 解调电路的设计与分析 | | |
| --- | --- | --- | --- |
| 测试方法 | 仿真实现 | 课时安排 | 2 |

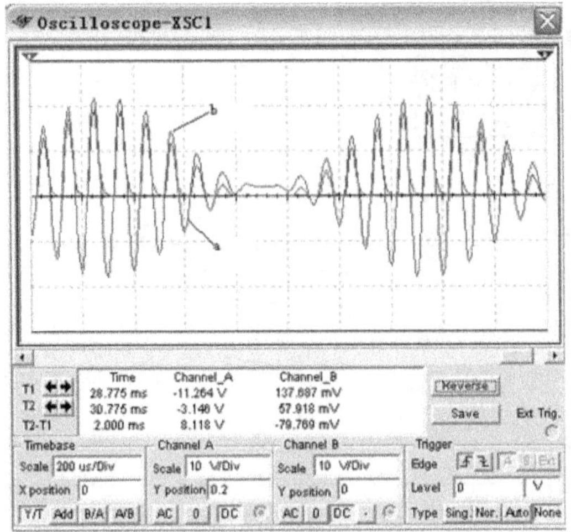


图 9-31　$C_1 = 0.01\mu F$ 时的输入、输出波形

当电容 $C_1 = 1\mu F$ 时，电路的输入、输出波形如图 9-32 所示。由图可见，此时出现________失真，即在输入信号包络下降的区段，输出信号的变化跟不上包络的变化。由于电容 $C_1$ 增加，放电太慢，所以在输入信号下降的某一区段时间内，二极管始终截止，这段波形的变化随放电波形变化，而与输入信号无关，只有当输入信号振幅重新超过输出电压时，电路才能恢复正常。

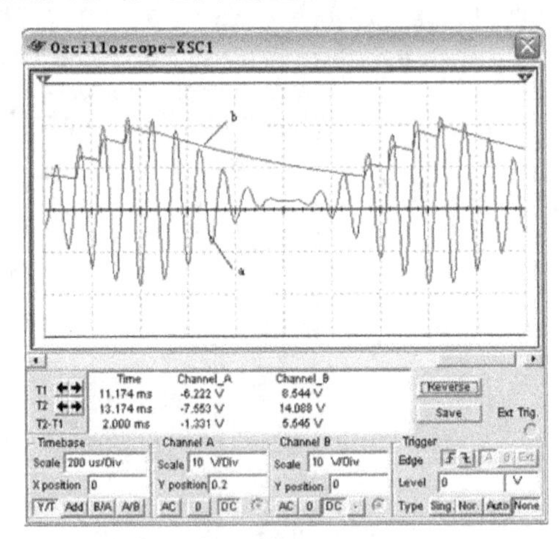


图 9-32　$C_1 = 1\mu F$ 时的输入、输出波形

4．结论分析

通过二极管可以实现峰值包络检波，从而将调制信号解调出来。

为了使电路的输出信号能跟随包络的变化，电容 C 要合理选择。

通常，检波电路中的 R、C 要满足条件____________。

| 拓展思考 | 1．请参考标准 AM 解调电路，自行设计完成抑制载波双边带信号的解调 Multisim 仿真电路，仿真运行并记录其输出波形和调制情况；分析其与 AM 调制的联系、区别之处。 |
| --- | --- |

续表

| 任务名称 | AM 解调电路的设计与分析 | | |
|---|---|---|---|
| 测试方法 | 仿真实现 | 课时安排 | 2 |
| 拓展思考 | （1）Multisim 仿真电路：<br><br>（2）运行仿真，记录 DSB 解调输出波形：<br><br>2．电路中整流器的作用是什么？<br><br>3．请接上频谱分析仪，分析输出信号的频谱特性。 | | |
| 总结与体会 | | | |
| 完成日期 | | 完成人 | |

## 9.2 角度调制技术

角度调制是频率调制和相位调制的合称。角度调制中的已调信号的频谱不再保持调制信号的频谱结构，因此角度调制不再呈线性关系，而属于非线性调制。

角度调制就是用一个调制信号去控制高频载波的频率或相位，使之随调制信号的变化规律而变化。事实上，由于频率与相位之间存在微分与积分的关系，所以无论是调频还是调相，两者之间是关联的，可以相互转换。调频时，必然会引起瞬时相位的变化；调相时，也必然会引起瞬时频率的变化。也就是说，调频必调相，调相必调频。

本节主要讨论角度调制的一些基本概念，包括瞬时频率和瞬时相位、瞬时频率和瞬时相位的关系、频率调制与相位调制的数字表示式和两者之间的关系等。

瞬时频率或瞬时相位随调制信号变化的调制统称为角度调制。如果是瞬时频率随调制信号线性变化，称为频率调制（FM）；如果是瞬时相位随调制信号线性变化，则称为相位调制（PM）。

### 9.2.1 调频波（FM）

调频波是一个等幅的疏密波，疏密的变化与调制信号有关，调制信号寄托于等幅波的疏密之中。也就是说，其瞬时频率的变化（即频偏 $\Delta\omega(t)$ ）反映了调制信号的变化规律，其波形如图 9-33 所示。

根据调频的定义可知，载波的幅度不变，而瞬时角频率 $\omega_c(t)$ 随调制信号 $u_o$ 做线性变化。

1. 数学表达式

若调制信号为 $u_{\Omega}(t)=U_{\Omega m}\cos\Omega t$，载波为 $u_{c}(t)=U_{cm}\cos\omega_{c}t$，则调频信号的瞬时角频率 $\omega(t)$ 为

$$\omega_{c}(t)=\omega_{c}+k_{f}U_{\Omega m}\cos\Omega t=\omega_{c}+\Delta\omega_{m}\cos\Omega t \quad (9\text{-}38)$$

式中，$\omega_{c}$ 为载波角频率，即调频波的中心角频率；$k_{f}$ 为调频灵敏度，表示单位调制信号幅度引起的频率变化，单位为 rad/(s·V)或 Hz/V；$\Delta\omega_{m}$ 为调频波的最大角频偏，表示 FM 波频率摆动的幅度，$\Delta\omega_{m}=k_{f}U_{\Omega m}$，$m_{f}=\Delta\omega_{m}/\Omega=k_{f}U_{\Omega m}/\Omega$ 为调频指数，是调频时在载波信号的相位上附加的最大相位偏移，单位为 rad。

则有

$$u_{FM}(t)=U_{cm}\cos\varphi(t)=U_{cm}\cos(\omega_{c}t+m_{f}\sin\Omega t) \quad (9\text{-}39)$$

2. 波形

调频信号的主要参数有以下几个。

（1）最大角频偏 $\Delta\omega_{m}$，$\Delta\omega_{m}=k_{f}U_{\Omega m}$。它是瞬时角频偏 $\Delta\omega(t)$ 的最大值，反映了频率受调制的程度，是衡量调频质量的重要指标。$\Delta\omega_{m}$ 与 $U_{\Omega m}$ 和 $k_{f}$ 成正比，与调制信号频率 $F$ 无关。

（2）调制系数（调制灵敏度）$k_{f}$，$k_{f}=\Delta\omega_{m}/U_{\Omega m}$，单位为 rad/(s·V)。它表示 $U_{\Omega}$ 对瞬时（角）频率的控制能力，是产生 FM 信号电路的重要参数。

（3）调频指数 $m_{f}$，$m_{f}=\dfrac{\Delta\omega_{m}}{\Omega}=\dfrac{\Delta f_{m}}{F}=\Delta\varphi_{m}$。它是单音调制信号引起的最大瞬时相角偏移量，又称为调制深度。$m_{f}\propto U_{\Omega m}$，但 $m_{f}$ 与 $F$ 成反比。

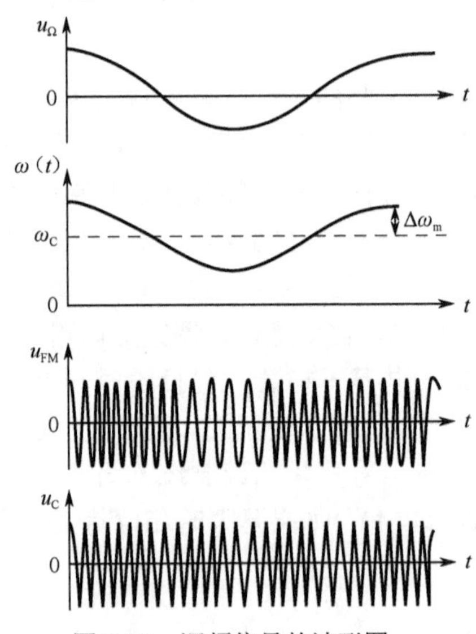


图 9-33 调频信号的波形图

3. 调频信号的频谱

利用三角函数关系将调频信号的表达式展开得

$$\begin{aligned}u_{FM}(t)&=U_{cm}\cos(\omega_{c}t+m_{f}\sin\Omega t)\\&=U_{cm}[\cos(m_{f}\sin\Omega t)\cos\omega_{c}t-\sin(m_{f}\sin\Omega t)\sin\omega_{c}t]\end{aligned} \quad (9\text{-}40)$$

由于$\sin\Omega t$是周期函数，所以$\cos(m_f\sin\Omega t)$、$\sin(m_f\sin\Omega t)$也是周期函数，这样它们都可以展开成傅里叶级数。

在贝塞尔函数理论中，有下列关系式：

$$\cos(m_f\sin\Omega t)=J_0(m_f)+2J_2(m_f)\cos2\Omega t+\cdots+2J_{2n}(m_f)\cos2n\Omega t \tag{9-41}$$

$$\sin(m_f\sin\Omega t)=2J_1(m_f)\sin\Omega t+\cdots+2J_{2n+1}(m_f)\sin(2n+1)\Omega t \tag{9-42}$$

式中，$J_n(m_f)$是$m_f$的$n$阶第一类贝塞尔函数，其值如图 9-34 所示。

将式（9-41）、式（9-42）代入式（9-40），则有

$$\begin{aligned}u_{FM}(t)&=U_{cm}[\cos(m_f\sin\Omega t)\cos\omega_c t-\sin(m_f\sin\Omega t)\sin\omega_c t]\\&=U_{cm}J_0(m_f)\omega_c t+U_{cm}J_1(m_f)[\cos(\omega_c+\Omega)t-\cos(\omega_c-\Omega t)]+\\&\quad U_{cm}J_2(m_f)[\cos(\omega_c+2\Omega)t+\cos(\omega_c-2\Omega t)]+\\&\quad U_{cm}J_3(m_f)[\cos(\omega_c+3\Omega)t-\cos(\omega_c-3\Omega t)]+\\&\quad U_{cm}J_4(m_f)[\cos(\omega_c+4\Omega)t+\cos(\omega_c-4\Omega t)]+\cdots\end{aligned} \tag{9-43}$$

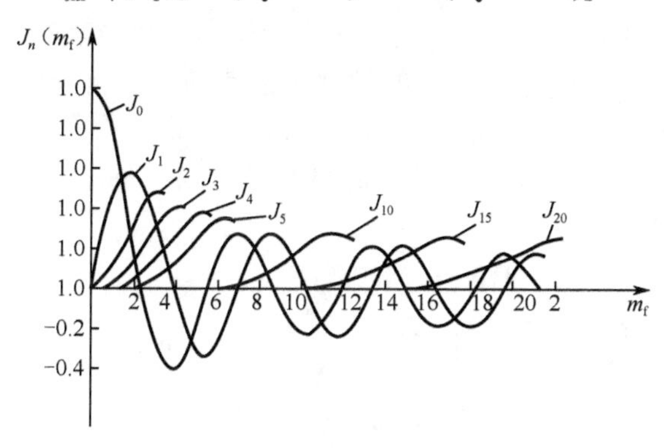


图 9-34 贝塞尔函数曲线

由此可见，单一余弦信号调制情况下的调频波的频谱有如下特点。

（1）调频信号的频谱由角频率为$\omega_c$的载频分量和角频率为$\omega_c\pm n\Omega$的无限多对上、下边频分量所组成，各分量的间隔为$\Omega$。其中，$n$ 为奇数的上、下边频分量的振幅相等，极性相反；$n$ 为偶数的上、下边频分量的振幅相等，极性相同；各分量的振幅取决于贝塞尔函数，且以$\omega_c$对称分布。

（2）边频分量的振幅随着 $n$ 的增大而趋于减小；调频指数$m_f$越大，具有较大振幅的边频分量就越多；对于某些$m_f$值，载波或某些边频分量的振幅为零。因此，调频信号是一种对调制信号的频谱进行特定的非线性变换的已调波。图 9-35 给出了$m_f$=0.5、1 和 2 时的频谱。

（3）当$U_{cm}$一定时，调频信号的平均功率也一定，且等于未调制时的载波功率 $P_c$，其值与$m_f$无关。也就是说，调频时只导致功率从载波分量向各边频分量转移，改变$m_f$也仅引起载波分量和各边频分量之间功率的重新分配，但不引起总功率的改变，且调频信号的功率大部分集中在载频附近的一些边频分量之中。

（4）频谱结构与$m_f$有密切的关系。当$\Omega$一定时，$\Delta\omega_m$ ↑→ $m_f$ ↑→有影响的边频数目增加→频谱就会展宽；当$\Delta\omega_m$一定时，$\Omega$ ↓→ $m_f$ ↑→有影响的边频数目增加→主要频谱宽度基本不变。$m_f$为不同值时调频波的频谱如图 9-35 所示。

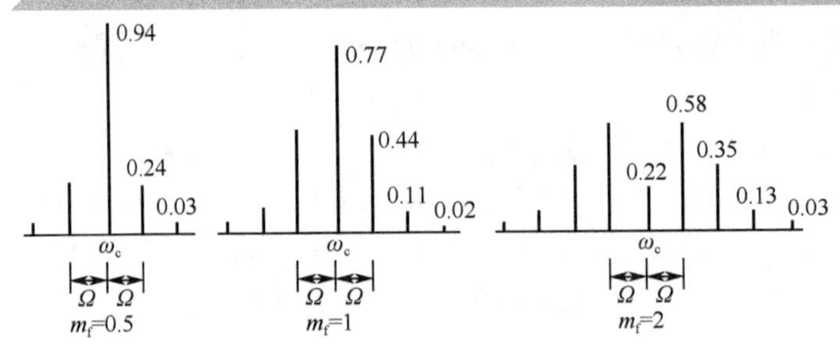


图 9-35　$m_f$ 为不同值时调频波的频谱

#### 4. 调频信号的带宽

从理论上讲，调频信号的频谱包含无数对边频分量，其频带宽度应为无限大。但是由于贝塞尔函数的各次分量幅度有随 $m_f$ 增加而减小的衰减特性，所以调频信号的有效频谱宽度是有限的。

工程上根据不同场合的要求，规定把振幅小于未调载波振幅的 10%（根据不同要求而定）的边频分量忽略不计，则保留下来的频谱分量就确定了调频信号的频带宽度。由贝塞尔函数的理论已经证明，当 $n>(m_f+1)$ 时，$J_n(m_f)$ 的绝对值就小于 0.1。因此，在给定调制系数 $m_f$ 后，需要考虑的上、下边频分量的总数等于 $2(m_f+1)$，于是，调频信号的频带宽度 BW 可利用下式近似计算：

$$\mathrm{BW}=2(m_f+1)F \tag{9-44}$$

由于 $m_f=\dfrac{k_f U_{\Omega m}}{\Omega}=\dfrac{\Delta\omega_m}{\Omega}=\dfrac{\Delta f_m}{F}$，则有

$$\mathrm{BW}=2(\Delta f_m+F) \tag{9-45}$$

式中，$\Delta f_m$ 为调频信号的最大频偏。

根据 $m_f$ 的不同，调频分为窄带调频和宽带调频两种。若 $m_f<1$，则 $\mathrm{BW}\approx 2F$，为窄带调频，其频谱的宽度约等于调制信号频率的两倍；若 $m_f>1$，则 $\mathrm{BW}\approx 2\Delta f_m$，为宽带调频，其频谱的宽度约等于频率偏移 $\Delta f_m$ 的两倍。

调角信号的有效频谱带宽 BW 与最大频偏 $\Delta f_m$ 是两个不同的概念。最大频偏 $\Delta f_m$ 是指在调制信号作用下，瞬时频率偏离载频的最大值，即频率摆动的幅度。而有效频谱带宽是反映调角信号频谱特性的参数，它是指上、下边频所占有的频带范围。

由以上分析可知，由于调角信号为等幅信号，一方面其幅度不携带信息，可采用限幅电路消除干扰所引起的寄生幅度变化，另一方面，不论 $m_f$ 为多大，发射机末级均可工作在最大功率状态，提高了发送设备的利用率，所以抗干扰能力强和设备利用率高是调角信号的显著优点，但是调角信号的有效频谱带宽比调幅信号大得多，而且有效带宽与调制指数 $m_f$ 的大小密切有关，这是角度调制的主要缺点。因此，角度调制不宜在信道拥挤且频率范围不宽的短波波段使用，而适合在频率范围很宽的超高频或微波波段使用。

### 9.2.2 调相波（PM）

调相波也是一个等幅的疏密波，其疏密的变化与调制信号有关，调制信号寄托于等幅波的疏密之中。也就是说，其瞬时相位的变化[即相偏 $\Delta\varphi(t)$]反映了调制信号的变化规律，

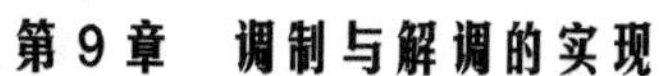



根据调相的定义，若调制信号为 $u_{\Omega}(t)$，则调相信号的瞬时相位 $\varphi(t)$ 为

$$\varphi(t)=\omega_{\mathrm{c}}t+k_{\mathrm{p}}u_{\Omega}(t)=\omega_{\mathrm{c}}t+\Delta\varphi(t) \tag{9-46}$$

式中，$\omega_{\mathrm{c}}$ 为载波中心角频率；$k_{\mathrm{p}}$ 为调相灵敏度，其物理意义是单位调制信号电压所引起的调相波的相位变化值，单位是 rad/V；$\Delta\varphi(t)$ 为瞬时相偏，是瞬时相位相对于 $\omega_{\mathrm{c}}t$ 的相位偏移，$\Delta\varphi(t)=k_{\mathrm{p}}u_{\Omega}(t)$。

由式（9-46）知调相信号的瞬时角频率 $\omega(t)$ 为

$$\omega(t)=\frac{\mathrm{d}\varphi(t)}{\mathrm{d}t}=\omega_{\mathrm{c}}+k_{\mathrm{p}}\frac{\mathrm{d}u_{\Omega}(t)}{\mathrm{d}t} \tag{9-47}$$

由此可知，调相信号的数学表达式为

$$u_{\mathrm{PM}}(t)=U_{\mathrm{cm}}\cos[\omega t+k_{\mathrm{p}}u_{\Omega}(t)] \tag{9-48}$$

当调制信号 $u_{\Omega}(t)$ 为单一频率的余弦信号 $u_{\Omega}(t)=U_{\Omega\mathrm{m}}\cos\Omega t$ 时，调相信号的瞬时相位为

$$\varphi(t)=\omega_{\mathrm{c}}t+k_{\mathrm{p}}u_{\Omega}(t)=\omega_{\mathrm{c}}t+k_{\mathrm{p}}U_{\Omega\mathrm{m}}\cos\Omega t \tag{9-49}$$

瞬时相偏为

$$\Delta\varphi(t)=k_{\mathrm{p}}U_{\Omega\mathrm{m}}\cos\Omega t \tag{9-50}$$

最大相偏为

$$\Delta\varphi_{\mathrm{m}}=k_{\mathrm{p}}U_{\Omega\mathrm{m}} \tag{9-51}$$

瞬时角频率为

$$\omega(t)=\frac{\mathrm{d}\varphi(t)}{\mathrm{d}t}=\omega_{\mathrm{c}}-k_{\mathrm{p}}U_{\Omega\mathrm{m}}\sin\Omega t \tag{9-52}$$

瞬时角频偏为

$$\Delta\omega(t)=k_{\mathrm{p}}U_{\Omega\mathrm{m}}\sin\Omega t \tag{9-53}$$

最大角频偏为

$$\Delta\omega_{\mathrm{m}}=k_{\mathrm{p}}U_{\Omega\mathrm{m}} \tag{9-54}$$

据此，调制信号为单一频率的余弦信号的调相信号的数学表达式为

$$u_{\mathrm{PM}}(t)=U_{\mathrm{cm}}\cos(\omega_{\mathrm{c}}t+k_{\mathrm{p}}U_{\Omega\mathrm{m}}\cos\Omega t)=U_{\mathrm{cm}}\cos(\omega_{\mathrm{c}}t+m_{\mathrm{p}}\cos\Omega t) \tag{9-55}$$

式中，$m_{\mathrm{p}}$ 为调相信号的最大相偏，也称为调相指数，$m_{\mathrm{p}}=k_{\mathrm{p}}U_{\Omega\mathrm{m}}$。

调相信号的主要参数如下。

（1）最大相偏 $\Delta\varphi_{\mathrm{m}}$，$\Delta\varphi_{\mathrm{m}}=k_{\mathrm{p}}U_{\Omega\mathrm{m}}$，是瞬时相偏 $\Delta\varphi(t)$ 的最大值，反映了相位受调制的程度，是衡量调相质量的重要指标。$\Delta\varphi_{\mathrm{m}}$ 与 $U_{\Omega\mathrm{m}}$ 和 $k_{\mathrm{p}}$ 成正比，与调制信号频率 $F$ 无关。

（2）调制系数（调制灵敏度）$k_{\mathrm{p}}$，$k_{\mathrm{p}}=\Delta\varphi_{\mathrm{m}}/U_{\Omega\mathrm{m}}$（rad/V）。它表示 $U_{\Omega\mathrm{m}}$ 对瞬时相位的控制能力，是产生 PM 信号电路的重要参数。

（3）调相指数 $m_{\mathrm{p}}$，$m_{\mathrm{p}}=k_{\mathrm{p}}U_{\Omega\mathrm{m}}=\Delta\varphi_{\mathrm{m}}$。它是单音调制信号引起的最大瞬时相角偏移量，又称为调制深度。

调频和调相的区别与关联如下。

（1）调频信号与调相信号的相同之处：

① 两者都是等幅信号；

② 两者的频率和相位都随调制信号而变化，均产生频偏与相偏。

（2）调频信号与调相信号的区别为：

① 两者的频率和相位随调制信号变化的规律不一样，但由于频率与相位是微积分关系，故两者是有密切联系的；

② 从表 9-1 中可以看出，调频信号的调频指数 $m_f$ 与调制频率有关，最大频偏与调制频率无关，而调相信号的最大频偏与调制频率有关，调相指数 $m_p$ 与调制频率无关。

表 9-1 调频与调相的参数比较

| 参　数 | 调 频 信 号 | 调 相 信 号 |
|---|---|---|
| 载波 | $u_c(t)=U_C\cos\omega_c t$ | $u_c(t)=U_C\cos\omega_c t$ |
| 调制基带信号 | $u_\Omega(t)=U_\Omega\cos\Omega t$ | $u_\Omega(t)=U_\Omega\cos\Omega t$ |
| 偏移物理量 | 频率 | 相位 |
| 调制指数（最大相偏） | $m_f=\dfrac{\Delta\omega_m}{\Omega}=\dfrac{k_f U_\Omega}{\Omega}=\Delta\varphi_m$ | $m_p=\dfrac{\Delta\omega_m}{\Omega}=k_p U_\Omega=\Delta\varphi_m$ |
| 最大频偏 | $\Delta\omega_m=k_f U_\Omega$ | $\Delta\omega_m=k_p U_\Omega\Omega$ |
| 瞬时角频率 | $\omega(t)=\omega_c+k_f u_\Omega(t)$ | $\omega(t)=\omega_c+k_p\dfrac{du_\Omega(t)}{dt}$ |
| 瞬时相位 | $\varphi(t)=\omega_c t+k_f\int u_\Omega(t)dt$ | $\varphi(t)=\omega_c t+k_p u_\Omega(t)$ |
| 已调波电压 | $u_{FM}(t)=U_C\cos(\omega_c t+m_f\sin\Omega t)$ | $u_{PM}(t)=U_C\cos(\omega_c t+m_p\cos\Omega t)$ |
| 信号带宽 | $B=2(m_f+1)F_{max}$ 恒定带宽 | $B=2(m_p+1)F_{max}$ 非恒定带宽 |

③ 从理论上讲，调频信号的最大角频偏 $\Delta\omega_m<\omega_c$，由于载频 $\omega_c$ 很高，故 $\Delta\omega_m$ 可以很大，即调制范围很大。由于相位以 2π为周期，所以调相信号的最大相偏（调相指数）$m_f<\pi$，则调制范围很小。

## 9.2.3 FM 调制器

角度调制是用调制信号去控制载频信号角度变化的一种信号变换方式。无论是调频还是调相，载频信号的幅度并不受调制信号的影响。

从频谱结构来看，振幅调制的目的在于把调制信号的频谱搬移到较高的载频谱线两侧，并不改变调制信号原来的频谱结构，因此振幅调制属于线性调制。但是角度调制则不同。虽然角度调制的结果也是把调制信号的频谱搬到更高的载频谱线的两侧，但搬移后的频谱不再是原来的结构，而产生了许多新的频率分量，因此它不属于线性调制。

由于调频信号比调幅信号的抗干扰性强，在接收机中又可采用限幅装置将信号在传输过程中所受到的幅度干扰去掉，以及调频制具有其他许多优点，所以调频在通信、广播、电视等系统中得到了广泛的应用。调相则主要应用于数字通信或间接调频系统中。

### 1. 性能指标

调频电路虽然有很多，但无论是哪种调频电路，均应有如下要求。

（1）已调波的瞬时频率应与调制信号幅度成比例变化，并要求调制灵敏度尽可能高，即单位调制电压的变化所产生的频率变化要大，但失真应尽可能小。

（2）已调波的中心频率，即载频应尽可能稳定。

（3）最大频移$\Delta f_m$应与调制信号的频率 $F$ 无关。

（4）寄生调幅应尽可能小。

产生调频信号的方法主要有以下 3 种。

（1）直接调频法，是指用调制信号直接控制载频振荡器的振荡频率，通常用变容管作为调频元件。

（2）间接调频法，是指先对调制信号积分，然后用积分后的调制信号对载波进行调相，最终得到调频信号，也就是由调相到调频。

（3）锁相调频法。

### 2. 直接调频电路

根据调频信号的瞬时频率随调制信号成线性变化这一基本特性，可以将调制信号作为压控振荡器的控制电压，使其产生的振荡频率随调制信号规律而变化，压控振荡器的中心频率即为载波频率。显然，这是实现调频的最直接方法，因此称为直接调频。

最常用的直接调频电路是变容二极管调频电路。

变容二极管直接调频广泛用于电调谐与自动调谐电路中，在调频信号发生器类测量仪器、通信设备的调频电路及自动频率控制电路等方面得到了普遍应用。

用变容二极管直接调频的主要优点是：能获得较大的频偏，电路简单，调整方便，所需的调制功率极小；在频偏较小的情况下，非线性失真很小。其主要缺点是：调频波的中心频率稳定度低，在频偏较大时非线性失真也大。

变容二极管的特性：变容二极管是利用半导体 PN 结的结电容随反向电压变化而变化的特性制成的一种晶体二极管，它是一种电压控制的可变电抗器件。

由于变容二极管特性的非线性，在单一余弦调制电压 $u_\Omega(t)$ 作用下的结电容变化曲线（$C_j$）将是上下不对称的非余弦波。当 $u_\Omega(t)$ 的幅度较大时，这种非线性会引起调频的失真。

变容二极管是振荡器选频网络中的一个可变电容器件，它上面除了有直流工作电压、调制电压以外，还同时作用着由振荡器产生的高频振荡电压，这种高频电压的作用不仅影响调频瞬时频率随调制电压 $u_\Omega(t)$ 的变化规律，而且还会影响振荡器的振荡幅度和频率稳定度等性能，在实际系统中，应设法削弱或抵消高频电压对变容二极管的影响。

变容二极管调频电路如图 9-36 所示。

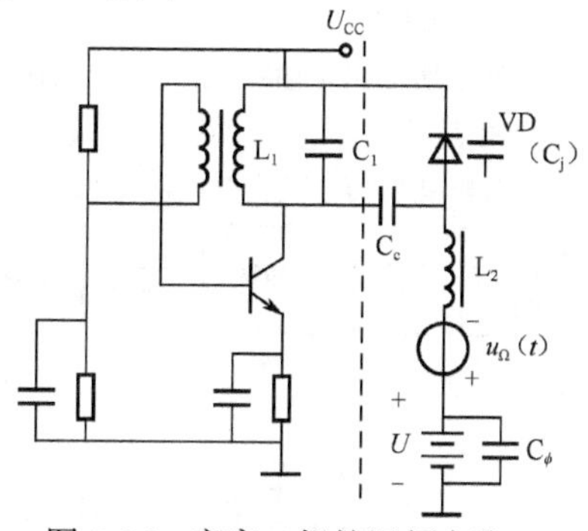


图 9-36　变容二极管调频电路

振荡频率可由回路电感 $L$ 和变容二极管结电容 $C_j$ 所决定。

### 3. 间接调频电路

间接调频的方法是：先将调制信号 $u_\Omega(t)$ 积分，再加到调相器上对载波信号调相，从而完成调频。因此，将调制信号积分后调相，是实现调频的另外一种方式，称为间接调频。由于调制不是直接在振荡器中进行的，所以中心频率的稳定度比直接调频有了很大的提高。

间接调频的原理框图如图 9-37 所示，实现间接调频的关键是实现调相。

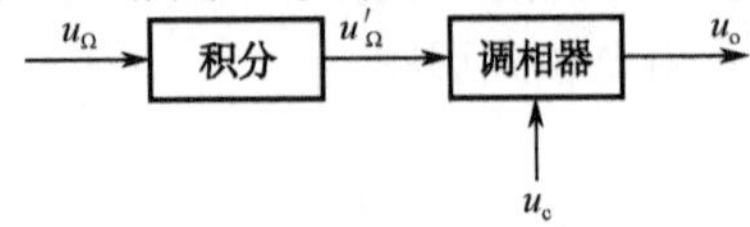


图 9-37　间接调频的原理框图

设调制信号 $u_\Omega(t)=U_{\Omega m}\cos\Omega t$，经积分后得

$$u'_\Omega = k\int u_\Omega(t)\mathrm{d}t = k\frac{U_{\Omega m}}{\Omega}\sin\Omega t \tag{9-56}$$

式中，$k$ 为积分增益。

用积分后的调制信号对载波 $u_c(t)=U_{cm}\cos\omega_c t$ 进行调相，则得

$$u(t)=U_{cm}\cos\left(\omega_c t+k_p k\frac{U_{\Omega m}}{\Omega}\sin\Omega t\right)=U_{cm}\cos(\omega_c t+m_f\sin\Omega t) \tag{9-57}$$

式中，$m_f=\dfrac{k_f U_{\Omega m}}{\Omega}$；$k_f=k_p k$。

## 案例分析 27　FM 调制电路的设计与分析

| 任务名称 | FM 调制电路的设计与分析 | | |
|---|---|---|---|
| 测试方法 | 仿真实现 | 课时安排 | 2 |
| 任务原理 | 在模拟调制中，调频具有较为优越的性能，因此，调频技术广泛应用于立体声广播、电视伴音、无线麦克风、微波传输及卫星通信。<br>因为频率调制不是频谱的线性搬移过程，所以它的电路不能采用乘法器和线性滤波器来构成，而必须根据调频波的特点，提出具体实现的方法。对于调频电路的性能指标，一般有以下几方面的要求：<br>（1）线性的调制特性，即已调波的瞬时频率变化与调制信号成线性关系；<br>（2）具有较高的调制灵敏度，即单位调制电压所产生的振荡频率偏移要大；<br>（3）最大频率偏移与调制信号频率无关；<br>（4）未调制的载波频率（即已调波的中心频率）应具有一定的频率稳定度；<br>（5）无寄生调幅或寄生调幅尽可能小。<br>实现调频的方法分为直接调频和间接调频两大类，图 9-38 为间接调频的原理电路。<br>载波振荡器 FM已调信号 → 缓冲级 → 调相器 → FM已调信号<br>基带信号 → 积分器 → 调相器<br>图 9-38　间接调频的原理电路 | | | |

续表

| 任务名称 | FM 调制电路的设计与分析 | | |
|---|---|---|---|
| 测试方法 | 仿真实现 | 课时安排 | 2 |
| 任务要求 | （1）掌握模拟系统 FM 调制的基本原理。<br>（2）掌握模拟系统 FM 调制电路的设计方法。<br>（3）掌握应用 Multisim 如何实现 FM 调制仿真，并记录、分析仿真结果。 | | |
| 虚拟仪器 | 信号发生器、示波器、频率计等 | | |
| 测试步骤 | | | |

1．方案论证

1）直接调频

直接调频的基本原理是利用调制信号直接控制振荡器的振荡频率，使其反映调制信号的变化规律。要用调制信号去控制载波振荡器的振荡频率，就是用调制信号去控制决定载波振荡器振荡频率的元件或电路的参数，从而使载波振荡器的瞬时频率按调制信号变化规律线性地改变，这样就能够实现直接调频了。

（1）改变振荡回路的元件参数实现调频

在 LC 振荡器中，决定振荡频率的主要元件是 LC 振荡回路的电感 L 和电容 C。在 RC 振荡器中，决定振荡频率的主要元件是电阻 R 和电容 C。因此，根据调频的特点，用调制信号去控制电感、电容或电阻的数值就能实现调频。

调频电路中常用的可控电容元件有变容二极管和电抗管电路，常用的可控电感元件是具有铁氧体磁芯的电感线圈或电抗管电路，而可控电阻元件有二极管和场效应管。

（2）控制振荡器的工作状态实现调频

在微波发射机中，常用速调管振荡器作为载波振荡器，其振荡频率受控于加在管子发射极上的发射极电压。因此，只需要将调制信号加至发射极即可实现调频。

若载波是由多谐振荡器产生的方波，则可用调制信号控制积分电容的充、放电电流，从而控制其振荡频率。

2）间接调频

调频可以通过调相间接实现。通常将这样的调频方式称为间接调频，其原理电路如图 9-38 所示。这样的调频方式采用频率稳定度很高的振荡器（如石英晶体振荡器）作为载波振荡器，然后在它的后级进行调相，得到的调频波的中心频率稳定度很高。

2．方案一——变容二极管直接调频电路

变容二极管直接调频电路是目前应用最广泛的直接调频电路。它是利用变容二极管反接时所呈现的可变电容特性实现调频的，其缺点是中心频率稳定度较低。

直接调频就是用调制信号去控制振荡器的工作状态，改变其振荡频率，以产生调频信号。例如，被控电路是 LC 振荡器，则 LC 振荡器的振荡频率主要由 LC 振荡回路的电感 L 与电容 C 的数值决定。若在 LC 振荡回路中加入可变电抗，用低频调制信号去控制可变电抗的参数，即可产生振荡频率随调制信号变化的调频波。

变容二极管调频就是用调制信号控制变容二极管的电容。变容二极管通常接在 LC 振荡器的电路中作为随调制信号变化的可变电容，从而使振荡器的频率随调制信号的变化而变化，达到调频的目的。

变容二极管直接调频的仿真电路如图 9-39 所示。图中的 $U_1$ 为变容二极管直接调频电路直流电源；$U_2$ 为调制信号；$U_3$ 为变容二极管的直流偏置电源。$VD_1$ 为变容二极管。由图可见，该频率调制实验电路是在上部的电容反馈 LC 振荡器电路的基础上插入下部的变容管及其偏置电路组成的。

变容二极管 $VD_1$ 作为回路总电容全部接入振荡回路；$R_3$ 为隔离电阻，用以减小偏置电路及外界测量仪器的内阻对变容二极管振荡谐振回路构成的影响；频幅变换网络将调频信号变换为 FM 调制信号。

续表

| 任务名称 | FM 调制电路的设计与分析 | | |
|---|---|---|---|
| 测试方法 | 仿真实现 | 课时安排 | 2 |

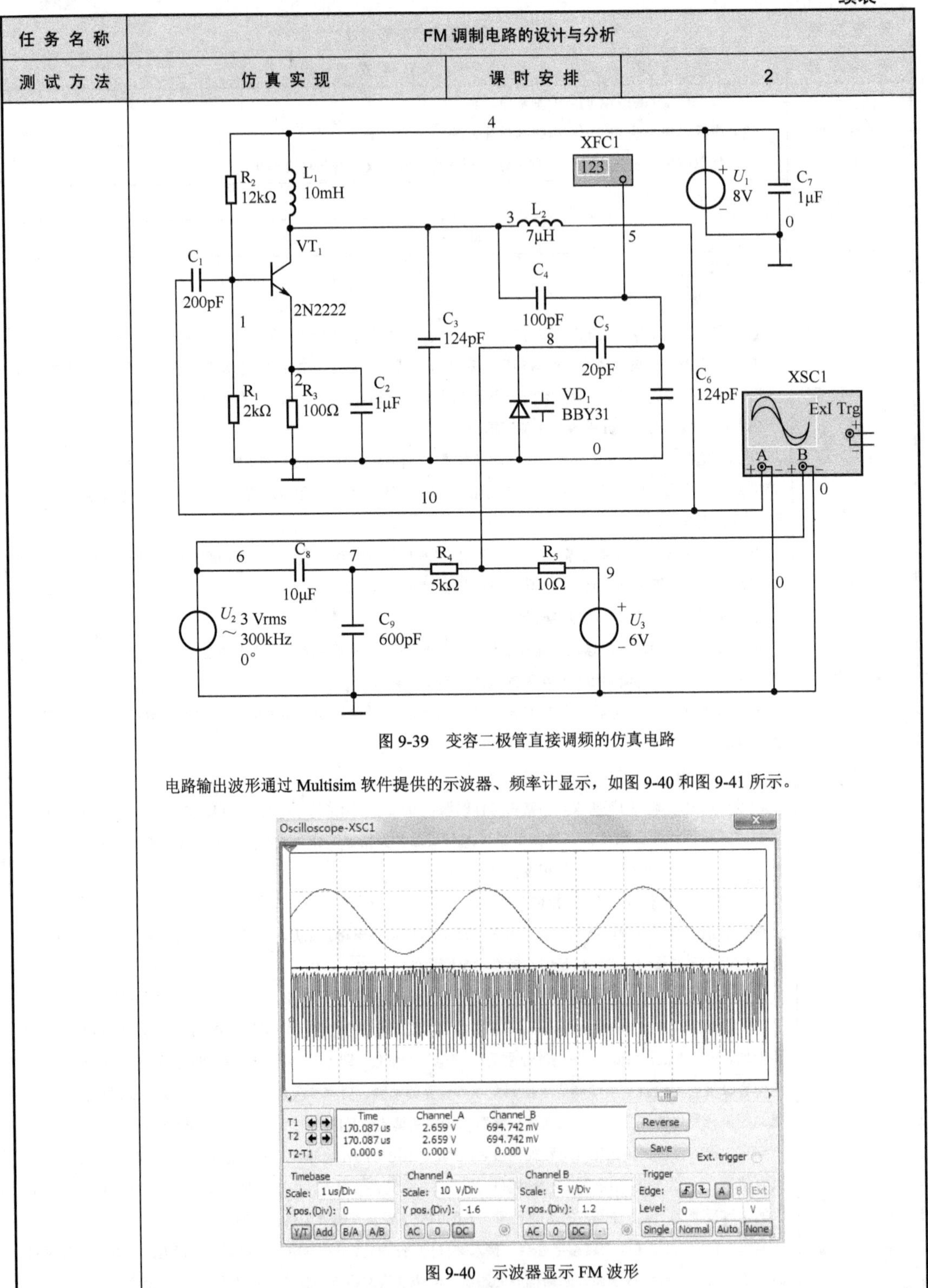


图 9-39 变容二极管直接调频的仿真电路

电路输出波形通过 Multisim 软件提供的示波器、频率计显示，如图 9-40 和图 9-41 所示。



图 9-40 示波器显示 FM 波形

续表

| 任务名称 | FM 调制电路的设计与分析 | | |
|---|---|---|---|
| 测试方法 | 仿真实现 | 课时安排 | 2 |

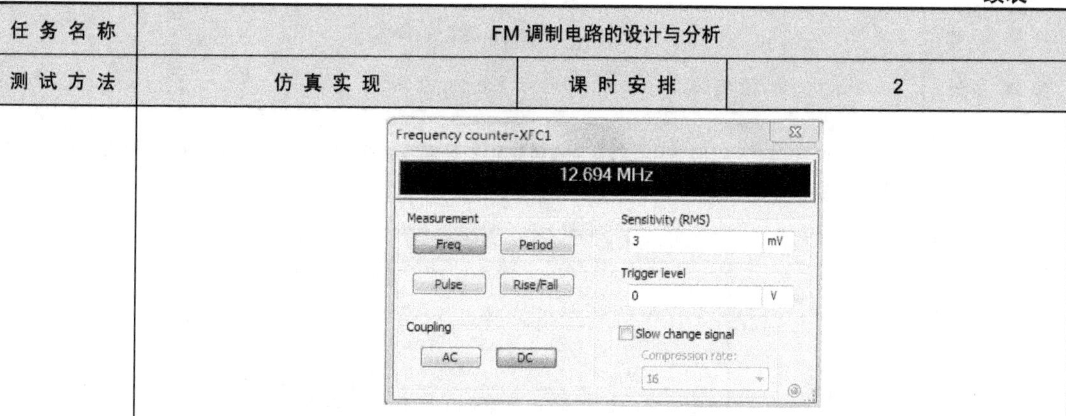


图 9-41　频率计显示 FM 调制频率

3．方案二——锁相环调频电路

直接调频电路的振荡器中心频率稳定度较低，而采用晶体振荡器的调频电路，其调频范围又太窄。采用锁相环的调频器可以解决这个矛盾。其原理框图如图 9-42 所示。首先在 Multisim 软件中构造锁相环的仿真模型，基本的锁相环由鉴相器（PD）、环路滤波器（LP）和压控振荡器（VCO）三部分组成。

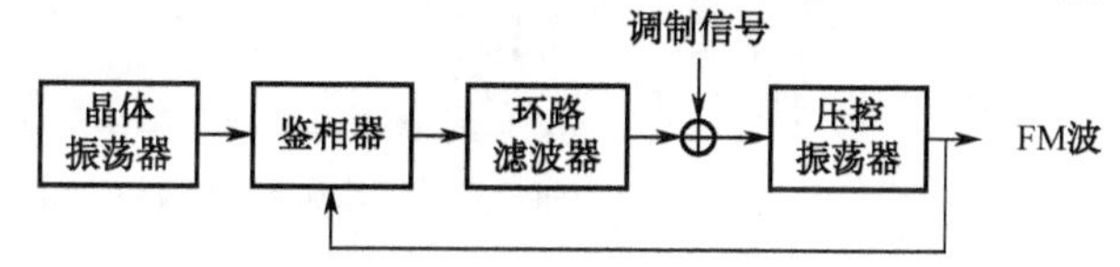


图 9-42　锁相环调频电路的原理框图

Multisim 仿真电路如图 9-43 所示。图中，设置压控振荡器 $U_4$ 在控制电压为 0 时，输出频率 0；在制电压为 5V 时，输出频率为 50kHz。这样，实际上就选定了压控振荡器的中心频率为 25kHz，为此设定直流电压 $U_1$ 为 2.5V。

调制电压 $U_3$ 通过电阻 $R_5$ 接到 VCO 的输入端，$R_1$ 实际上用做制信号源 $U_3$ 的内阻，这样可以保证加到 VCO 输入端的电压是低通滤波器的输出电压和调制电压之和，从而满足了原理图的要求。

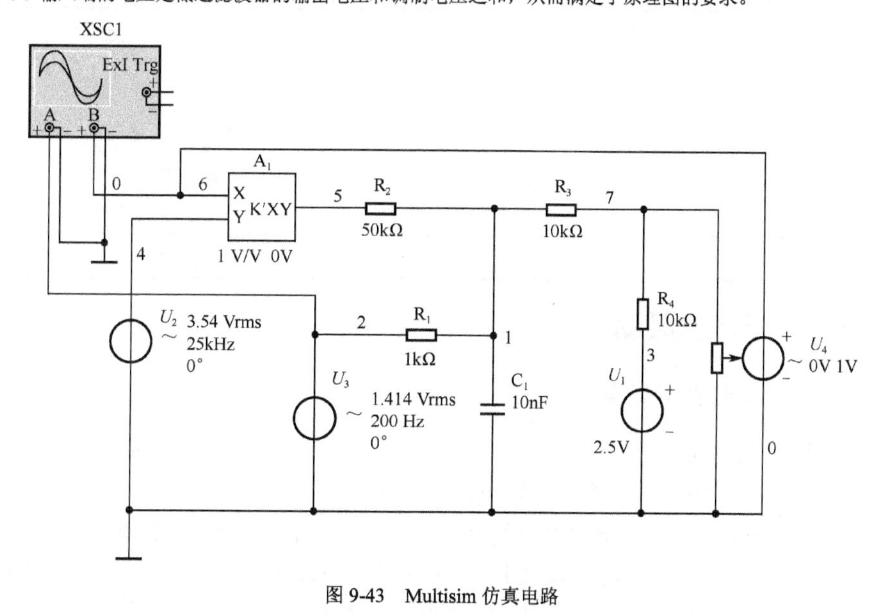


图 9-43　Multisim 仿真电路

续表

| 任务名称 | FM调制电路的设计与分析 | | |
|---|---|---|---|
| 测试方法 | 仿真实现 | 课时安排 | 2 |
| | 锁相环调频电路中 VCO 输出波形和输入调制电压 $U_3$ 的关系如图 9-44 所示。由图可见，输出信号频率随着输入信号的变化而变化，从而实现了调频功能。 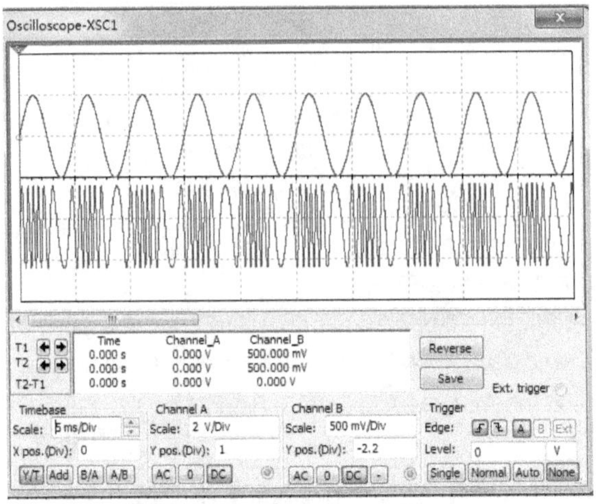<br>图 9-44　锁相环调频电路的输出调频波形<br>4. 调制实现方案比较<br>方案一：比较简单，浅显易懂，电路连接也比较简单，容易实现，但是使用元件较多，电路有些冗繁，性价比较低，创新性也不足，电路原理有些简单，且调制效果不明显。<br>方案二：直接调频电路的振荡器中心频率稳定度较低，而采用晶体振荡器的调频电路，其调频范围又太窄，采用锁相环的调频器可以解决这个矛盾，电路简单，调频效果也明显。 | | |
| 总结与体会 | | | |
| 完成日期 | | 完成人 | |

## 9.2.4　FM 鉴频器

### 1. 鉴频特性及其实现

1）鉴频的作用

从调频信号中解调出调制信号的过程称为鉴频。

在调频接收机中，起解调作用的部件是频率检波器，也叫做鉴频器。它是把调频信号的频率 $\omega(t)=\omega_c+\Delta\omega(t)$ 与载波频率 $\omega_c$ 比较，得到频差 $\Delta\omega(t)=\Delta\omega_m f(t)$，从而实现频率检波的。鉴频过程就是把调频波中心频率的变化变换成电压的变化，即完成频率-电压的变换作用。

2）鉴频的特性

鉴频器的主要特性是鉴频特性，也就是它输出的低频信号电压和输入的已调波频率之间的关系。图 9-28 所示的就是一个典型的鉴频特性曲线。鉴频特性的中心频率 $f_O$ 对应于调频信号的载频 $f_c$。当输入信号频率为载频时，输出电压为零；当信号频率向左、右偏离中心 $\Delta f$ 时，分别得到负或正的输出电压。

3）性能指标

衡量鉴频器特性的主要指标有以下 3 项。

（1）灵敏度 $g_d$：指在中心频率 $f_O$ 附近，输出电压 $\Delta u_O$ 与频偏 $\Delta f$ 的比值，称为鉴频灵敏度。$g_d$ 又叫鉴频跨导，也就是鉴频特性在 $f_O$ 附近的斜率。灵敏度高就意味着鉴频特性曲线更陡直，说明在较小的频偏下就能得到较大的电压输出。

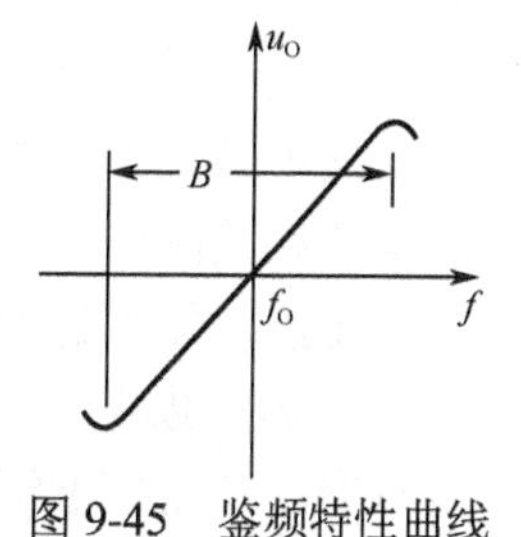


图 9-45　鉴频特性曲线

（2）线性范围 B：指的是鉴频特性接近直线的频率范围。在图 9-45 中，线性范围就是两弯曲点之间的范围，其值应大于调频信号的最大频偏。

（3）非线性失真：在线性范围内鉴频特性只是近似为线性，也存在非线性失真。非线性失真应该尽量小。

4）鉴频方法

鉴频的方法很多，常见的主要有如下 3 类。

（1）波形变换法

波形变换法是指首先进行波形变换，将等幅调频波变换成幅度随瞬时频率变化的调幅波（即调频-调幅波），然后用振幅检波器将振幅的变化检测出来。

波形变换法根据波形变换的结果不同可进一步分为以下两类。

一类称为振幅鉴频器，它利用频-幅变换网络将等幅的 FM 信号变换为 FM-AM 信号，然后利用包络检波电路恢复出原调制信号。常见的振幅鉴频器除斜率鉴频器外，还有微分鉴频器、差分峰值鉴频器等。

另一类称为相位鉴频器，它利用频-相变换网络（如互感耦合回路等），将输入的 FM 波变换为频率和相位都随调制信号变化的 FM-PM 波，然后将 FM 波及 FM-PM 波送入相位检波器中，检测出两信号的相位差，该相位差正比于 FM 信号的瞬时频率，也同时正比于原调制信号，因此，相位检波器的输出正比于原调制信号，进而完成对 FM 信号的解调。

（2）对调频波通过零点的数目进行计数的方法

根据单位时间内的数目正比于调频波的瞬时频率进行鉴频的，鉴频器叫做脉冲计数式鉴频器。其最大的优点是线性性能良好。

（3）利用门电路或锁相环路进行鉴频

这种鉴频器最易于实现集成化，而且性能优良。

### 2. 斜率鉴频器

利用频-幅变换网络将调频信号转换成调频-调幅信号，然后再经过检波电路取出原调制信号，这种方法称为斜率鉴频，可以采用这种方法的原因是在线性解调范围内，解调信

号电压与调频信号瞬时频率之间的比值和频幅转换网络特性曲线的斜率成正比。

斜率鉴频器模型如图 9-46 所示。

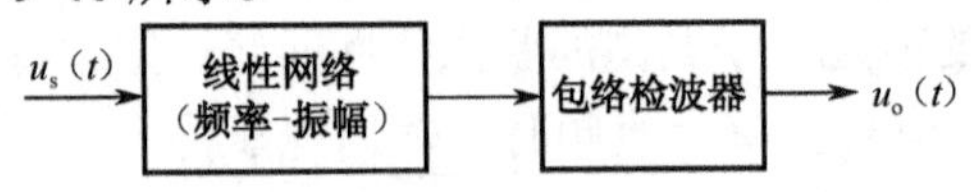


图 9-46 斜率鉴频器模型

在斜率鉴频电路中，频-幅变换网络通常采用 LC 并联回路或 LC 互感耦合回路，检波电路通常采用差分检波电路或二极管包络检波电路。

### 3. 相位鉴频器

这种鉴频方法是先将输入调频波经过线性移相网络变成调频-调相波，其相位的变化正好与调频波瞬时频率的变化成线性关系，然后将此调频-调相波与未相移的输入调频波进行相位比较，便可解调出所需的调制信号，从而实现鉴频。

由于鉴频电路中的相位比较器一般都选用乘法电路，所以这种鉴频器也称为相移乘法鉴频器，其组成框图如图 9-47 所示。

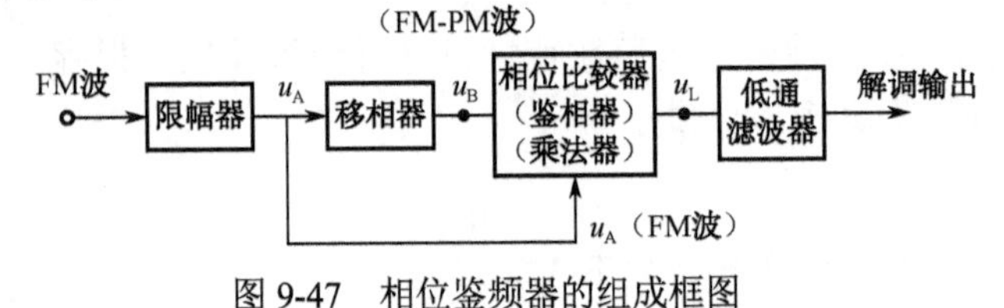


图 9-47 相位鉴频器的组成框图

### 4. 乘积型相位鉴频器

利用乘积型鉴相器实现鉴频的方法称为乘积型相位鉴频法或积分鉴频法。

在乘积型相位鉴频器中，线性相移网络通常是单谐振回路（或耦合回路），而相位检波器为乘积型鉴相器，如图 9-48 所示。

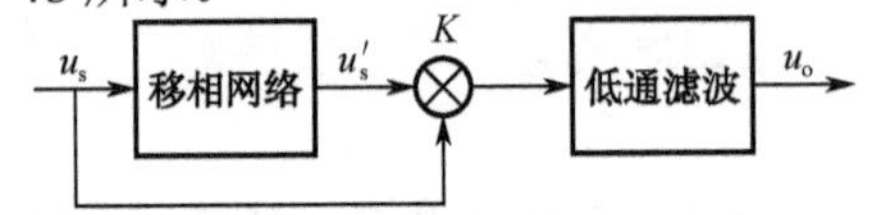


图 9-48 乘积型相位鉴频器的原理图

## 案例分析 28 FM 解调电路的设计与分析

| 任务名称 | FM 解调电路的设计与分析 | | |
|---|---|---|---|
| 测试方法 | 仿真实现 | 课时安排 | 2 |
| 任务原理 | 从调频波中“检出”原来调制信号的过程称为调频波的解调，又叫鉴频。实现鉴频的电路称为鉴频器，也叫频率检波器。<br>鉴频器是使输出电压和输入信号频率相对应的电路，用于调频信号的解调，常见的有斜率鉴频器、相位鉴频器、比例鉴频器等，对这类电路的要求主要是非线性失真小，噪声门限低。<br>斜率鉴频器的原理电路如图 9-49 所示。其中，晶体管和 LC 回路实质上是一个调谐放大器，但回路的谐振频率 $f_0$ 与已调频信号的中心频率 $f_c$ 是失谐的。一旦已调频信号的瞬时频率发生变化，放大器就输出一个与之相对应的调幅-调频波。经二极管检波处理，即可在负载 $R_L$ 上得到与原调制信号变化规律相同的输出。斜率鉴频器的电路比较简单，但回路失谐时，其谐振特性曲线不是直线，因此鉴频特性的线性较差。 | | |

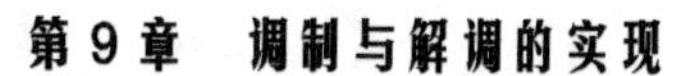


续表

<table>
<tr><td>任 务 名 称</td><td colspan="3">FM 解调电路的设计与分析</td></tr>
<tr><td>测 试 方 法</td><td>仿 真 实 现</td><td>课 时 安 排</td><td>2</td></tr>
<tr><td></td><td colspan="3">图 9-49　斜率鉴频器的原理电路</td></tr>
<tr><td>任务要求</td><td colspan="3">（1）掌握模拟系统 FM 解调电路的基本原理。<br>（2）掌握模拟系统 FM 解调电路的设计方法。<br>（3）掌握应用 Multisim 实现 FM 解调仿真，并记录、分析仿真结果。</td></tr>
<tr><td>虚拟仪器</td><td colspan="3">信号发生器、示波器、频率计等。</td></tr>
<tr><td colspan="4">测试步骤</td></tr>
<tr><td></td><td colspan="3">

1．设计方案

1）单失谐回路斜率鉴频器

其工作原理为：LC 谐振回路的中心频率为 $\omega_0 = \frac{1}{\sqrt{LC}}$，$\omega_0 \neq \omega_c$。如图 9-50 所示，$\omega_c$ 失谐在 LC 单调谐回路幅频特性的上升或下降沿的线性段中点，利用该点附近的一段近似线性的幅频特性，可将调频波转变成调幅调频波。

单失谐回路斜率鉴频器的缺点是：鉴频特性曲线的线性鉴频范围小，非线性失真较大。

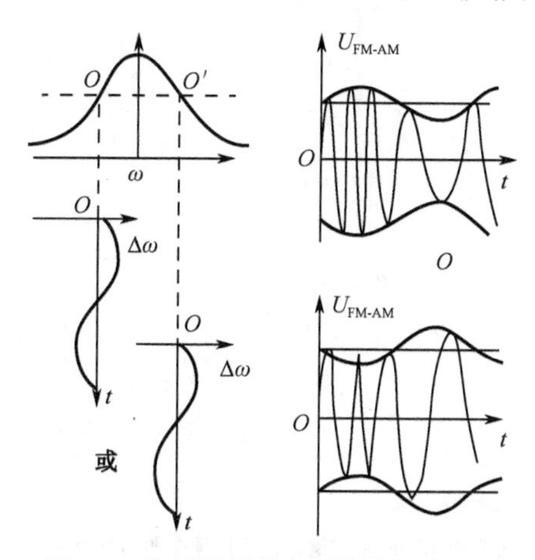


图 9-50　单失谐回路斜率鉴频器的工作原理

用 Multisim 创建斜率鉴频器仿真电路，如图 9-51 所示。该电路利用失谐的 LC 谐振回路实现斜率鉴频。

图中，$U_1$ 是输入调频波，幅值为 2V；中心频率为 1MHz，调制信号频率为 70kHz；$L_1$、$C_1$ 是频幅变换电路；$VD_1$、$C_2$、$R_2$ 组成包络检波电路。

该电路利用 LC 谐振回路构成的频幅变换网络将调频信号变换为 FM 调制信号，然后利用包络检波电路恢复出原调制信号。由图 9-52 可知，该电路为失谐回路，因此调幅波变为调幅波。解调波形由于参数不完美而导致不是完整波形，出现失真。本电路虽简单但鉴频特性较差。

</td></tr>
</table>

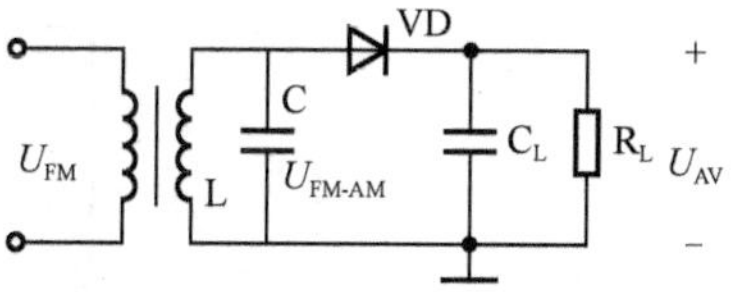

续表

| 任务名称 | FM解调电路的设计与分析 | | |
|---|---|---|---|
| 测试方法 | 仿真实现 | 课时安排 | 2 |

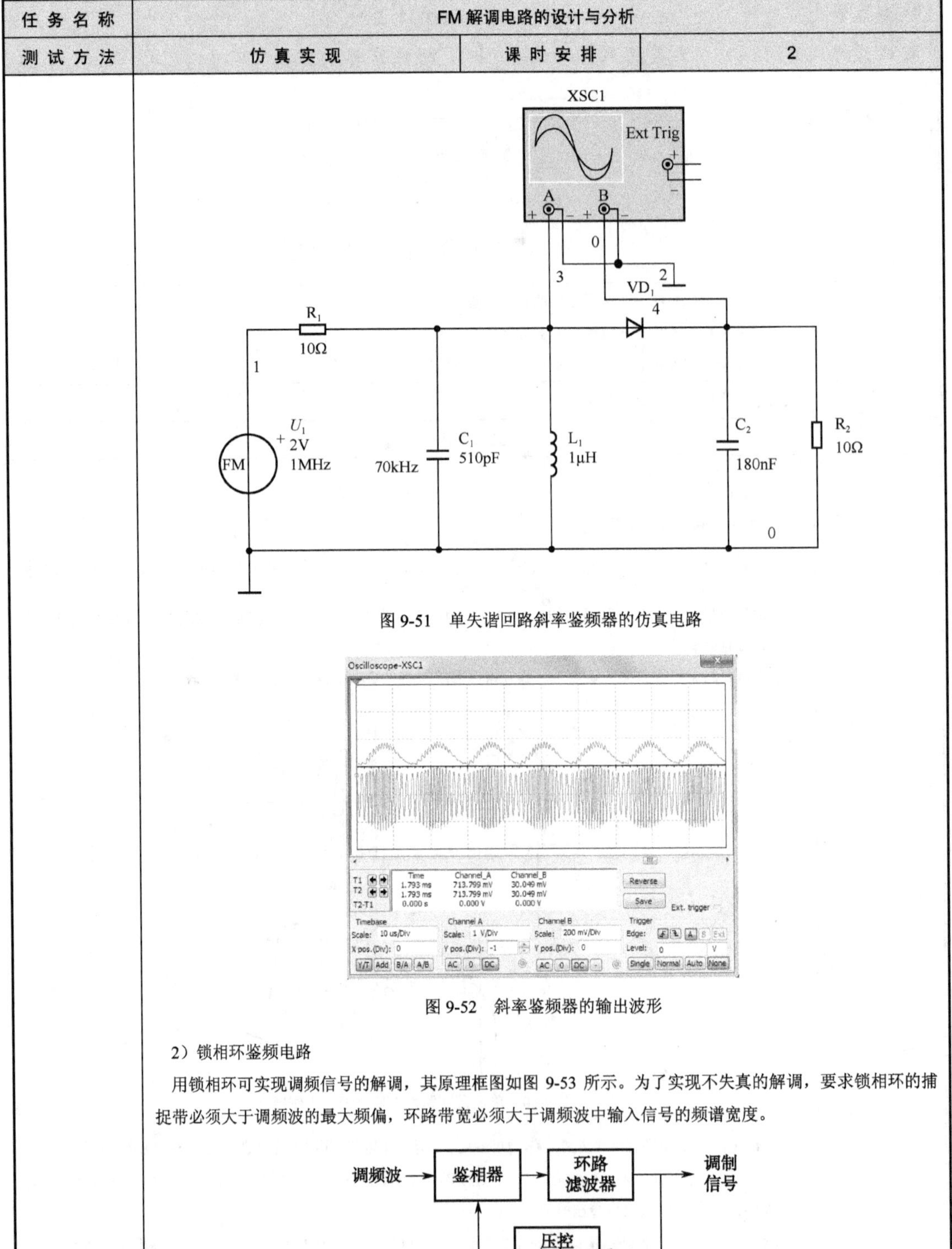


图 9-51　单失谐回路斜率鉴频器的仿真电路

图 9-52　斜率鉴频器的输出波形

2）锁相环鉴频电路

用锁相环可实现调频信号的解调，其原理框图如图 9-53 所示。为了实现不失真的解调，要求锁相环的捕捉带必须大于调频波的最大频偏，环路带宽必须大于调频波中输入信号的频谱宽度。



图 9-53　锁相环鉴频电路的原理框图

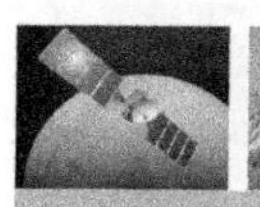

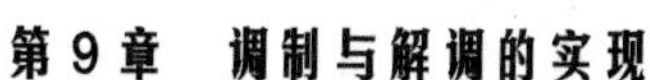



续表

| 任务名称 | FM 解调电路的设计与分析 | | |
|---|---|---|---|
| 测试方法 | 仿真实现 | 课时安排 | 2 |

对应的 Multisim 仿真电路如图 9-54 所示。图中的压控振荡器的设置与锁相环调频电路相同。为了进一步改善低通滤波器的输出波形，在 $R_2$、$C_2$ 的输出端又串接了一级低通滤波电路（$R_1$、$C_1$）。

由于锁相环鉴频时要求调制信号处于低通滤波器的通带之内，所以电阻 $R_1$ 的阻值要比调频电路中的阻值小，本设计中的 $R_2$=10kΩ。仿真波形如图 9-55 所示。由图可见，该电路实现了鉴频功能。如果将 $R_1$、$C_1$ 的输出作为 VCO 的输入，则仿真结果不再正确，这在实际仿真时需要注意。

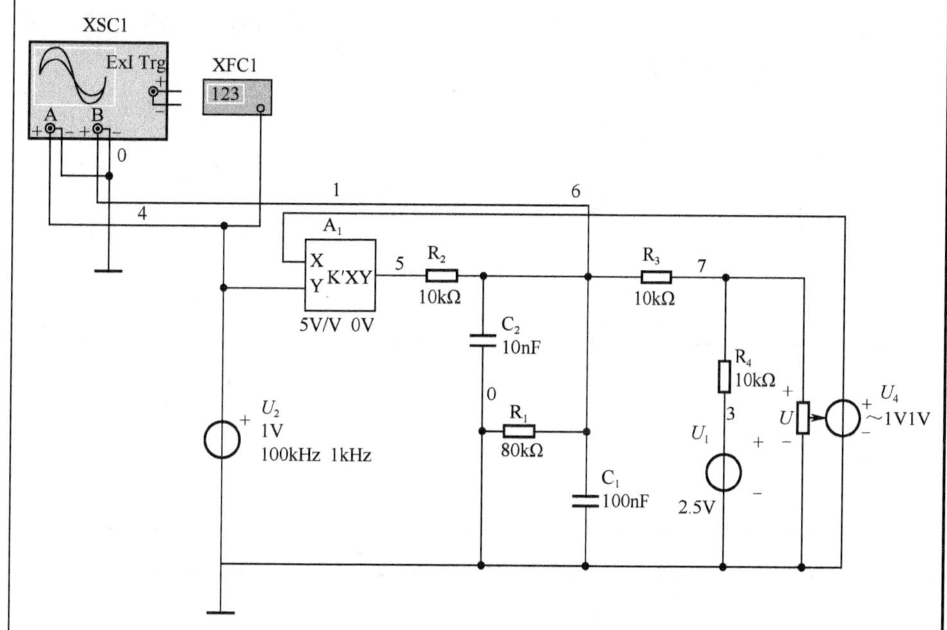


图 9-54　Multisim 仿真电路

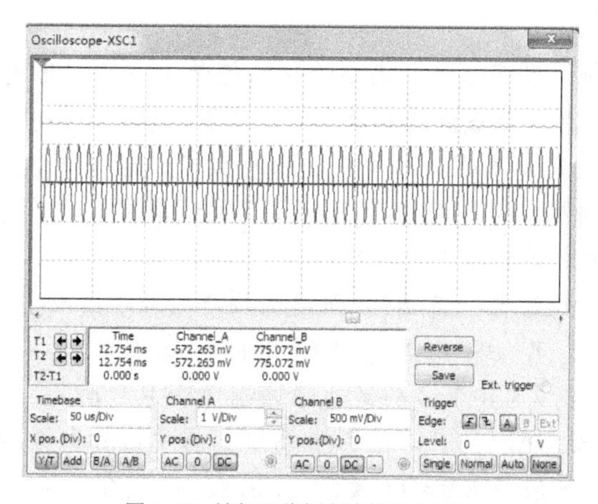


图 9-55　锁相环鉴频电路的输出波形

由波形图可知，由于压控振荡器计和低通滤波器的参数不是特别合适，使得输出波形出现毛刺，而不能很好地实现滤波，输出完美的正弦波。

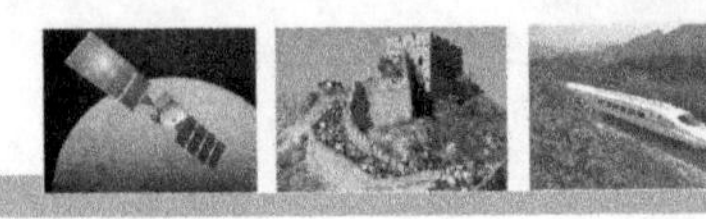

续表

<table>
<tr><td>任务名称</td><td colspan="3">FM 解调电路的设计与分析</td></tr>
<tr><td>测试方法</td><td>仿真实现</td><td>课时安排</td><td>2</td></tr>
<tr><td></td><td colspan="3">2. 两种鉴频方案比较<br>方案 1：单失谐回路斜率鉴频器的优点是电路简单，成本低、仿真简单；缺点是鉴频特性曲线的线性鉴频范围小，非线性失真较大。<br>方案 2：锁相环鉴频电路环路的输入频率跟随输出频率变化（即跟踪），实现环路锁定困难，毛刺无法消除。<br>3. 在仿真电路中接入频谱分析仪，观察 FM 输入信号和鉴频输出信号的频谱特点，并进行记录。<br>FM 信号频谱：　　　　鉴频输出信号频谱：<br>______________　______________</td></tr>
<tr><td>总结与体会</td><td colspan="3"></td></tr>
<tr><td>完成日期</td><td></td><td>完成人</td><td></td></tr>
</table>

## 知识梳理与总结

- 调制，是指用基带信号（需要传送的信号）去控制高频载波的过程。
- 根据基带信号控制载波的参数不同，调制可以分为幅度调制、频率调制及相位调制。
- 调制的本质是对基带信号的频谱进行改变；若是将其进行线性的搬移，则为线性调制方法，如幅度调制；若是频谱改变时改变了频率成分或产生了新的频率成分，则为非线性调制方法，如频率调制和相位调制。
- 调制的逆过程称为“解调”，即从已调波信号中恢复出原始基带信号的过程。
- 幅度调制又可以分成普通调幅（也称标准调幅，AM）、抑制载波双边带调幅（DSB）、单边带调制（SSB）及残留边带调制（VSB）等。
- 在普通调幅（AM）中，重要的参数有基带信号频率$\Omega$、载波频率 $f_c$ 和调幅系数 $m_a$（也称为调幅度）。一般要求$0 \leqslant m_a \leqslant 1$，如果$m_a > 1$则会产生过调，导致信号波形失真。
- 已调波 AM 信号的频谱中含有载频和上、下边带两部分，因此普通调幅（AM）的功率利用率很低，即使$m_a = 1$时也只能达到 33%。AM 信号带宽是其基带信号带宽的 2 倍。
- 常用的调幅实现电路有模拟乘法器调幅电路、二极管平衡调制器等。
- 调幅信号的解调电路也叫“检波器”，有同步检波器和包络检波器。包络检波器会出

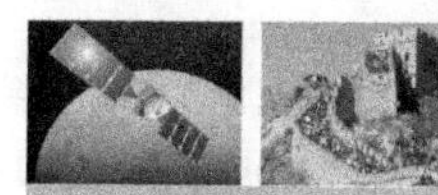

现的失真有截止失真、惰性失真、负峰切割失真等，要注意区分这些失真产生的原因。

● 调频和调相合称为“角度调制”，都是非线性调制方式。调频信号的重要参数有载波角频率 $\omega_c$、调频灵敏度 $k_f$、最大角频偏 $\Delta\omega_m$、调频指数 $m_f$ 等。FM 信号的带宽是其基带信号带宽的 2（$m_f$+1）倍。

● PM 信号与 FM 信号有着密切的关系，存在互为微积分的关系。它们的相同点在于：两者均为等幅疏密波，两者的频率和相位都随基带信号变化而变化，均会产生频偏和相偏。

● FM 信号的解调电路也称为“鉴频器”，如斜率鉴频器、相位鉴频器等。

## 习题 9

1．对于同步检波器，同步电压与载波信号的关系是＿＿＿＿＿＿＿＿＿。

2．惰性失真和负峰切割失真是＿＿＿＿＿＿＿＿＿检波器特有的失真。

3．调幅波解调电路中的滤波器应采用＿＿＿＿＿＿＿滤波器。

4．AM 调幅信号频谱含有＿＿＿＿＿＿、＿＿＿＿＿和＿＿＿＿＿＿。

5．单频调制的 AM 波，若它的最大振幅为 1V，最小振幅为 0.6V，则它的调幅度为＿＿＿。

6．在二极管平衡调幅电路的输出电流中，能抵消的频率分量是＿＿＿＿＿＿＿＿＿＿。

7．在普通 AM 调幅信号中，能量主要集中在＿＿＿＿＿中。

8．与 AM 调幅波相比，DSB 调幅的优点是＿＿＿＿＿＿＿。

9．调幅的就是用＿＿＿信号去控制＿＿＿，使载波随＿＿＿大小变化而变化。

10．大信号包络检波器是利用二极管的＿＿＿和 RC 的＿＿＿特性工作的。

11．避免惰性失真的条件是＿＿＿＿＿；不产生负峰切割失真，必须满足的条件是＿＿＿＿＿。

12．在大信号包络检波器中，若电路参数选择不当会产生两种失真：一种是＿＿＿；另一种是＿＿＿＿＿＿＿。

13．常用的检波电路有＿＿＿＿＿和＿＿＿＿＿＿。

14．鉴频是＿＿＿＿＿信号的解调过程。

15．已知调幅波输出电压 $u_o(t) = 5\cos(2\pi\times10^6 t) + \cos[2\pi(10^6 + 5\times10^3 t)] + \cos[2\pi(10^6 - 5\times10^3 t)]$ V，试求出调幅系数及频带宽度，画出调幅波波形和频谱图。

16．根据普通调幅波电路组成模型，试写出 $u_o(t)$ 的表示式，说明调幅的基本原理。

17．在理想模拟相乘器中，$K_M$=0.1V$^{-1}$，若 $u_X = 2\cos\omega_c t$，$u_Y = (1 + 0.5\cos\Omega_1 t + 0.4\cos\Omega_2 t)\cos\omega_c t$，试写出输出电压表示式，说明实现了什么功能？

18．基极调幅电路与集电极调幅电路的工作原理主要区别在哪里？

19．在二极管包络检波器中，如果将检波二极管接反，电路是否还能对信号进行检波？

20．在二极管包络检波电路中，已知 $u_s(t) = [2\cos(2\pi\times465\times10^3 t) + 0.3\cos(2\pi\times469\times10^3 t) + 0.3\cos(2\pi\times461\times10^3 t)]$ V。

（1）试问该电路会不会产生惰性失真和负峰切割失真？

（2）若检波效率$\eta_a \approx 1$，按对应关系画出A、B、C点的电压波形，并标出电压的大小。

21．若调角波$u(t)=10\cos(2\pi\times10^6 t+10\cos2000\pi t)$ V，试确定：（1）最大频偏；（2）最大相偏；（3）信号带宽；（4）此信号在单位电阻上的功率；（5）能否确定这是FM波还是PM波？

22．设载频$f_c=12\text{MHz}$，载波振幅$U_{cm}=5\text{V}$，调制信号$u_\Omega(t)=1.5\cos2\pi\times10^3 t$ V，调频灵敏度$k_f=25\text{kHz/V}$，试求：（1）调频表达式；（2）调制信号频率和调频波中心频率；（3）最大频偏、调频系数和最大相偏；（4）调制信号频率减半时的最大频偏和相偏；（5）调制信号振幅加倍时的最大频偏和相偏。

23．角度调制与振幅调制的主要区别是什么？

24．已知调制信号$u_\Omega(t)=8\cos2\pi\times10^3 t$ V，载波输出电压$u_o(t)=5\cos2\pi\times10^6 t$ V，$k_f=2\pi\times10^3$ rad/（s·V），试求调频信号的调频指数$m_f$、最大频偏$\Delta\omega_m$和有效频谱带宽BW，写出调频信号表示式。

25．已知载波信号$u_c(t)=U_{cm}\cos\omega_c t$，调制信号$u_\Omega(t)$为周期性方波，试画出调频信号、瞬时角频率偏移$\Delta\omega(t)$和瞬时相位偏移$\Delta\varphi(t)$的波形。

26．调频信号的最大频偏为75kHz，当调制信号频率分别为100Hz和15kHz时，求调频信号的$m_f$和BW。

27．什么是直接调频和间接调频？它们各有何优缺点？

28．什么是鉴频器的鉴频特性？衡量鉴频特性的指标有哪些？

# 第10章　频率合成与变换技术

## 教学导航

<table>
<tr><td rowspan="7">教</td><td rowspan="3">知识重点</td><td>1. 变频器的工作原理及性能指标</td></tr>
<tr><td>2. 混频电路的实现</td></tr>
<tr><td>3. 频率合成方法及频率合成器</td></tr>
<tr><td rowspan="2">知识难点</td><td>1. 变频（混频）电路特性</td></tr>
<tr><td>2. 各类频率合成电路</td></tr>
<tr><td>推荐教学方式</td><td>采用基本教学法，结合实例帮助学生了解、熟悉变频原理及其实现电路</td></tr>
<tr><td>建议学时</td><td>6 学时</td></tr>
<tr><td rowspan="4">学</td><td>推荐学习方法</td><td>以小组讨论的学习方式，结合实例及教材内容理解变频原理、性能指标及实现电路</td></tr>
<tr><td rowspan="2">必须掌握的理论知识</td><td>1. 变频器的性能指标</td></tr>
<tr><td>2. 频率合成器类型</td></tr>
<tr><td>必须掌握的技能</td><td>掌握实现变频、频率合成的方法</td></tr>
</table>

# 10.1 混频器

混频是使信号的频率从某一频率变换到另一个新的频率，但变换前后信号的频谱结构不变。变频与混频的作用是一致的，工作原理也一致。在变频电路中，没有独立设置的本振电路，其本振信号是由电路本身产生的。实际应用中一般不对这两者加以区分。

变频（Frequency Conversion）就是将高频已调波经过频率变换，变为固定中频（Intermediate Frequency）已调波。变频的应用十分广泛，它不仅用于各种超外差式接收机中，还用于频率合成器等电路或电子设备中。

在变频过程中，信号的频谱内部结构（即各频率分量的相对振幅和相互间隔）和调制类型（调幅、调频还是调相）保持不变，改变的只是信号的载频。具有这种作用的电路称为变频电路或变频器。

下面以调幅信号的变频波形和频谱的变化为例说明变频器的作用，如图 10-1 所示。由图 10-1 可以看出，经过变频，输出的中频调幅波与输入的高频调幅波的包络形状完全相同。

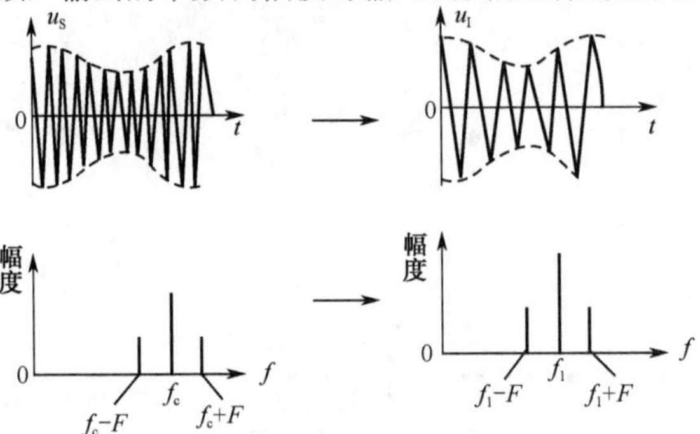


图 10-1　变频器的作用示意图

## 10.1.1 混频的基本原理

### 1. 变频器的工作原理

变频器的组成框图如图 10-2 所示。

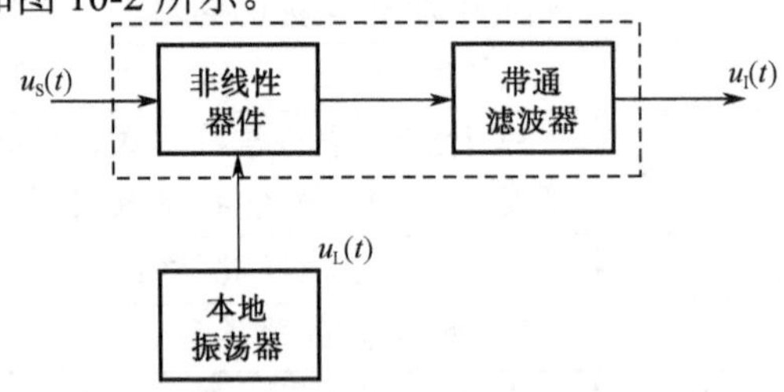


图 10-2　变频器的组成框图

输入信号 $u_S(t)$ 和 $u_L(t)$ 经过非线性器件的作用后，电流 $i$ 中含有多个频率分量，即 $i_I(t)=U_{im}U_{Lm}(1+m_a\cos\Omega t)\cos\omega_I t$ 。$f_k$ 中含有差频$(f_l-f_s)$，经过带通过滤波器后，选出差频信号，滤出其余频率分量。

可得

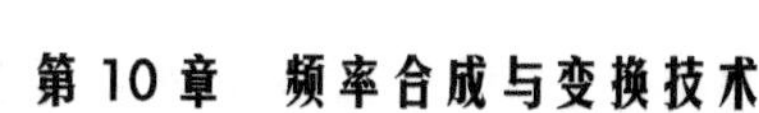



$$f_k = |\pm pf_L \pm qf_C \pm sF| (p,q = 0,1,2,\cdots) \tag{10-1}$$

由此可见，输出信号仍为调幅波，只是载波频率发生了改变。

### 2. 变频器的主要技术指标

1）变频增益

变频电压增益定义为变频器的中频输出电压振幅$U_{Im}$与高频输入信号电压振幅$U_{Sm}$之比，即

$$A_{uc} = 20\lg \frac{U_{Im}}{U_{Sm}} (dB) \tag{10-2}$$

同样可定义变频功率增益为输出中频信号功率$P_I$与输入高频信号功率$P_S$之比，即

$$K_{pc} = 10\lg \frac{P_I}{P_S} (dB) \tag{10-3}$$

2）失真和干扰

变频器的失真有频率失真和非线性失真。除此之外，还会产生各种非线性干扰，如组合频率、交叉调制和互相调制等干扰。

因此，对于混频器不仅要求频率特性好，而且还要求工作在非线性不太严重的区域，使之既能完成频率变换，又能抑制各种干扰。

### 3. 对混频器的主要要求

1）信号失真要小

人们希望混频器只对信号的载波频率进行变换，而对信号包络或信号角度的变化尽可能维持原状，这样才能保持原调幅波或调频波的不失真传输。另外，也要求所产生的组合频率或其他非线性失真小。

2）噪声系数要小

混频级常位于整机系统的前端，输入信号一般很弱，其本身工作在非线性状态，因此混频器所产生的噪声对整机影响很大。

3）混频增益要大

混频增益定义为

$$\text{AVC=中频输出电压振幅/高频输入电压振幅} = U_{Im}/U_{Sm} \tag{10-4}$$

AVC 大，有利于提高接收机的灵敏度和信噪比。

4）选择性要好

在保证信号通频带的前提下，混频器抑制组合频率和各种干扰的能力要强。

混频电路的种类很多，包括模拟相乘混频器、二极管环形混频器和三极管混频器。

## 10.1.2 混频电路

### 1. 相乘混频器

相乘混频器由模拟乘法器和带通滤波器组成，其实现模型如图 10-3 所示。设输入信号为普

通调幅波，即$u_{AM}(t)=U_C(1+m_a\cos\Omega t)\cos\omega_C t$。设乘法器的增益系数为$K_M$，则其输出电压为

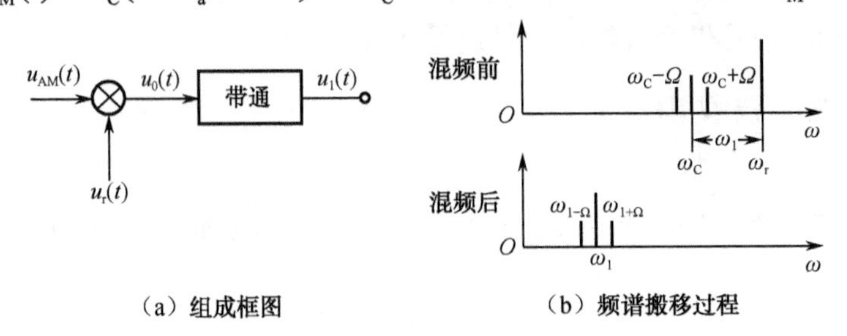

（a）组成框图　　（b）频谱搬移过程

图 10-3　相乘混频器

$$u_z(t)=K_M u_s(t)u_L(t)=\frac{1}{2}K_M U_{sm}U_{Lm}(1+m_a\cos\Omega t)\cos(\omega_L+\omega_C)t+\frac{1}{2}K_M U_{sm}U_{Lm}(1+m_a\cos\Omega t)\cos(\omega_L-\omega_C)t \tag{10-5}$$

经中心频率为$f_I$，带宽为$2F$的带通滤波器滤波后，得

$$u_I(t)=U_{Im}(1+m_a\cos\Omega t)\cos\omega_I t$$

相乘混频器的优点是乘法器输出端无用的频率分量较少，对滤波器要求不很高。用模拟乘法器构成的混频电路，可以大大减少由组合频率分量产生的各种干扰。这种混频器还具有体积小、调整容易、稳定性和可靠性高等优点。

### 2. 二极管混频电路

二极管混频电路具有电路简单、噪声低、动态范围大、组合频率少等优点，因而在接收机中使用广泛，其缺点是混频增益低。二极管混频器包括单个二极管混频器、平衡混频器和环形混频器等。

单个二极管混频器是利用二极管的非线性器件的相乘作用来实现的。其具体电路分析在此不再赘述，读者可自行参考相关资料。

平衡混频器的优点是输出电流中的组合频率的数目大大减少，同时降低了混频器的噪声电压。这是因为本振中所含的噪声电压同时加在两个二极管上进而互相抵消的缘故。

采用四个二极管组成的环形混频器可以进一步减小组合频率干扰。

环形混频器的灵敏度和抑制干扰的能力都更优于平衡混频器。

## 10.1.3　晶体三极管混频电路

晶体三极管混频电路有较高的混频增益。在分立元件的通信、广播、电视等设备的接收机中，绝大多数都采用了晶体三极管混频电路，就是在一些集成电路接收系统的芯片中，也有采用晶体三极管来进行混频的。晶体三极管混频电路的特点是电路简单，要求本振信号的幅值较大（约在 50～200 mV 之间），并有一定的混频增益，还要求信号的幅值较小，常为 mV 量级。

在晶体三极管混频电路中，本振电压加到混频三极管上时应满足以下 3 点要求。

（1）不能影响信号电压加到混频三极管上。

（2）本振回路与信号回路之间的耦合应尽可能小，以免在调整过程中相互牵制，即在调整信号回路时，不影响本振回路，而在调整本振回路时，不影响信号回路。

（3）由于混频作用是在晶体三极管的 b-e 结之间进行的，所以要求 b-e 间的电路应对中频分量提供良好的电流通路，以免影响混频增益。

晶体三极管混频器的电路有多种形式。一般按照晶体三极管组态和本地振荡电压注入点的不同，有如图 10-4 所示的 4 种基本电路形式。图 10-4（a）和（b）所示均为共射混频电路，其中图 10-4（a）表示信号电压由基极输入，本振电压也由基极注入；图 （b）表示信号电压由基极输入，本振电压则由发射极注入。图 10-4（c）和（d）所示均为共基混频电路，其中图 10-4（c）表示信号电压由发射极输入，本振电压也由发射极注入；图 10-4（d）表示信号电压由发射极输入，本振电压则由基极注入。

图 10-4（a）和（b）所示电路的应用较多，特别是在广播及电视接收机中；而图 10-4（d）和（c）所示电路的频率特性好，多用在频率较高的调频接收机中。

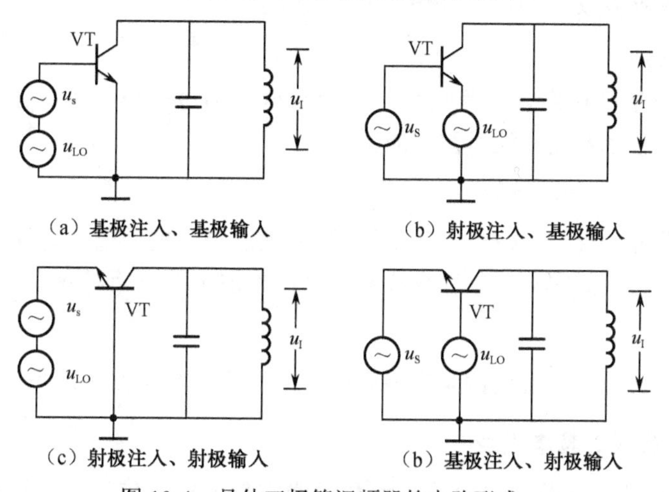


图 10-4　晶体三极管混频器的电路形式

这 4 种电路的共同点是：不论本振电压注入方式如何，实际上信号电压 $u_S$ 与本振电压 $u_{Lo}$ 是加在基极和发射极之间，并且利用集电极电流与输入电压之间的非线性关系来进行频率变换的。

## 10.2　频率合成

### 10.2.1　直接频率合成

#### 1. 频率合成器的主要技术指标

频率合成是指以一个或少量的高准确度和高稳定度的标准频率作为参考频率，由此导出多个或大量的输出频率，这些输出频率的准确度和稳定度与参考频率是一致的。用来产生这些频率的部件就称为频率合成器或频率综合器。

频率合成器通过一个或多个标准频率产生大量的输出频率，它是通过对标准频率在频域进行加、减、乘、除来实现的，可以用混频、倍频和分频电路来实现。

总体上，有如下几项主要技术指标：频率范围、频率间隔、频率转换时间、频率准确度和频率稳定度、频谱纯度，以及体积、质量、功能与成本。

1）频率范围

频率范围是指频率合成器输出的最低频率 $f_{\text{omin}}$ 和最高频率 $f_{\text{omax}}$ 间的变化范围，也可用覆盖系数（波段系数）$k = f_{\text{omax}} / f_{\text{omin}}$ 表示。当覆盖系数 $k$>3 时，整个频段可以划分为几个分波段。

在频率合成器中，分波段的覆盖系数一般取决于压控振荡器的特性。

2）频率间隔（频率分辨率）

频率合成器的输出是不连续的。两个相邻频率之间的最小间隔就是频率间隔。频率间隔又称为频率分辨率。不同用途的频率合成器，对频率间隔的要求是不相同的。对短波单边带通信来说，现在多取频率间隔为 100Hz，有的甚至取 10Hz、1Hz 乃至 0.1Hz。对超短波通信来说，频率间隔多取 50kHz、25kHz 等。

3）频率转换时间

频率转换时间是指频率合成器从某一个频率转换到另一个频率，并达到稳定所需要的时间。它与采用的频率合成方法有密切的关系。

4）频率准确度与频率稳定度

频率准确度是指频率合成器的工作频率偏离规定频率的数值，即频率误差。而频率稳定度是指在规定的时间间隔内，频率合成器频率偏离规定频率相对变化的大小。

5）频谱纯度

影响频率合成器频谱纯度的因素主要有两个：一个是相位噪声；另一个是寄生干扰。

**2. 直接频率合成的基本类型**

直接式频率合成器是最先出现的一种合成器类型的频率信号源。这种频率合成器的原理简单，易于实现。其合成方法大致可分为两种基本类型：一种是所谓非相关合成方法；另一种称为相关合成方法，其主要区别是所使用的参考频率源数目不同。

## 10.2.2 锁相环频率合成

锁相频率合成器是目前应用最广的频率合成器。

**1. 基本锁相频率合成器**

基本锁相频率合成器如图 10-5 所示。

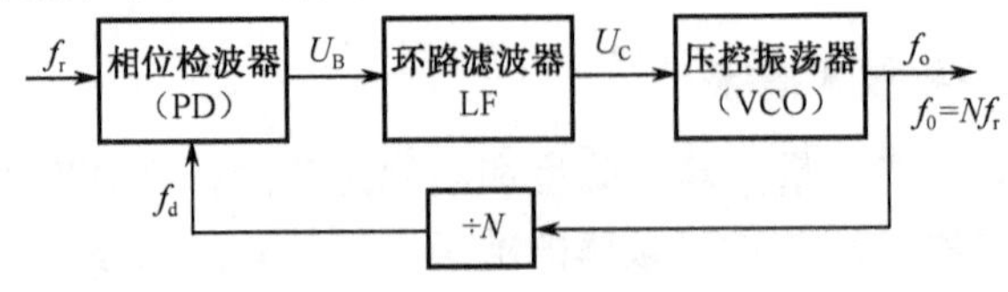


图 10-5 基本锁相频率合成器

**2. 前置分频器的锁相频率合成器**

前置分频器的锁相频率合成器如图 10-6 所示。

### 3. 下变频锁相频率合成器

下变频锁相频率合成器如图 10-7 所示。

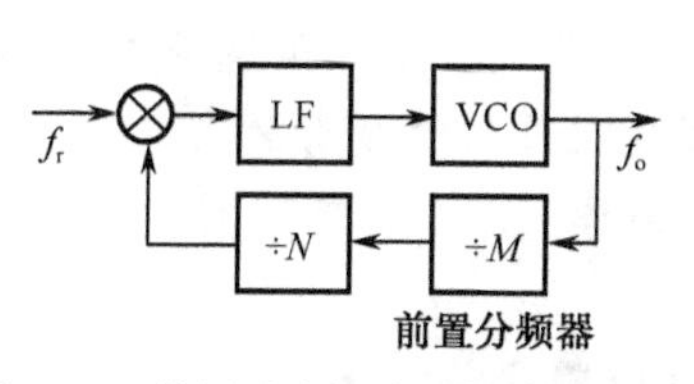


图 10-6　前置分频器的锁相频率合成器

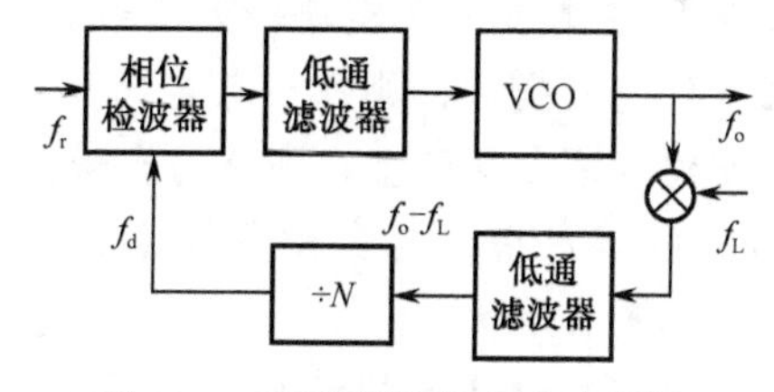


图 10-7　下变频锁相频率合成器

## 10.2.3　直接数字式频率合成器（DDS）

直接数字式频率合成器（如图 10-8 所示）是近年来发展非常迅速的一种器件，它采用全数字技术，具有分辨率高、频率转换时间短、相位噪声低等特点，并具有很强的调制功能和其他功能。

DDS 的基本思想是在存储器中存入正弦波的 $L$ 个均匀间隔样值，然后以均匀速度把这些样值输出到数模变换器中，将其变换成模拟信号。最低输出频率的波形会有 $L$ 个不同的点。即使数据输出速率相同，如果存储器中的值每隔一个值输出一个，就能产生两倍频率的波形。以同样速率，每隔 $k$ 个点输出就得到 $k$ 倍频率的波形。

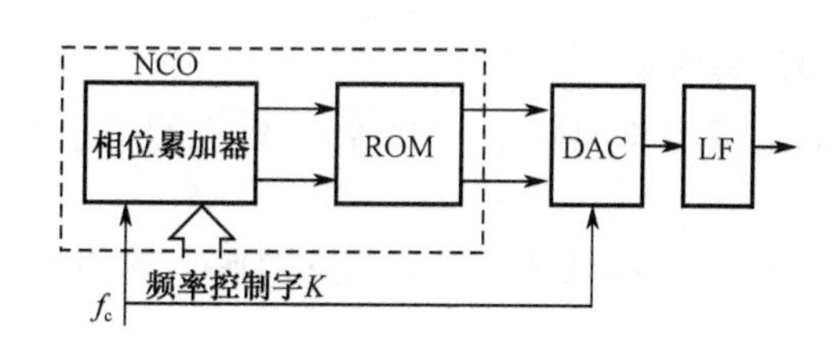


图 10-8　直接数字式频率合成器框图

DDS 和 PLL 这两种频率合成方式不同，各有其独有的特点，不能相互代替，但可以相互补充。将这两种技术相结合，可以达到单一技术难以达到的结果。DDS 驱动 PLL 频率合成器如图 10-9 所示。

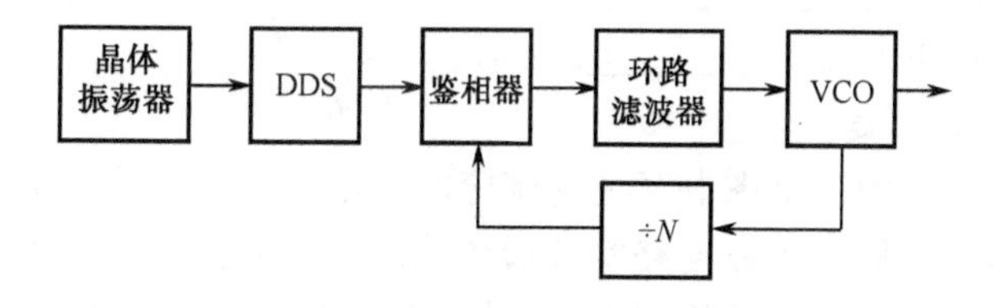


图 10-9　DDS 驱动 PLL 频率合成器

## 知识梳理与总结

● 变频或“混频”，指将信号的频谱位移到新的频谱范围内的过程，类似于线性调制的过程，但区别在于频率变换后的范围属于中频。

● 实现变频时应该同时具备两个信号：一个是单一频率的等幅正弦波，即本振信号，它不携带有用信息，仅作为参考标准；另一个是需要进行中心频率位移的频带输入信号。

● 变频电路在本质上是实现输入信号频谱与本振频率的加或减的数学功能。如果本振信号由外部其他电路提供，则称变频电路为它激式混频器（或简称为混频器）；如果所用本振信号是由变频电路自身产生，则称为自激式混频器（或简称为变频器）。

● 变频器的技术指标有变频增益（如电压或功率增益）、动态范围、噪声系数、隔离度、选择性、失真与干扰等。

● 常见变频（混频）电路有相乘混频器、二极管混频器等。

● 频率合成，指以一个或多个高准确度或高稳定度的标准频率作为参考，由此导出多个或大量的输出频率。

● 锁相环频率合成器是应用最广泛的频率合成器。直接数字式频率合成器（Digital Direct Synthesizer，DDS）是发展十分迅速的一种频率合成器件。

## 习题 10

1．什么叫混频？怎样才能实现混频？

2．根据干扰产生的原因，混频器的干扰主要有________、________、________和________ 4 种。

3．调频收音机的中频信号频率为________。

4．某超外差接收机的中频为 465kHz，当接收 550kHz 的信号时，还收到 1480kHz 的干扰信号，此干扰为何种干扰？

5．某超外差接收机的中频为 465kHz，当接收 931kHz 的信号时，还收到 1kHz 的干扰信号，此干扰为________。

6．混频电路又称变频电路，在变频过程中________发生变化。

7．某超外差接收机接收 930kHz 的信号时，可收到 690kHz 和 810kHz 的信号，但不能单独收到其中一个台的信号，此干扰为________。

8．混频器主要用于无线通信系统的________部分。

9．自动频率控制简称________。

10．锁相环路电路的作用是________。

11．AGC 电路的作用是________。

12．画出锁相环路的组成框图并简述各部分的作用，分析系统的工作过程。

13．锁相环路与自动频率控制电路实现稳频功能时，哪种性能优越？原因是什么？

14．锁相环路调频波解调器的原理电路如图 10-10 所示，试分析其解调过程。

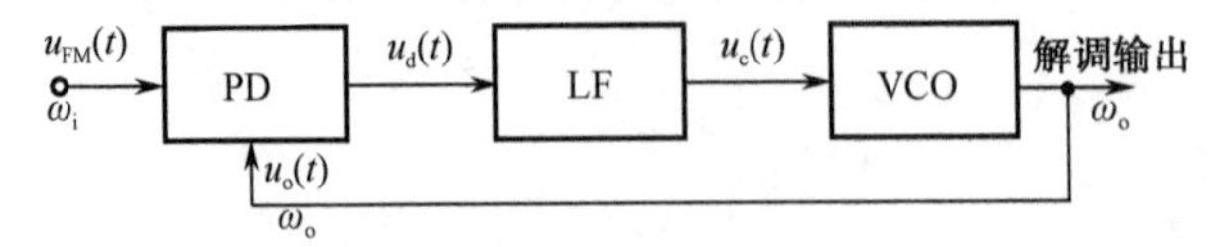


图 10-10 锁相环路调频波解调器的原理电路

# 附录A 半导体参数符号及其解释

| 符　号 | 符号解释 | 符　号 | 符号解释 |
|---|---|---|---|
| $C_T$ | 势垒电容 | $I_{EM}$ | 发射极峰值电流 |
| $C_j$ | 结（极间）电容，表示在二极管两端加规定偏压下，锗检波二极管的总电容 | $I_{EB10}$ | 双基极单结晶体管中发射极与第一基极间反向电流 |
| $C_{jv}$ | 偏压结电容 | $I_{EB20}$ | 双基极单结晶体管中发射极基极电流 |
| $C_o$ | 零偏压电容 | $I_{CM}$ | 最大输出平均电流 |
| $C_{jo}$ | 零偏压结电容 | $I_{FMP}$ | 正向脉冲电流 |
| $C_{jo}/C_{jn}$ | 结电容变化 | $I_P$ | 峰点电流 |
| $C_s$ | 管壳电容或封装电容 | $I_V$ | 谷点电流 |
| $C_t$ | 总电容 | $I_{GT}$ | 晶闸管控制极触发电流 |
| $C_{TV}$ | 电压温度系数。在测试电流下，稳定电压的相对变化与环境温度的绝对变化之比 | $I_{GD}$ | 晶闸管控制极不触发电流 |
| $C_{TC}$ | 电容温度系数 | $I_{GFM}$ | 控制极正向峰值电流 |
| $C_{vn}$ | 标称电容 | $I_{R(AV)}$ | 反向平均电流 |
| $I_F$ | 正向直流电流（正向测试电流）。锗检波二极管在规定的正向电压 $U_F$ 下，通过极间的电流；硅整流管、硅堆在规定的使用条件下，在正弦半波中允许连续通过的最大工作电流（平均值）；硅开关二极管在额定功率下允许通过的最大正向直流电流；测稳压二极管正向电参数时给定的电流 | $I_R$（$I_n$） | 反向直流电流（反向漏电流）。在测反向特性时，给定的反向电流；硅堆在正弦半波电阻性负载电路中，加反向电压规定值时，所通过的电流；硅开关二极管两端加反向工作电压 $U_R$ 时所通过的电流；稳压二极管在反向电压下产生的漏电流；整流管在正弦半波最高反向工作电压下的漏电流 |
| $I_{F(AV)}$ | 正向平均电流 | $I_{RM}$ | 反向峰值电流 |
| $I_{FM}$（$I_M$） | 正向峰值电流（正向最大电流）；在额定功率下，允许通过二极管的最大正向脉冲电流；发光二极管极限电流 | $I_{RR}$ | 晶闸管反向重复平均电流 |
| $I_H$ | 恒定电流、维持电流 | $I_{DR}$ | 晶闸管断态平均重复电流 |
| $I_i$ | 发光二极管起辉电流 | $I_{RRM}$ | 反向重复峰值电流 |
| $I_{FRM}$ | 正向重复峰值电流 | $I_{RSM}$ | 反向不重复峰值电流（反向浪涌电流） |
| $I_{FSM}$ | 正向不重复峰值电流（浪涌电流） | $I_{rp}$ | 反向恢复电流 |
| $I_o$ | 整流电流。在特定线路中规定频率和规定电压条件下所通过的工作电流 | $I_z$ | 稳定电压电流（反向测试电流）。测试反向电参数时，给定的反向电流 |
| $I_F$(ov) | 正向过载电流 | $I_{zk}$ | 稳压管膝点电流 |
| $I_L$ | 光电流或稳流二极管极限电流 | $I_{ZSM}$ | 稳压二极管浪涌电流 |
| $I_D$ | 暗电流 | $i_F$ | 正向总瞬时电流 |
| $I_{B2}$ | 单结晶体管中的基极调制电流 | $i_R$ | 反向总瞬时电流 |

续表

| 符　号 | 符号解释 | 符　号 | 符号解释 |
|---|---|---|---|
| $I_{OM}$ | 最大正向（整流）电流。在规定条件下，能承受的正向最大瞬时电流；在电阻性负荷的正弦半波整流电路中，允许连续通过锗检波二极管的最大工作电流 | $P_{SM}$ | 不重复浪涌功率 |
| $I_{ZM}$ | 最大稳压电流。在最大耗散功率下稳压二极管允许通过的电流 | $P_{ZM}$ | 最大耗散功率。在给定使用条件下，稳压二极管允许承受的最大功率 |
| $i_r$ | 反向恢复电流 | $R_F$（r） | 正向微分电阻。在正向导通时，电流随电压指数的增加，呈现明显的非线性特性，在某一正向电压下，电压增加微小量$\Delta U$，正向电流相应增加$\Delta I$，则$\Delta U/\Delta I$称为微分电阻 |
| $I_{op}$ | 工作电流 | $R_{BB}$ | 双基极晶体管的基极间电阻 |
| $I_s$ | 稳流二极管稳定电流 | $R_E$ | 射频电阻 |
| $f$ | 频率 | $R_L$ | 负载电阻 |
| $n$ | 电容变化指数；电容比 | $R_{s(rs)}$ | 串联电阻 |
| $Q$ | 优值（品质因素） | $R_{th}$ | 热阻 |
| $\delta_{vz}$ | 稳压管电压漂移 | $R_{(th)ja}$ | 结到环境的热阻 |
| $\mathrm{d}i/\mathrm{d}t$ | 通态电流临界上升率 | $R_{z(ru)}$ | 动态电阻 |
| $\mathrm{d}u/\mathrm{d}t$ | 通态电压临界上升率 | $R_{(th)jc}$ | 结到壳的热阻 |
| $P_B$ | 承受脉冲烧毁功率 | $r_\delta$ | 衰减电阻 |
| $P_{FT(AV)}$ | 正向导通平均耗散功率 | $r_{(th)}$ | 瞬态电阻 |
| $P_{FTM}$ | 正向峰值耗散功率 | $T_a$ | 环境温度 |
| $P_{FT}$ | 正向导通总瞬时耗散功率 | $T_c$ | 壳温 |
| $P_d$ | 耗散功率 | $t_d$ | 延迟时间 |
| $P_G$ | 门极平均功率 | $t_f$ | 下降时间 |
| $P_{GM}$ | 门极峰值功率 | $t_{fr}$ | 正向恢复时间 |
| $P_C$ | 控制极平均功率或集电极耗散功率 | $t_g$ | 电路换向关断时间 |
| $P_i$ | 输入功率 | $t_{gt}$ | 门极-控制极开通时间 |
| $P_K$ | 最大开关功率 | $T_j$ | 结温 |
| $P_M$ | 额定功率。硅二极管结温不高于150℃所能承受的最大功率 | $T_{jm}$ | 最高结温 |
| $P_{MP}$ | 最大漏过脉冲功率 | $t_{on}$ | 开通时间 |
| $P_{MS}$ | 最大承受脉冲功率 | $t_{off}$ | 关断时间 |
| $P_o$ | 输出功率 | $t_r$ | 上升时间 |
| $P_R$ | 反向浪涌功率 | $t_{rr}$ | 反向恢复时间 |
| $P_{tot}$ | 总耗散功率 | $t_s$ | 存储时间 |
| $P_{omax}$ | 最大输出功率 | $T_{stg}$ | 温度补偿二极管的储存温度 |
| $P_{sc}$ | 连续输出功率 | $a$ | 温度系数 |

续表

| 符　　号 | 符 号 解 释 | 符　　号 | 符 号 解 释 |
|---|---|---|---|
| $\lambda_p$ | 发光峰值波长 | $U_{OM}$ | 最大输出平均电压 |
| $\Delta\lambda$ | 光谱半宽度 | $U_{op}$ | 工作电压 |
| $\eta$ | 单结晶体管分压比或效率 | $U_n$ | 中心电压 |
| $U_B$ | 反向峰值击穿电压 | $U_p$ | 峰点电压 |
| $U_c$ | 整流输入电压 | $U_R$ | 反向工作电压（反向直流电压） |
| $U_{B2B1}$ | 基极间电压 | $U_{RM}$ | 反向峰值电压（最高测试电压） |
| $U_{BE10}$ | 发射极与第一基极反向电压 | $U_{(BR)}$ | 击穿电压 |
| $U_{EB}$ | 饱和压降 | $U_{th}$ | 阈值电压（门限电压） |
| $U_{FM}$ | 最大正向压降（正向峰值电压） | $U_{RRM}$ | 反向重复峰值电压（反向浪涌电压） |
| $U_F$ | 正向压降（正向直流电压） | $U_{RWM}$ | 反向工作峰值电压 |
| $\Delta U_F$ | 正向压降差 | $U_v$ | 谷点电压 |
| $U_{DRM}$ | 断态重复峰值电压 | $U_z$ | 稳定电压 |
| $U_{GT}$ | 门极触发电压 | $\Delta U_z$ | 稳压范围电压增量 |
| $U_{GD}$ | 门极不触发电压 | $U_s$ | 通向电压（信号电压）或稳流管稳定电压 |
| $U_{GFM}$ | 门极正向峰值电压 | av | 电压温度系数 |
| $U_{GRM}$ | 门极反向峰值电压 | $U_k$ | 膝点电压（稳流二极管） |
| $U_{F(AV)}$ | 正向平均电压 | $U_L$ | 极限电压 |
| $U_o$ | 交流输入电压 | PACKAGE | 封装 |

# 附录B　色环电阻的阻值和误差

色环电阻是电子电路中最常用的电子元件。采用色环来代表颜色和误差，可以保证电阻无论按什么方向安装都可以方便、清楚地看见色环。色环电阻的基本单位是：欧姆（Ω）、千欧（kΩ）、兆欧（MΩ）。1000 欧（Ω）=1 千欧（kΩ），1000 千欧（kΩ）=1 兆欧（MΩ）。色环电阻用色环来代表其阻值和误差，普通的为四色环，高精密的用五色环表示，另外还有用六色环表示的（此种产品只用于高科技产品且价格十分昂贵）。

表 B-1 为色环电阻对照关系。

B-1　色环电阻对照关系

| 色环电阻的对照关系 | | | | |
|---|---|---|---|---|
| 颜色 | 数值 | 倍乘数 | 误差（%） | 温度关系（×10/℃） |
| 棕■ | 1 | 10 | ±1 | 100 |
| 红■ | 2 | 100 | ±2 | 50 |
| 橙■ | 3 | 1k | — | 15 |
| 黄■ | 4 | 10k | — | 25 |
| 绿■ | 5 | 100k | ±0.5 | |
| 蓝■ | 6 | 1M | ±0.25 | 10 |
| 紫■ | 7 | 10M | ±0.1 | 5 |
| 灰■ | 8 | | ±0.05 | |
| 白■ | 9 | | — | 1 |
| 黑■ | 0 | 1 | — | — |
| 金■ | — | 0.1 | ±5 | — |
| 银■ | — | 0.01 | ±10 | — |
| 无色■ | | | ±20 | |

## B.1　四色环电阻

四色环电阻指用四条色环表示阻值的电阻，从左向右数，第一条色环表示阻值的最大一位数字；第二条色环表示阻值的第二位数字；第三条色环表示阻值倍乘的数；第四条色环表示阻值允许的偏差（精度），如图 B-1 所示。

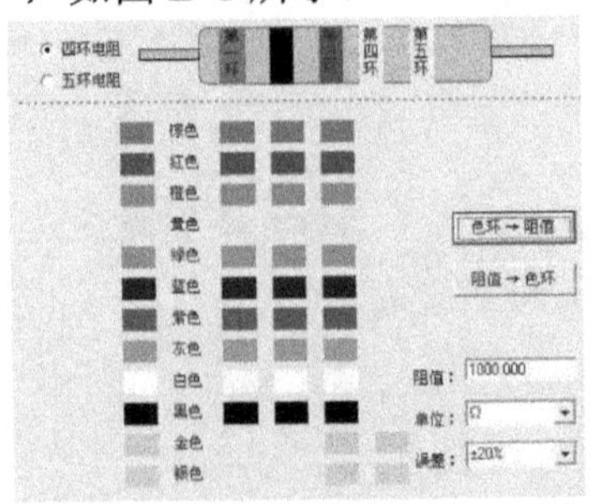

图 B-1　色环电阻示意

## B.2 五色环电阻

五色环电阻指用五条色环表示阻值的电阻，从左向右数，第一条色环表示阻值的最大一位数字；第二条色环表示阻值的第二位数字；第三条色环表示阻值的第三位数字；第四条色环表示阻值的倍乘数；第五条色环表示误差范围。

例如，一个五色环电阻，第一环为红（代表2）、第二环为红（代表2）、第三环为黑（代表0）、第四环为黑（代表1）、第五环为棕色（代表±1%），则其阻值为220Ω×1=220Ω，误差范围为±1%。

## B.3 六色环电阻

六色环电阻指用六条色环表示阻值的电阻，六色环电阻的前五条色环与五色环电阻表示方法一样，第六条色环表示该电阻的温度系数。

# 附录C 常用电子电路器件符号

常用电子电路器件符号如图C-1所示。

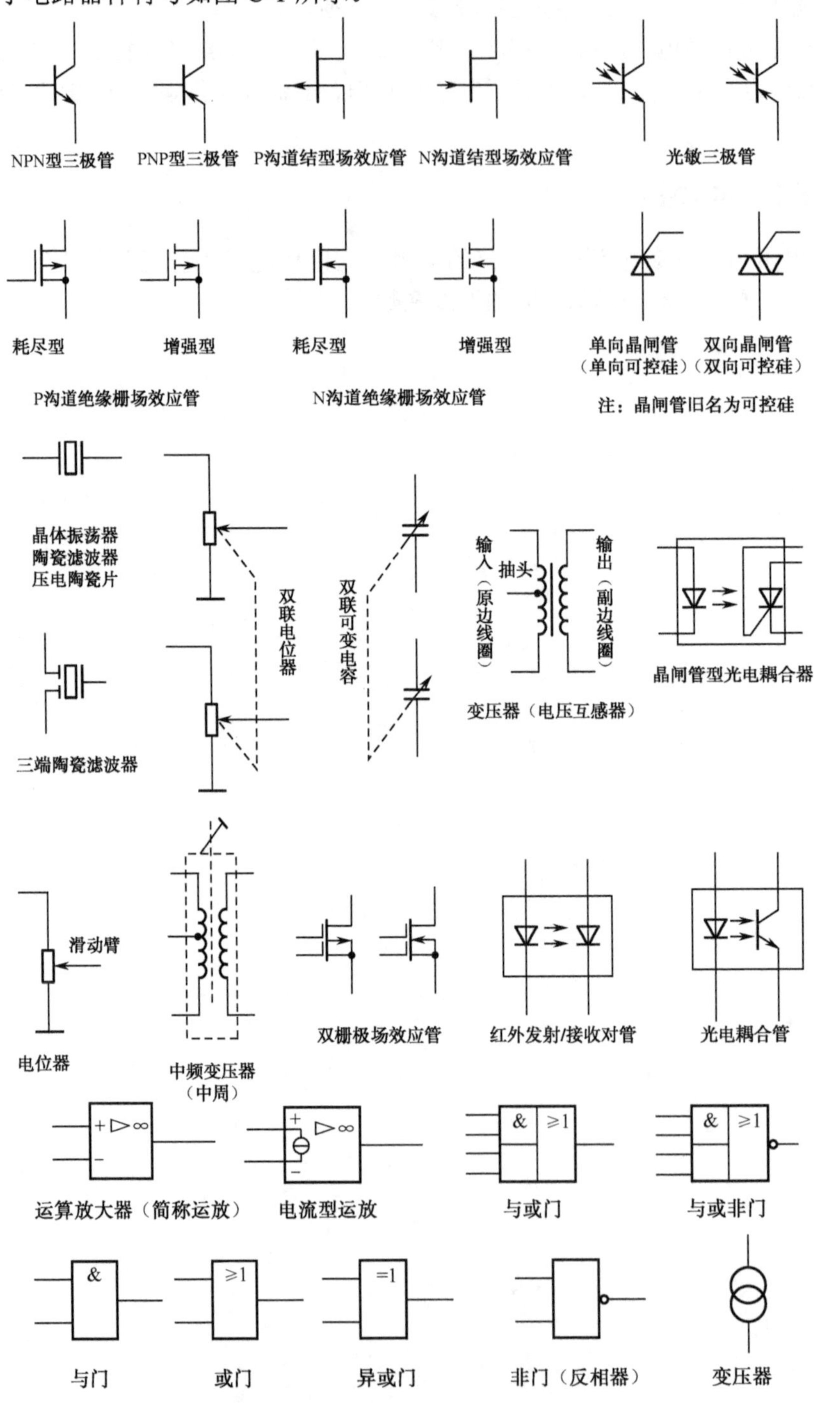


图C-1 常用电子电路器件符号

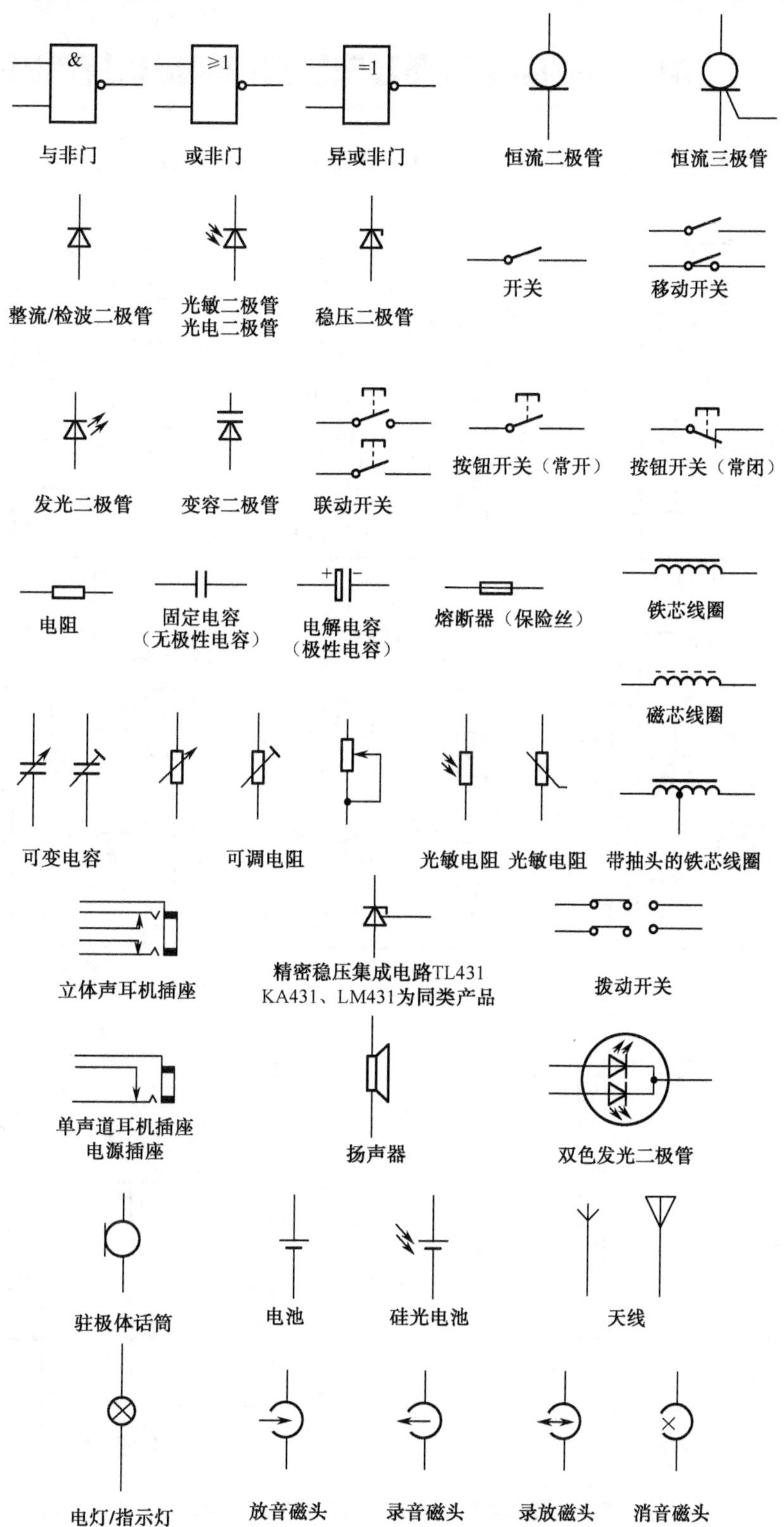


图 C-1 常用电子电路器件符号（续）

# 附录D 常用小规模组合逻辑电路的内部结构及管脚分布

常用小规模组合逻辑电路（双列直插封装形式）的内部结构及引脚分布如图 D-1 所示。

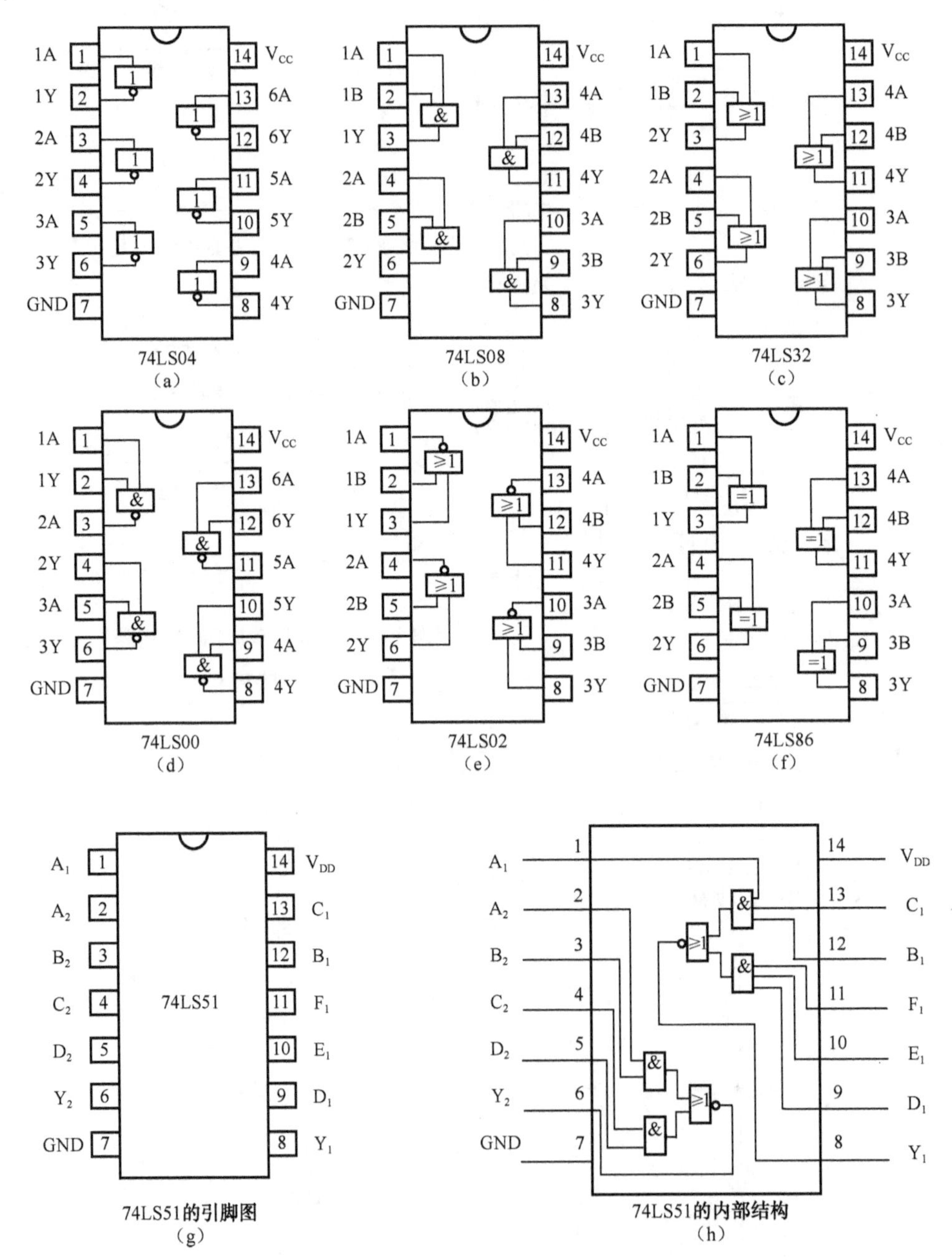


图 D-1 常用小规模组合逻辑电路（双列直插封装形式）的内部结构及引脚分布

# 参 考 文 献

[1] 杨碧石．模拟电子技术．北京：人民邮电出版社，2008.
[2] 华永平．模拟电子线路理论、实验与仿真．北京：电子工业出版社，2005.
[3] 谢嘉奎．电子线路（非线性部分）．北京：高等教育出版社，2001.
[4] 曹兴雯．高频电路原理与分析．西安：西安电子科技大学出版社，2001.
[5] 王卫东．高频电子电路．北京：电子工业出版社，2007.
[6] 钱聪．通信电子线路．北京：人民邮电出版社，2004.
[7] 江晓安．数字电子技术．西安：西安电子科技大学出版社，2002.
[8] 王佩珠．模拟电路与数字．北京：经济科学出版社，2001.
[9] 胡宴如．高频电子电路．北京：高教教育出版社，2004.
[10] 张肃文．高频电子电路．北京：高等教育出版社，2004.
[11] 阳昌汉．高频电子线路．北京：高等教育出版社，2006.
[12] 顾宝良．通信电子线路．北京：电子工业出版社，2002.
[13] 严国萍．通信电子线路．北京：科学出版社，2005.
[14] 李棠之．通信电子线路．北京：电子工业出版社，2001.
[15] 于洪珍．通信电子电路．北京：清华大学出版社，2005.